AF399698

Renate Brandsch

Michael Brand

Das Märchen von der Gleichheit

Bibliografische Information der Deutschen Nationalbibliothek:

Die Deutsche Nationalbibliothek verzeichnet diese Publikation in der Deutschen Nationalbibliografie; detaillierte bibliografische Daten sind im Internet über http://dnb.d-nb.de abrufbar.

Inhalt

Vorwort

In unserem Chirurgie-Hörsaal der Friedrich-Wilhelm-Universität – wir studierten damals Medizin in Bonn – stand ein Goethe-Wort: „Was ist das Schwerste von allem? Was dich das Leichteste dünkt. Mit den Augen zu sehen, was vor den Augen dir liegt".

Dieser Ausspruch hat sich immer wieder bewahrheitet, er gilt heute mehr denn je. „Des Kaisers neue Kleider" begegnen uns täglich. Denn die Informationsflut kann keiner mehr überblicken; gleichzeitig fehlen die Kriterien, das auf uns Einströmende zu ordnen und in einem größeren Zusammenhang zu verstehen. Zwar ist unsere Zeit zu den differenziertesten Analysen fähig, gleichzeitig aber auch immer weniger in der Lage, das Ganze im Blick zu behalten und vorausschauend zu handeln.

Den entscheidenden Anstoß zu diesem Buch verdanken wir unserem Neffen Josch. Damals praktizierte ich als Landärztin im Hohenlohischen. Unsere Tochter war noch klein. Angesichts der großen Meinungskonkurrenz heute stellte der Achtzehnjährige seine Fragen über Gott und die Welt. Interessiert und kritisch gab er sich nie mit oberflächlichen Antworten zufrieden, was uns öfters in Argumentationsnot brachte. Damals dachten wir, es müsse ein Buch geben, das – die Grundlagen unseres Wissens zusammenfassend – Orientierungshilfe sein könnte.

Später dann in Oberbayern – Michael als Radiologe und Nuklearmediziner in München und ich, wieder Studentin, diesmal an der LMU – nahm diese Idee allmählich Gestalt an.

Das Buch richtet sich vor allem an junge Menschen, denen wir mehr schulden als bloß vordergründig Materielles; zwar statten wir sie mit allen Errungenschaften unserer technischen Zivilisation aus, entlassen sie aber viel zu oft ohne eine entsprechende „Software" in eine ungewisse, nicht ungefährliche Zukunft.

Ausgehend von unserem philosophischen und naturwissenschaftlichen Fundament wollen wir mit Fakten vertraut machen, die helfen sollen, diese Welt und ihre wesentlichen Zusammenhänge besser zu verstehen, um dann adäquat handeln zu können.

Da wir das Manuskript schon vor Jahren fertiggestellt haben, schließt sich eine kurze Stellungnahme zur aktuellen Covid-Krise an. Die Ereignisse des Jahres 2020 zeigen in bedrückender Weise, wie die Prognosen, die wir für die fernere Zukunft aufgestellt haben, schon heute Wirklichkeit werden.

Mai 2021 Renate Brandsch & Michael Brand

In welcher Situation befinden wir uns heute?

Krisen, Krankheiten und Katastrophen, die das Leben auf diesem Planeten bedrohen, hat es immer gegeben, solange die Erde besteht. Doch im Gegensatz zu früheren Zeiten haben wir es nun mit menschengemachten, ständig zunehmenden und die gesamte Biosphäre erfassenden Schwierigkeiten zu tun. Von entscheidender Bedeutung ist, dass es kein Draußen mehr gibt, keinen Zufluchtsort mit regenerativem Potential. Alle wesentlichen Probleme sind Weltprobleme, die Situation, eine Situation der Menschheit.

Heute stehen *Finanzkrisen* und *Migrationsströme* im Vordergrund. Letztlich sind beide Phänomene Ausdruck einer gigantischen Leistungsvernichtung und lebensfeindlichen Entwicklung. Wir werden verstehen, warum das so ist.

Doch abgesehen davon bleibt das *Bevölkerungswachstum* bei knappen Ressourcen und zunehmender Belastung der Natur zentrale Bedrohung.

Dem neuen Phänomen der *Globalisierung* steht der Mensch ebenfalls ratlos gegenüber. Die rasante Entwicklung der Informationstechnologie und die Intensivierung der Wirtschaftsbeziehungen über die Grenzen der Einzelstaaten hinweg werden irrtümlicherweise als ein Zusammenwachsen der Länder zu einem einzigen weltweiten politischen System gedeutet. Doch das würde die Integrität der Einzelstaaten voraussetzen, deren Bedeutung zunehmend verloren geht. Denn globale Märkte funktionieren nach der „gewinnmaximierenden Logik privater, transnational und global operierender Akteure" und schwächen „nationalstaatlich begrenzte, am Gemeinschaftsinteresse ausgerichtete Politik von Regierungen",[1] deren Handlungsspielraum territorial beschränkt bleibt. Weil

---

[1] Opitz, P. J. 2001, 204

Privatwirtschaft in großem Stil global agieren und Ressourcen einem Staat entziehen kann, kommt es zum Standortwettbewerb zwischen Staaten, was dazu führt, dass „falsche reglementierende Politik mit dem Abzug von Ressourcen bestraft wird und binnenorientiert-interventionistische Politik in eine Krise gerät."[2]

Nationale Defizite können niemals durch eine „Weltregierung" adäquat kompensiert werden. Unternehmen, Banken oder private Anleger, auch wenn sie transnational agieren, können den Staat nicht ersetzen. Denn Staaten bleiben die einzigen Instanzen, die kulturelle Identität sichern. Denn sie verfolgen ein – wie auch immer definiertes – Gemeinwohl ihrer Bürger, sie erlassen Gesetze und sorgen für deren Einhaltung und schaffen so die gesellschaftlichen und rechtlichen Rahmenbedingungen für privates Wirtschaften. Eine mögliche „Global Governance," deren Legitimation nicht auf dem Zusammenschluss autonomer Einzelstaaten beruht, sondern als Konsequenz aus deren Auflösung entsteht, birgt die Gefahr der Einflussnahme von Partikularinteressen in sich. Sie wird auch mit nicht zu bewältigenden Schwierigkeiten konfrontiert werden, denen man mit schärfster Überwachung und Beschneidung der individuellen Freiheit durch wie auch immer geartete Kontrollinstanzen begegnen wird.

Ein weiteres Problem liegt im *Rückgang der Vielfalt.* Angesichts der Tatsache, dass sie *das* Charakteristikum unserer Biosphäre darstellt, muss ihr anthropogen bedingter Verlust auf breiter Front alarmieren: es sterben Arten, Völker und Sprachen.[3]

Doch ohne Vielfalt kein Leben, wir finden sie schon auf molekularer Ebene. Hier ist sie verantwortlich für die Speicherung und Weitergabe der Erbinformation durch beispielsweise katalytisch aktive oder strukturbildende Proteine. Ohne Vielfalt

---

[2] Opitz, P. J. 2001, 209
[3] vgl. Wuketits, F. M. 2003

gäbe es auch keine Evolution, denn Selektion kann nur dort auswählen, wo Variabilität existiert. Das führt dazu, dass sich die anpassungsfähigeren Systeme erfolgreicher fortpflanzen als die weniger flexiblen, und sich auf Kosten dieser weiter ausbreiten können.[4]

Die normale Artaussterberate der geschätzten hundert Millionen heute auf der Erde lebenden Arten (uns bekannt sind nicht einmal zwei Millionen)[5] liegt im Durchschnitt bei etwa zwei Arten pro Jahr, die dann durch neue ersetzt werden. Doch sterben heute schon über zehn Arten pro Stunde endgültig aus. Ihnen folgen keine neuen nach. Die Welt-Naturschutz-Organisation (World Conservation Union WCU) schätzt den täglichen Verlust auf siebzig bis dreihundert Arten weltweit. Man nimmt an, dass in den nächsten fünfzig Jahren zehn bis fünfzig Prozent aller Tier- und Pflanzenarten von der Erde verschwunden sein werden[6] (zu den Ursachen s. Anhang).

Als gleichermaßen alarmierend muss der Verlust kultureller Vielfalt gesehen werden. Zwar hat es Genozid (Völkermord) und Ethnozid (Kulturzerstörung) in der Menschheitsgeschichte immer gegeben, doch nicht in dieser Geschwindigkeit und in dem globalen Ausmaß wie heute. Mit ihrem Lebensraum verlieren beispielsweise viele Naturvölker bzw. Wildbeuter ihre Lebens- grundlage: Pygmäen, Buschmänner, Tasmanier, Samen, Indianer, Ik, Eipo und andere. Diese Gemeinschaften, die zum Teil noch bis in die Gegenwart hinein Jäger und Sammler und in ihrem natürlichen Raum verwurzelt gewesen sind, können ihre kulturelle Identität nicht hinüberretten in eine anonyme technisierte Massengesellschaft. Auch die sogenannte zivilisierte Welt wird im Rahmen ihrer multikulturellen Entwicklung immer uniformer. Denn letztlich sind alle Völker von dieser Entwicklung betroffen.

---

[4] Linsenmair, K. E. 2007
[5] Kalko, E. K. V. 2007
[6] Opitz, P. J. 2001, 143

Worin besteht nun der Wert der biologischen Vielfalt, warum wird ihr Verlust für den Menschen zur existentiellen Bedrohung? Der vordergründige ökonomische Nutzen der Biodiversität soll hier der Vollständigkeit halber erwähnt werden, obwohl er angesichts der anderen Gefahr verblasst. Man schätzt, dass der Mensch täglich an die vierzigtausend andere Spezies direkt oder meist indirekt (Mikroben, Pilze, Pflanzen, Tiere) nutzt.[7] Zahlreiche Pflanzen- und Tierarten sind für die Ernährung der Weltbevölkerung unverzichtbar. Die Artenvielfalt von Nutzpflanzen ist wichtig, weil landwirtschaftlich verwendete Sorten durch Einkreuzen verbessert werden können. Denn Monokulturen und eine standardisierte Landwirtschaft sind anfälliger für Krankheiten und weniger resistent gegen den Befall von Insekten und Würmern.[8] Tierische und pflanzliche Genspeicher sind auch eine wesentliche Quelle zur Herstellung von Arzneimitteln. Ungefähr fünfundzwanzig Prozent aller in Europa und den USA verschreibungspflichtigen Medikamente enthalten pflanzliche Wirkstoffe. Unabhängig davon können Tiere und Pflanzen als Vorbild für technische Entwicklungen dienen (Bioengineering).[9]

Doch weit wesentlicher als dieser unmittelbare ökonomische Verlust ist die Tatsache, dass mit jeder Art, die unwiederbringlich verloren geht, das *gesamte Ökosystem destabilisiert* wird, da jeder Spezies eine stützende Funktion im Ganzen zukommt. Stirbt sie schneller aus, als sie es normalerweise tut, hat dies Konsequenzen nicht nur für unzählige andere Arten, die von ihr abhängen, sondern auch für die Biosphäre insgesamt.[10] Denn wir sollten uns bewusst machen, dass es innerhalb dieses komplex vernetzten Systems keine Sieger geben kann; viel zu groß sind die gegenseitigen Abhängigkeiten. Es muss im Interesse eines jeden

---

[7] Eldredge, N. 1998
[8] Opitz, P. J. 2001, 145
[9] Opitz, P. J. 2001, 145
[10] Opitz, P. J. 2001, 145

Subsystems, auch des Menschen liegen, das Gleichgewicht des Ganzen zu erhalten. Gerät es ins Wanken, ist nicht nur der Mensch gefährdet, sondern das Leben auf diesem Planeten überhaupt.

Evolution – im weitesten Sinne als Entwicklung, Veränderung verstanden – ist ein *Prozess der Differenzierung* und damit ein Vorgang, der nicht nur Vielfalt schafft, sondern ihre Variationsbreite auch als Voraussetzung braucht. Biodiversität, als genetische Vielfalt, ist die Grundbedingung von Leben überhaupt. Erst sie ermöglicht auch jede weitere erfolgreiche Anpassung der Natur an veränderte Umweltbedingungen.[11] „Mit einer Standardisierung von Natur und Kultur versperrt sich der Mensch selbst den Weg zu existentiell notwendigen Entwicklungsmöglichkeiten."[12] Vielfalt ist die eigentliche Quelle von Veränderungen, sie ist der evolutionäre Motor schlechthin. *Uniformität* dagegen führt zu Stillstand, und Stillstand bedeutet Tod.

Tatsache ist, dass keine Population eine ähnliche Belastung für die Erde darstellt wie der Mensch. Durch seine zivilisatorische Evolution unterscheidet er sich von allen anderen Organismen: „Menschliche Lebensgemeinschaften, gleich welcher Kultur-, Zivilisations- oder Wirtschaftsstufe, bewirken, im Vergleich zu anderen Organismen und auf ihre Biomasse bezogen, die nachhaltigsten Reliefveränderungen, die höchsten Materialverlagerungen und Stoffumsätze, die gewaltigsten Energiefreisetzungen und damit nicht zuletzt auch die heftigste Unordnung in den unseren Planeten steuernden Ordnungssystemen."[13] Der Mensch, der sich all seiner natürlichen Wachstumsfesseln entledigt hat, nimmt Besitz von der ganzen Erde bis in ihre letzten Winkel. Wie kein anderes Wesen in der

---

[11] Opitz, P. J. 2001, 14
[12] Wuketits, F. M. 2003, 179
[13] Eichler, H. 1993, 15

Geschichte der Erde bedroht der Mensch das Leben selbst auf unserem Planeten.

All diese Vorgänge sind ohne Beispiel in der Geschichte des Menschen. Überlieferte Maßstäbe, die uns Orientierung bieten könnten, gibt es nicht. Darum stehen wir den Herausforderungen der Zukunft ohne historische Lehren ratlos gegenüber.

Was macht nun den Menschen, dieses komplexeste aller Lebewesen, so gefährlich? Was unterscheidet ihn von allen anderen Arten? Kann er sich selbst, kann er das Leben auf diesem Planeten erhalten? Was ist Leben überhaupt, und: was ist der Mensch? Diesen Fragen müssen wir uns zuwenden, wollen wir schließlich die philosophische Kardinalfrage stellen: Was soll ich tun?

Um die Entwicklung des Menschen zu verstehen, sollten wir uns zunächst auf unsere Anfänge und Fundamente besinnen. Doch es gibt ein weiteres Problem: sicheres, absolut verlässliches Wissen, das uns in dieser Lage helfen könnte, haben wir nicht. Denn spätestens seit Kant (1724-1804) befinden wir uns in einem *erkenntnistheoretischen Gefängnis* (s. Anhang). Darauf müssen wir kurz eingehen.

All das, worauf sich frühere Generationen haben stützen können, hat sich nämlich als windig erwiesen. Es wäre so einfach, könnten wir der *Evidenz* vertrauen, unseren Sinnesorganen. Zwar funktionieren sie normalerweise gut, doch liefern sie kein sicheres Wissen, denken wir nur an Sinnestäuschungen.[14]

„Das hat schon Einstein gesagt!" Wir orientieren uns gerne an *Autoritäten*, doch auch sie sind Menschen, die sich irren können. Das gilt genauso für alle überlieferten Bücher und Schriften, die ja auch von fehlbaren Menschen verfasst worden sind, das gilt für den menschlichen Verstand überhaupt. Wie oft sagen wir:

---

[14] Vollmer, G. 2007, 358

„Überleg doch mal!", aber auch unsere Vernunft kann kein sicheres Wissen bieten.[15]

Die Flucht in *Logik* und *Mathematik* hilft uns ebenfalls nicht weiter. Logische Schlüsse sind in höchstem Masse sicher, doch gehen sie von unbewiesenen Annahmen aus, die nichts über die Welt aussagen müssen. Letztlich bringen sie uns nicht weiter.[16]

Wir berufen uns gerne auf die *Erfahrung*. Auch wenn die Sinneseindrücke des einzelnen Menschen nicht verlässlich sind, glaubt man, „die vieler Menschen über lange Zeiträume sammeln, wiederholen und intersubjektiv überprüfen und durch Messinstrumente und Blind- und Doppelblindversuche objektivieren zu können". Doch kein Verfahren ist sicher. Denn es ist durchaus möglich, dass wir alle uns irren: denken wir nur an die jahrtausendelange Vorstellung der Menschheit, die Erde sei eine Scheibe.[17]

Wir befinden uns in einer lähmenden Lage, denn wir können nicht einmal unseren Zweifeln trauen, auch sie lassen sich nicht beweisen. Um der vollständigen Paralyse zu entgehen, sollten wir uns allerdings bewusst machen, dass die Menschheit trotz ihrer Fehlbarkeit schon eine Weile besteht und uns deshalb von diesem lebensfeindlichen und eigentlich größenwahnsinnigen Absolut-heitsanspruch verabschieden. Denn, was verstehen wir eigentlich unter „Wissen"? „Wissen" kann man als „wahre und fundierte Überzeugung" definieren.[18] Danach hat der Wissensbegriff drei Komponenten: Die subjektive Komponente zeigt sich in der „Überzeugung", die objektive in dem „Wahrheitsbegriff"; und die sichernde in der „Fundiertheit."[19] Die Schwierigkeit liegt nun bei diesem letzten Punkt, bei der „Fundiertheit". Doch auch wenn

---

[15] Vollmer, G. 2007, 358
[16] Vollmer, G. 2007, 358, 359
[17] Vollmer, G. 2007, 359
[18] Vollmer, G. 2007, 357
[19] Vollmer, G. 2007, 357

unsere Beschränktheit kein sicheres, beweisbares Wissen, keine absolute Wahrheit, zulässt, bleibt uns dennoch die Möglichkeit, uns um *„wahres Wissen"* zu bemühen und zu versuchen, es „durch vielfache Prüfungen und Falsifizierungen immer sicherer zu gestalten."[20] Wen die schwierige Erkenntnistheorie, die heute eine so zentrale Bedeutung besitzt, interessiert, kann das Kapitel im Anhang nachlesen.

Philosophen haben zu allen Zeiten die gleichen Fragen gestellt. Dennoch unterscheiden sich ihre Antworten. Wir sind von europäischem Denken geprägt. Doch „Philosophie beruft sich eben nicht auf kulturelle Besonderheiten, sondern auf die allgemeine Menschenvernunft und allgemein menschliche Erfahrungen. Als Philosophie interessiert sie sich für grundlegende Fragen, die in allen Kulturen gestellt werden. Sie ist ihrem Wesen nach eine die ganze Menschheit verbindende Instanz."[21]

Der umfassende Anspruch unseres Themas, das nicht nur alle Bereiche menschlicher Kultur berührt, sondern auch nach der Natur fragen muss, nach dem Leben überhaupt, zwingt uns, das Fundament so tief wie möglich zu legen. Dabei werden wir überliefertes und aktuelles Wissen über die Welt zu Rate ziehen.

Doch zuvor soll nicht nur deutlich werden, wieso wir Wissen über die Welt brauchen, sondern, was genau es ist, das uns an der Welt hauptsächlich interessiert.

---

[20] Vollmer, G. 2007, 360
[21] Höffe, O. 2006

Natur als Maß

Da wir irgendwo anfangen müssen, lässt es sich nicht vermeiden, hier schon Begriffe zu verwenden, deren Inhalt und Zusammenhang erst im weiteren Verlauf erläutert werden (Natur, Gesetz, Religion, Gott, Politik).

Wie müssen wir uns nun die mehr oder weniger bewussten Anfänge des Menschen vorstellen?

Von Beginn an erfährt er seine *Grenzen*. Ihn bedroht nicht nur eine sich ständig wandelnde, unberechenbare Welt, der er mit seinen beschränkten Möglichkeiten begegnen muss, sondern auch und vor allem seine Vergänglichkeit. Gefangen in dieser räumlichen und zeitlichen Enge sucht er Halt. Trotz seiner Ohnmacht will er bestehen, jetzt und – wenn irgendwie möglich – auch im ungewissen Morgen. Angesichts der Natur ahnt er Höheres. Er „weiß", dass sie mächtiger und älter ist als er. Orientieren kann sich der Mensch nämlich nur an etwas, das räumlich und zeitlich größer ist als er selbst. Je mehr er also über die Natur weiß und je enger sein Schulterschluss mit ihr, desto angemessener handelt er, was bedeutet, dass er dauerhafter bestehen kann. Unter dem Schutz der Natur gelingt dem Menschen so vorausschauendes Handeln und damit Raum- und Zeitgewinn. Er kann sein Territorium erweitern und Gefahren rechtzeitig begegnen. Seine Sicherheit wächst.

Zwei entscheidende Dinge werden hier deutlich: zum einen die Tatsache, dass der Mensch der Natur nicht mehr so ohne weiteres angehört wie das Tier, was er als Bedrohung empfindet. Zum anderen das Faktum, dass er die Natur in jeder Hinsicht braucht, nicht nur als Nahrung, sondern auch als maßgebliche Instanz, an der er sich orientieren kann. Obwohl er ein Kind der Natur ist, gefährdet ihn das nicht fest Gekoppelte, das Variable und Wählbare seiner geistigen Möglichkeiten, die ihn von der übrigen lebendigen Natur trennen. Sich dieses Grenzgängertums bewusst, nennt Herder (1744-1803) den Menschen darum auch zurecht einen „Freigelassenen der Schöpfung".

Denn im Unterschied zum Tier, dessen Handlung zwingend auf den Reiz folgt, fehlt dem Menschen diese enge Kopplung. Er muss nicht zwangsläufig handeln, er kann es auch unterlassen. Verzichtet er nämlich darauf, direkt zu handeln, gelingt es ihm, zu urteilen, was ein gedankliches Handlungskonzept voraussetzt. Enthält er sich des „naiven Urteils", führt das vom einfachen, bewussten Fragen zum planmäßigen Fragen. Damit wird es ihm möglich, nicht nur zu reagieren, sondern auch zu agieren. Sein Verhalten wird angemessener im größeren raum-zeitlichen Rahmen.[22] Doch kann dieser gedehnte, mittelbare Handlungsprozess auch dazu führen, dass die *Handlung ausbleibt* oder versandet. Eine weitere Gefahr liegt in einer *falschen Handlung*. Denn aus dem Abgrund zwischen Reiz und Reaktion erwächst nicht nur die *Freiheit* des Menschen, sondern auch die Möglichkeit zu *irren*.[23] Letztlich wurzelt die gesamte Kultur des Menschen in dem Umstand, dass ihm die vollkommene naturhafte Determination des Tieres und dessen instinkthaftes Eingefügtsein in die Natur fehlt. Denn für das Tier „denkt" die Natur mit. Der Mensch ist nur in seinen angeborenen, reflexhaften Reaktionen ganz Natur. Für sein überlegtes Handeln muss er die Verantwortung zum großen Teil „selbst" übernehmen – und dafür braucht er die Welt da draußen.

Das hochdifferenzierte Gehirn des Menschen, das sich im Laufe seiner Entwicklung mehr und mehr der genetischen, instinkthaften Festlegung entzogen hat, macht den Menschen – darauf werden wir noch genauer eingehen – offener und unbestimmter in seinen Handlungen. Anders ausgedrückt: die menschliche Natur mit ihrem hochentwickelten Gehirn braucht

---

[22] Weizsäcker, C. F. v. 1994, 176
[23] Aristoteles, Eth. Nic. 1111 a 29ff

mehr Information von außen als die tierische, um richtig, um adäquat handeln zu können.

Hier nun liegt die Achillesferse des Menschen. Die Außenwelt besitzt für ihn eine weit größere Bedeutung als für das Tier. Darum versucht er instinktiv, die ihn umgebende große Natur, in der er sich nur teilweise, nur physisch, verankert fühlt, auch als geistige Verbündete zu gewinnen. Wann genau der Mensch seinen Animalzustand durch wachsende geistige Leistungsfähigkeit verlassen hat, lässt sich möglicherweise nie ganz sicher datieren (siehe auch Kapitel „Kultur"), doch ist er bestimmt ganz Mensch mit dem Faktum seiner Freiheit, die so zur anthropologischen Grundbestimmung wird (R. Descartes (1596-1650), J.-J. Rousseau (1712-1778).

Menschliche Freiheit bedeutet zunächst nichts anderes als ein Losgelassen-Sein von der Natur. Sie beschert dem Menschen zwar neue, offene Möglichkeiten, aber auch ein In-die-Welt-Geworfen-Sein und eine Richtungslosigkeit, die eine Orientierung dringend nötig macht. Darum muss er die Richtschnur finden, die sein Handeln in der Weise lenkt, dass er dauerhaft bestehen kann. Denn sein Leben und Überleben sind für ihn der Inbegriff des Guten. Die Angst vor dem „Nicht-Sein" (M. Heidegger (1889-1976)[24] treibt ihn, sich *freiwillig* und unentwegt einem *selbst* gewählten *Gesetz* zu beugen. Es liegt folglich in seinem vitalen Interesse, das richtige Gesetz zu finden.

Das Gesetz, dem sich der Mensch freiwillig unterwirft, ist dann gut und richtig, wenn es ihm seine Existenz dauerhaft und unversehrt erhalten kann, also auch die ihm eigentümliche Freiheit bewahrt. Ohne seine Entscheidungsfreiheit – mag sie auch drückende Verantwortung bedeuten – ist er nämlich nicht mehr Mensch. Auch wenn er gezwungen ist, seiner Freiheit unentwegt

---

[24] Schischkoff, G. 1991, 219

Zügel anzulegen, muss dies *freiwillig* geschehen.[25] Überhaupt ist gerade der Freieste am meisten durch die ihn bestimmende Ordnung gebunden, die er sich selbst gibt.[26]

Und das ist nun ganz entscheidend: die Suche nach diesem Gesetz einerseits und die Qualität dieses Gesetzes andererseits schaffen und prägen die vom Menschen gemachte kulturelle Welt, ja weit mehr. Mit diesem Gesetz steht und fällt die Existenz des Menschen.

Jahrtausendelang findet der Mensch dieses Gesetz in der *Natur*. Von seinen Anfängen an bleibt sie ihm maßgebliche Orientierungsgröße, unantastbar und göttlich. Freiheit bedeutet, der Natur gehorchen. Hier liegt die Wurzel des kynisch-stoischen „secundam naturam vivere" („der Natur gemäß leben"). Denn der Begriff der Natur drückt etwas Letztes aus. Hinter sie kann nicht mehr zurückgegriffen werden. Sie trägt den Geheimnischarakter des Anfangs und Endes, des Urgrundes. Gerade damit stellt sie aber auch das Letzte dar, das befragt werden kann. Soweit sie Antwort gibt, ist diese Antwort endgültig, weil sie „natürlich", das heißt unmittelbar einsichtig ist und weil sie als von der Natur kommend eine Antwort aus den Urgründen bedeutet (Romano Guardini).

Darum sieht die früheste griechische Philosophie, die der ionischen Natur-Philosophen (6. und 5. vorchristliches Jahrhundert), in der Natur ein umfassendes Ganzes, das Prinzip der natürlichen Dinge und Vorgänge: „sei es als Anfang und Ende, Ursprung und Ziel, sei es als alldurchwaltendes Wesensgesetz."[27]

Auch für den griechischen Dichter Pindar (522 oder 518 - ca. 446 v. Chr.) verkörpert die Natur die ursprüngliche zentrale Macht. In seinen Werken steht sie für das „Angeborene...", das

---

[25] Ritter, J. 1972 Bd.2, 1069, 1070
[26] Aristoteles, Met. 1075 a 16ff
[27] Ritter, J.; Gründer, K. 1984 Bd. 6, 421

„aus eigner Kraft Gewordene...", „Unbeeinflusste... und Vortreffliche"; „damit wird sie zum Vorbild für den Menschen."[28] In der griechischen Antike ist die Natur das Maß aller Dinge und darum göttlich.[29]

Früh wird so auch die enge Beziehung der Freiheit zur *Religion* deutlich. Die Freiheit gründet in Gott und ist darum Gegenstand kultischer Verehrung. Denn nicht nur die Natur und ihr Gesetz sind göttlich, sondern auch die Freiheit, die sich diesem Gesetz beugt. In der Antike finden wir viele Hinweise dafür. Zu Sokrates (470-399 v. Chr.) im Kerker sprechen die „Gesetze als Gottheiten."[30] Freiheit bedeutet hier ein „Folge Gott."[31] Auch für Seneca (4. v. Chr. - 65 n. Chr.) ist es ein „königliches Vorrecht", im „Gott-Gehorchen unsere Freiheit zu sehen."[32]

Das göttliche Gesetz, dem der Mensch folgt, bewahrt ihm seine Freiheit. Denn die „Belehrung der Gottheit ist immer negativ" – „ein Warnen, Abraten".[33] Der Mensch wird nicht gezwungen, er kann das Notwendige freiwillig tun.[34]

Der eigenen beschränkten Natur in sich misstrauend versucht der Mensch diese zu zügeln. Der sokratische Freiheitbegriff verlangt, sich durch Selbstbeherrschung zu läutern, mit dem Ziel „vollendeter Autarkie" (Unabhängigkeit).[35] Die Kyniker entwickeln eine radikale Bedürfnislosigkeit. Antisthenes (um 440 v. Chr.) und mehr noch Diogenes von Sinope (bis 323 v. Chr.) sind die gesamte Antike hindurch Vorbilder für die Verwirklichung der

---

[28] Ritter, J.; Gründer, K. 1984 Bd. 6, 424

[29] Ritter, J.; Gründer, K. 1984 Bd. 6, 429

[30] Platon, Kriton 50 a ff

[31] Ritter, J. 1972 Bd.2, 1067

[32] Seneca, De vita beata 15, 7

[33] Platon, Phaidros 242, b/c

[34] Ritter, J. 1972 Bd.2, 1067

[35] Xenophon, Mem. IV, 8, 11

„inneren Freiheit durch völlige Unabhängigkeit von äußerlichen (Gewalt) wie innerlichen (Leidenschaft) Zwängen.“[36]

Wichtig ist auch, dass Freiheit in der Antike immer an die *politische Ordnung* gebunden ist, die sie erst gewährleistet. Als frei gilt nur, wer im eigenen Volk mit Ebenbürtigen lebt im Gegensatz zum „Kriegsgefangenen, der unter dem Feind als seinem Herrn in der Fremde Knecht sein muss.“[37]

Um es zusammenzufassen: die fundamentale Freiheit, die den Menschen als „Freigelassenen der Schöpfung“ erst schafft – nennen wir sie *anthropologische* Freiheit – ist mit dem Menschsein immer gegeben, auch dann, wenn der Mensch selbst in Ketten liegt. Sie bedarf eines selbstgewählten Gesetzes, dem sich der Mensch freiwillig (*individuelle* Freiheit) unterwirft. In diesem Sinne handelt jeder Mensch frei, für dessen Handlungen die Ursachen allein in ihm selbst liegen. Die individuelle Freiheit darf durch das den Menschen bestimmende Gesetz nicht angetastet werden.

Bis in die späte Neuzeit hinein liefert die Natur dieses menschliche Gesetz und bleibt damit regieführende Instanz. Das gilt auch für das Christentum, obwohl der Mensch hier schon einen zwiespältigen Platz einnimmt. Denn zum einen ist er von der Natur abhängig, darf aber auch über sie herrschen; zum anderen ist er gottähnlich, muss aber gleichzeitig Gott gehorchen. Eine Verschiebung im Verhältnis Mensch – Natur wird hier schon deutlich. „Dennoch bleibt die von Gott geschaffene Natur im Christentum ihrem Wesen nach immer gut und förderlich.“[38]

Die sich weiter entwickelnde Rationalität aber entfernt den Menschen immer mehr von seinen Wurzeln. Seine wachsende Reflexionsfähigkeit lässt ihn der Natur bewusster

---

[36] Epiktet, Diss. III, 24, 64ff
[37] vgl. Heraklit, DK 1, 162: B 53
[38] Ritter, J.; Gründer, K. 1984 Bd.6, 442

gegenübertreten. Die angstvolle Demut, mit der sich der archaische Mensch der gewaltigen Mutter Natur unterwirft, weicht nun einer distanzierteren und hochmütigeren Haltung ihr gegenüber. Aus der geplagten Kreatur der Urzeit, die in ihrer kindlich-mythologischen Weltdeutung natürliche Phänomene und Gewalten personifiziert und sie opfernd zu beschwichtigen sucht, wird ein siegessicherer Verstandesmensch, der die Natur nüchtern analysiert und sich untertan macht. Doch auch wenn der mächtiger werdende Mensch seine Abhängigkeit von der Natur nicht mehr als so unmittelbar empfindet wie in seinen Anfängen, bleibt sie ihm in Gestalt einer höheren geistigen Macht bis in die späte Neuzeit bewusst.

Erst ab dem 19. Jahrhundert glaubt der Mensch auf die regieführende Kraft der Natur verzichten zu können. Das neuzeitliche Weltbild, das sich bis zum 18. Jahrhundert im Rahmen eines mächtigen kulturhistorischen Umwälzungsprozesses herausbildet, unterscheidet sich fundamental von der christlich-mittelalterlichen Naturauffassung. Begreift die Scholastik die Natur noch als wunderbare und geheimnisvolle Schöpfung Gottes, die dem Menschen nur bedingt zur Verfügung steht, wird sie nun zum Gegenstand eines „grenzenlosen menschlichen Herrschaftswillens."[39] Die Natur verkommt zur bloßen „Umwelt," die dem Menschen in jeder Beziehung dienlich zu sein hat. Ihr Gesetz, allerdings, braucht er jetzt nicht mehr. Wir werden sehen, dass er dabei in höchste Bedrängnis gerät. Ohne jede transhumane Instanz handelt er nun nach seinem *eigenen Gesetz*.

Denn der menschliche Begriff der Wahrheit, der aus seiner Freiheit erwächst, verlangt nach einer Ausrichtung an raumzeitlich immer umfassenderen Prinzipien, um richtig zu handeln. Und die findet der Mensch nur in der Natur, der er darum Objektivität zuschreibt. Nur *mit* ihr kann er bestehen, nicht gegen

---

[39] Schiemann, G. 1996, 26

sie. Bei diesem komplexen Prozess geht es nicht um ein oberflächliches Nachahmen der Natur, sondern darum, menschliches Handeln in Einklang zu bringen mit der natürlichen Ordnung.

So wenden wir uns nun der *Natur* zu, die auch die Frage nach dem *Leben* enthält. Was kann sie uns lehren über den Menschen und sein Gesetz? Mit Hilfe naturwissenschaftlicher Forschung wollen wir versuchen, wesentliche Kriterien des Natürlichen zu verstehen.

Dabei beschränken wir uns darauf, die für unser Thema wichtigsten Fakten mehr oder weniger stichwortartig vorzustellen, weil naturwissenschaftliche Theorien heute allen gut zugänglich zur Verfügung stehen (über die Entwicklung der Naturwissenschaften, siehe Anhang).

Was ist Leben?

Es ist nun ganz entscheidend, dass wir verstehen, was Leben ist, was es erhält und was es gefährdet. Die Physik und die Biologie liefern uns die Theorien dazu, den „Zweiten Hauptsatz der Thermodynamik" und die „Theorie der Offenen dissipativen Systeme". Sie zeigen, wie dieses einzigartige Phänomen überhaupt möglich geworden ist auf unserem Planeten und wie unwahrscheinlich seine Existenz eigentlich ist. Besonders menschliches Leben gleicht einem „Turmbau zu Babel", der schneller stürzen kann als wir ahnen. Erst wenn wir dieses Phänomen begriffen haben, werden wir auch Gefahren erkennen, wo wir sie bisher nicht vermutet haben.

Das Wichtigste sofort: Alles Leben tritt nur örtlich begrenzt auf, nur als Insel, und es verkörpert höchste Ordnung. Leben ist also eine Insel von Ordnung in einem Meer von Unordnung. Das gilt für Pflanze, Tier, Mensch, für jede andere Art. Dabei handelt es sich nicht um irgendeine Ordnung, sondern um eine ganz besondere Ordnung, die ein System erst zu einem lebendigen macht. Diese Ordnung in ihrem Insel-Dasein stellt auch nichts Festes dar, sondern lässt sich mit einer stehenden Welle vergleichen, ständig im Wandel und immer in Gefahr zu vergehen. Darum muss diese Ordnung ununterbrochen um ihren Erhalt kämpfen, denn ohne ihre hochgeschraubte, filigrane Strukturiertheit stirbt sie. Leben ist also die Strategie eines hochkomplexen Systems, seine Identität auf Dauer zu bewahren, also zu überleben: als Individuum, als Population, als Spezies, in einer Vielzahl von Formen, unter allen Umständen und in einer ständig sich wandelnden Umwelt.

Auch die Nahrung dieses Systems ist nicht beliebig. Es kann nur am Leben bleiben, wenn ein nie versiegender Strom ganz besonderer Energie, Information oder komplexer Ordnung es ständig durchfließt. Erwin Schrödinger drückt das ganz lapidar aus: „Leben frisst Ordnung". Im Kapitel „Information und Komplexität" werden wir zeigen, dass „Energie" und „Ordnung" mit „Information" gleichzusetzen sind. Darum formuliert Konrad Lorenz es anders: „Leben frisst Information". Wird diese Zufuhr unterbunden, stirbt das System.

Es soll auch deutlich werden, dass Leben ein durch und durch natürliches Phänomen darstellt. Weil wir vor allem anderen die Natur befragen und nicht die Philosophen, müssen wir die Welt nicht spalten. Die Vorstellung von der materiellen Einheit der Welt charakterisiert die Evolution als *ein* Kontinuum, das einen Dualismus von Geist und Materie nicht zulässt.

Einheit der Natur

Folgendes ist nun wichtig: alles, was wir wahrnehmen, ganz gleich, was es nun sein mag, ist aus den immer gleichen Bausteinen „gemacht" und unterscheidet sich nur durch die Art, wie diese Bausteine zusammengesetzt sind, also durch den strukturellen Aufbau – mit anderen Worten: Das „Was" steckt im „Wie". Damit kommt der Struktur, der Ordnung die entscheidende Bedeutung zu. Nun etwas genauer:

Die Quantenmechanik bestätigt die Vorstellung von einer materiell *einheitlichen* Welt, die als ein einziger Zustand begriffen werden muss und nicht als Summe von Teilzuständen:[40] Alles hängt mit allem zusammen. Ihre Entstehung verdankt die Welt – dieser Gedanke findet sich schon bei Aristoteles (384-322 v. Chr.) – einer immer differenzierteren Formung der Materie.[41] Alle ihre Schichten sind Organisationsformen der Materie. Sie haben sich im Laufe der Evolution des Universums eine aus der anderen entwickelt bis hin zu Gehirnleistung und Bewusstsein.[42] Dabei kann man von einer konventionellen Schichteneinteilung der Natur ausgehen: Atome, Moleküle, Zellen, Organismen, Sozialsysteme.[43]

Materie muss als Satz von Prozessen auf dem Boden für uns zufälliger Elementarereignisse aufgefasst werden. Sie bedeutet Energie, mehr Kraft als Stoff. Struktur soll darum nicht nur räumlich verstanden werden, sondern vielmehr als Dynamik von *Prozessen.*[44] So erscheint das Elektron als ein sich wellenartig verdichtendes Erwartungsfeld, ein Intensitätsfeld ohne feste Umrandung. Wenn Materie zerlegt wird, bleibt Potentialität übrig.

---

[40] Dürr, H.-P. 1989, 38
[41] Aster, E. v. Bd.108 1954, 97
[42] Vollmer, G. 1994, 86; vgl. Schriefers, H. 1982
[43] Weizsäcker, E. v. 1974, 10
[44] Schriefers, H. 1982, 129

In ihrer letzten Konsequenz zeigt sie sich als *Form* im Sinne von Beziehungsstrukturen.[45] Substanz entpuppt sich als vielfältig überlagerte, gespeicherte Form.[46] So liegt die Fähigkeit, Strukturen zu bilden, in der Materie begründet.[47]

Um es nochmal zu betonen: Alle phänomenalen Unterschiede, die wir wahrnehmen, leiten sich aus ihrer raum-zeitlichen Struktur ab, d.h. auch belebte und unbelebte Materie unterscheiden sich „nur" durch ihre Struktur.[48] Leben ist also Ausdruck einer hochkomplexen Struktur bzw. Ordnung. Damit liegt in der *Form*, *Struktur*, in der *Ordnung* des Bestehenden der Schlüssel zum Verständnis dieser Welt und das auf allen evolutionären Stufen, angefangen von der mikrokosmischen Welt bis hin zur geistig-kulturellen Ebene. Das kann nicht oft genug betont werden.

Die Entwicklung des Universums vom sogenannten Urknall an entspricht einem Prozess fortwährender *Ausdifferenzierung* und Strukturierung: Das anfängliche energetische Möglichkeitsfeld gerinnt zum Faktischen, zu immer neuen Objekten höherer Ordnung und geringer raum-zeitlicher Symmetrie.[49] Die zeitliche Abfolge dieser Realisierung von Möglichkeiten bezeichnen wir als *Evolution*.[50] Dieser evolutionäre Prozess verbindet alle Entwicklungsstufen miteinander, vom Ursprung des Kosmos an über die Entstehung von Galaxien und Planetensystemen bis hin zur Bildung der Erde, der Biosphäre, des Menschen und seiner überindividuellen kulturellen Gemeinschaften.[51] Vom Urknall („Quantenchaos") an entwickelt sich ursprüngliche Potentialität hin zu immer höherer Differenzierung.

---

[45] vgl. Dürr, H.-P. 1989 28-46; Vortrag 1996
[46] Weizsäcker, C. F. v. 1992, 343
[47] Dürr, H.-P. 1989, 28-46; Vortrag 1996
[48] Dürr, H.-P. 1989, 28-46; Vortrag 1996
[49] Dürr, H.-P. 1989, 39, 41; Vortrag 1996
[50] Dürr, H.-P. 1989, 39
[51] Schriefers, H. 1982, 132

Als evolutionärer Motor erweist sich darum die *Differenz*. Aus dem anfänglich homogeneren Möglichkeitsfeld entstehen auf Grund von Dichteunterschieden schließlich Strukturen.[52] Unter*scheidungen*, Grenzen liegen jeder Differenz und jeder Differenzierung zugrunde. Es entwickelt sich ein immer komplexeres und weiter verzweigtes „objekthaftes Skelett", „das der Wirklichkeit im Verlauf ihrer Evolution" eine „festere" und „differenziertere" Gestalt „verleiht".[53]

Ganz entscheidend dabei ist die *System-*, ist die *Gestalt*bildung. Das kann ebenfalls nicht oft genug betont werden. Als kardinale Konstante bestimmt sie diese Entwicklung.[54] Gestalt*wachstum* in all seinen Facetten prägt so nicht nur das organische Leben, obwohl es sich hier am großartigsten zeigt.[55] Immer gilt, dass Gestalt als Form*speicher* verstanden werden muss. Auf ursprünglicher natürlicher Gestalt wächst kulturelle Gestalt, von der Zelle über den Organismus, die Sippe bis hin zum Volk und zu viele Völker einenden Systemen. Wir werden im Folgenden Gestalt, System und Einheit, später auch Gemeinschaft synonym gebrauchen.

Leben, auf unserem Planeten seit ungefähr vier Milliarden Jahren, tritt immer systemisch in Erscheinung und verkörpert höchste Ordnung, die unerbittlich darum kämpft, die eigene Identität zu erhalten, sei es nun als Zelle, Individuum oder Population und das in einer ständig sich wandelnden Welt. Elemente und Beziehungen des Systems hängen nicht nur von dessen augenblicklichem Zustand ab, „sondern weit mehr von seiner Entwicklungskette bis zum Ursprung des Lebens, ja des Weltalls".[56]

---

[52] Dürr, H.-P. 1989, 28-46; Krieger, D. J. 1998, 11; vgl. Fritzsch, H. 1994
[53] Dürr, H.-P. 1989, 40
[54] Weizsäcker, C. F. v. 1994, 34
[55] Weizsäcker, C. F. v. 1994, 34
[56] vgl. Schriefers, H. 1982

Da lebende Systeme nichts Festes darstellen, sondern als *Prozess* gesehen werden müssen, sind sie wie stehende Wellen. So setzt sich, zum Beispiel ein Organismus nicht von Beginn an bis zum Ende aus den gleichen Bestandteilen zusammen. Seine in der Zeit wachsende Form speichert eine ungeheure Fülle nicht mehr rekonstruierbarer Ereignisse. Denn keine Funktion hat das Leben so ausgebaut wie seine Lernfähigkeit. Konrad Lorenz (1903-1989) nennt das Leben und damit die Evolution darum auch „erkenntnisförmig" – „gnoseomorph". Erkenntnis oder Wissen bedeuten letztlich eine Anhäufung von Information und damit von Form, denn Information kann auch als eine Maßzahl für die Menge von Form, von Gestalt verstanden werden.[57] Je mehr Form in einem System steckt, desto komplexer ist seine Ordnung und desto größer sein Informationsgehalt. Doch darauf werden wir noch genauer eingehen.

Dieses Wissen nun findet seinen Niederschlag im *Genom*, dem haploiden Chromosomensatz, und den in ihm lokalisierten Genen. Wie alle Lebewesen verfügt der Mensch über dieses *Vorwissen*, das von Generation zu Generation *weitergegeben* wird. Ohne Weitergabe von Wissen, ohne *Tradierung* ist Leben nämlich nicht möglich. In chemischer Sprache, durch die Folge von vier Grundbausteinen verschlüsseln diese Moleküle die Information für den Aufbau und zum wesentlichen Teil auch für das Verhalten des Organismus; doch nicht bis ins letzte Detail. Nur das Thema wird vorgegeben, die genaue Ausgestaltung entwickelt der wachsende Organismus im Zusammenspiel mit seiner *Umwelt*.[58] Der syntaktische Aspekt der genetischen Information beschreibt nur die Folge der einzelnen Bausteine eines Erbmoleküls; die Semantik jedoch, äußert sich gerade in ihrer besonderen Anordnung, so dass die Form die Funktion bestimmt.

---

[57] Weizsäcker, C. F. v. 1989, 24
[58] Haken, H. 1995, 10

Wie jeder Organismus wird auch der Mensch repräsentiert durch sein Genom. In ihm sind alle Erfahrungen gespeichert, die der Mensch und seine Vorfahren im Disput mit der Umwelt erworben haben. Es ist das System, das uns mit allem, was lebt, greifbar verbindet. Das Eins-Sein der Lebewesen hat einen dinglichen Grund. Das Genom enthält Informationen über Weltzusammenhänge und stützt – mit anderen Worten – eine erkenntnistheoretisch *realistische* Position: Die Welt reicht durch uns hindurch und wenn wir die Welt beurteilen, dann beurteilen wir unseresgleichen (s. Anhang: Erkenntnistheorie).

Dadurch, dass die Organismen mit den Dingen der Außenwelt in Berührung gebracht werden und sich an ihnen reiben, lassen sie sich von ihnen beeindrucken und nehmen sie so zur Kenntnis. Bei diesem Vorgang der Anpassung empfängt der Organismus *Informationen* über seine Umwelt, im wahrsten Sinne des Wortes. Dies geschieht auch, wenn Signale unser Gehirn erreichen, doch darauf kommen wir noch zurück.

Von allen tastenden Versuchen, der Welt zu genügen, müssen solche erhalten werden, die Erfolg haben. Da aber das Leben auf jeder Stufe der Evolution nur so viel Information über seine Umwelt in sich aufgenommen hat, wie es zum Überleben braucht, ist es nicht imstande, die ganze Wirklichkeit zu erfassen. Unser Weltbild enthält keine Information über Zusammenhänge, die für uns nicht überlebensnotwendig gewesen sind. Diese bleiben uns entweder verborgen oder unanschaulich, wie zum Beispiel der Welle-Korpuskel-Dualismus. Alle unsere Vorfahren sind in einem Mesokosmos, an einer Welt mittlerer Größe, ausgebildet worden.[59] Die uns angeborenen Formen der Anschauung haben sich stets an jenen mittleren Dimensionen bewähren müssen, die eben näherungsweise wie eine lineare Zeit und ein davon unabhängiger dreidimensionaler euklidischer Raum erscheinen. Das vierdimensionale Raum-Zeit-Kontinuum, dessen wirkliches

---

[59] Vollmer, G. 1994, 161, 162

Vorhandensein wir auf Grund von Berechnungen annehmen müssen, ist in seiner kosmischen Dimension kein Lebensproblem irgendeines unseres Vorfahren gewesen. Das für uns unerreichbare „Ding an sich" steht darum nicht hinter unserer Wirklichkeit, sondern wäre eher eine allwissende Rundumsicht der Wirklichkeit, die unsere Beschränktheit nicht zulässt. Doch der uns zugängliche Teil, mag er auch klein, oberflächlich, einseitig und oft falsch sein, ist wirklich (s. Anhang: Erkenntnistheorie).

Dem genetischen Wissen der Lebewesen gesellt sich schließlich das *synaptische* Gedächtnis eines zentralisierten Nervensystems (Gehirn) hinzu. Der Mensch kann so Augenblicksinformationen verarbeiten und speichern, aus den heute gemachten Erfahrungen lernen und sie bei der Problemlösung von morgen nutzen.[60] Durch das Zusammenspiel von Genom und Gehirn gelingt es dem Organismus, immer mehr Information zu sammeln und sich weiter zu formen, zu differenzieren. „In zunehmend rascherer Folge schafft Komplexität" „neue, höhere Komplexität".[61] Schließlich entwickelt sich durch immer weitere Reflexion eines Individuums sein Bewusstsein.

Es wird deutlich, dass Evolution Schritt für Schritt, Stufe um Stufe radikal Neues schafft, das auf die Eigenschaften der darunterliegenden Schichten nicht rückführbar ist, obwohl es sich aus bekannten Elementen und im Rahmen der bestehenden Naturgesetze entwickelt hat. Wir sprechen von *Emergenz*. Für Chemiker stellt dieses Phänomen nichts Ungewöhnliches dar. Verschmelzen beispielsweise drei Heliumatome stufenweise miteinander, wie das in Sternen passiert, so entsteht dabei nicht etwa ein Superhelium im Sinne eines additiven Effektes. Es entsteht vielmehr etwas völlig anderes: Das Kohlenstoffatom. Obwohl es keine anderen Bauelemente enthält als die

---

[60] Schriefers, H. 1982, 134, 135
[61] Schriefers, H. 1982, 135

Heliumatome, aus denen es hervorgegangen ist, bringt die spezifische Kombination dieser Bauelemente etwas hervor, das nichts, aber auch gar nichts mehr mit dem Edelgas Helium zu tun hat: Eine neue Form höherer Komplexität mit ganz neuen Eigenschaften.[62]

Als wichtige emergente Ereignisse in der Geschichte des Universums können sicher die Entstehung der Elemente, des Lebens, des Gehirns, des Bewusstseins und der Sprache gesehen werden.[63] Alle mentalen Zustände und Prozesse sind emergent in Bezug auf die Zustände und Prozesse der zellulären Komponenten des Zentralnervensystems.[64]

Wir haben einige wichtige Grundlagen natürlicher Prozesse beschrieben. Doch interessiert uns vor allem die Biosphäre, die Ordnung des Lebens als die komplexeste Spielart der Natur. Will man sie verstehen, ist das nicht möglich ohne den „Zweiten Hauptsatz der Thermodynamik."

---

[62] Schriefers, H. 1982, 49
[63] Popper, R. K.; Eccles, J. C. 1977, 383-385
[64] Schriefers, H. 1982, 139

Warum ist der Zweite Hauptsatz der Thermodynamik so wichtig?

Wesentlich ist nun folgendes: Leben verhält sich wie ein Strom, der aufwärts fließt. Das gilt für die gesamte Biosphäre, also auch für den Menschen.

Wie schafft es nun dieses filigrane, höchst geordnete, wacklige Gebilde am Leben zu bleiben, und das in einem Meer von Unordnung, Wandel und Tod? Denn wir dürfen nie vergessen, dass Unordnung für ein Lebewesen Tod bedeutet. Wie ist Leben überhaupt möglich in einer Welt, die eigentlich dem Untergang geweiht ist, weil Naturgesetze wie der „Zweite Hauptsatz der Thermodynamik" das so vorschreiben?

Der Trick, den das Leben dabei anwendet, ist dieser: Zunächst begrenzt es sich räumlich, es schützt sich durch eine Grenze. Dabei handelt es sich um eine sehr raffinierte Grenze, denn sie ist halboffen: einerseits genügend geschlossen, um das Bestehende bewahren und schützen zu können, andererseits aber auch genügend offen für den überlebensnotwendigen Austausch mit der Welt. Denn es muss nicht nur informationsreiche Ordnung aufgenommen, sondern auch die ständig im System anfallende Unordnung ausgegrenzt werden. Dabei gibt es eine weitere Schwierigkeit: Es genügt nämlich nicht, die laufend anfallende Unordnung loszuwerden, denn auch dann gelingt es dem System nicht mehr, gegen den Strom zu schwimmen. Um aber nicht zurückzutreiben, wird es seine Ordnung weiter steigern und sie immer noch feiner und komplexer ausbauen. Darum muss das System haushalten und die immer begrenzte Information, die ihm zur Verfügung steht, so ökonomisch wie möglich einsetzen. Wir werden feststellen, dass diese ökonomische Enge auch dazu führt, dass das Lebewesen eine geniale Ordnung erfindet, seine ganz besondere Ordnung, die wir uns noch genauer anschauen werden.

Doch zuvor erklären wir den „Zweiten Hauptsatz der Thermodynamik" etwas genauer.

„Thermodynamik ist eine Theorie, die makroskopische Phänomene beschreibt."[65] Sie enthält Gesetze, nach denen sich Energieumwandlungen vollziehen. Thermodynamik beruht auf Erfahrungstatsachen. Da alle Versuche, ihre Aussagen zu widerlegen, vergeblich gewesen sind, gelten sie unangefochten als *„Grundgesetz des gesamten Naturgeschehens"*.[66]

„Die Energie der Welt ist konstant" (Aussage des „Ersten Hauptsatzes der Thermodynamik").

„Die *Entropie* strebt einem Maximum zu" (Zusammenfassung des „Zweiten Hauptsatzes der Thermodynamik").[67] Entropie ist – vereinfacht ausgedrückt – das naturwissenschaftliche Maß für „Unordnung" oder besser, da es sich um Prozesse bzw. dynamische Systeme handelt, für die „Unfähigkeit zu geordneter Veränderung".[68]

Etwas genauer: Bei allen Naturprozessen wird Energie übertragen. Dabei tritt immer ein Betrag nicht verwertbarer Energie auf, der meist in Form regelloser Wärme, der Energieform geringster Ordnung, abgegeben wird. Er macht den Vorgang unumkehrbar. Und diesen, bei *allen* Energieumwandlungen entstehenden Betrag an nicht mehr nutzbarer Energie nennen wir *Entropie*, weil er das Geschehen irreversibel macht und ihm damit eine eindeutige Richtung gibt (griech. „trepein": „eine Richtung geben"). Folglich sind alle Naturprozesse unumkehrbar, alle haben sie eine bestimmte Richtung, alle verlaufen sie im Sinne

---

[65] Wehrt, H. 1974, 117
[66] Wehrt, H. 1974, 117
[67] Wehrt, H. 1974, 117
[68] Weizsäcker, E. v. 1974, 13

einer Entropiezunahme. Sehr einfach beschrieben, sagt das der Zweite Hauptsatz der Thermodynamik aus.[69]

Mit anderen Worten: Die Unordnung wächst. Das bedeutet, dass „geordnete, also entropiearme Zustände unwahrscheinlich sind und ungeordnete, entropiereiche Zustände wahrscheinlich. Demnach entwickeln sich alle Naturprozesse in Richtung auf wahrscheinlichere Zustände, in Richtung auf Zustände geringerer Ordnung. Zeit ist insoweit Wirklichkeit, als sie mit Entropiewachstum verbunden ist."[70]

Dieses Gesetz nun scheint für die *Evolution* nicht zu gelten; denn die schafft auf unserem Planeten einen hohen Grad an Ordnung. Das zeigt sich besonders in der organischen, also belebten Natur, deren Struktur ein Höchstmaß an Differenziertheit und Komplexität erreicht. „Alles, was war, ist und sein wird, ist das Produkt einer zeitlichen und hierarchischen Sequenz von Ereignissen, die wir eine evolutionäre Sequenz nennen, weil sie von der Gestaltlosigkeit zur Gestalt, vom Wahrscheinlichen zum Unwahrscheinlichen, vom Einfachen zum Komplexen führt. Jeder Schritt, der getan wird, ist abhängig von der Ereignisfolge der Vergangenheit bis hin zur Geburtsstunde des Universums: Kein Schritt geplant, jeder jedoch angesichts der offenen Zukunft möglich, nur nicht der zurück."[71] Folglich scheint Evolution dem „Zweiten Hauptsatz der Thermodynamik" zu widersprechen, der eine Zunahme der Unordnung prophezeit.

Doch das ist nicht der Fall, auch Evolution beruht auf Entropiewachstum, auf einer Zunahme der Unordnung. Wir müssen allerdings sehen, dass die Ordnung – E. Schrödinger nennt sie auch „Negentropie,"[72] H.-P. Dürr, „Syntropie," – die das Leben schafft, immer nur *lokal*, d.h. *räumlich begrenzt* möglich

---

[69] Wehrt, H. 1974, 118; Schriefers, H. 1982, 91
[70] Schriefers, H. 1982, 91, 92
[71] Simpson, G. G. 1968, 21: 425
[72] Schrödinger, E. 1951, 101

ist, und zwar in Systemen besonderer Art, die wir *„Offene Systeme"* nennen, weil sie ständig mit ihrer Umgebung Materie, Energie, Information austauschen und die dabei immer entstehende Entropie bedingungslos ausgrenzen.

Aber nicht nur Zellen und Organismen sind „Offene Systeme", sondern auch soziale Systeme gehören dazu; auch sie stehen in Wechselwirkung mit ihrer Umgebung. Es gibt auch einfachere „Offene Systeme". „Streng genommen scheint es abgeschlossene Systeme überhaupt nicht zu geben oder zumindest könnten wir über sie mangels Wechselwirkung nichts aussagen."[73]

Dennoch wollen wir uns hier ausschließlich den *lebendigen Systemen* zuwenden, also Organismen und kulturellen Systemen, weil sie auf die Zwänge des „Zweiten Hauptsatzes der Thermodynamik" mit einer sich selbst organisierenden, immer komplexeren Ordnung antworten und damit dem Tod entgehen können. Diese Strategie ist einzigartig in der Evolution.

Die *Zelle*, Grundelement allen Lebens, gilt als Musterbeispiel für ein „Offenes System". Die Komplexität ihres Aufbaus lässt sich kaum ermessen, was molekular dahintersteckt, kann man nur erahnen. Sie stellt ein höchst geordnetes, höchst unwahrscheinliches, also entropiearmes Gebilde dar. Dies wird möglich, weil sie als „Offenes System" ihrer Umwelt „energiereiche und entropiearme Moleküle, nämlich Nährstoffe, entreißt, die in ihnen enthaltenen Beträge an freier Energie im Verlauf des Nährstoffabbaus entbindet und nutzt und das", was sie nicht verwerten kann, „an die Umwelt abgibt". Damit entledigt sie sich jener Energie, die bei allen Stoffumwandlungen zwangsläufig auftritt, nicht genutzt werden kann und nichts weiter bewirkt, „als regellose Wärmebewegung und damit Unordnung zu stiften." Auf diese Weise rettet sich die Zelle vor dem „Chaos einer Zufallsverteilung ihrer Moleküle", also dem Tod, weil die

---

[73] Weizsäcker, E. v. 1974, 10

Entropie, die sie unentwegt produzieren muss, ständig nach draußen abgegeben wird. Sie folgt aufs Genaueste dem „Zweiten Hauptsatz der Thermodynamik," ohne seinen tödlichen Folgen zum Opfer zu fallen.[74] So verhält sich jedes lebendige System, gleich welcher Größe: Zellen, Organismen und *kulturelle Systeme*.

Weil aber alle lebendigen Systeme die Umwelt nötiger brauchen als jedes andere System, nennt man sie auch „Offene dissipative Systeme". „Dissipation" (lat.: Zerstreuung) bedeutet, dass sie ständig „durchflossen" werden müssen von einem Strom an Energie bzw. Information aus ihrer Umwelt, um ihre Ordnung aufbauen und damit ihr Leben erhalten zu können. Dieses lokale Ordnungswachstum aber bezahlen sie *immer* mit einer Zunahme an Unordnung in ihrer Umwelt, weil sie diese unerbittlich ausgrenzen müssen.[75] „Offene Systeme" müssen also nicht nur ihre innere Ordnung aufrechterhalten, sondern diese auch steigern von Zuständen niederer Ordnung und geringer Komplexität hin zu Zuständen höherer Ordnung und größerer Komplexität.

Woher stammt nun die erstaunlich geringe Entropie unserer gesamten Biosphäre einschließlich unserer Nährstoffe, von denen alle lebenden Systeme in unserer Biosphäre leben? Auch wir Menschen sind Gebilde kleinster Entropie. In einer Welt, in der, laut dem „Zweiten Hauptsatz der Thermodynamik", die Unordnung wächst, stellen sie ein Rätsel dar. Was hat die Entropie unserer Welt in der Vergangenheit so vermindert?[76]

Nun, unsere niedrige Entropie stammt von der *Sonne*, genauer, von der Struktur ihres Lichtes. Die Sonne ist *die* mächtige Ordnungs-Quelle dieser Welt. Sie versorgt die Erde mit Energie von relativ *niedriger* Entropie (wenige hochenergetische Photonen des sichtbaren Lichts). Die Erde und all ihre Bewohner *speichern* diese Energie nicht, sondern strahlen sie – nach einiger

---

[74] Schriefers, H. 1982, 95
[75] Schriefers, H. 1982, 96
[76] Penrose, R. 1991, 310

Zeit – wieder vollständig in den Weltraum ab. Allerdings wird die Energie in Form *hoher* Entropie abgegeben, also ungeordnet, nämlich als sogenannte Wärmestrahlung (viele niederfrequente Infrarot-Photonen). Es ist also *nicht* so, dass unsere Erde und Biosphäre von der Sonne mit Energie versorgt wird, denn die wird vollständig wieder an das All abgegeben. Was die Erde und ihrer Biosphäre tatsächlich vom Sonnenlicht behalten, ist seine Ordnung, während sie die entstehende Unordnung wieder abgeben.[77]

Wir müssen einen permanenten Durchfluss entropiearmer Energie aufrechterhalten, der uns hilft, am Leben zu bleiben. Das bedeutet, dass wir im ständigen Kampf gegen die ununterbrochen *wachsende* Entropie nur bestehen können, wenn wir die anfallende Unordnung in uns ständig ausgrenzen und so viel wie möglich von der zugeführten, entropiearmen Energie nutzen, unsere Differenziertheit weiter zu steigern.

Die niedrige Entropie unserer Nahrung, der *Pflanzen*, die wir direkt oder indirekt über tierisches Fleisch zu uns nehmen, stammt ebenfalls von der Sonne. Pflanzen spalten nämlich das aus der Luft aufgenommene Kohlenstoffdioxid mit Hilfe des Sonnenlichts in Sauerstoff und Kohlenstoff und bauen mit Hilfe des Kohlenstoffs ihre eigene Substanz auf. Den Sauerstoff geben sie an die Umgebung ab. Pflanzen ernähren sich also von Kohlendioxid und je mehr Pflanzen, desto weniger Kohlendioxid. Eine Tatsache, die in der heutigen Klimadiskussion kaum Beachtung findet. Dieser Prozess, die *Photosynthese*, vermindert die Entropie deutlich. Durch Rekombination des Kohlenstoffs der Pflanzen mit dem eingeatmeten Sauerstoff profitieren wir selbst von dieser niedrigen Entropie. Die dabei entstehende Energie wird ungeordnet, also in Form hoher Entropie (Wärme, Kohlendioxid, Ausscheidungen) wieder abgegeben. So können wir die Entropie unseres Organismus klein halten und unsere komplexe Ordnung

---

[77] Penrose, R. 1991, 311, 312

retten, ja sogar steigern.[78] „Wir alle leben letztlich von der niedrigen Entropie der Sonne, die wir uns (über die Geschicklichkeit der Pflanzen) zunutze machen. Dabei verbrauchen wir nur einen sehr kleinen Teil dieser niedrigen Entropie und wandeln ihn in die komplexen Strukturen unserer Organismen um."[79]

Der Frage, warum die Sonne eine Quelle niedriger Entropie ist, wollen wir nicht weiter nachgehen. Doch hängt dieser Umstand damit zusammen, dass sich der „Himmel in einem Zustand des *Temperatur-Ungleichgewichts* befindet und eine kleine Himmelsregion, die der Sonne, sehr viel heißer ist als der Rest."[80] „Auf diese Weise wird sie zur Quelle der von uns benötigten niedrigen Entropie."[81]

Sehr wichtig ist noch, dass „Offene Systeme" *Nicht-Gleichgewichtssysteme* sind. Da sie immer einen Zufluss und einen Abfluss besitzen, bilden sich in ihnen stationäre Zustände weitab vom Gleichgewicht aus. „Solche Zustände sind immer gestaltreich: denken wir nur an die beiden schönen Springbrunnen vor Sankt Peter in Rom. Für sie gilt: die Entropiemenge, die pro Zeiteinheit im System erzeugt wird, also die Entropieproduktion, hat einen Minimalwert."[82]

„Entropieschwankungen beeinflussen dieses System. Steigt die Entropieproduktion, also die Unordnung innerhalb des Systems, fällt es nach ihrem Abklingen wieder in seinen bisherigen stationären Zustand zurück. Sinkt aber die innersystemische Entropieproduktion, zerstört das den gegenwärtigen stationären Zustand; das System organisiert sich neu und erreicht einen anderen stationären Zustand. Dieser kann immer nur ein

---

[78] Penrose, R. 1991, 311
[79] Penrose, R. 1991, 312
[80] Penrose, R. 1991, 313
[81] Penrose, R. 1991, 313
[82] Schriefers, H. 1982, 96

komplexerer sein von geringerer Entropie."[83] „Evolution bildet so eine ununterbrochene Folge von Instabilitäten, *Fluktuationen*, die letztlich von der quantenmechanischen Unschärfe herrühren."[84]

Das Entscheidende wollen wir zusammenfassen: Alle lebendigen Systeme, die selbst höchste Ordnung verkörpern, leben von *Ordnung*,[85] wobei sie höherkomplexe (entropiearme) aufnehmen und weniger komplexe (entropiereiche) ausgrenzen. Innerhalb der Biosphäre kann die Entropie des einen Systems einem anderen als Zufuhr dienen, weil die Ordnungszustände der einzelnen Systeme unterschiedlich sind.

Darum muss – und das ist nun entscheidend – jedes lebendige System das *bewerten*, was es aufnimmt, denn diese Zufuhr muss es in die Lage versetzen, seine eigene Ordnung nicht nur aufrechtzuerhalten, sondern auch zu steigern. Folglich darf der Ordnungs- bzw. Informationsinput niemals beliebig sein. Er zeigt sich dem Menschen als Sonnenlicht, als Sauerstoff, als Wasser, Nahrung und als Nähe zu Pflanzen, zu Tieren und anderen Menschen. Doch braucht er ihn nicht nur als physische Nahrung, sondern auch als geistige; doch darauf kommen wir noch zurück.

Die Bedingungen der Entropie zwingen demnach jedes „Offene dissipative System", also auch den Menschen, zu weiterer *Differenzierung*, um sich selbst zu erhalten. Das bedeutet, dass er eine immer komplexere Ordnung schaffen und sein Wissen vermehren muss, um das Chaos, das dieser Lebens-Prozess als Abfall produzieren muss, ausgrenzen zu können.[86] Lokale Ordnung eines lebendigen Systems bildet so das Gegengewicht zur wachsenden Entropie außerhalb des Systems.

---

[83] Schriefers, H. 1982, 96
[84] Schriefers, H. 1982, 96
[85] Schrödinger, E. 1951
[86] Riedl, R. 1994, 301

Im Folgenden gehen wir auf die Ordnung des Lebens etwas genauer ein. Sie ist ein genialer Wurf der Evolution, ohne sie kein Leben.

Auf diese Ordnung kommt es an

In unserem Kosmos gibt es kein Phänomen, dessen Gehalt an Ordnung dem der Lebenserscheinungen nahekäme; und es gibt keine Lebenserscheinung, die nicht selbst auf einem ungeheuren Gebäude von Ordnung beruhte. Leben ist Ordnung schlechthin. Und diese Ordnung ist eine ganz besondere, sie verkörpert sehr viel Information, sie enthält sehr viel Wissen. Darauf kommen wir im nächsten Kapitel zurück.

Normalerweise bezeichnen wir vielfach das als Ordnung, was hohe Regelmäßigkeit aufweist. So scheinen uns die Atome in einem einatomigen Einkristall geordneter zu sein als etwa die Atome in einer DNA-Doppelhelix. Doch höhere, lebendige Ordnung wird zunehmend asymmetrischer. Eine DNA-Doppelhelix beispielsweise besitzt einen höheren Ordnungsgrad als ein regelmäßiges Einkristall, weil in ihr eine hochkomplexe Information steckt. Darum sind solche Systeme asymmetrisch,[87] wie eben auch das DNA-Molekül.[88]

Denn das Leben kann die ständig wachsende Unordnung nur in Schach halten, wenn die eigene Ordnung ebenfalls wächst. Weil aber die zugeführte Information immer begrenzt ist, muss sich ein lebendiges System *höchst ökonomisch* verhalten, diszipliniert beschränkt es zunächst sich selbst; dann speichert es alle bisherigen, bewährten Informationen und ordnet sie hierarchisch. Folglich ist Leben immer räumlich begrenzt, hierarchisch strukturiert und baut immer auf tradierter Information auf, um sich *weiter differenzieren* zu können.

Nun etwas genauer:

Begreift man die Welt als ein Ineinander evolvierender Systeme, lässt sich eine kosmische von einer planetaren, eine

---

[87] Dürr, H.- P. 1989, 43
[88] Dürr, H.- P. 1989, 43

biologische von einer psychosozialen Evolution unterscheiden.[89] Diese Entwicklung zeigt eine Abnahme der Größe der Raum-Zeit-Skala und einen gleichzeitigen Anstieg der Komplexität. Mit anderen Worten: Die Systeme werden kleiner, kurzlebiger, aber komplexer.

Denn Struktur bedeutet nicht nur *räumliche Begrenztheit*, sondern setzt sie auch voraus.[90] Ordnung erwächst also nur aus einer „Verengung der Wirklichkeit".[91] Die vielzitierten „Grenzen des Wachstums" werden durch die Evolution der Struktur überwunden.[92] Darum verbindet der *Gestalt- oder System*charakter alle Materieorganisationen miteinander.

Ein System stellt eine Einheit aus Teilen dar, die miteinander verbunden sind. Diese Bindung konstituiert eine Grenze, die das System von seiner Umwelt trennt. Ordnung schafft Grenzen. Lebendige Systeme sind darum durch eine vielfältige Kompartimentierung und Grenzziehung charakterisiert. Gleichzeitig erkennt man Ordnung als eine Eigenschaft des Zusammenhangs, denn die Struktur eines Systems wird weniger durch seine Elemente repräsentiert als durch ihre Beziehungen untereinander. In lebenden Systemen sind diese Beziehungen dynamischer Natur, hier ist Struktur ein raum-zeitlicher *Prozess*, der Funktion wie Umweltbeziehungen des Systems einschließt. Lebende Strukturen sind also keineswegs etwas Solides, sie leben von ständiger Erneuerung.

Die innersystemische *Bindung* unterscheidet sich von lockeren Assoziationen zum außersystemischen Bereich durch ihre Festigkeit und Dauer: Die innersystemische Bindung eines Organismus beispielsweise ist ungleich fester als seine außersystemischen Beziehungen. Sie bildet die Grundlage der

---

[89] Popper, K. 1965, 207, 233
[90] Jantsch, E. 1979, 51; Fong, P. 1973, 93-106
[91] Dürr, H.-P. 1989, 41
[92] Jantsch, E. 1979, 51

spezifisch geordneten Struktur des Systems und ist Ausdruck eines Aufbaus. Jede neu entstehende Bindung setzt darum angesichts der immer begrenzten Ressourcen eine „ökonomische" Effizienz, ein *konstruktives Haushalten* voraus, Strategien, die alles Leben charakterisieren. Sie werden auch deutlich in der *Selbstbeschränkung* eines lebendigen Systems, das gleichzeitig auch wachsen kann. Wir verstehen das besser, wenn wir eine an Krebs erkrankte Zelle sehen, deren grundlegende Störung darin besteht, dass sie ungehemmt wächst.

Die Grenze eines Systems bildet die Kehrseite ihrer endlichen Struktur bzw. Bindung und spiegelt deren Komplexität wider. Bindung und Grenze bedingen einander. Darum veranlasst uns die hoch differenzierte Strukturierung lebendiger Gebilde, ihre Silhouette als *Gestalt* zu empfinden.

In der kosmischen Grenzenlosigkeit bedeutet die Konstituierung einer *Grenze* nämlich eine hohe Leistung. Ohne Grenzen, zum Beispiel ohne ein Magnetfeld, das die harte kosmische Strahlung abschirmt, ohne eine Ozonschicht, die den UV-Anteil des Sonnenlichtes abwehrt, gäbe es die hochkomplexe Biosphäre nicht; ohne eine semipermeable Membran keine Zelle und damit keine höheren Organismen. Denn die „Ur-Erde", eine „Art Laboratorium mit Bedingungen fern vom thermodynamischen Gleichgewicht", kennt noch keine Grenzziehung. Erst allmählich entstehen „Kompartimente, Zellwände und halbdurchlässige Membranen, die den selektiven Austausch mit der Umgebung möglich machen".[93] Denn einerseits müssen Grenzen für den ständigen Energie- bzw. Informationsdurchfluss offen sein, andererseits müssen sie die für das System zerstörerische Entropie draußen halten. Das mit der „biologischen Phase" beginnende Leben zeigt dann durch die vielfältige Grenzziehung einen immer mittelbareren und konzentrierteren Informationsaustausch. „Der genetische Code stellt in diesem Sinne eine

---

[93] Ebeling, W.; Freund, J.; Schweitzer, F. 1998, 48

enorme Informationskompression dar."[94]

Schon früh statten Zellen ihre Grenze mit Chemorezeptoren aus, um Nahrung, Feinde oder Gefahren entdecken zu können. In differenzierten Vielzellensystemen bildet sich später eine zweite Grenzfläche zwischen Individuum und Umgebung, eine Grenzfläche höherer Ordnung in der Hierarchie des Lebens. Die Systeme wachsen, Organismen entstehen. Im weiteren Verlauf entwickeln sich im Rahmen der kulturellen Evolution überindividuelle Systeme, Stämme, Völker und Vielvölkersysteme. Wir verstehen, dass die ein Individuum charakterisierende Begrenzung ein grundlegendes Existenzprinzip lebender Systeme darstellt, ganz gleich, ob es sich nun um eine Zelle, einen Organismus oder ein kulturelles System handelt.[95]

Lebendige Gestalten mit ihrem hochkomplexen Bindungsgeflecht wachsen raumgreifend oder raumkontrollierend durch immer neue Grenzziehung, die nicht nur Bestehendes sichert, sondern auch Zukünftiges möglich macht. Da es keine abgeschlossenen Systeme bzw. keine absoluten Grenzen gibt, ist neben der Offenheit eines lebendigen Systems seine Fähigkeit, Untaugliches auszugrenzen, das Ganze zu schützen und das schon Geschaffene zu *konservieren* entscheidend, und das auf allen evolutionären Stufen.

Darum ist ohne das Prinzip der *Tradierung* Evolution nicht möglich. Ohne das Prinzip der konservativen Bewahrung stünde die Natur vor der unlösbaren Aufgabe, alle unzähligen komplexen Gestalten, die das Leben aufrechterhalten, in jeder Generation neu erfinden zu müssen. G. Schramm[96] hat gezeigt, dass Evolution nur möglich ist mit einem Verhältnis von hunderttausend Vermehrungs- bzw. Stabilitäts- Prozessen zu einer Mutation

---

[94] Ebeling, W.; Freund, J.; Schweitzer, F. 1998, 48, 49
[95] Ebeling, W.; Freund, J.; Schweitzer, F.1998, 48
[96] Schramm, G. 1965, 33-36

(Variabilitäts-Ereignis). „Erst diese stark asymmetrische, die *Priorität der Bewahrung* verdeutlichende Relation ermöglicht Höherentwicklung; erst das Durchhalten einer raum-zeitlichen Identität über lange Perioden erweist ein Gebilde als Biosystem."[97] Natur und Mensch leben in der Spannung zwischen Stabilität und Variabilität, Bewahrung und Sprung, und schließlich Kontinuität und Diskontinuität. Eine Erhöhung der Stabilitäts-Prozesse ohne gleichzeitige Steigerung der verändernden Mutationsrate würde die Entwicklung bremsen, was eine Erstarrung der Gestalten zur Folge hätte; eine Vermehrung der Mutationsraten würde sie immer instabiler machen und Gestalten zerbrechen lassen. Damit verlöre das System seine Offenheit, „denn partielle Geschlossenheit als Ausdruck der Lebens-bewahrung ist Voraussetzung für Offenheit und aufsteigende Entwicklung."[98]

Das Dilemma von *Tradition* und Fortschritt bietet das Musterbeispiel eines komplementären Begriffspaares, dessen Elemente sich gegenseitig auszuschließen scheinen. Doch kann die Natur uns lehren, dass konservatives Beharrungsvermögen und das Wagnis der Einführung neuer, noch von keiner Erfahrung geprüfter Möglichkeit (Risiko), so unerbittlich beide Strategien einander sich in der logischen Dimension auch ausschließen mögen, in der Realität doch zusammen wirken müssen, wenn das Leben erhalten bleiben soll (H. v. Ditfurth).

Die Offenheit braucht das System – soviel ist klar geworden – um seine hochkomplexe Ordnung durch den ständigen *Energiedurchfluss* (Energiedissipation) aus der Umgebung aufrechterhalten zu können. Darum entwickeln sich dissipative Systeme – ähnlich wie stehende Wellen – aus der Überlagerung von Materietransport und synchronisierter, periodischer Umwand-lung und sind als solche nicht in additiver Weise aus Unter-

---

[97] Schramm, G. 1965, 33-36
[98] Schramm, G. 1965, 33-36

strukturen zusammensetzbar. Darum sind lebende Systeme sehr verletzliche *Nichtgleichgewichtssysteme,* die wegen ihrer Abhängigkeit von Nebenbedingungen nicht unbeschränkt kombiniert bzw. überlagert werden können. Während ein Kristall als Gleichgewichtssystem unbegrenzt weiterwächst, wenn es in eine geeignete Lösung gelegt wird, beschränkt sich ein dissipatives Nichtgleichgewichtssystem selbst und behält die eigene charakteristische Form auch unabhängig von der „nährenden" Umgebung.

Ganz wesentlich ist auch die Tatsache, dass der Kern natürlicher Ordnung in der Identität von *Form* und *Inhalt* oder Form und Funktion liegt. Die Einheit von Form und Inhalt charakterisiert alle natürlichen Systeme.[99] Das bedeutet, dass die Funktion einer Struktur in ihrem raum-zeitlichen Aufbau begründet ist. Je komplexer die Struktur, desto differenzierter ihre *Funktion.* Denn alle natürlichen, hoch geordneten Strukturen, das gilt nicht nur für die DNA, besitzen über den syntaktischen Aspekt hinaus eine *semantische* Bedeutung, sie enthalten Wissen, Information. Hier liegt in der Anordnung, in der Gestalt, in der Form, die Information. Dass Ordnung letztlich Energie bedeutet, hat Otto Meyerhof (1884-1951) schon 1916 gesehen.[100]

Die Komplexität dieser Ordnung, die lebende Organismen so einzigartig macht, hat ihre Wurzeln in der ungeheuren Informationskapazität biologischer Makromoleküle. Wie schon erwähnt, ist der DNA - Faden des Erbgutes, der in jeder Körper-zelle im Zellkern enthalten ist und weitervererbt wird, aus vier Bausteinen (Nukleotiden) zusammengesetzt (A, C, T, G). Der Mensch besitzt mehrere Milliarden Nukleotide. Der „Text" eines *Gens* besteht aus der definierten Folge dieser vier Bausteine. Hier liegt die Information also nicht nur in der bloßen „Länge" der Erbmoleküle, in ihrer Syntax, gegeben durch die Anzahl ihrer

---

[99] Jantsch, E. 1979, 75
[100] Riedl, R. 1990, 62, 63

Nukleotide, sondern vielmehr in deren Semantik, die sich gerade in der spezifischen Abfolge der Bausteine zeigt. Die Zahl der Möglichkeiten, die Nukleotide in einer Nukleinsäure gegebener Kettenlänge anordnen zu können, ist offenbar ein Maß für den strukturellen und funktionellen Reichtum, mit dem sich komplexe Molekülsysteme aufbauen lassen.

Gene üben ihre fundamentale Rolle dadurch aus, dass sie die Herstellung von Proteinen kontrollieren, die für sämtliche Stoffwechselprozesse eines Organismus verantwortlich sind. In ihrer Eigenschaft als beispielsweise Botenstoffe oder Hormone besorgen sie den wesentlichen Teil aller biologischen Abläufe des lebendigen Systems. Die Regulation der Genaktivität erfolgt dabei nicht autonom, das heißt, sie wird nicht allein vom Gen bestimmt, sondern hängt von Signalen ab, die aus dem lebendigen System selbst, aber auch aus der Umwelt kommen können. Auch hier wird die Offenheit des Systems deutlich.

Weil das Prinzip der Hierarchie alles Leben prägt, taucht dieser Begriff immer wieder auf. Lebende Systeme zeigen darum *immer* eine vielschichtige *hierarchische* Ordnung. In ihnen schließt jede Ebene alle niedrigeren Ebenen in sich ein: Es bestehen also Systeme innerhalb von umfassenderen Systemen und so fort bis zum Gesamtsystem. Hierarchisch sind Bau und Funktion des Systems, die Systemkontrolle mit ihren Normen, Sollwerten, Bezugs- und Führungsgrößen.[101] Überhaupt ist Komplexität ohne dieses Prinzip nicht möglich. Folglich führt auch Evolution zur Differenzierung vielschichtiger hierarchischer Systeme durch Überlagerung und Überformung der Muster.[102]

Wir wollen noch den Begriff der Selbstorganisationsfähigkeit lebender Systeme erwähnen, der aus ihrer Offenheit und Dissipation erwächst und letztlich nur das betont, was wir schon

---

[101] Schriefers, H. 1982, 190
[102] Riedl, R. 1990, 188

besprochen haben. Lebende Systeme sind *autopoetisch*, ihre Funktion ist darauf ausgerichtet, sich selbst zu erneuern, so wie sich eine biologische Zelle ständig im Wechselspiel von anabolischen (aufbauenden) und katabolischen (abbauenden) Reaktionsketten erneuert und nicht über längere Zeit aus den gleichen Molekülen besteht. Im Gegensatz zu einem starren allopoetischen System beispielsweise einer Maschine, die letztlich von außen gesteuert wird, ist ein autopoetisches System selbstreferentiell. Selbstorganisation wird damit zum Schlüsselwort für das Verständnis des Lebens. Frühere Begriffe wie „vis vitalis" oder „göttlicher Odem" spiegeln die Faszination wider, die diese Lebenskraft ausübt. Selbstorganisation ermöglicht es lebendigen Systemen, sich zu reorganisieren, weiterzuentwickeln und sich so auf unvorhergesehene Umwelteinflüsse einstellen zu können. Diese *Flexibilität* ist entscheidend und umso größer, je ausgeprägter der Selbstorganisationskreislauf dieses Systems ist, der seine Umwelt einschließt.

Für ein lebendes System gilt auch das *Primat des Ganzen*. Das bedeutet, dass es immer seine äußerste Grenze verteidigt und alles, was darin eingebunden ist.[103] Denn das ganze System muss als Einheit erhalten bleiben. Ein Lebewesen tritt als Individuum auf und bewahrt auch immer seine *Autonomie* gegenüber der Umwelt.[104]

Die durch Bindung und Grenze, Selbstorganisation und Primat des Ganzen entstehenden autonomen Einheiten können sich unter einem übergeordneten, einenden Prinzip auch zu größeren Einheiten zusammenschließen, die sich dann wieder gegen andere komplexere Einheiten abgrenzen.

Von kardinaler Bedeutung ist schließlich, dass lebendige Ordnung immer werten muss. Damit wird die jedem lebendigen

---

[103] Lorenz, K. 1992, 210; Piaget, J. 1996, 94
[104] Jantsch, E. 1979, 74

System innewohnende Norm zu einer zentralen Größe, weil sie diesen verletzlichen Gebilden lebenserhaltende Orientierung gibt. Die Grundlagen dazu hat uns der „Zweite Hauptsatz der Thermodynamik" geliefert, der alles Leben zwingt, sich zu entscheiden und nur die ihm taugliche Ordnung aufzunehmen und Untaugliches auszugrenzen. Darum wird jedes lebende System von einem „Soll" beherrscht, welches eine ständige, rückkoppelnde Korrektur aller Abläufe verlangt. Weil jedes lebende System in der Lage ist, diese Korrektur selbst vorzunehmen, sprechen wir von Autokorrektur. Die Rückkopplung an dieses optimale, weil lebenssichernde „Soll" nennt Norbert Wiener (1894-1964), der Vater der Kybernetik, darum auch das „Geheimnis des Lebens".[105] „Im Regelkreis sehen wir eine fundamentale Lebens- und Seins-Struktur. Als rückgekoppeltes und rückkoppelndes System reflektiert das Leben endlos über Sein und Sollen. Sein Handeln resultiert aus dem „Nachdenken" über die Größe der Spannung zwischen dem, was ist, und dem, was sein soll. Was Wunder, dass diese Spannung, die „inadaequatio rei et intellectus", auch die Quelle unserer Denkbewegungen ist."[106] Und „da, wo die Spannung zwischen Sein und Sollen ausgeregelt ist, ist nichts als Tod."[107] „Das Bild des Regelkreises, das alles Lebendige durchzieht, verdeutlicht uns, dass das viel geschmähte „Du sollst" keine Erfindung listiger Theologen, sondern eine jener Größen ist, ohne die kein in Regelkreisen strukturiertes System Bestand hat."[108]

Der Erhalt des Ganzen verlangt nun nicht nur, den Informationsbestand des Organismus zu sichern, sondern – auch das lehrt uns der „Zweite Hauptsatz der Thermodynamik" – ihn durch innersystemische Weiterdifferenzierung und Bildung größerer Systeme zu vermehren. Leben ist differenziertes,

---

[105] vgl. Beck, H. 1972
[106] Schriefers, H.1982, 73
[107] Beck H. W. 1972
[108] Schriefers, H. 1982, 74

54

maßvolles Wachsen in all seinen Facetten. So schafft Evolution autonome, miteinander in Wechselwirkung tretende Einheiten und damit *Vielfalt* und *Differenzen*. Sie bilden nicht nur die Grundlage von Systemen, sondern sie treiben die Entwicklung auch voran, als Ungleichgewicht und Fluktuation auch innerhalb des Systems. Denn nur auf diese Weise kann der Austausch mit der Umwelt aufrechterhalten werden. Nichtgleichgewicht ist demnach eine unversiegbare Quelle für neue dynamische Zustände, für neue Organisationen, für höhere Komplexität. Offenheit und Differenzen erzwingen Evolution. Im Gleichgewicht dagegen kommen die Prozesse zum Stillstand und Stillstand bedeutet Tod.

Wir dürfen das Wichtigste zusammenfassen: In jedem Organismus laufen fortgesetzt Prozesse ab, die dazu beitragen, die Ordnung abzubauen. Nachdem aber Leben die Erhaltung dieser Ordnung verlangt, muss der Organismus ständig von einem Strom an Ordnung bzw. Information durchflossen werden und an einen Entropie-Abfluss angeschlossen sein. Wie differenziert ein Individuum auch sein mag, letztlich wird es von der Struktur des Sonnenlichtes gespeist, während der Abfluss der Biosphäre in der Kälte des Weltraums liegt, an den nach Tod und Auflösung wieder alles verloren geht. „Während der Lebensprozesse aber zeigt sich ein Stau an Energie bzw. Information, der die thermische Energie des äquivalenten Äqulilibrium-Zustandes (des Todes) weit übertrifft; sie nimmt Formen an, die wir als Leistung, als funktionelle oder als strukturelle Ordnung, als Leben, bezeichnen. Ordnung ist thermodynamisch gewissermaßen die Spannung zwischen Speicherung und wahlloser Verteilung einer Energie, zwischen unwahrscheinlicher Balancierung und maximaler Mischung von Bauteilen."[109]

Von entscheidender Bedeutung dabei ist der Schlüsselbegriff der Weiter- bzw. Höherdifferenzierung, die der „Zweite Hauptsatz der Thermodynamik" erzwingt, um die wachsende Entropie in

---

[109] vgl. Riedl, R. 1990

Schach halten zu können. Angesichts *immer begrenzter Ressourcen* stellt diese Leistung einen höchst *konstruktiven* Prozess dar, der mit Neustrukturierung, mit neuer Kompartimentierung bzw. Grenzziehung einhergeht. Denn Höherdifferenzierung setzt *ökonomisches Haushalten* voraus, eine *Leistung*, die *Disziplin* des Systems erfordert. Nicht zu unterschätzen ist dabei der *Widerstand*, der Wachstum auslöst. *Not*, Enge und Knappheit bilden dabei den Anreiz für die Optimierung der ökonomischen Situation auf allen Stufen des evolutionären Geschehens. Dies gilt für *alle* lebendigen, also alle biologischen, sozialen und soziokulturellen Systeme, weil sich die systembildende Ordnung des Lebens auch auf kultureller Ebene fortsetzt.[110]

Im nächsten Kapitel werden wir diese Fakten mit Hilfe des Informationsbegriffes erklären und zeigen, wie sich das für den Menschen so wichtige Gesetz, seine Norm, auf kultureller Ebene herausbildet.

---

[110] Weizsäcker, E. v. 1974, 10

Information und Komplexität

Die Grundlagenwissenschaften, die Mathematik, die Systemtheorie und die Theorie der Selbstorganisation versuchen, Struktur mit dem Begriff der Information zu fassen. Es gibt eine unübersichtliche und verwirrende Anzahl von Ansätzen und Definitionen von Information, die nicht zur Deckung zu bringen sind, vom nachrichtentechnischen Informationsbegriff über den sprachwissenschaftlichen bis hin zum kulturwissenschaftlichen Informationsbegriff. Denn eine allgemeine Theorie der Information scheint noch nicht vorzuliegen.

Der moderne Informationsbegriff hat seinen Ursprung in der von Claude Shannon und Warren Weaver entwickelten Informationstheorie in Zusammenhang mit der Frage nach der Übertragung von Signalen in verschiedenen technischen Medien. Shannon setzt Information mit Entropie gleich.[111]

Spätere Autoren, vor allem Brillouin, verwenden den Begriff „Information" nicht wie Shannon als Informationserwartung, erwartete Überraschung, sondern als Ordnung, als schon erreichtes Wissen bzw. Verlust von Ungewissheit, von „Entropie", also als „Negentropie."[112] Boltzmann (1844-1906) hat schon 1894 in der Entropie ein Maß für mangelnde Information gesehen.[113] Dieser Ansatz leuchtet ein, denn die Bezeichnung „Informationszuwachs" für die Abnahme von Entropie in Systemen scheint plausibel. Der heutigen Organismenwelt würde man mehr „Information" zugestehen als der zu Beginn der organischen Evolution. „Denn unsere Welt, die vor siebzehn bis zwanzig Milliarden Jahren aus einer heißen weniger strukturierten Urmaterie entstanden ist, aus einem Zustande, der dem absoluten Chaos der alten Griechen oder dem „To hu wa bohu" der alten

---

[111] Shannon, C.; Weaver, W. 1949, 95
[112] Brillouin, L. 1956, 1
[113] vgl. Capurro, R. 2000

Juden sehr nahe gekommen ist",[114] entwickelt im Laufe der Zeit immer komplexere Strukturen und Systeme bis hin zum Leben, zum Menschen und seinen kulturellen Systemen.[115]

Aber diese Strukturen scheinen nicht einfach auf die Shannon-Brillouin´schen Formeln reduzierbar zu sein.[116] Eine tragfähige Informationstheorie müsste in allen Bereichen gelten und invariant sein gegenüber der betrachteten Ebene, da ja eine auf der anderen aufbaut und mit ihr verwoben ist; das heißt, dass Information und Informationsverarbeitung sowohl auf der physikalischen, chemischen, genetischen, der neuronalen, sozialen als auch der technischen und jeder symbolischen Ebene angebbar sein müssen.[117]

Der *naturwissenschaftliche* Informationsbegriff nun bleibt nicht auf das menschliche Subjekt als Empfänger beschränkt, sondern ermöglicht eine objektive, über die umgangssprachliche, anthropologische Bedeutung hinausgehende Sicht.[118] Also ein Informationsbegriff ohne Bezug auf Sprache und Mitteilung, sondern als Ausdruck von Strukturmengen.[119] Er macht es möglich, Gestalt zu fassen auf allen Ebenen, von der mikrokosmischen bis zur geistig-kulturellen. Darum soll Information hier nicht durch den Begriff der Wahrscheinlichkeit, sondern als Maß einer *Menge* von *Form* oder als Maß der Gestaltenfülle erklärt werden.[120]

Man kann nämlich die Menge von Information durch Zählung der Ja-Nein-Entscheidungen messen.[121] Je mehr Entscheidungen an einem Ort getroffen werden können, desto mehr „Form" in

---

[114] Ebeling, W.; Freund, J.; Schweitzer, F. 1998, 21, 22

[115] Ebeling, W.; Freund, J.; Schweitzer, F. 1998, 22

[116] Weizsäcker, E. v. 1974, 16, 17

[117] Haefner, K. 1998, 2: 212

[118] Weizsäcker, C. F. v. 1977, 203

[119] Capurro, R. 2000, 16

[120] Weizsäcker, C. F. v. 1985, 167

[121] Weizsäcker, C. F. v. 1967, 187

einem allgemeinen, nicht notwendigerweise räumlichen Sinne des Worts enthält dieser Ort[122].

Ein solcher Entscheidungsbaum stützt sich auf sogenannte Ur-Alternativen. Ein Ur (Uralternative, Zustandsvektor) ist eine Entscheidung auf elementarster Grundlage, die einen Informationsgehalt von 1 Bit generiert (also zwischen Ja und Nein entscheidet).[123] Demnach bestehen alle Objekte und Zustände dieser Welt aus solchen Uren[124]. Alle Formen bestehen aus Kombinationen von letzten einfachen Alternativen:[125] „Substanz ist Form. Spezieller: Materie ist Form. Bewegung ist Form. Masse ist Information. Energie ist Information."[126]

Evolution stellt sich als ein Prozess dar, bei dem ständig zwischen Ur-Alternativen entschieden und – im Vollzug dieser Entscheidung – Information geschaffen wird.[127] Da Evolution aber eine Vermehrung einer Menge an Form bedeutet, geht es in der Evolution im Wesentlichen um *Informationserhaltung* und *Informationszugewinn*.[128] Ein von der Sonne ausgehender *Informationsfluss* durchströmt die gesamte Biosphäre und wird zur Neustrukturierung genutzt: neue Formen entstehen. Der Strukturierungsgrad nimmt darum durch Informationen ver-ursachende Prozesse ständig zu. Denn es handelt sich nicht um eine Übertragung von Information, sondern Form trifft auf Form. Im Bereich des Lebendigen kann es sich um bloßen Anstoß und Wechselwirkung, aber auch um Inkorporation von Form handeln, zum Beispiel als Nahrung. Es kann allerdings auch ein moduliertes, elektromagnetisches Signal in das Sensorium des

---

[122] Weizsäcker, C. F. v. 1985, 167
[123] Ebeling, W.; Freund, J.; Schweitzer, F. 1998, 40, 41
[124] Weizsäcker, C. F. v. 1974, 362
[125] Weizsäcker, C. F. v. 1974, 362
[126] Weizsäcker, C. F. v. 1979, 361
[127] Ebeling, W.; Freund, J.; Schweitzer, F. 1998, 41
[128] Fong, P. 1973, 104; Weizsäcker, C. F. v. 1989, 25

Lebewesens eindringen[129] und zu Systemveränderungen führen. Eine von außen auf das System treffende Information (mehr oder weniger komplexe Struktur) wird beim Empfänger über Kreisprozesse in funktionale Strukturen umgesetzt.[130] Information ist also im wörtlichen Sinne „Einformung", also selbst Struktur, die beim Empfänger zu struktureller Veränderung führt. Information bedeutet demnach nicht nur ein In-Form-Sein, sondern auch ein In-Form-Bringen gleich welchen Systems.[131] In letzter Konsequenz geht es dabei um eine außersystemische *Differenz*, die wiederum eine Differenz im System erzeugt. Genauso definiert der Biologe und Evolutionstheoretiker Gregory Bateson (1904-1980) Information: „what we mean by information – the elementary unity of information is a difference, which makes a difference.[132] C. F. v. Weizsäcker (1912-2007) hat den Begriff der Information mit dem platonischen Eidos und der aristotelischen Form in Verbindung gebracht.[133]

Wir fassen zusammen: Dieser Informationsbegriff misst Strukturmengen. Da unter *Struktur* die Art der Zusammensetzung eines Systems aus Elementen verstanden wird und die Menge der Relationen bzw. Operationen, welche die Elemente miteinander verknüpfen, die Struktur ausmachen, ist der Strukturbegriff auf alle Systeme übertragbar: chemische, biologische, kulturelle. Analogieschlüsse sind demnach möglich.

In diesem Zusammenhang sollen uns besonders *komplexe Strukturen*, die lebendigen Systemen zugrunde liegen, interessieren. „Als komplex bezeichnen wir (aus vielen Teilen zusammengesetzte) ganzheitliche Strukturen, die durch viele (hierarchisch geordnete) Relationen bzw. Operationen miteinander verknüpft sind. Die Komplexität einer Struktur

---

[129] Kanitscheider, B. 1996, 21
[130] Eigen, M. 1971, 58: 465-523
[131] Capurro, R. 2000, 26
[132] Bateson, G. 1972, 453
[133] Weizsäcker, C. F. v. 1979, 51

spiegelt sich in der Anzahl der gleichen bzw. verschiedenen Elemente, in der Anzahl der gleichen bzw. verschiedenen Relationen und Operationen sowie in der Anzahl der *Hierarchie* - Ebenen wider. Im strengeren Sinn liegt Komplexität dann vor, wenn die Anzahl der Ebenen sehr groß (unendlich) ist."[134]

Wichtig ist dabei die uns schon bekannte Tatsache, dass ein *hierarchisches* Strukturschema zentral ist für den Begriff der Komplexität.[135]

Denn die Entwicklung zu mehr Komplexität, die von Elementarteilchen zu Atomen, Molekülen, Makromolekülen, Genen, Zellen, Organismen, bis hin zu Populationen und kulturellen Systemen führt, ist ein emergenter Vorgang, der grundsätzlich neue Strukturen und Gestalten auf der hierarchisch höheren Ebene schafft.[136] Bei komplexen Strukturen ist das Ganze mehr als die Summe seiner Teile.[137]

Genauso zentral wie das Prinzip der Hierarchie ist der *historische* Aspekt von Komplexität, worauf wir schon eingegangen sind. Komplexe Strukturen werden durch ihre weitreichenden, zeitlichen Korrelationen bestimmt. Das bedeutet, dass ihre Zukunft nicht nur durch die nächste, sondern auch durch die fernere Vergangenheit determiniert wird. Das uns schon bekannte Prinzip der *Tradierung*, das gerade den historischen Aspekt verdeutlicht, bildet ein Grundmuster komplexer Strukturen. „In der Regel kann man komplexe Strukturen nur im Zusammenhang mit ihrer Individual- und Stammesgeschichte verstehen."[138]

Eine komplexe Ordnung ist demnach durch sehr viele raum-zeitliche Relationen und Korrelationen auf sehr vielen raum-

---

[134] Ebeling, W.; Freund, J.; Schweitzer, F. 1998, 18
[135] Simon, H. A. 1962, 106, 467
[136] Mainzer, K. 1992, 43
[137] Ebeling, W.; Freund, J.; Schweitzer, F. 1998, 21
[138] Ebeling, W.; Freund, J.; Schweitzer, F. 1998, 21, 29

zeitlichen, hierarchischen Skalen charakterisiert. Lebendige Strukturen sind hochkomplexe Systeme,[139] sie verkörpern *sehr viel Information*.

„Im Gegensatz zu unkorrelierten bzw. ungeordneten Strukturen, zum Beispiel regellos angeordneten Punkten auf einem Blatt Papier oder einer dreidimensionalen Flüssigkeit, in der die Moleküle vollständig regellose Positionen haben und sich ungeordnet bewegen, enthalten komplexe Strukturen, zum Beispiel ein zweidimensionales ornamentales Muster oder ein dreidimensionales turbulentes Strömungsmuster in einer Flüssigkeit, eine Reihe auffälliger Regelmäßigkeiten. Ein Ornament zeigt verschiedene Symmetrien und Symmetriebrüche und die noch viel verwickeltere turbulente Struktur, eine fast unendliche Skala von räumlichen und zeitlichen Gesetzmäßigkeiten. Man kann in solchen regulären Strukturen eine ganze Hierarchie von Ordnungsbeziehungen feststellen. Derartige Strukturen sind sehr viel komplexer als bloße periodische Anordnungen und zweifellos ungleich komplexer als unkorrelierte Strukturen.“[140]

So sollen auch in diesem Zusammenhang unter der *Entropie* eines komplexen Systems diejenigen Strukturen verstanden werden, die unkorreliert bzw. ungeordnet sind bzw. weniger Ordnung darstellen, als das System zum Erhalt seiner Ordnung braucht. Wenn sie im System verbleiben, senken sie seinen Informationsbestand. Das System muss sie *unerbittlich ausgrenzen*, soll die lebensnotwendige innersystemische Ordnung nicht zusammenbrechen und dem Chaos der Zufallsverteilung der Moleküle zum Opfer fallen. Für komplexe Strukturen, die in Folge von Selbstorganisationsprozessen in der Biosphäre entstehen, stellt demnach der *Entropie - Export* eine kardinale

---

[139] Ebeling, W.; Freund, J.; Schweitzer, F. 1998, 24
[140] Ebeling, W.; Freund, J.; Schweitzer, F. 1998, 23

Randbedingung dar.[141] Denn ohne diesen Entropie-Export gäbe es weder Evolution noch Leben.

Auch der Begriff der Entropie hat den Rahmen der Thermodynamik gesprengt und gilt mittlerweile als Grundbegriff der Wissenschaften[142]. „Er stellt *ein* adäquates Maß für Chaos und Ordnung dar, das im Zuge der modernen Entwicklungen der nichtlinearen Dynamik, der Theorie der Selbstorganisation und der Chaosforschung sowie der Informationstheorie auch neue Dimensionen gewonnen hat."[143]

Folgendes nun sollten wir uns merken: Die für die spontane Strukturbildung und damit für die lebenserhaltende Weiterentwicklung eines lebendigen Systems notwendigen *Nichtgleichgewichtszustände* brauchen den ständigen Informationsinput von draußen. Folglich gilt: „Wird das System in einem stationären Nichtgleichgewichtszustand plötzlich von der Umgebung *isoliert*, so relaxiert es zum Gleichgewicht. In Übereinstimmung mit dem Zweiten Hauptsatz der Thermodynamik wird die Entropie dieses Systems solange ansteigen, bis der Gleichgewichtswert erreicht ist. Fixiert man die Energie des Systems, so hat unter allen möglichen Zuständen der Zustand des thermodynamischen Gleichgewichtes die höchste Entropie. Dieser Zustand entspricht der größten molekularen Unordnung."[144] Das bedeutet, dass jedes lebendige System unter allen Umständen *offen* bleiben muss für die überlebensnotwendige Information aus der Natur. Diese Offenheit und der Entropie-Export bilden eine „conditio sine qua non", soll „Selbstorganisation als überkritischer Nichtgleichgewichts-Prozess" möglich sein, bei dem ein „System sich zu höherer

---

[141] Ebeling, W.; Freund, J.; Schweitzer, F. 1998, 42
[142] Ebeling, W.; Freund, J.; Schweitzer, F. 1998, 34
[143] Ebeling, W.; Freund, J.; Schweitzer, F. 1998, 34
[144] Ebeling, W.; Freund, J.; Schweitzer, F.1998, 31

Ordnung bzw. niedrigerer Symmetrie entwickelt", also am Leben bleibt.[145]

Denn mit dem Nichtgleichgewichtszustand geht bei Isolation des Systems seine *Selbstorganisationsfähigkeit* verloren, es kann weder differenzieren noch neue Strukturen bilden. Selbstorganisation läuft normalerweise in unterschiedlichen Systemen oft nach ein und demselben Schema ab. „Die Systeme bestehen alle aus einer großen Zahl von *gleichartigen* Teilsystemen (Atome, Zellen, Individuen), die sich im unstrukturierten Zustand einzeln weitgehend regellos, statistisch verhalten, je nach Art ihrer Wechselwirkung untereinander. Werden nun die äußeren Bedingungen so geändert, dass bestimmte Parameter" (die sogenannten Kontrollparameter: adäquate Informationszufuhr und Entropie-Export) „kritische Werte übersteigen, so geschieht etwas Neues: Obwohl alle Teilchensysteme sich weiterhin ganz individuell nach den auf sie wirkenden Bedingungen verhalten, ordnen sie sich zu ganzheitlichen Gruppen, die im Gesamtsystem unterschiedliche Rollen spielen."[146] Bei der Entwicklung eines biologischen Individuums von der Eizelle zum geschlechtsreifen Zustand (Ontogenes) beispielsweise bilden sich die anfänglich einheitlichen Zellen zu unterschiedlichen Geweben aus; auf kultureller Ebene entspricht das dem Umstand, dass Menschen mit biologisch ziemlich gleichwertigen Fähigkeiten unterschiedliche Berufe ergreifen.

In all diesen Fällen wird „die ursprünglich *einheitliche* Menge der Teilsysteme in *unterschiedliche* Äquivalenzklassen zerlegt, ihre Symmetrie wird gebrochen, es entsteht Ordnung."[147] Dabei handelt es sich um einen *Differenzierungsprozess*, der dann zustande kommt, wenn die adäquate Menge an Energie- bzw.

---

[145] Ebeling, W.; Freund, J.; Schweitzer, F.1998, 44
[146] Ebeling, W.; Freund, J.; Schweitzer, F. 1998, 43
[147] Ebeling, W.; Freund, J.; Schweitzer, F.1998, 43

Information zugeführt und gleichzeitig Entropie abgeführt wird. Und weil es sich hier um allgemeine Gesetzmäßigkeiten bei der Strukturbildung handelt, gelten sie – das ist ganz entscheidend – auch auf kultureller Ebene.[148] Folglich kann man die Evolution in Natur und Kultur als eine unendliche Kette von Prozessen der spontanen Strukturbildung betrachten. Hegel (1770-1831) würde nicht von Ketten, eher von Spiralen sprechen, bestehend aus Zyklen der Selbstorganisation. Wird jedoch diese Weiterdifferenzierung durch Isolation unterbunden, stirbt das System. Wir werden sehen, wie gefährdet der Mensch ist, wenn seine Umwelt, wenn sein „Draußen", nicht mehr so ohne weiteres informationsreiche Natur bedeutet, wie das Jahrmillionen der Fall gewesen ist.

Vor diesem Hintergrund kann man auch die Entwicklung des menschlichen Gehirns besser verstehen. Weil sich Leben durch vielfältige Grenzziehung sichern muss, entfernt es sich im Kern immer weiter von der Welt. Um die damit verbundene Mittelbarkeit zur überlebensnotwendigen Umgebung zu kompensieren, werden die Sensor-Zellen auf den Oberflächen der Organismen mit speziellen Fähigkeiten für die Signalverarbeitung ausgerüstet. Aus ihnen entwickeln sich später die Neuronen als die „Spezialisten der Signaltechnik". „*Neuronen* sind privilegierte Zellen, sie werden gefüttert und beschützt" und haben nur die eine Aufgabe, den so wichtigen Kontakt zur Welt aufrechtzuerhalten. In der Welt da draußen liegt nämlich die notwendige Information, als geistige und physische Nahrung; und sie stellt auch das Auffangbecken dar für die Entropie, die das System unbedingt loswerden muss. „Damit übernehmen die Neuronen schließlich die Hauptverantwortung für das Überleben des Organismus."[149]

Ihre höchst differenzierte Weiterentwicklung lässt das menschliche *Gehirn* entstehen, das wir im nächsten Kapitel kurz

---

[148] Ebeling, W.; Freund, J.; Schweitzer, F. 1998, 44
[149] Ebeling, W.; Freund, J.; Schweitzer, F. 1998, 50

vorstellen werden. Es beschert uns etwas grundsätzlich Neues, etwas in der Evolution in dieser Form noch nie Dagewesenes: Denn es schafft Symbole, die wir uns zunächst als zur Kategorie der freien Information gehörig merken können. Wir werden sehen, wie mächtig sie in den evolutionären Informationsstoffwechsel eingreifen und wie gefährlich sie sein können, wenn sie sich anhäufen. Doch darauf gehen wir später ein.

Die bisher behandelte Information stellt „*gebundene* Information" dar. Alle natürlichen Strukturen *verkörpern* gebundene Information. *Freie* Information ist dagegen etwas völlig anderes. Sie ist nicht Ausdruck einer gewachsenen evolutiven Struktur, sie stellt selbst kaum mehr dar als ein informationsarmes *Zeichen*, das einen *Träger* braucht. Denn nicht jede Form ist für den Menschen relevante Information. Zur Information gehört *Eindeutigkeit* [150], und natürliche Formen, die Information *verkörpern*, besitzen diese Eindeutigkeit im Gegensatz zu Sprache und sonstigen, nicht natürlichen, also symbolischen Formen, die Information nur *vermitteln*. Denn natürliche Formen sind so komplex, dass ihre Form über die dazugehörige Funktion informiert. In diesem Zusammenhang lässt es sich nicht vermeiden, auf Symbole einzugehen, die später in einem gesonderten Kapitel genauer vorgestellt werden.

Darum tritt mit der freien Information der symbolischen Formen, die der Mensch auch schafft, Unsicherheit in die Welt. Es besteht die Gefahr der Nichtverstehbarkeit. Denn symbolische Information existiert immer nur relativ in Bezug auf einen semantischen Referenzrahmen. So hängt die Bedeutung eines Wortes nicht nur vom Sinnzusammenhang der verwendeten Sprache, sondern auch von dem jeweiligen Kontext ab, in welchem es seine Verwendung findet. Information hat aber nur

---

[150] Weizsäcker, C. F. v. 1967, 189

dann Bedeutung, wenn sie verstanden wird, wenn sie *kompatibel* ist und eine *Änderung* im Empfänger hervorruft.

Die Bedeutung von *Symbolen* (z. B. Sprache, Schrift) aber ist nicht naturgegeben, sie beruht auf Abmachung. Dabei ist es für den Inhalt der symbolischen Information nicht wesentlich, welcher Art diese Symbole sind und welcher Informationsträger benutzt wird. Die konkrete materielle Kopplung spielt keine Rolle; wir wollen hier von Kopplung sprechen und nur bei lebendigen Strukturen von Bindung. Es ist nämlich irrelevant, ob eine freie Information auf einer Diskette gespeichert oder in einem Buch abgedruckt ist. Auch die Codierung spielt keine Rolle, solange Sender und Empfänger darunter das Gleiche verstehen. Man könnte gebundene, natürliche Information auch als „körperliche" bezeichnen, und freie, symbolische als „abstrakte oder geistige".[151]

Was bei symbolischer Information, die einen physikalischen Träger braucht, auch von Bedeutung ist: Jeder Datenträger unterliegt als *relativ* abgeschlossenes System (also nicht in dem Maße offen wie lebendige Systeme) dem „Zweiten Hauptsatz der Thermodynamik". Da abgeschlossene Systeme „keinen Austausch mit ihrer Umgebung haben, streben sie dem thermodynamischen Gleichgewicht, dem Zustand maximaler Entropie zu, also sie zerfallen." Und mit dem zerfallenden Träger geht auch die durch ihn vermittelte Information zugrunde, „denn aus dem Zustand maximaler Unordnung kann keine Information mehr extrahiert werden."[152]

Freie Information kann man als Folge eines Prozesses der Entmaterialisierung von gebundener Information verstehen. Diese Entwicklung führt zur Bildung von immer abstrakteren Symbolen, wie digitalen Sprachen. Symbolische Information ist aber viel,

---

[151] Ebeling, W.; Freund, J.; Schweitzer, F. 1998, 52, 53
[152] Ebeling, W.; Freund, J.; Schweitzer, F. 1998, 53

viel *ärmer* als gebundene Information, weil sie nur einen verschwindend kleinen, ausgewählten Teilaspekt der ursprünglichen Struktur repräsentiert. „Gleichzeitig entsteht damit auch ein neuer Freiheitsgrad": Symbolische Information „unterliegt nicht mehr den systemspezifischen Gesetzen der gebundenen Information"[153] und könnte sich darum verselbstständigen.

Wo genau liegt nun die Schwierigkeit, die Symbole mit sich bringen? Ein Zeichensystem ist zu einfach strukturiert, als dass es die komplexe Natur übersetzen könnte. Eine rein symbolische Sprache müsste so differenziert sein, dass die zeichensysteminternen Unterscheidungen und Transformationen genau den Unterschieden der realen Sachverhalte entsprechen, die sie ausdrücken sollen. Das aber kann ein Zeichensystem nicht leisten. Es kann immer nur bestimmte Aspekte einer Sache vermitteln, sie aber nie vollständig übertragen. Muss nun die Informationsfülle natürlicher Strukturen symbolisch ausgedrückt werden, geht dabei immer sehr viel Information verloren. Die ankommende Information kann unter Umständen auch Null sein, wenn das Symbol beispielsweise vom Empfänger nicht verstanden wird.

Nun ist der Mensch darauf angewiesen, so viel wie möglich von der für ihn relevanten Information aus der Natur aufzunehmen. Und er muss darauf bedacht sein, alles Notwendige nicht nur aufzunehmen, sondern auch weiterzugeben. Hat er ungehindert Zugang zur Natur, wird ihn die Information erreichen, die er braucht. Und er wird sie nutzen. Nennen wir diese Information *„pragmatische Information"*[154]. Die hohe Komplexität natürlicher Strukturen, die den Menschen als Form-Funktions-Einheiten erreichen, kann er unmittelbar wahrnehmen und verstehen, weil sich sein Gehirn an dieser bewegten hochdifferenzierten Formenvielfalt der Natur entwickelt hat. Die

---

[153] Ebeling, W.; Freund, J.; Schweitzer, F. 1998, 53, 57
[154] Ebeling, W.; Freund, J.; Schweitzer, F. 1998, 64

ankommende pragmatische Information ist in diesem Fall sehr hoch, die darauf beruhende Handlung fruchtbar.

Ganz anders, wenn zwischen Natur und Mensch Symbole geschaltet werden. Bei dieser Transformation geht sehr viel Information verloren. Es ist durchaus nicht das Gleiche, ob ich einen Baum oder ein Tier sehe, höre, rieche und fühle, oder ob ich nur über ihn lese, oder ihn im Fernsehen wahrnehme. Die pragmatische Information, die dann bei mir als Empfänger ankommt, ist entsprechend gering. Ähnlich ist es bei einer durch Symbole vermittelten Handlung. Es ist ebenfalls nicht das Gleiche, ob ich selbst etwas tue, oder jemandem sage, er möge es tun; denn derjenige könnte mich u.U. nicht verstehen, eine falsche Handlung ausführen oder sie ganz unterlassen.

Erwähnt werden soll, dass der Mensch natürlich selektiv wahrnimmt und niemals die vollständige, gebundene Information einer Sache oder eines Sachverhaltes in sich aufnehmen kann. Es sind immer nur Teilaspekte des Ganzen, die ihn erreichen. Diese seine optimale pragmatische Information wird auch bei direktem Kontakt zur Natur immer unter dem Gesamtwert der gebundenen Information bleiben. Doch das ist der seiner Natur entsprechende Optimalwert an Information, die er braucht.

Kommt es allerdings zu einer Symbolflut und geht dem Menschen die Unmittelbarkeit zur Natur durch Zwischenschaltung von Symbolen verloren, wird er an Information verarmen. Das führt dazu, dass er selbst keine Information, keine Form, kein komplex geordnetes System mehr produzieren bzw. halten kann. Um sich aber evolutionär behaupten zu können, darf er den Informationsfluss, zu dem er auch gehört, nicht unterbrechen. Er muss die Information, die ihn aus der Natur erreicht, handelnd weitergeben, d.h. er selbst muss die ihm aus der Natur zuströmende komplexe Ordnung weiterbauen, ja er muss sie sogar steigern, weil ihm nur so die geforderte Höherdifferenzierung gelingen kann. Für diese Weiterdifferenzierung, also den Auf- und

Ausbau seiner so notwendigen kulturellen Systeme, angefangen von Familien und Sippen bis hin zu Völkern und Vielvölkersystemen, braucht er allerdings einen Plan, eine Richtschnur, eine Norm. Es handelt sich um das Gesetz, von dem wir zu Beginn gesprochen haben.

Wir haben gesehen, dass alle normativen Systeme, Organismen wie kulturelle Gemeinschaften, sich ständig an einem Soll, welches die Richtung vorgibt, korrigieren müssen, wenn sie weiterleben wollen. In rein natürlichen, nicht-menschlichen Systemen, beispielsweise beim Tier, geschieht diese Korrektur als Autokorrektur von selbst. Das gilt auch für den menschlichen Körper. Doch im Gegensatz dazu muss der menschliche Geist diese ständige Berichtigung „allein" bewerkstelligen und „selbst" mit Hilfe eines Gesetzes vollziehen, um adäquat handeln zu können.

Wie anfangs schon erwähnt, „weiß" der Mensch um sein Grenzgängertum, mit diesem Wissen tritt er an. Er fühlt sich nicht nur der Natur zugehörig, er spürt seine Freiheit, die ihm in seinen Anfängen Verlassenheit, Bedrohung und drückende Verantwortung bedeutet. Er erkennt die Natur als sehr viel mächtiger und beständiger an als er selbst es je sein kann. Sie wird ihm zum Maß. Gelingt es ihm nämlich, sich mit ihr zu verbünden, wird ihm das nützen und er kann dauerhafter bestehen. Mit wachsender Differenzierung seines Gehirns, die er dem ständigen Informationsstrom von der ihm nahen Natur verdankt, wird er fähig, diese Information zu bündeln, zu gewichten und zu deuten. Damit extrahiert er aus der primären, natürlichen Information eine *Information zweiten Grades*, die ihm Schwerpunkte der natürlichen Ordnung deutlich macht. Man kann sie auch „*algorithmische* Information" nennen; sie gibt ihm die Gewichtung vor und kommt einer Handlungsanweisung gleich. Damit geht die Norm der lebendigen Natur „in nuce" auf ihn über, er macht sie zu seiner eigenen Verfassung. Diese Norm formt das

Gesetz, das der freie Mensch für sein Handeln braucht und das nun in einem Zusammenhang mit dem natürlichen Gesetz lebendiger Systeme liegt: Der Mensch, der sich nur physisch der Natur zugehörig fühlt, verankert sich nun auch geistig in ihr. Diese Norm, dieses Gesetz, das die Information zweiten Grades enthält, muss gespeichert und tradiert werden. Denn sie wertet die ständig anflutende Information ersten Grades, so dass sich aus dem Zusammenspiel beider die pragmatische Information ergibt.[155]

Dieses Gesetz nun stellt das höchste Gut des Menschen dar. Ihm allein verdankt er sein Bestehen. Es birgt das reiche Wissen der Natur, die von so gewaltiger Kraft und Dauer ist. Das Gesetz ist ihm heilig. Der Mensch baut ihm Tempel und hütet es wie seinen größten Schatz: Es ist die Matrix aller zukünftiger lebenserhaltender Ordnungen, die er schaffen wird. Diese *Norm*, dieses Gesetz, das ihm Orientierung schenkt und seine Handlungen lenkt, enthält in sich verschlüsselt alle Kriterien lebendiger natürlicher Ordnung. Es lehrt ihn den Sinn von Hierarchie und Tradierung, von informationshaushälterischer Disziplin; es lehrt ihn seine Grenzen zu schützen, um das Systemganze zu erhalten. So wird Höherdifferenzierung und damit Weiterleben möglich.

Alle diese Kriterien des Lebens werden wir im Kern wiederfinden, nicht nur in dem lebenserhaltenden Gesetz, sondern auch in all den, in Strukturen und Bilder gegossenen Informationen, die der Mensch in jahrtausendelanger enger Fühlung mit der Natur gesammelt hat: das ganze tradierte Wissen einer Gemeinschaft, ihre Riten und Mythen. Dieses Wissen muss auch als Ausdruck der schon gelungenen Höherdifferenzierung einer menschlichen Gemeinschaft verstanden werden. Als

---

[155] Ebeling, W.; Freund, J.; Schweitzer, F. 1998, 64, 68, 74

Element der eigenen Kultur wird es in Literatur und Kunst bewahrt und in der Erziehung an die Jugend weitergegeben.[156]

Zusammengefasst lenkt dieses Gesetz die jedem Lebewesen, so auch dem Menschen, innewohnende Fähigkeit zu *werten*, seine Ja-Nein-Entscheidungen, in eine *konstruktiv differenzierende* Richtung. Doch darauf kommen wir noch zurück.

Information ist darauf angewiesen, dass sie wahrgenommen wird. Ein Buch, das niemand liest, ist in diesem Sinne so viel wert wie ein Buch, das nie geschrieben worden ist. Es muss also gelesen, verstanden und in einem größeren normativen Zusammenhang gewertet werden. Darum ist die enge Bindung des Menschen an die Natur in Gefahr, wenn Symbole ins Spiel kommen, und mit ihnen auch sein Gesetz. Denn mit dem dünner werdenden Informationsstrom aus der Natur gerät auch dieses ins Wanken, ist es doch das Ergebnis sich anhäufender natürlicher Information. So spiegelt die Norm des Menschen nicht nur seine Struktur wider, sondern auch immer die seiner unmittelbaren Umwelt. Ändert sich die Welt, mit der der Mensch interagiert, wird sich auch seine Norm verändern. Damit passt der Mensch seinen Wissensbestand der veränderten Informationslandschaft an.

Denn auch das Informationswachstum in enger Bindung an die Natur ist begrenzt. Man kann davon ausgehen, dass Information im Laufe der Zeit substituiert wird. Der globale, kollektive Informationsbestand aller Menschen, der vom Einzelnen nicht überblickt wird, verliert für das, was wir dazugewinnen, gleichzeitig alte Teile; Information wird allmählich ersetzt und so den neuen Verhältnissen angepasst.[157] Orientiert sich der Mensch nun immer mehr an informationsarmen Symbolen, führt dieser Austausch dazu, dass seine alte, evolutionär so ökonomische

---

[156] vgl. Kerényi, K. 1996
[157] Ebeling, W.; Freund, J.; Schweitzer, F. 1998, 75, 76

Norm, die das Geheimnis natürlicher Konstruktivität von Jahrmilliarden birgt, einer zunehmenden Anpassung an immer künstlichere Verhältnisse zum Opfer fällt und sich verändert. Wir werden sehen, dass das dem Menschen zum Verhängnis wird.

Wir wollen nun folgendes festhalten: „Offene Systeme", das heißt, komplexe dynamische Systeme, seien es nun *Organismen* oder *Kulturen*, sind gezwungen, *geordnete,* informationsreiche Strukturen *aufzunehmen* und die für das System untauglichen, bei Stoffumwandlungen immer entstehenden, unkorrelierten Strukturen als *Entropie* auszugrenzen, um dem Tod zu entgehen. Unkorrelierte Strukturen beliebiger Ordnung haben einen geringeren Informationsgehalt und müssen *exportiert* werden. Die Bedeutung einer *Grenze*, die einerseits offen sein muss für den notwendigen Informationsaustausch, andererseits schon Erreichtes konservieren und vor außersystemischer Unordnung schützen muss, kann demnach nicht hoch genug eingeschätzt werden. Sie weist das System als intakte funktionstüchtige Einheit aus und muss unter allen Umständen erhalten bleiben. Darum muss jedes lebendige System *werten*, wenn es überleben will. Es muss prüfen und entscheiden, was gut ist und was schlecht für seinen Systemerhalt. Der überlebensnotwendige Austausch mit der Umwelt kann darum *niemals beliebig* sein. Wir verstehen dies am besten, wenn wir uns klarmachen, dass wir selbst auch nicht beliebige Nahrung zuführen können, wir können nicht von entropiereichem, ungeordneten Sand leben, wir müssen entropiearme Pflanzen und Tiere aufnehmen, und auch die für uns entropiereichen Ausscheidungen ausgrenzen. Alle dynamischen, komplexen Systeme, also alles Leben, auch die kulturelle Welt des Menschen, werden nämlich durch den „Zweiten Hauptsatz der Thermodynamik" gezwungen, immer komplexer zu werden, um sich im evolutionären Zusammenhang der Informationssteigerung bei wachsender außersystemischer Entropie halten zu können. Komplexitätssteigerung aber bedeutet immer *Neustrukturierung* und das heißt innersystemische Weiterdifferenzierung und

Bildung immer umfassenderer überindividueller Systeme, was insgesamt einer *Höherdifferenzierung* gleichkommt. Sie setzt schärfste evolutionsökonomische Effizienz voraus, die uns kulturell als *Disziplin*, als *Opfer*, als *Leistung* begegnet.

Die hochkomplexe Ordnung der Natur, besonders der lebendigen Natur, enthält sehr viel Information. Von ihr lebt der Mensch. Dadurch wird er differenzierter und fähig, den Informationsstrom in die Bildung kultureller Systeme, Stämme, Völker, Vielvölkersysteme münden zu lassen. Er hält sich im Form-, im Ordnungsrahmen der lebendigen Natur, was bedeutet, dass die von ihm geschaffenen kulturellen Gestalten dauerhaft bestehen können. Dazu gehört auch immer, den schon erreichten Informationspool älterer Strukturen zu bewahren, um nicht ständig von vorne beginnen zu müssen (*Tradierung*). Dass lebendige Strukturen immer *hierarchisch* geordnet sind, kann ebenfalls nicht oft genug betont werden. Leben verdankt seine Existenz Tradierung und Hierarchie. Da es in der Evolution darum geht, aus immer begrenzter, entropiearmer Energie, also Natur, ein Maximum an Form herauszuholen, werden wir feststellen, dass angesichts der evolutionären Aufbauleistung die Muster der Hierarchie und Tradierung die *ökonomischsten* sind.

Natürliche Strukturen sind so aufgebaut, dass sie den Anforderungen einer möglichst großen pragmatischen Information entsprechen, der Mensch versteht nur die *Natur* unmittelbar und nur ihre Information kann er optimal verwerten. Sie muss ständig verfügbar sein. Der evolutionäre Informations-fluss durchströmt die Biosphäre ungebremst seit Milliarden von Jahren und schafft Form um Form und damit ein Reservoire dieser für den Menschen so notwendigen, strukturell gebundenen Information. Das ändert sich mit der zunehmenden Differenzierung des menschlichen Gehirns und seiner Fähigkeit, Sprache und Schrift, ja überhaupt *Symbole* zu schaffen, die neu sind in der Biosphäre. Wir werden sehen, dass sie den ungehinderten Informationsstrom, der allein Leben auf dieser Erde möglich macht, gefährden können.

Aus diesem anfänglich unverstellt zur Verfügung stehenden natürlichen Informationspool extrahiert der Mensch schließlich eine Information zweiten Grades, seine *Norm*. Sie formt das *Gesetz*, das der freie Mensch formulieren und seinen Handlungen zugrunde legen muss, um zu überleben. Dieses Gesetz ermöglicht es ihm, im Einklang mit der mächtigen Natur zu handeln. Das bedeutet Schutz und verspricht ihm dauerhafteres Leben. In einer zunehmend künstlichen Welt aber ist auch dieses Gesetz in Gefahr.

Wenden wir uns nun dem Gehirn zu, das diese künstliche, symbolische Welt erst schafft.

Welche Aufgabe hat unser Gehirn?

Ein Nervensystem hat im Prinzip keine andere Aufgabe, als die innere Ordnung seines Systems unter allen Umständen zu erhalten und jede Bedrohung von außen abzuwenden oder auszugleichen. In unvorstellbar langen Zeiträumen ist es dem Gehirn gelungen, immer adäquater auf Gefahren von außen zu reagieren.[158]

„Kein anderes Wesen kommt mit einem derartig offenen und lernfähigen Gehirn zur Welt wie der Mensch." Eigene Erfahrungen formen seine Struktur ein Leben lang. Kein Tier muss von seinen Eltern so lange beschützt und gelenkt werden wie der Mensch, keines muss so viel lernen, um überleben zu können. „Bei keiner anderen Art spielt die *Qualität* der *Umwelt* für die Hirnentwicklung eine so große Rolle." Er braucht sie als natürliche Umgebung und als „emotionale, soziale und intellektuelle Kompetenz der erwachsenen Bezugspersonen".[159]

Das Gehirn nimmt *Form* wahr auf allen ihm zugänglichen Ebenen. Es hat sich entwickelt an den vielfältigen, natürlichen Formen der Welt. Sie sind wie maßgeschneidert für seine in Jahrtausenden entstandenen Sinne. Die komplexe Struktur dieser Form-Funktions-Einheiten erscheint uns als Gestalt. Wir empfinden sie umso eher als wirklich, als tatsächlich vorhanden, „je heller sie gegenüber ihrer Umgebung sind, je kontrastreicher sie sich abheben, je schärfere Konturen sie aufweisen und je strukturell reichhaltiger sie sind", beispielsweise hinsichtlich der Oberfläche, der Farbe, der Gestalt.[160] Weil unser Gehirn nach Eindeutigkeit verlangt, braucht es die Überschaubarkeit komplexer raum-zeitlicher Muster, es braucht begrenzte Räume, Zeitabschnitte und die Langsamkeit natürlicher Entwicklung. Sie informieren es in eindeutiger Weise. Denn nur Eindeutigkeit

---

[158] Hüther, G. 2005, 111
[159] vgl. Hüther, G. 2005, 2006
[160] Roth, G. 1996, 285, 286

macht folgerichtiges Handeln möglich.[161] Wenn der Mensch die Natur beurteilt, beurteilt er seinesgleichen. Die ankommende pragmatische Information ist in diesem Fall sehr hoch. „Sie formt im Gehirn langfristig tragfähige Muster und innere Bilder", die seinen Handlungen zugrunde liegen.[162]

Das anfangs noch „*streng genetisch programmierte* Gehirn" ist im Laufe der Zeit immer formbarer geworden, zunächst nur in einer Phase nach der Geburt, später, jedoch, zeitlebens aufgrund eigener Erfahrungen. Auch wenn es dabei seine prinzipielle Funktionsweise beibehalten hat, sind die Vernetzungen der im Gehirn angelegten Verschaltungen kontinuierlich komplexer und dichter geworden.[163]

Die einfachen, programmgesteuerten Nervensysteme der Würmer, Schnecken und Insekten brauchen nur wenig Hilfe von außen. Die Eier sind mit allem Wichtigen ausgestattet und müssen nur an einem für die Entwicklung der Nachkommen geeigneten Ort abgelegt werden, alles andere geht von selbst.[164]

Wirbeltiere haben Gehirne, die *anfangs programmierbar* und durch eigene Erfahrungen formbar sind. In dieser Phase muss von den Eltern ein bestimmtes Milieu aufrechterhalten werden, das es den Nachkommen ermöglicht, alles zu lernen, was sie später im Leben brauchen. Solange sich die Welt nicht wesentlich verändert, gelingt das gut.

Im Unterschied dazu ist das menschliche Gehirn seit ungefähr hunderttausend Jahren *lebenslang programmierbar* und damit auch lernfähig. Entscheidend dabei ist, wie und wozu der Mensch es benutzt. Das sollte uns immer bewusst sein. Der Nachteil ist, dass die Kinder immer neu lernen müssen, worauf es im Leben

---

[161] Menne, A. 1993, 19
[162] vgl. Hüther, G. 2006
[163] Hüther, G. 2005, 111, 112
[164] Hüther, G. 2005, 22

ankommt. In der Regel gestalten Eltern und Vorfahren ein Umfeld, in dem das möglich ist. Diese lebenslange, erfahrungsabhängige Plastizität des menschlichen Gehirns hat den großen Vorteil, dass auch alte Denk- und Verhaltensmuster, sogar scheinbar festgefahrene Überzeugungen und Gefühlsmuster umgeformt und verändert werden können. Diese hohe Anpassungsleistung ist allerdings dann von Nachteil, wenn der Mensch unter Bedingung leben muss, die seine geistige Entwicklung hemmen.[165] Das hat schon der im 17. Jahrhundert lebende spanische Jesuitenpater Balthasar Gracián (1601-1658) gewusst: „Das Wasser nimmt die guten und schlechten Eigenschaften der Schichten an, durch die es läuft, und der Mensch die des Klimas, in welchem er geboren wird.[166]

Allerdings ist das Gehirn weder ein telefonischer Vermittler noch ein passiver Schwamm, sondern arbeitet wie ein Filter, wobei es hauptsächlich die Hemmung genetisch präformierter Muster anwendet. Die Umwelt wie auch die Innenwelt widerspiegelnd versucht es beide in Einklang zu bringen, um die innere Ordnung des Organismus zu erhalten. Allerdings ist es auf die Information angewiesen, die ihm das Gen und die Außenwelt zur Verfügung stellt.

Am besten entwickelt sich ein Mensch, geistig wie körperlich, in einer vielfältig und komplex gestalteten, natürlichen Umgebung. Afrika, die Wiege der Menschheit, lehrt uns eine uralte Weisheit. Sie fasst in einem Satz zusammen, was Kinder brauchen, um ihre genetischen Anlagen voll ausbilden zu können. „Um ein Kind richtig aufzuziehen", sagt ein afrikanisches Sprichwort, „braucht man ein ganzes Dorf." „Eine dörfliche Gemeinschaft bietet einem Kind eine ganze Palette von Anregungen und Herausforderungen und lässt es viele differenzierte Fähigkeiten erlernen. Die in seinem Gehirn

---

[165] Hüther, G. 2005, 23
[166] Gracián, B. 1647

78

aktivierten Verschaltungen werden auf diese Weise gebahnt und gefestigt. Durch die sich entwickelnden festen und sicheren Bindungen zu sehr unterschiedlichen Menschen, kann das Kind Schutz und Geborgenheit innerhalb einer Gemeinschaft erfahren."[167]

Erst die spätere evolutionäre Entwicklung ermöglicht es diesem Gehirn auch zu *erkennen*, was in uns und um uns herum vorgeht, allerdings nur bis zu einem gewissen Grad. In Ansätzen ist sie auch bei einigen unserer tierischen Verwandten zu finden.[168]

Das aus all unseren Sinneseindrücken zusammengesetzte Bild ist freilich kein genaues Abbild der tatsächlichen äußeren Welt, sondern nur das Bild, das wir uns mit all unseren Beschränkungen von dieser Welt machen können. Denn wir nehmen nur das wahr, was im Lauf der Evolution überlebensrelevant gewesen ist. Trotz dieser Beschränkungen reicht das, was wir mit Hilfe unserer Sinne von unserer Außenwelt mitbekommen, normalerweise aus, um in dieser Welt zu überleben [169] – vielleicht auch etwas dauerhafter zu überleben, was sicher das Höchste ist, was wir erhoffen können.

Mit der Anpassung an immer neue Gegebenheiten in der Außenwelt erwirbt das Lebewesen Wissen über diese Welt. Das gilt für das Genom genauso wie für das Gehirn. Neue, im Laufe des Lebens gemachte Erfahrungen, wirken bis auf die genetische Ebene,[170] sie verändern die Genexpression: Nervenzellen beginnen neue Gensequenzen zu kopieren und andere stillzulegen. Weil das bis ins hohe Alter geschieht, bleibt das Gehirn lebenslang plastisch und lernfähig. Allerdings ist die erfahrungsabhängige Neuroplastizität und damit die erfahrungsabhängige Beein-

---

[167] Hüther, G. 2005, 75
[168] Hüther, G. 2005, 112
[169] Hüther, G. 2005, 103, 104
[170] Bauer, J. 2002, 20

flussung der Genexpression, zumindest im Gehirn, in der Jugend am größten, dann, wenn wir am meisten lernen.[171]

Wie gelingt es dem Gehirn, die Eindrücke von außen zu verarbeiten? „Es kann *handlungsleitende innere Strukturen* oder Bilder in Form bestimmter Aktivierungs- und Interaktionsmuster zwischen besonders interaktionsfreudigen Zellen aufbauen, diese in Form neuronaler Verschaltungsmuster abspeichern und zur Aufrechterhaltung der inneren Ordnung des Gesamtsystems nutzen." Dadurch wird es zum ersten Mal möglich, aktuell gemachte Erfahrungen in Form bestimmter neuronaler und synaptischer Verschaltungen fest zu verankern und zur Bewältigung neuer Probleme und Herausforderungen einzusetzen. Diese handlungsleitenden inneren Strukturen können von einem Individuum zum anderen übertragen werden, später auch mit Hilfe der Sprache.[172]

Die Erfahrungen Einzelner „konfluieren" zu einem ständig wachsenden, kulturell vererbten Schatz „*kollektiver Bilder*".[173] Er birgt das ganze Wissen, das eine Gemeinschaft im Laufe ihrer Entwicklung im Zuge innerer und äußerer Problembewältigung erworben hat. „Diese im kollektiven Gedächtnis bewahrten und weitergegebenen inneren Vorstellungen erweisen sich als mächtige Werkzeuge zur Gestaltung der äußeren Welt (Weltbilder) und der eigenen Entwicklungsbedingungen (Menschenbilder)."[174]

Alles, was lebt, auch ein Gehirn, steckt in einer *Zwickmühle*. Es muss hinreichend *offen* sein, damit es all das aufnehmen kann, was es zu seinem Aufbau und zur Aufrechterhaltung seiner inneren Ordnung braucht. Gleichzeitig muss es aber auch hinreichend *verschlossen* sein, um zu verhindern, dass seine Innenwelt durch äußere Einflüsse gestört und bedroht wird. Hat

---

[171] Hüther, G. 2006, 59
[172] Hüther, G. 2006, 36
[173] Hüther, G. 2006, 37
[174] Hüther, G. 2006, 37

das Gehirn mit *Natur* zu tun, kann es die Lage gut einschätzen. Es kann sich weit öffnen, um zu erfahren, ob draußen etwas Bedrohliches oder etwas Erfreuliches passiert; es kann sich aber auch einfach verschließen, wenn ihm das Draußen nicht besonders bedrohlich oder bereichernd erscheint. Sollte ihm dennoch Gefahr drohen, kann es fliehen oder kämpfen, um seine innere Ordnung zu schützen.[175]

Ist beides nicht möglich, kann es sich auch „totstellen", was beim Menschen allerdings zu schweren Störungen führen kann.

Doch liegt in der immer weiter fortschreitenden Öffnung der ursprünglich starren genetischen Programme nicht nur die einzigartige Möglichkeit, sich immer besser anzupassen, sondern auch eine Schwäche. Denn die *Offenheit* eines sich möglicherweise aus genetischer Unzulänglichkeit hypertroph entwickelten Gehirns wird zur Achillesferse des Menschen. Die *Schutzmechanismen* sind hier nicht so tief verankert wie physisch. Die physische Informationsaufnahme des Menschen ist weniger störanfällig als seine geistige. Die Qualität der Nahrung beispielsweise kann durch genetisch verankerte Barrieren nicht ignoriert werden; anders gestaltet sich die geistige Informationszufuhr. Das Gehirn nimmt auf, was ihm geboten wird. Die Gefahr liegt in der kulturellen Welt des Menschen, die von einer uneindeutigen Symbolik lebt, der der geistige Informationsstrom anvertraut wird. Symbole transportieren Beliebiges, also auch durchaus Schädliches, das u.U. als solches nicht erkannt und ausgegrenzt wird. Weil der Mensch aber geistig wie physisch das gleiche hohe Ordnungsniveau aufnehmen muss, bedarf diese prinzipielle Offenheit, die das zentralisierte Nervensystem verkörpert, einer zusätzlichen Beschränkung in einer dem Organismus, aber auch einer ganzen Gemeinschaft dienlichen Weise (normativer Codex). Doch auch hier handelt es sich um einen nicht eindeutigen und darum nicht unbedingt

---

[175] Hüther, G. 2005, 29

verlässlichen, bloß symbolischen Filter. Darum kann dessen Schutzfunktion in keiner Weise mit physischen Schranken verglichen werden. Ein symbolisch vermittelter Codex kann missverstanden, ignoriert oder nicht befolgt werden. So kann eine überwiegend symbolische, uneindeutige Welt dem Menschen zum Verhängnis werden. Denn nur Natur informiert – im wahrsten Sinne des Wortes – den Menschen in eindeutiger Weise und ermöglicht es ihm, adäquat zu handeln.

Nichtsdestotrotz braucht der Mensch auch die sprachliche Kommunikation. Vor achthundert Jahren hat der Stauferkaiser Friedrich II. (1194-1250) deutlich gemacht, was geschieht, wenn die Formung eines Gehirns nur dessen genetischen Anlagen überlassen wird. Auf der Suche nach einer Ursprache des Gehirns, die dieses aus sich selbst heraus entwickelt, hat er zwei Kinder von Ammen aufziehen lassen, denen verboten worden ist, mit den Kindern auch nur ein einziges Wort zu sprechen. Die erwartete ureigenste Sprache hat sich nicht eingestellt, dafür aber Entwicklungsstörungen der Kinder, die schließlich gestorben sind.[176]

Da das menschliche Gehirn nicht mehr in dem Ausmaß genetisch gesteuert wird wie das tierische, müssen andere Regelmechanismen diese Aufgabe mitübernehmen. Die jeweiligen Eltern sorgen für die entsprechenden Rahmenbedingungen, nicht nur nach der Geburt („familiär tradierte nachgeburtliche und juvenile Entwicklungsbedingungen"), sondern schon davor („intrauterine Entwicklungsbedingungen").[177]

Die mächtige kluge Natur lenkt die tierische Entwicklung sehr viel unmittelbarer und ausschließlicher als die menschliche Entwicklung. Um dieses Losgelassensein, was der Mensch als

---

[176] Hüther, G. 2005, 61
[177] Hüther, G. 2006, 58

Freiheit erlebt, wird uns kein Tier beneiden. Denn es kann sich in der Regel sehr gut auf das verlassen, was die Natur ihm mitgegeben hat.[178] Dem Tier nimmt die Natur sozusagen das Denken ab. Das menschliche Gehirn hingegen muss sich gewissermaßen selbst programmieren durch die Erfahrungen, die es in der Welt macht.[179] Dieses genetisch nicht vollständig festgelegt sein, diese Undeterminiertheit, kann dem Menschen dann zum Verhängnis werden, wenn die enge Fühlung zur Ordnung der Natur verlorengeht. Wird sein Gehirn einer unnatürlichen, also undifferenzierten, also struktur- und informationsarmen Umwelt ausgeliefert, wird es von dieser falsch programmiert. Er entscheidet und handelt folglich undifferenziert und kurzsichtig. Vorausschauendes, proaktives Handeln, das jeder Höherdifferenzierung zugrunde liegt, kann er nicht mehr leisten. Dem „Zweiten Hauptsatz der Thermodynamik" entsprechend wird er sich nicht halten können.

Deswegen benötigt der Mensch die Hilfe der Natur in *doppelter* Hinsicht. Wir dürfen wiederholen: Er braucht nicht nur die Information ersten Grades, also in Form physischer Nahrung und als Wahrnehmung der vordergründigen Natur und Nähe zu anderen Menschen, sondern auch die Information zweiten Grades als handlungsleitende *Norm*, die das zu gestaltende Repertoire der Information ersten Grades erst gewichtet, *bewertet* und interpretiert. Sie enthält den Kern komplexer lebendiger Ordnung und liefert ihm die nötige Orientierung als geistige Nahrung. Die inneren Bilder und Muster, die die Ordnung der Natur im menschlichen Gehirn erzeugt, sind nämlich nichts anderes als „in Form gegossene und verankerte Hypothesen über den Zustand der Welt und über die sich in dieser Welt bietenden Möglichkeiten zur *Lebensbewältigung.*"[180]

---

[178] Hüther, G. 2005, 99
[179] Hüther, G. 2005, 99
[180] Hüther, G. 2006, 47

Diese Norm steckt verschlüsselt in tradiertem Wissen, in Gesetzen und in Schöpfungsmythen einer Gemeinschaft. Denn schon früh beginnt der Mensch sich ein Bild zu machen, von der unsichtbaren Kraft, die ihn und alle anderen Lebensformen auf der Erde hervorgebracht hat. Reste dieser archaischen Vorstellungen lassen sich in den Schöpfungsmythen aller Kulturen finden, sie geben dieser „geistigen, alle menschliche Vernunft übersteigenden, schöpferischen Kraft Namen, oft auch Gestalt." „Sie wirkt als zentrale, Orientierung bietende und Ordnung stiftende Matrix, als Matrix, die das Denken, Fühlen und Handeln der Menschen lenkt und an der sie alle anderen Bilder von der Welt und von sich selbst ausrichten. Sie nutzen diese Matrix, um ihr individuelles und gemeinschaftliches Leben zu organisieren, um sich selbst und ihr Gemeinwesen zu strukturieren. Dieses zentrale Bild liefert ihnen die Richtschnur, mit deren Hilfe sie die Möglichkeiten, aber auch die Grenzen ihrer Bemühungen zur Gestaltung ihrer eigenen Lebenswelt ausloten."[181]

Doch der Mensch beginnt seine Welt umzugestalten. Dank seines Gehirns wird er zum *Zwitterwesen*: die Fähigkeit zur genetischen Reproduktion hält ihn im animalisch-lebendigen Kontext der Natur, er hat Nachkommen, mit deren Hilfe er größere lebendige Gestalten, Familien, Völker und Vielvölkersysteme bilden kann; doch er schafft auch tote Symbole, überall einsetzbare, nichtssagende Werkzeuge, deren Funktion nicht in ihrer Form steckt, sondern auf Absprache beruht. Die Kopplung an die natürliche Ordnung, die sie transportieren sollen, ist störanfällig und enthält Sollbruchstellen. Ab einer bestimmten Symboldichte kann der Mensch den Überblick über die Zusammenhänge verlieren. Der natürlich-lebendigen Form steht die immer abstrakter werdende, symbolische Form gegenüber, deren Informationsgehalt auch in ihren differenziertesten Ausprägungen unvergleichlich viel geringer ist als der, der

---

[181] Hüther, G. 2006, 37

einfachsten lebendigen Systeme. Zweifellos können Symbole als Werkzeuge, wohl dosiert und kontrolliert, mächtig konstruktiv wirken und eine Höherdifferenzierung beschleunigen. Ohne sie wäre die kulturelle Evolution nicht denkbar.

Doch eine immer *abstrakter* werdende Symbol*flut* wird das Gegenteil bewirken. Interagiert das Symbole produzierende menschliche Gehirn zunehmend mit der von ihm geschaffenen, immer *symbolischeren* Welt, die die Natur zurückdrängt, geht mit der Komplexität natürlicher Form-Funktions-Einheiten auch die Eindeutigkeit, Stetigkeit und Unmittelbarkeit der aufgenommenen Information verloren. Der durch Symbole vermittelte Informationsfluss kann verdünnt oder blockiert und handelnd nicht weitergegeben werden. Die schlichte symbolische Welt, viel weniger komplex als die dem Menschen vertraute natürliche, mit der und an der er sich entwickelt hat, wird ihn in ihrer Undifferenziertheit mit Information bzw. Form unterversorgen; er wird an Information, an konstruktiven differenzierenden inneren Mustern und Handlungsstrategien verarmen. Eine beton-versiegelte Stadt voller Reklame-strotzender Häuserzeilen oder ein Computer-Chip sind etwas grundsätzlich anderes als eine Wiese, ein Wald oder ein Tier. Im Vergleich dazu sind sie armselig.

Von der Struktur der Umwelt, mit der der Mensch zu tun hat, hängt auch das ab, was man *Motivation* nennt, also die Bereitschaft, sich den Einflüssen von außen zu öffnen. Doch weit wichtiger ist die Tatsache, dass sich in einer zunehmend symbolisch bestimmten Welt die handlungsleitende Norm des Menschen verändert. Bildet sie doch das Konzentrat seiner Umwelt, das sich im Laufe der Zeit durch Interaktion mit ihr in seinen Vorstellungen herauskristallisiert hat. Der offene Mensch, eigentlich auf das „Ordnungs-Extrakt" aus der Natur angewiesen, an dem er sich orientieren kann, um die konstruktive Leistung der evolutionär geforderten Weiterdifferenzierung zu bewältigen, wird nun seine Handlungen an einer Norm ausrichten, die diese

Höherdifferenzierung nicht mehr zulässt. Seine handlungsleitende Matrix wird nun ganz anders aussehen, als die ursprüngliche, jahrtausendealte Norm, die es ihm ermöglicht hat, sich im evolutionären Rennen zu halten. Die durch dieses *neue Gesetz* gestalteten menschlichen Theorien und Handlungen werden eine Welt schaffen, die nicht im Entferntesten mehr an die natürliche erinnert; der Mensch, existentiell auf die Natur angewiesen, wird immer inadäquater handeln. Doch mehr dazu später.

„Die einer natürlichen Welt angepassten, tradierten Muster haben sich im Laufe der Generationen immer weiter differenziert und sind immer tauglicher geworden, die spezifische Struktur und Leistung einer Gemeinschaft aufrechtzuerhalten. Aus den ursprünglich noch recht undifferenzierten, relativ unscharfen und damit sehr offenen inneren Bildern der ersten menschlichen Gemeinschaften ist so im Verlauf der letzten einhunderttausend Jahre ein immer bunteres Kaleidoskop unterschiedlichster, hoch spezialisierter und zum Teil extrem ausdifferenzierter Leistungen steuernder, handlungsleitender und Orientierung bietender Muster entstanden."[182] Dieser immer weitergehende höher-differenzierende Prozess genetischer Muster schafft nicht nur eine enorme *Vielfalt* der Arten, sondern auch der Kulturen: So wird das kulturelle Gedächtnis menschlicher Gemeinschaften vielfältig differenziert durch immer komplexer gestaltete innere Bilder und Handlungsstrategien.[183]

Es hat Zeiten und Regionen gegeben, in denen es Menschen über mehrere Generationen möglich gewesen ist, besonders günstige Bedingungen aufrechtzuerhalten und so für die Herausbildung hochkomplexer, stark vernetzter Gehirne zu sorgen. Andererseits hat es auch immer schwierige Zeiten und Umstände gegeben, die dies nicht in vollem Umfang möglich

---

[182] Hüther, G. 2006, 129
[183] Hüther, G. 2006, 129

gemacht haben.[184] So wie kein Gehirn und kein Mensch dem anderen gleicht, ist auch jede menschliche Gemeinschaft einmalig. Die Vielfalt, das Charakteristische unserer Biosphäre, ist gleichzeitig ihr Motor, da jedes System außersystemische Differenzen zur Weiterentwicklung braucht, sei es nun als ökonomische Enge oder territorialen bzw. geistig-kulturellen Widerstand des Andersartigen.

Noch kurz etwas zu dem Phänomen, das als die wichtigste menschliche Errungenschaft angesehen wird: unser *Bewusstsein*. Wie die Hirnforschung zeigt, beruhen alle unsere Verhaltensweisen, kognitive Leistungen, auch emotionales Empfinden, auf neuronalen Verarbeitungsprozessen unseres Gehirns. Auch wenn es sich dabei um höchst komplexe und enorm vernetzte Abläufe handelt, die auch Wahrnehmung, Erinnerung, Planung, Bewertung und Intuition zugrunde liegen, so handelt es sich doch dabei um biochemische Prozesse. Das gilt auch für unser Bewusstsein.[185]

Bewusstsein entsteht, wenn es dem Gehirn gelingt, sich selbst zu beobachten. Wenn es über die eigenen geistigen Regungen und Wahrnehmungen, seinem „In-der-Welt-Sein" reflektiert, bespiegelt es sozusagen seine grundlegenden Funktionsabläufe und macht sie ihrerseits zum Gegenstand kognitiver Prozesse, um dann das Resultat dieser Metaanalyse auf einer höheren Stufe zu etablieren. „Durch den Aufbau von Metaebenen, auf denen interne Prozesse reflektiert und analysiert werden, kann ein Gehirn die Fähigkeit erlangen, sich seiner eigenen Wahrnehmungen und Intentionen bewusst zu werden, sich selbst, sein So-geworden-Sein und seine Rolle und seine Stellung in der Welt zu begreifen." „Diese Fähigkeit ist bei verschiedenen Menschen unterschiedlich weit entwickelt. Welche Stufe des Bewusstseins ein einzelner Mensch erreichen kann, hängt zwangsläufig davon ab, wie weit er

---

[184] Hüther, G. 2005, 22, 23
[185] Hüther, G. 2005, 115

auf der Stufenleiter der Wahrnehmung, der Empfindungen und der Erkenntnis im Lauf seines Lebens bereits vorangekommen ist."[186]

Die „Stufenleiter des Bewusstseins beginnt bezeichnenderweise mit einer Unterscheidung, mit einer Differenz". Dieser differenzierende Prozess vollzieht sich nicht nur beim einzelnen Menschen, sondern auch bei der Menschheit als Ganzes. „Ein kleiner, aber wachsender und zunehmend klarer und unabhängiger werdender Kern innerer Erfahrung löst sich allmählich aus einem traumhaften Zustand faktischer Identität mit dem Leben des Körpers und seiner physischen Umwelt. Die archaische Stufe mythischen Bewusstseins wird verlassen." Je weiter sich der Mensch von der Natur entfernt und damit immer mehr aus der ursprünglichen, symbiotisch engen und schützenden Bindung zu ihr löst (natürliche Umwelt, frühe Bezugspersonen), wächst die Notwendigkeit, über sich nachzudenken. „Damit erwacht das individuelle Bewusstsein aus einer paradiesischen Empfindung der Einheit mit der Welt." „Auf dieser Stufe beginnt der Mensch, sich als autonomes, freies, selbstständig entscheidendes und wertendes Ich zu begreifen." „Diese schwierige Entwicklung ist bis heute in manchen Kulturen noch nicht abgeschlossen. Sie geht immer von einzelnen aus, die den Sprung von der ursprünglichen kollektiven, mythischen Bewusstseinsstufe zu einem ichbezogenen (Selbst-)Bewusstsein leisten."[187]

Vor dreitausend Jahren macht in der abendländischen Geschichte das altbabylonische Gilgamesch-Epos als erstes Epos der Weltliteratur überhaupt diese Zäsur deutlich. Es ist das Ergebnis einer Entwicklung, die vor etwa sechstausend Jahren ihren Anfang genommen hat. Es geht um das persönliche Leben des Königs von Uruk.[188] Die Geschichte beschreibt eine Heldenfreundschaft unter Männern, die zwischen Drauf-

---

[186] Hüther, G. 2005, 115
[187] Hüther, G. 2005, 116
[188] Hüther, G. 2005, 116

gängertum und Furcht vor dem Kommenden von den Göttern über Träume und direkte Ansprache beeinflusst werden.

Mit der Entfernung von der Natur wird der Mensch zwar unabhängiger und freier, doch wächst auch seine Verantwortung und die *Bedürftigkeit* nach einer verfassungsgebenden Norm, die ihm Orientierung bietet. Lässt der Mensch die ursprüngliche Einheit mit der Natur immer weiter hinter sich, entsteht zugleich die Notwendigkeit, den Bund mit ihr auf einer abstrakteren Ebene zu erneuern: die archaische Matrix begegnet uns nun in rationalem Gewand und in zunehmend symbolisch verschlüsselter Form.

So bildet der Vorstoß in geistige Sphären die höchste und vermutlich auch die letzte Leistung des Gens. Geist, den das Gen nicht mehr ganz bestimmen kann, ist eine Form des Lebens, die Stützen braucht. Mit der richtigen, aufbauenden Norm besitzt der Mensch allerdings die Macht, die Ordnung des Lebendigen auch kulturell zu verankern, die Höherdifferenzierung voranzutreiben und sich im evolutionären Zusammenhang zu behaupten.

Wir sollten uns jedoch vergegenwärtigen, dass mit dem Geist auch Grenzen konstituiert werden, die, für uns zwar nicht direkt greifbar, nichtsdestotrotz verteidigt werden müssen. So hat ein menschliches Individuum nun nicht nur seine physische Haut zu retten, sondern auch sein ganz persönliches geistiges Profil. Als Teil einer Sippe wird es nicht nur das Territorium seiner Familie, seine Heimat bewahren wollen, sondern auch deren geistige Eigenart, die Familienehre, verteidigen. Und schließlich wird er als kulturelles Wesen, Kind einer Gemeinschaft, nicht nur sein Vaterland schützen, sondern auch sein nationales geistiges Profil, was evolutionär im Dienst einer Höherdifferenzierung unumgänglich ist. Vor diesem Hintergrund wird verständlich, wieso schwere Verletzungen auch dann möglich sind, wenn physisch-territorial kein Angriff erfolgt, sondern nur geistig-kulturell, in Form einer Beleidigung oder Demütigung. Im Sinne des *Primats des Ganzen* wird der Mensch, eingebunden in familiäre und kulturelle Einheiten, immer auch die äußerste Grenze desjenigen Systems sichern, zu dem er gehört.

Zusammenfassend beschert die Evolution dem Menschen ein offenes Gehirn, das zur Aufrechterhaltung der inneren Ordnung die komplexe Ordnung der Natur aufnehmen muss. Ist diese, aus welchen Gründen auch immer, nicht verfügbar, kann der Mensch nicht überleben.

Was ist Kultur?

Der von der Sonne ausgehende *Ordnungs* - bzw. *Informationsfluss* durchströmt die Biosphäre und erfährt hier eine vielfältige Steigerung. Wenn er schließlich den Menschen erreicht, muss er durch dessen Aktivität nicht nur weitergegeben, sondern auch vermehrt werden. Der Mensch hat die Aufgabe, das Leben, genauer, die Ordnung des Lebens, der er entstammt und die er selbst verkörpert, weiterzutragen und in neuen Formen erstehen zu lassen.

Menschliche Tätigkeit, die sich im Handeln, Herstellen und Denken des Menschen zeigt, formt die *kulturelle* Welt. Sie muss unterschieden werden von dem Naturgeschehen, das auch ohne menschliches Zutun existiert. Die der Natur abgerungene Sphäre trägt den menschlichen Stempel.

Schon in der Antike wird ein Zusammenhang gesehen von *Handlung* und Hand, die sie ausführt. Darum bezeichnet A. Gehlen (1904 - 1976) den Menschen als Wesen der Handlung.[189] Nicht in die Tat umgesetztes Denken stellt nur ein Handlungskonzept dar, es braucht noch den Vollzug, um zur Handlung zu werden.

Aristoteles (384-322 v. Chr.) trennt die Praxis (Handeln – vor allem politisches Handeln) von der Poiesis (Herstellen von Dingen). Beiden gemeinsam ist, dass ihr Gegenstand nicht das Ewige und Naturgewachsene, sondern das ist, was sich *auch anders* verhalten kann. Sie sind beide Kinder der Vernunft,[190] denn erst sein Gehirn macht den Menschen zum Kulturwesen.

Der Weg zum Homo sapiens ist geprägt durch ein vielfältiges Beziehungsgeflecht vernetzter Faktoren. Die in den Jahrmillionen menschlicher Frühzeit abgelaufenen Veränderungen werden sich

---

[189] Ritter, J. Bd.3 1974, 992
[190] Ritter, J.; Gründer, K. Bd.7 1989, 1024

wohl nie bis ins letzte Detail rekonstruieren lassen. Darum ist eine scharfe Abgrenzung des Menschen gegenüber dem Tierreich nicht möglich.

Zwar setzt vor ca. fünf Millionen Jahren auf diesem Planeten eine folgenschwere Entwicklung ein: eine komplexe lokomotorische Anpassung schafft den Hominiden (Menschenaffen) mit dem aufrechten Gang (Ardipithecus kaddaba). Davon befreit, die ehemals vorderen Extremitäten zur Fortbewegung einsetzen zu müssen, beginnt er einer neuen Welt Gestalt zu geben, der Welt der Artefakte. Die ersten roh bearbeiteten Steinwerkzeuge stammen aus der Zeit vor 2,6 Millionen Jahren; seitdem spricht man von der Gattung Homo.[191] Doch das reicht als Charakteristikum des Menschen nicht aus: Denn fast alle für ihn typischen „Evolutionsmerkmale" („Werkzeugkultur, Kommunikation, Sozialverhalten, Gehirn- struktur oder Körperbau") „sind auf irgendeine Weise schon bei seinen tierischen Vorgängern angelegt".[192]

Auch wenn die Menschwerdung der Primaten für uns im Dunkeln liegt, muss sie als vollzogen gelten mit dem Faktum der Freiheit, die der Mensch seiner cerebralen Weiterentwicklung verdankt und die dringend einer geistigen *Norm* bedarf. Dass es ihm dabei gelungen ist, sich den Kern natürlicher Lebensgesetzlichkeit in Form seiner *Religion* als Richtschnur für sein Handeln anzueignen, erscheint als entscheidender Schritt innerhalb der evolutionären Entwicklung hin zur Kultur. Denn seine ursprüngliche Norm nennt der Mensch Religion. Religion wird so zum anthropologischen Kriterium schlechthin und zum Fundament jeder Kultur. Diese Transformation, die die Prinzipien natürlich lebendiger Ordnung zur kulturellen Orientierungsmacht werden lässt, muss das Urbewusstsein des archaischen Menschen mit traumwandlerischer Sicherheit vollzogen haben. Wie bei

---

[191] Berger, R. 2008, 263, 264
[192] Schrenk, F. 2003, 121

einem Staffellauf wird Leben an die geistig-kulturelle Welt des Menschen weitergegeben und begegnet uns hier in neuer Gestalt.

So lassen sich die Anfänge des Menschen an seiner Religion festmachen. Die ältesten archäologischen Zeugnisse einer religiösen Haltung und kultischer Handlungen gehören dem Mittelpaläolithikum an (Paläolithikum: Altsteinzeit ca. 2 000 000-8 000 v. Chr., Beginn der Blüte der Gattung Homo vor 1,9 Millionen Jahren[193]). Über das Altpaläolithikum lässt sich nichts aussagen, weil diese Zeit uns nur Steingeräte überliefert hat.[194]

Die religiöse Norm versetzt den Menschen in die Lage, am Turmgebäude des Lebens weiterzubauen und immer größere überindividuelle Systeme, politische Einheiten zu schaffen. Aus Sippen formt er Stämme, Völker und Vielvölkersysteme nach den Prinzipien der Natur: sie bilden raum-zeitliche, begrenzte, aus homogenen Teilen sich entwickelnde Gestalten, die sich auf Überliefertes stützend hierarchisch gegliedert sind. *Politik* wird darum zum zentralen Begriff einer Kultur. Verhalten sich die Individuen moralisch richtig, wird dies das entsprechende System stabilisieren. Folglich müssen *Moral* und *Ethik* als Teil der Politik gesehen werden. Menschliche, viele Teilsysteme einigende, konstruktive, politische Tat schafft in einem langsamen mühevollen Prozess Leben auf einer neuen Ebene. Basalste Aufgabe von Moral, Ethik und Politik bleibt der Aufbau menschlicher Existenz.

Wie gelingt nun dem Menschen diese politische Tat? In seiner animalischen Fähigkeit zur *Reproduktion* wird er die Generationenfolge weiterführen, er zeugt Kinder. Doch das reicht nicht aus. Die evolutionär geforderte Vermehrung des Lebens bedeutet nämlich nicht nur die Steigerung der Anzahl der Menschen, sondern verlangt die Bildung immer komplexer

---

[193] Berger, R. 2008, 264
[194] Müller-Karpe, H. 1998, 20

geordneter, also überindividueller Systeme. Damit ist auch keine Haufenbildung oder lockere Assoziationen der Individuen gemeint, denn kulturelle Systeme sind Einheiten wie aus einem Guss: es sind lebendige Gestalten, deren Zusammenhalt auf einer *Bindung* beruht. Erst diese Bindung schafft aus einzelnen Teilen ein neues Ganzes. Diese Bindung muss gelingen. Sie erst lässt kulturelle Einheiten entstehen, die wie alle organischen Einheiten vielfach vernetzte, hochdifferenzierte Systeme sind, die in einer nicht ruhenden Anstrengung die immer entstehende Unordnung (Entropie) ausgrenzen müssen. Nicht umsonst besitzt darum die Sicherung der Grenze – es handelt sich ja auch bei Kulturen um „Offene Systeme" – existentielle Bedeutung. Kulturen sind wie Organismen, sie müssen sich weiterdifferenzieren, indem sie die eigene Ordnung ausbauen und/oder räumlich expandieren.

Die Abhängigkeit des Menschen von der Natur bestimmt seine Haltung ihr gegenüber. Für den niederländischen Kulturhistoriker Johan Huizinga (1872-1945) wird sich der Mensch schon auf den einfachsten Stufen des Zusammenlebens bewusst, dass er *etwas schuldig* sei. Diesem für jede wahre Kultur unentbehrlichen Gefühl des Schuldigseins entspringt der Begriff der Pflicht und die Bereitschaft zu dienen: vom Gottesdienst bis zum Dienst an anderen Menschen[195] als Ausdruck einer *ökonomisch konstruktiven* Haltung, die allein Leben auf kultureller Ebene weiterwachsen lassen kann.

Diese Verwurzelung der Kultur in natürlichen Zusammenhängen wird auch im Begriff „Kultur" deutlich: er lässt sich auf das lateinische „cultura" (Ackerbau) zurückführen. Cicero (106-43 v. Chr.) verwendet den Begriff auch metaphorisch und nennt, zum Beispiel, die Philosophie „cultura animi".[196]

Denn alle Hochkulturen sind entstanden auf der Grundlage

---

[195] vgl. Huizinga, J. 1936
[196] vgl. Cicero, Tusc. Disp. II, 5

agrarischer Produktion: im Neolithikum (Ägypten, Sumer), in der Bronzezeit (China) und immer am Unterlauf (in China: Mittellauf) großer Ströme (Nil, Euphrat/Tigris, Indus, Hwangho). Zunächst im Vorderen Orient (Südmesopotamien und Ägypten, ca. 3100 v. Chr.), gefolgt von der Induskultur (ca. 2600 v. Chr.), den Minoern auf Kreta (3. Jahrhundert) und von China (1523 v. Chr.). Später entwickeln sich, isoliert und eigenständig, aber mit vergleichbaren Strukturen Hochkulturen in Südindien, Mexiko und Peru (Maya, Azteken, Inka).

Materielles Fundament ist dabei immer der intensivere Ackerbau, der zu einem „Überschuss an Nahrungsmitteln" führt und damit „Arbeitskräfte und Arbeitszeit" frei macht. In Städten konzentrieren sich Menschen und ökonomisches Potential.[197] So beruht Kultur letztlich auf Daseinsvorsorge und Nahrungskontinuität bzw. auf Informationsakkumulation. Völker wie jene Indianer, bei denen es als verächtlich gegolten hat, einen Nahrungsvorrat für den kommenden Tag anzulegen, haben keine höhere Kultur hervorgebracht: „Im letzten Grunde beruht Zivilisation (hier im Sinne von Hochkultur) auf dem Nahrungsvorrat. Die Kathedrale und das Kapitol, das Museum und der Konzertsaal, die Bibliothek und die Universität sind die Fassade; im Hintergrund ist das Schlachthaus" (Durant, W.).[198]

Nun wird der Mensch, der nicht nur Natürliches, sondern auch Künstliches hervorbringen kann, durch sein Wirken zum *Zwitterwesen*: wie schon mehrfach erwähnt, schafft er Artefakte, *Symbole*, also Werkzeuge, Behausungen usw., die es an Komplexität auch in ihrer ausgereiftesten Version nicht mit den schlichtesten kleinsten Lebewesen aufnehmen können. Sie alle sind Teil seines kulturellen Systems und helfen ihm bei seiner Aufgabe, die Komplexität des Ausgangssystems zu steigern.

---

[197] Geiss, I. 2002, Bd.4, 46
[198] Störig, H. - J. 1954, 41

In diesem Zusammenhang ist es vielleicht gut, noch einmal zu erwähnen, dass wir von der Einheit der Welt ausgehen, die alles Künstliche miteinschließt. Alle Bausteine, auch die der menschlichen Artefakte, liefert die Natur. Der Mensch hat allerdings deren Verknüpfung, Struktur, also deren Ordnung, zu verantworten.

Auf die Sonderstellung der *Kunstwerke*, wirklicher Kunstwerke, die eine ungleich höhere Ordnung verkörpern als andere Artefakte, soll hier nicht eingegangen werden. Nur so viel: In der Kunst gelingt es dem Menschen schöpferisch zu sein auf seinem ureigensten menschlich-geistigen Gebiet und sich so in die Folge natürlich-lebendiger Kreativität einzureihen. Auch wenn es sich bei Kunstwerken letztlich um Symbole handelt, verkörpern sie doch Kriterien des Lebendigen. So schafft der Mensch „geistige Organismen" komplexer Ordnung: Lieder, Symphonien, Gemälde, Dichtung, Skulpturen, Bauten usw. Diese Gestalten werden zum größten Triumph dieses geistigen Wesens, dieses Losgelassenen der Schöpfung. Denn sie zeigen ihm: noch gehört er dazu!

In der Kunst wie in der Politik gelingt es dem Menschen, sich durch Gestaltbildung im Kontinuum des Lebendigen zu halten. Mit der von ihm gestalteten Ordnung wächst die evolutionär geforderte Information weiter als Gegengewicht zur Entropie. Der Mensch verbleibt in natürlichen, evolutionär konstruktiven Zusammenhängen. Die erreichte raum-zeitliche Grenzerweiterung zeigt sich als wachsende historische und prognostische Potenz seines Handelns und bedeutet sichereres Überleben.

Es soll deutlich werden: Kultur ist an Symbolik gebunden, ja sie ist ohne Symbolik nicht denkbar. Doch wie schon erwähnt, lauert hier auch eine Gefahr. Denn die immer abstrakter werdenden künstlichen Symbole stellen etwas grundsätzlich Neues dar in der Biosphäre. Wenn sie sich anhäufen, können sie den Blick des Menschen auf die für ihn so wichtige Natur verstellen, sie können ihm die enge Tuchfühlung zu ihr nehmen: „Der Mensch lebt in einem symbolischen und nicht mehr in einem bloß natürlichen Universum. Statt mit den Dingen selbst umzugehen, unterhält sich der Mensch in gewissem Sinne dauernd mit sich selbst. Er lebt so sehr in sprachlichen Formen, in Kunstwerken, in mythischen Symbolen oder religiösen Riten, dass er nicht erfahren oder erblicken kann, außer durch Zwischenschaltung dieser künstlichen Medien."[199] Die Kultur ist das „symbolische Universum": sie ist das engmaschige Netz, in das der Mensch sein Leben lang verstrickt bleibt. Einen völlig kulturlosen Ur- oder „Natur"-Menschen gibt es nicht. „Der Unterschied von Kultur- und Naturmenschen ist missverständlich. Keine menschliche Bevölkerung lebt in der Wildnis von der Wildnis, jede hat Jagdtechniken, Waffen, Feuer, Geräte."[200]

Weil Symbole bloße Werkzeuge sind, also tote Dinge, können sie sich nicht selbst regulieren. Sie brauchen Zügel und eine domestizierende Verankerung im natürlichen Fundament. Dann wirken sie fruchtbar und können als zwischengeschaltete Mittler dem Zusammenhalt überindividueller Systeme und ihrer Weiterdifferenzierung dienen. Doch da alle kulturellen Systeme von der Natur leben und die unmittelbare Nähe zu ihr brauchen, spielt der *Grad symbolischer Durchsetzung* der Welt, die den Menschen umgibt, eine ganz entscheidende Rolle. Verschiebt sich im Laufe zunehmender Rationalität das Verhältnis Natur-Symbol zugunsten des Symbolischen in der Welt, geht durch die wachsende Indirektheit in der Informationsvermittlung immer mehr Information verloren, was die kulturelle Bindung brüchig werden lässt und damit die politische Ordnung und schließlich die menschliche Existenz gefährdet. Doch verlieren in diesem Fall nicht nur die kulturellen Systeme ihre Verbindung zum natürlichen Fundament, sondern auch ihre Symbole selbst. Damit werden sie

---

[199] vgl. Cassirer, E. 1960, 39
[200] vgl. Gehlen, A. 1950, 40

zu manipulierbaren, beliebig einsetzbaren Instrumenten. Einer manipulierbaren Symbolflut aber ist der Mensch nicht gewachsen. Und hier liegt die eigentliche Gefahr: nicht in den Symbolen, ohne die es kein Menschsein gibt, sondern in ihrer grenzenlosen Flut. Sehen wir uns nun die symbolische Welt etwas genauer an.

Symbole

Es soll hier ein erweiterter Symbolbegriff gelten. Wie in der Logik werden wir darunter *jedes künstliche Zeichen* verstehen, aber auch alles Künstliche, das der Mensch herstellt, wobei der Kunst eine Sonderstellung zukommt. Unter Symbolen im engeren Sinne wollen wir Sprache, Schrift, Geld und Technik verstehen.

Ist in den größer werdenden Populationen der direkte Körper- und Augenkontakt mit allen Stammesmitgliedern nicht mehr möglich, entwickelt sich *Sprache*, denn weitere Distanzen zwischen den einzelnen Mitgliedern der Sippe verlangen nach Zeichen.

Die Aneignung der *Schrift* besitzt die gleiche evolutionäre Bedeutung wie der Erwerb der Sprache. Sie erweitert die Reichweite der Stimme drastisch und ermöglicht ein Handeln in neuen Raum- und Zeithorizonten. Damit wird sie zum normativen Ordnungsparameter, zum Mittel der Politik. Eine Gemeinschaft, befreit von dem Zwang, einen großen Teil ihrer Kraft für die Bewahrung der tradierten Information einsetzen zu müssen, kann sie nun für die Erweiterung ihres Wissensbestandes nutzen. Denn Schrift schafft objektive Distanz zum aktuellen Wissen und führt dem Menschen vor Augen, was er bisher in sich getragen hat. Es entsteht eine veränderte Wissensstruktur und eine neuartige „noetische Ökonomie".[201] So schafft Schrift nicht nur eine Vorratskammer des Wissens, einen vom individuellen Menschen unabhängigen Gedächtnisraum, sondern wird auch zum entscheidenden Evolutionsmotor.

Die symbolisierende Entwicklung erhält auch durch den Übergang von den Nomaden zu den Sesshaften eine entscheidende kulturhermeneutische Beschleunigung. Die Nomaden wechseln den Ort, um einen geeigneten Lebensraum

---

[201] vgl. Ong, W. 1982, 37-57

(Jagdgründe, Weideland) zu finden. Ihre Artefakte helfen ihnen nutzen zu können, was dieser Lebensraum bietet. Die *Technik* der *Sesshaften* dagegen ist anders ausgerichtet: Ein beliebiger Ort soll zum Lebensraum gestaltet werden, wozu es der *Erfindung* bedarf. Dieser Unterschied mag anfangs kaum zutage treten, siedelt man doch zunächst dort, wo der Boden besonders fruchtbar und die Wasserversorgung von der Natur begünstigt ist. Doch durch Fruchtfolge, Bewässerung, natürliche und künstliche Düngung versucht man, das Vorgefundene zu erhalten, zu verbessern und letztlich insgesamt unabhängiger zu werden, auch hinsichtlich der natürlichen Zeitintervalle wie dem Wechsel der Tages- und Jahreszeiten.

Symbole werden zu Informationsträgern in allen Bereichen kultureller Entwicklung, nicht nur auf dem Gebiet der Kommunikation und der Technik. Eine immer mittelbarere Nahrungsbeschaffung lässt aus Jägern und Bauern schließlich Konsumenten werden, die am Ende einer langen Kette der Versorgung stehen. Aus dem Naturaltausch entwickelt sich das *Geld*, das schließlich immer weitere Teile des Informationshaushaltes des Menschen vermittelt.

Ein *Zeichen* ist etwas, was für etwas anderes steht oder auf etwas verweist. Der Zeichenbezug ist ein dreifacher zwischen dem Zeichen als solchem (Zeichenträger), dem bezeichneten Objekt (Designat) und dem Interpretanten, der den inhaltlichen Zusammenhang des Zeichens bestimmt. Es handelt sich dabei um bloße Zuordnung, nicht um eine feste Bindung. Auch wenn es den Begriff des *natürlichen* Zeichens gibt, wie zum Beispiel den Duft einer Blume oder das Lächeln und Stöhnen als Ausdruck der Freude oder des Schmerzes, handelt es sich hier um Teile einer gebundenen Information, die eine komplexe natürliche Struktur *verkörpern* und von Natur aus eine Bedeutung haben. Darum wollen wir hier nicht von Zeichen sprechen.

Künstliche Zeichen dagegen, Symbole im engeren Sinn, sind

Objekte, die der Mensch schafft und per Konvention zu Zeichen macht, wie Wörter, Verkehrszeichen oder einen Code. Immer ist ihr Geltungsbereich, zeitlich wie örtlich, zu beachten. Sie besitzen nicht den Komplexitätsgrad und die Eindeutigkeit natürlicher Strukturen. Künstliche Zeichen sind Mittler, austauschbar und brauchen die Kopplung an einen Träger, an das zu vermittelnde Objekt und an den Empfänger. Sie sind der freien Information zuzurechnen.

Im Laufe der menschlichen Entwicklung werden künstliche Zeichen immer mittelbarer und unvollständiger. Das sehen wir an der Schrift. Während das Ikon noch strukturell dem Bezeichneten ähnelt und die Sache bildhaft darstellt, stellen Begriffe immer rudimentärere Zeichen dar, die allein nichts aussagen. Was nun bei allen künstlichen Zeichen ganz entscheidend ist: die Kürze und Einfachheit des Symbols können die Information, die sie zwar vertreten, aber *nicht verkörpern,* nur unter bestimmten Bedingungen *vermitteln.* Werden diese Bedingungen nicht erfüllt, geht bei der Symbolisation sehr viel Information verloren. Zusätzlich werden subjektiver Deutung und Erfindung Tür und Tor geöffnet. Das gilt für Sprache und Schrift. Doch auch auf anderen Gebieten entfernt sich die menschliche Welt durch die vermittelnde Symbolisation immer weiter von ihrer natürlichen Grundlage und läuft Gefahr, sich von ihr abzuspalten.

Sehen wir uns die Entwicklung der Technik an, so zeigt sich, dass die ersten vom Menschen hergestellten, künstlichen Produkte noch auf den natürlichen Ursprung hindeuten: Werkzeuge passen sich als Ergänzung, Verlängerung und Verstärkung der Hand des Menschen und seinem Bewegungsrhythmus an. Man denke nur an den Hammer. Er unterwirft sich noch natürlich-genetischer Beschränkung, die auch den Zusammenhang zwischen Form und Funktion bestimmt.

Die weitere abstrahierende Entwicklung schafft aber Gebilde, deren Funktion sich nur mittelbar erschließen lässt. Mit der

Eindeutigkeit verlieren sie auch ihre Verlässlichkeit. Durch stetig wachsende Mittelbarkeit drohen sie sich natürlichen Beschränkungen des Menschen zu entziehen. Ihr Werkzeugcharakter und der Zweck, dem sie dienen, können so aus dem Blickfeld geraten. Die später entstehenden Maschinen beginnen sich dank einer unphysiologischen Energiezufuhr von der *genetischen Bremse* des Menschen zu lösen und so organisch-lebendige Maße zu sprengen. Sie verselbstständigen sich, denn sie sind stärker, schneller und unermüdlicher als der Mensch. Technik erweitert zwar seine beschränkten Möglichkeiten, doch sie droht ihm auch zu entgleiten. Ähnliches lässt sich auch vom Geld sagen. Dem am Ende einer langen Informationskette sich entwickelnde Papiergeld sieht man nicht an, wofür es steht. Dass es ursprünglich Nahrung bedeutet hat, Kleidung, Werkzeug usw. im Dienst kulturellen Zusammenhalts und Überlebens, kann in Vergessen-heit geraten.

Die Abstraktionsfähigkeit des Menschen und der ihr zugrundeliegende gedankliche Trennungsprozess gibt ihm zwar die Möglichkeit, Theorien zu entwerfen und so die kulturelle Weiterentwicklung voranzutreiben; doch sie birgt auch die Gefahr der *Entkopplung des Symbolischen vom Natürlichen* in sich. Mit wachsender Mittelbarkeit werden erkenntnismäßig sekundäre Formen der Abstraktion dann für das Gegebene gehalten. *Repräsentant des Realen* wird mit dem *Realen* verwechselt. Realität bedeutet die längste Zeit der Menschheitsgeschichte Natur. Selbst Natur, hat sich der synaptische Mensch in ihr und an ihr entwickelt. Das menschliche Gehirn erfasst natürliche Gestalten unmittelbar und ganz. Die Gefahr zu irren wächst, wenn sich Vorstellungen an Symbolen orientieren müssen.

Es ist zwar richtig, dass die in einer Definition enthaltenen Merkmale aus der Erfahrung stammen und sie sich auf ein bestimmtes „fundamentum in re" berufen können; doch bedeutet das noch lange nicht, dass Begriffe etwas Wirkliches darstellen an realen Objekten, die durch sie nur bezeichnet werden. Das meint auch J. Kepler (1571-1630), wenn er warnt, Symbole taugten „nur zum Spiel", und wer mit ihnen spielte, dürfe nicht vergessen, „dass er nur mit Symbolen spielt."[202]

Über die mächtige kulturfördernde Wirkung von Sprache, die das Menschsein mit ausmacht, ist viel geschrieben worden. Doch darum geht es hier nicht. Wir müssen uns eine andere Seite der Sprache bewusst machen, nämlich ihren Symbolcharakter. Die damit verbundenen Schwierigkeiten hat man auch schon früh gesehen.

---

[202] vgl. Kepler, J. 1937 ff, 16, 378

Sprache

Sprache scheint viel älter zu sein als ursprünglich gedacht. Neuere Forschungen lassen vermuten, dass es sie schon vor 1,8 Millionen Jahren gegeben hat, bei Wesen „irgendwo zwischen Australopithecus und Homo ergaster",[203] wobei die Übergänge von einer Tierkommunikation zu einer immer genaueren und differenzierteren Sprache fließend gewesen sein müssen.[204] Dagegen ist es fast sicher, dass die Menschen vor 600 000 Jahren miteinander gesprochen haben (Homo heidelbergensis).[205] Das gleichzeitig zu beobachtende Gehirnwachstum, nicht nur für die Willkürkontrolle der Stimmbänder, Lippen, Zunge und Atemmuskeln verantwortlich, sondern auch für die Feinmotorik der Hände, weist auf ein immer komplexeres Sozialleben hin.[206]

Die sprachliche Entwicklung von einer Protosprache hin zu einer grammatikalisch strukturierten Kommunikation erfährt dann vor ungefähr hunderttausend Jahren eine Beschleunigung (Homo sapiens, Homo neanderthalensis). Plötzlich beginnt der Mensch raffiniertere Werkzeuge zu bauen, Schmuck herzustellen, Handel zu treiben und eine Syntax (Satzbau) zu kreieren, die es ihm erlaubt, auch kompliziertere Handlungsmuster zu planen. Wie schon erwähnt, muss man annehmen, dass auch die Entstehung der Sprache Folge einer Not gewesen ist, eines In-die-Enge-getrieben-Seins, das jeder emergenten Entwicklung zugrunde liegt. Klimatische Veränderungen mit Nahrungsmittelknappheit, neue Jagdtechniken, größer werdende Sippen und Stämme verlangen nach einer immer differenzierteren Kommunikation, die über die Verständigung durch Laute, Mimik und Gestik hinausgeht.[207] Denn mehr noch als Menschenaffen sind wir

---

[203] Berger, R. 2008, 250, 252
[204] Berger, R. 2008, 250
[205] Berger, R. 2008, 251, 266
[206] Berger, R. 2008, 253
[207] Berger, R. 2008, 243-245, 266

Menschen auf soziale Kooperation und Kommunikation angewiesen. Diese Besonderheit kann ein Selektionsdruck für die Entwicklung von Sprache gewesen sein.[208]

1772 erscheint Herders (1744-1803) Aufsatz „Über den Ursprung der Sprache". Heute wissen wir, dass der Ursprung der Sprache genaugenommen nicht an den Wurzeln der Menschheit liegt, sondern letztlich die Informationstransformation fortsetzt, die alles Leben bestimmt.[209]Sprache und ihre Speicherform, die Schrift, müssen als wesentliche, die kulturelle Welt strukturierende, bindende Kraft angesehen werden.

Sprache lebt in viel größerem Ausmaß als die Schrift von ihrem Träger, dem menschlichen Körper. Das, was mitgeteilt werden soll, wird durch Stimme und sozial eingeübte Haltungen, Gesten und Gebärden reicher und komplexer. Nichtsdestotrotz geht bei der sprachlichen Vermittlung viel Information verloren. Das hat man auch schon früh gesehen. Überhaupt hat der Informationsstrom beim Menschen verschiedene Hürden zu nehmen. Darauf müssen wir kurz eingehen.

Die erste Schwierigkeit behandelt die *Erkenntnistheorie*, die allerdings erst in der Neuzeit zum zentralen Problem der Philosophie wird. Kann der Mensch die Welt überhaupt erkennen, wie sie ist? Schon die „Physiologoi" unter den frühen Philosophen bezweifeln, dass das, was sich den Augen offenkundig zeigt, wahr sei. Damit beginnt die Entfremdung des Menschen von der Natur. Nach I. Kant (1724 -1804) bleibt ihm das „Ding an sich" endgültig verborgen, obwohl die Erkennbarkeit der Natur ursprünglich kein Problem gewesen ist. Denn wir haben gesehen, dass die aus der Natur aufgenommene Information, auch wenn sie immer nur einen kleinen Teil der möglichen ganzen Information ausmacht, als pragmatische Information für unser Überleben ausreicht.

---

[208] Berger, R. 2008, 243
[209] Schriefers, H. 1982, 118

Die nächste Schwierigkeit liegt in der adäquaten *Umformung* des Gedachten bzw. Empfundenen: es muss formuliert, ausgesprochen und/oder niedergeschrieben werden. Diese Umwandlung ist durch den beim Menschen entkoppelten Reiz-Reaktion-Reflex nicht immer gegeben. Unfähigkeit, den Gedanken symbolisch auszudrücken, Schweigen aus anderen Gründen, aber auch bewusste Lüge sind möglich, obwohl die natürlichen Komponenten des menschlichen Ausdrucks (Stimme, Augen, Mimik, Gestik) noch am verlässlichsten die Realität widerspiegeln.

Durch die symbolische Formulierung des Gedachten geht der vielleicht größte Teil der Information verloren. Schon der griechische Philosoph Demokrit (um 460 v. Chr.) hat die Rede den bloßen „Schatten der Wirklichkeit"[210] genannt. Auch der Schriftsteller Hermann Hesse (1877- 1962) hat das in seinem Essay „Sprache" sehr deutlich gesagt: „Wenn also der ein Schelm ist, der mehr gibt, als er hat, so kann ein Dichter niemals ein Schelm sein. Er gibt ja kein Zehntel, kein Hundertstel von dem, was er geben möchte, er ist ja zufrieden, wenn der Hörer ihn so ganz obenhin, so ganz von ferne, so ganz beiläufig versteht, ihn wenigstens im Wichtigsten nicht gröblich missversteht. Mehr erreicht er selten. Und überall, wo man ihn liebt oder ihn verwirft, überall spricht man nicht von seinen Gedanken und Träumen selbst, sondern nur von dem Hundertstel, das durch den engen Kanal der Sprache und den nicht weiteren des Leserverständnisses dringen konnte."[211]

Denn auch das Verstehen des Gesagten, in noch viel größerem Ausmaß des Geschriebenen, stellt ein weiteres und entscheidendes Nadelöhr für den verbliebenen Informationsfluss dar, weil eigentlich der Empfänger bestimmt, was an Information bei ihm

---

[210] vgl. Demokrit: VS 68 B 145
[211] Bender, E. 1966/1967, 19

ankommt. Hören, Verständnisfähigkeit, Vorwissen, Motivation usw. spielen eine Rolle.

All diese Schwierigkeiten beginnen dem Menschen vor über 2500 Jahren bewusst zu werden, sie erschüttern die alte archaische Welt. Darum erfährt die geschichtliche Entwicklung hier einen Einschnitt.

Die Frage, inwieweit Sprache die Realität widerspiegeln kann, hat schon Hesiod (um 700 v. Chr.) gestellt. Er weiß um die Lüge und betont, dass er wahre Geschichten erzählen will. Er verlangt das auch von den Menschen. Denn im Gegensatz zu den gesprochenen Worten der frühen mythischen Zeit, erfüllt die Rede seiner Epoche diesen Anspruch nicht mehr.[212] Denn „schon die Namen selbst bilden die Dinge nicht mehr sachgerecht und eindeutig ab."[213] Man beginnt nach der Wahrheit zu suchen und verlässt sich nicht mehr auf ihre einfache göttliche Mitteilung.[214]

Platon (427-347 v. Chr.) denkt in seinem „Kratylos", dem ersten zusammenhängend überlieferten sprachphilosophischen Text der griechischen Literatur, über den „archaischen Sprachbegriff" nach, der das Sprechen noch als Benennen verstanden hat. Das Ergebnis des Dialogs fasst er in einem Satz zusammen: „Gewiss aber wird es einem vernünftigen Menschen gar nicht wohl anstehen, sich selbst und seine Seele den Wörtern in Pflege zu geben."[215] Auch Parmenides (540-480 v. Chr.) spricht einige Jahrzehnte vorher vom „trügerischen Schmuck der Worte".[216] „Damit ist die Trennung von Sprechen und Erkennen (Sprechen und Denken) für die Antike endgültig vollzogen. Dem

---

[212] vgl. Hesiod: Erga 173-200
[213] vgl. Hesiod: Erga 11-26
[214] Ritter, J.; Gründer, K. Bd.9 1995, 1440
[215] Platon: Crat. 440 c 3ff
[216] Parmenides, VS 28, B 8, 52

folgt alsbald die entsprechende Trennung von Wort und Wahrheit.“[217]

Seitdem setzt man Worte losgelöst von ihrem Wahrheitsgehalt ein als „Werkzeuge der Überredung und allgemein als Mittel, auf andere Menschen einzuwirken“ (Rhetorik).[218]

Sprachskepsis finden wir auch später immer wieder. Der Kleriker Hrabanus Maurus (780-856) betont den Zeichencharakter der Sprache: man dürfe nicht „die Zeichen für die Sache nehmen“.[219] Auch der englische Philosoph und Staatsmann F. Bacon (1561 - 1626), der die neuzeitliche Sprachkritik einleitet, nennt zwar die Worte der Sprache „Spuren der Vernunft“ und sieht sie als Vermittler und Überlieferer von Wissen.[220] Doch „Vorurteile erzeuge die Sprache zum einen dadurch, dass die Feinheit der Natur, die die Einteilungsfähigkeit der Sinne und des Verstandes ohnehin übertreffe, durch die Worte unzureichend bezeichnet werde“. Zusätzlich erzeuge die Sprache „Erdichtungen“: einmal schaffe der Intellekt mit den Worten Bezeichnungen für nicht existente Dinge, „oder die Worte seien „verworren“ und „schlecht abgegrenzt“, „voreilig“ und „unangemessen“ von den Dingen abstrahiert.“[221]

Th. Hobbes (1588-1679) erkennt, dass beim Sprechen unsinnige Wortzusammenstellungen möglich sind, die den Zweck des Sprechens, eine bestimmte Bedeutung auszudrücken, gefährden.[222] Und der französische Philosoph und Mathematiker R. Descartes (1596-1650) sieht in der Sprache die eigentliche Quelle von Missverständnissen. Sie kann die Verständigung erschweren und verdunkeln. Seiner Ansicht nach „würden“ „fast

---

[217] Ritter, J.; Gründer, K.; Bd.9 1995, 1441
[218] Ritter, J.; Gründer, K.; Bd.9 1995, 1443
[219] vgl. Hrabanus Maurus: De inst. III, c. 7-15
[220] vgl. Bacon, F.: Instauratio magna, De dignitate er augmentis scient. VI,   c.1 (1623)
[221] vgl. Bacon, F.: Instauratio magna, Novum org. I Aph.10, 13; 59, 171; 60, 171
[222] Hobbes, Th.: Elem. philos. I: De corpore (1655) I

alle Kontroversen verschwinden, wenn die Philosophen in der Bedeutung der Worte immer übereinstimmten."[223] Dem englischen Philosophen J. Locke (1632-1704) erscheint es ebenfalls unwahrscheinlich, dass „any two men" sich unter ein und demselben Wort das gleiche vorstellen.[224]

Der Universalgelehrte G. W. Leibniz (1646-1716) weiß, dass menschliche Erkenntnis Zeichen braucht, die auch das Differenzierungsvermögen des Denkens spiegeln. Doch machen Worte nur auf Dinge und Ideen aufmerksam, ohne sie jedoch hervorbringen zu können.[225]

Besonders deutlich wird die Zeichenwillkür der Sprache bei I. Kant (1724-1804). Denn die Sprache kann einen Begriff zwar begleiten und „nur gelegentlich reproduzieren"[226], jedoch nicht „konstituieren"; weil aber das philosophische Denken Worte braucht [227], liegt hier die eigentliche „Quelle von potentiellen Missverständnissen".[228] Denn „die Bedeutung der Zeichen" ist nur „in der Mathematik ... sicher". Außerhalb dieser wissenschaftlichen Eindeutigkeit haben „Worte ihre Bedeutung" allein „durch den Redegebrauch".[229]

F. Nietzsche (1844-1900) nimmt besonders das Wahrheitsverständnis der Sprache unter die Lupe. Er sieht in den „Conventionen der Sprache" nichts anderes als „perspektivisch bedingte, letztlich im Dienst der Selbsterhaltung des Menschen stehende Formen der Realitätsverfälschung, d.h. „Conventionen zu lügen". Denn die Sprache kommuniziert Begriffe nicht nur,

---

[223] Descartes, R.: Reg. ad dir. Ingenii 13 (1628/29)

[224] Locke, J.: An essay conc. human underst. III, ch. 10, §22 (1690), 283

[225] Leibniz, G. W.: Unvorgreiffliche gedancken, betr. die ausübung und verbesserung der teutschen sprache (ca.1697) §1

[226] Kant, I.: Anthropol. in pragmat. Hinsicht (1798). Akad.-A. 8, 80, 79

[227] Kant, I. KrV A 735

[228] Ritter, J.; Gründer, K. Bd.9 1995, 1483

[229] Kant, I: Unters. über die Deutlichkeit der Grundsätze der natürlichen Theologie und der Moral (1764)

sondern schafft sie auch; so geschieht Begriffsbildung in ihr durch metaphorische Übertragungsprozesse, „willkürliche Abgrenzungen" von Dingen gegeneinander oder „einseitige Bevorzugung bald der bald jener Eigenschaften eines Dinges".[230]

Den Abgrund zwischen Sprache und Wirklichkeit erkennen auch Ludwig Feuerbach (1804-1872) und Karl Marx (1818-1883). Überhaupt steht noch das Fin de siècle, das Ende des 19. Jahrhunderts, der Sprache ausgesprochen skeptisch gegenüber.[231]

Auch Heidegger (1889-1976) sieht sehr wohl, dass Sprache zum „Gerede"[232] verkommen kann, dass sie damit „den primären Seinsbezug zum beredten Seienden verloren" hat. Auf „dem Wege des Weiter- und Nachredens" nimmt sie unkritisch die „durchschnittliche Verständlichkeit" wieder auf, die in der „gesprochenen Sprache schon liegt" und mit ihr überliefert wird, und in ihrer „Bodenlosigkeit" stellt sie so „die Möglichkeit" dar, „alles zu verstehen ohne vorgängige Zueignung der Sache".[233]

Es soll nochmals betont werden, dass die Kluft zwischen Realität und ihrer sprachlichen Wiedergabe genau genommen folgende Ursache hat: Ein Zeichen ist zu einfach, als dass es Komplexität vollständig übersetzen könnte. Dies gilt für alle Sprachen, auch wenn diese sich in ihrer Differenziertheit unterscheiden. So kann ein Zeichensystem der natürlichen lebendigen Ordnung seines Benutzers umso flexibler folgen, je differenzierter es ist. Darum legt G. W. Leibniz auf den „Reichtum" der Sprache als „das erste und nötigste"[234] größten Wert. Dieser Reichtum hat an Übersetzungen in andere Sprachen

---

[230] Nietzsche, F.: Ueber Wahrheit und Lüge im aussermoralischen Sinne 1 (1873), 372, 373, 375

[231] Ritter, J.; Gründer, K. Bd.9 1995, 1488

[232] Heidegger, M.: Sein und Zeit § 34 1976, 219

[233] Heidegger, M.: Sein und Zeit § 35 1976, 224, 223

[234] vgl. Leibniz, G. W.: Unvorgreiffliche gedancken betr. die ausübung und verbesserung der teutschen sprache (ca. 1697) § 57

110

seinen „Probierstein".[235] Überhaupt zeigt sich beim Übersetzen am deutlichsten, wie sehr Sprache das Denken beengt.[236]

Sprache lebt von ihrem Träger und seinem Körper. Augenausdruck, Mimik, Gestik, Stimme, Haltung, Bewegung tragen zum verlässlichen Verständnis des gesprochenen Wortes bei. Gehen jedoch Direktheit und Nähe der Gesprächspartner verloren, kann sie symbolisch nicht vollständig kompensiert werden.

Sprache ist kein Werk, sondern eine Tätigkeit; in ihr spiegelt sich die ewig wiederholende Arbeit des Geistes, den artikulierten Laut zum tauglichen Ausdruck des Gedankens zu machen. Die eigentliche Sprache liegt in der Rede. Ihre Erhaltung durch die Schrift wird immer eine unvollständige, mumienartige Aufbewahrung bleiben: denn durch Schrift geht zusätzlich Information verloren. Darum hat man auch zu allen Zeiten Kritik an der Schrift geübt.

---

[235] Leibniz, G. W.: Unvorgreiffliche gedancken betr. die ausübung und verbesserung der teutschen sprache (ca. 1697) § 60, 470
[236] Leibniz, G. W.: Unvorgreiffliche gedancken betr. die ausübung und verbesserung der teutschen sprache (ca. 1697) § 15, 454

Schrift

Wir alle wissen, wie begrenzt die Speicherfähigkeit des menschlichen Gedächtnisses ist, sehen wir einmal von einzelnen Ausnahmen sehr hoher Gedächtnisleistungen ab. Beispiele dafür finden wir etwa in Westafrika, wo Spezialisten der oralen Tradition jahrhundertealte Genealogien auswendig lernen oder in Karelien, wo sich die Erzählkunst der Barden zum Teil bis heute erhalten hat. Sie sind in der Lage, Tausende von Strophen des finnischen Nationalepos „Kalevala" auswendig herzusagen.[237]

Die Schrift nun ist ein System von Zeichen, das den Gedanken und die Rede, also flüchtige Information, speichern, überliefern und wiedergeben soll. Dadurch, dass sie das Körpergedächtnis verlässt, revolutioniert sie die menschliche Kommunikation,[238] ja den gesamten Informationshaushalt des Menschen. In gleichem Maße revolutionär wirken sich später der Übergang von der Handschrift- zur Druckkultur und der vom Buch zum Bildschirm aus.

Während die mündliche Überlieferung als inkorporiertes Gedächtnis in Sängern und Erzählern lebt, wird es mit der Schrift möglich, das Wissen des Einzelnen und der Gemeinschaft außerhalb des Körpers zu speichern. Als Text existiert es nun in einer neuen Form, die räumlich und zeitlich losgelöst ist von der unmittelbaren Verständigung.[239] Er kann ohne große Anstrengung überprüft, erneuert und erweitert werden.

Das führt zu einer Informationsakkumulation ungeahnten Ausmaßes. Schrift treibt die kulturelle Entwicklung einer Gemeinschaft voran, sie wird zum „Evolutionsmotor".[240]

---

[237] Haarmann, H. 2002, 10
[238] vgl. Haarmann, H. 2002
[239] Wenzel, H. 2007, 18, 285
[240] Ritter, J.; Gründer, K. Bd.8 1995, 1423

Im Unterschied zur körpergebundenen Memorialüberlieferung sprengt Geschriebenes die physiologischen Grenzen des Menschen, sein raum-zeitlicher Kommunikationsradius erweitert sich deutlich. Schrift sorgt auch für eine schnellere und umfassendere Verwendung des gemeinschaftlichen Wissens. Es lässt sich fixieren, multiplizieren, konservieren, summieren, kritisieren und vor allem aber auch *deuten*. Und hier liegt eine ihrer Schwachstellen: die Uneindeutigkeit des Geschriebenen öffnet subjektiver Interpretation Tür und Tor; das kann sich besonders dann verheerend auswirken, wenn jeder, ungeachtet seines Wissensstandes, alles und jeden beurteilen und verwerfen kann.

Diese Gefahr hat man auch schon früh erkannt. Als sich Schriftlichkeit im 12. und 13. Jahrhundert auszubreiten beginnt, wird die Frage aufgeworfen, „ob schriftliche Urkunden glaubwürdiger seien als menschliche Zeugen, die mit ihrer ganzen Person, ihren Augen, ihren Ohren und ihrer gesellschaftlichen Reputation für ihre Aussagen einstehen."[241]

Bis in unsere Zeit wird das Wissen über die Welt schriftlich überliefert. Selbst wenn heute der größte Teil aller in Datenbanken gespeicherten Informationen digitalisiert ist, müssen diese bei Abruf in Schrift umgesetzt werden, damit der Mensch sie verwenden kann.

Wohl gibt es Kleinvölker, die bis heute ohne Schriftlichkeit auskommen. So z.B. die rund neunhundert Etoro in den Bergen der Bosavi-Region Papua-Neuguineas. In ihrer traditionellen Lebensweise gelingt es ihnen mit vielseitigem Geschick das Leben in einer Dorfgemeinschaft auch ohne Schrift zu ordnen. Sie sind ein gutes Beispiel dafür, wie eine archaische, jahrtausendealte

---

[241] Wenzel, H. 2007, 18

Kultur im Einklang mit der Natur bis heute lebensfähig bleiben kann.[242]

Überhaupt sind die Menschen in traditionalen Kulturen sehr erfinderisch darin gewesen, Informationen ohne Schrift, aber mit visuellen Mitteln für die spätere Verwendung festzuhalten. Denken wir an die Mnemotechniken der nordamerikanischen Indianer, die visuelle Mittel und mündliche Überlieferung symbiotisch miteinander verflochten haben. In der Kolonialgeschichte macht ein Beispiel den großen Kontrast zwischen einer von Schriftlichkeit und einer von visuellen Mnemotechniken bestimmten Kultur deutlich. Es ist der Vertrag aus dem Jahre 1682 zwischen William Penn (1644-1718) und den Delaware-Indianern über die Abtretung von Ländereien in der Region, die später nach Penn „Pennsylvania" benannt worden ist. Dem von Penn aufgesetzten Text in englischer Sprache steht das indianische Vertragswerk in Form dreier Gürtel mit schmückenden Mustern und Bildmotiven gegenüber.[243]

Die Entwicklung von Hochkulturen allerdings, ist ohne Schrift nicht möglich. Sie tritt erst in agrarisch geprägten Kulturen auf und beginnt als Bilderschrift mit Piktogrammen: in Ägypten entstehen Hieroglyphen (ca. 3100 v. Chr.), in Sumer durch Abstraktion die Keilschrift, in China eine noch heute gebrauchte Bilderschrift. Aus der Kombination von Hieroglyphen und Keilschrift entwickelt sich durch weitere Abstraktion das Alphabet, das Schriftlichkeit allmählich breiteren Schichten zugänglich macht. [244]

Neuere Forschungen belegen, dass Schrift schon in einer vorstaatlichen Ordnung möglich ist. Die ältesten Schriftdokumente stammen aus der Zeit um 5300 v. Chr. und sind somit wesentlich älter als die ältesten Funde aus Ägypten und

---

[242] Haarmann, H. 2004, 11
[243] Haarmann, H. 2004, 12, 13
[244] Geiss, I. 2002, 45

114

Mesopotamien. In Südosteuropa, an den Stätten der alten Donauzivilisation, hat man Großsiedlungen gefunden, die Ackerbau und Vorratswirtschaft betrieben und sich ein reich verzweigtes Netzwerk spezialisierter Handwerksberufe, Metallverarbeitung und ein differenziertes Repertoire von Kultursymbolen[245] geschaffen haben. Die mit längeren Zeichensequenzen beschriebenen Tontafeln von Tartaria in Transsilvanien (Rumänien) gehören zu den ältesten der Welt (um 5300 v. Chr.).[246]

In allen frühen Kulturen bleibt Schrift Eliten vorbehalten. Als religiöse Symbolik finden wir sie auf Opferaltären und Kultgegenständen, auf Skulpturen und auf Votivbeigaben in Gräberfeldern. Denn Schrift ist zu Beginn ein Instrument, das der Priesterschaft hilft, die Einhaltung und genaue Durchführung religiöser Riten zu überwachen. Im Gottkönigtum Mesopotamiens und Ägyptens wird dann die ökonomisch-politische Funktion des Schriftgebrauchs deutlich. Schrift ermöglicht es der Tempeladministration, das Steuerwesen weiterzuentwickeln und so die Untertanen besser zu kontrollieren.[247]

Schrift, selbst das Ergebnis einer Abstraktionsleistung, um immer mehr Information akkumulieren und wiederverwerten zu können,[248] wird immer abstrakter. Die am Anfang stehende Bilderschrift verwendet ein Zeichen für ein Wort, dessen Gegenstand bildlich dargestellt wird. Bei der altsumerischen Piktographie ist es nie darum gegangen, die Sprache phonetisch (lautmalerisch) exakt wiederzugeben. Erst durch die Angleichung der sumerischen Schrift an das Akkadische verlässt man dieses Wortstamm-Prinzip und geht zur syllabischen Schreibweise (Silbenschreibweise) über.[249] Durch diese fortschreitende

---

[245] Haarmann, H. 2004, 17
[246] Haarmann, H. 2004, 20
[247] vgl. Haarmann, H. 2004, 17 -19
[248] Haarmann, H. 2004, 43
[249] Haarmann, H. 2004, 36, 37

Phonetisierung des Geschriebenen folgt der Text immer mehr den Lautsequenzen der Sprache. Zwar wird versucht, ihn so eindeutiger zu machen und die interpretative Willkür des Lesers einzuschränken. Doch dadurch, dass er sich immer weiter vom realen Bild entfernt, wird Geschriebenes auch immer abstrakter und erst recht vieldeutiger.

Überhaupt ist zu allen Zeiten Kritik an der Schrift geübt worden. Platon (427-347 v. Chr.) hat im „Phaidros" und im „7. Brief" das Grundproblem der Unzulänglichkeit der Schrift deutlich gemacht.[250] Er zweifelt, ob Geschriebenes Information speichern und jedem verfügbar machen kann. „Die Schrift, die Wissen gemein macht, lässt „Weisheit" untergehen".[251] Weisheit lässt sich nicht getrennt vom Wissenden speichern, ihr Ort bleibt das lebendige Gedächtnis.[252] Er spricht von der „Vaterlosigkeit" der Schrift, die sich von ihrem Urheber löst.[253] Weitergabe von Weisheit braucht den direkten Dialog. „Die solide Permanenz des Geschriebenen" sei „ein Trugschluss" und Schrift eine „externe Gedächtnisprothese und kein Kommunikationsmedium."[254]

Auch im Mittelalter zeigt sich das Bedürfnis nach einem lebendigen Gegenüber, einer Person, die erzählt und für das Gesagte einsteht. Es gibt Handschriften, zum Beispiel die Manessische Liederhandschrift — sie umfasst den größten Teil des mittelalterlichen Minnesangs – die das Bild des Autors tragen.[255] Mit anschaulichen Miniaturen und Initialen will das Manuskript nicht nur die Abwesenheit eines Körpers kompensieren,[256] sondern auch das Bild im strengen, linearen, das

---

[250] vgl. Szlezak, A. Th. 1985
[251] Ritter, J.; Gründer, K. Bd.8 1992, 1424
[252] Ritter, J.; Gründer, K. Bd.8 1992, 1424
[253] vgl. Ritter, J.; Gründer, K. Bd.8 1992
[254] Ritter, J.; Gründer, K. Bd.8 1992, 1424
[255] Peters, U. 200, 392-430
[256] Wenzel, H. 2007, 286

Organische aufhebenden Text wieder einführen.[257] In ähnlicher Weise muss der digitale Icon unserer Zeit verstanden werden.

Bis zum Beginn der Neuzeit wird die europäische Schrift-Kultur mündlich ergänzt und geprüft. Überhaupt wird Mündlichkeit mit aufkommender Schrift nicht aufgehoben – im Gegenteil: „Traditionsstifter wie Konfuzius, Sokrates, Jesus haben nie geschrieben."[258] Auch der arabische Gelehrte Ibn Cam´a [259] betont, Bücher seien „ohne einen großen Schatz auswendig gelernten Wissens" wertlos.[260] Ein altägyptischer Lehrer drückt es noch lapidarer aus: „Werde eine Bücherkiste!"[261]

In Europa kommt es erst im 18. Jahrhundert zu einer Abwertung des Gedächtnisses, das nun zunehmend als Gefängnis der Vernunft empfunden wird.[262]

Schon im Mittelalter beginnt sich Schriftlichkeit weiter auszubreiten. Der Manuskriptkultur des 12. und 13. Jahrhunderts folgt der Buchdruck, der nun in großem Stil das Wissen der Eliten allen zugänglich macht. [263] Fünfzig Jahre nach der Erfindung des Buchdrucks sind schon acht Millionen Bücher auf dem Markt, eine Zahl, die alles übersteigt, was in den elf Jahrhunderten an Handschriften geschaffen worden ist.[264] Für das 16. Jahrhundert nimmt man im deutschen Sprachraum einen Umfang von siebzig bis neunzig Millionen Exemplaren an.[265]

Die Schattenseiten der technischen Reproduzierbarkeit des Geschriebenen hat man auch früh gesehen. Eine massenhafte Produktion von Büchern setzt „die herkömmlichen

---

[257] Wenzel, H. 2007, 287

[258] Ritter, J.; Gründer, K. Bd.8 1992, 1424, 1425

[259] Assmann A./J.; Hardmeier, Ch. 1983, 280

[260] Ritter, J.; Gründer, K. Bd.8 1992, 1425

[261] Brunner, H. 1957, 179

[262] Ritter, J.; Gründer, K. Bd.8 1992, 1425

[263] Wenzel, H. 2007, 19

[264] Wenzel, H.2007, 20

[265] Weyrauch, E.1995, 1-13

Selektionsmechanismen des Wissens und Bewahrens außer Kraft". Kritiklos und nachlässig kann alles und jedes gedruckt und der „allein kompetenten Instanz" und der „Verfügung der Gelehrten" „entzogen" werden. „Der Druck" verlässt die „traditionellen Stätten der Schriftproduktion" (Bischofssitze, religiöse Konvente, Universitäten) und entwickelt sich bald zu einem gewinnmaximierenden Geschäft, das „die vielfältige und wachsende Nachfrage einer differenzierten, vorwiegend urban geprägten Gesellschaft mit ihren teils antagonistischen Interessen erfüllen" muss.[266]

Die neuzeitliche Flut an Schriften, ihre „semantische Unbestimmtheit und Unausschöpflichkeit"[267] verunsichert viele. „Schreiben heißt, es den anderen überlassen, das eigene Sprechen eindeutig zu machen; die Weise des Schreibens ist nur ein Vorschlag, dessen Antwort man nie kennt."[268]

Texte können nämlich nur im Gespräch mit einem Lehrer verstanden werden und nicht, wenn man sie bloß liest. Nicht nur J. W. v. Goethe (1749-1832) empfindet „stille für sich lesen" als „ein trauriges Surrogat der Rede".[269] Auch in den indischen und islamischen Lehrdisputationen wird der Schüler, der den Text liest und auswendig hersagt, durch die Kommentare seines Lehrers unterstützt.[270]

Denn ein Wissen, das der lebendigen Kommunikation entzogen wird, erstarrt. Martin Luther (1483-1546) nennt die Schrift einen „großen Abbruch und ein Gebrechen des Geistes".[271] In der

---

[266] Wenzel, H. 2007, 20
[267] Ritter, J.; Gründer, K. Bd.8 1992, 1425
[268] Barthes, R. 1969, 126
[269] Goethe, J. W. v. 1812
[270] vgl. Chartier, R. 1990
[271] Biser, E. 1990

„Buchwerdung Gottes",[272] so schreibt er in der christlichen Exegese, „sei sein Tod angelegt".[273]

Die immer abstrakter werdende Schrift führt von den alphabetischen zu immer funktionaleren, „leereren" Formen (digitales Zeitalter). Sie haben sich weit vom bildhaften Wahrnehmungsbereich des Menschen entfernt. Mit wachsender Mittelbarkeit geht nicht nur der überschaubare Zusammenhang mit der Realität verloren, was Vieldeutigkeit nährt, sondern auch Information. Denn Schrift kann – in noch viel geringerem Ausmaß als die Sprache, die auch natürliche Anteile besitzt – nie die Differenziertheit erreichen, die notwendig wäre, um die natürliche Realität, auf die es letztlich ankommt, wiederzugeben.

Auch wenn Sprache und Schrift in den Anfängen kulturstiftend, also lebenssichernd wirken, ist dies nur möglich in einem Milieu, das ihnen Zügel anlegt. Eine regulierende Norm, die durch den Begriff der Wahrheit ständig für die Entsprechung zur Realität sorgt und den Stellenwert des Gesagten und Geschriebenen im Gesamtzusammenhang wertet, kann dies allerdings nur bewerkstelligen, wenn die Symbole nicht ausufern. Ansonsten sind schriftliche Vermittlung und Speicherung von Wissen mit einem lebensfeindlichen Informationsverlust verbunden.

---

[272] vgl. Haag, H. 1965, 289-428
[273] Ritter, J.; Gründer, K. Bd.8 1992, 1426

Technik

Auch bei der Technik stellen wir fest, wie das dienende Werkzeug im Laufe der Zeit den Menschen zu dominieren beginnt und ihn der Natur entfremdet.

Der Begriff „Technik", wie wir ihn heute verwenden, stammt aus der Zeit der industriellen Revolution des 18. Jahrhunderts. Er umfasst die Herstellung von Werkzeugen und Maschinen oder ganz allgemein von materiellen Mitteln, die als Werkzeug eingesetzt werden (auch chemische Produkte gehören dazu). Etymologisch steckt im Begriff der Wortstamm „tek" (bauen, zimmern), obwohl es bei Technik immer auch um ein sachverständiges praktisches oder theoretisches Können geht.[274]

Die Kunst, Werkzeuge herzustellen und anzuwenden, finden wir schon beim frühen Menschen, sogar im Tierreich: wir brauchen nur an Ameisen, Bienen, Termiten, an die Kunstbauten der Biber, Füchse, Maulwürfe und den Nestbau der Vögel zu denken. Doch entwickelt sich die Technik des Menschen durch Zähmung des Feuers, die ihm auch die Welt der Metalle zugänglich macht, rasant weiter.

Das ursprüngliche Werkzeug lässt sich einfach herstellen und dient nur einer einzigen Verrichtung, denken wir nur an den Hammer.

Die nächste Stufe verbindet mehrere Werkzeuge zu einer Maschine: sie ist komplizierter in der Herstellung und kann verschiedene Arbeiten gleichzeitig verrichten, wie der Pflug oder der Wagen. Schon hier beginnt die Emanzipation der Technik von dem Menschen. Nichtsdestotrotz ahmt sie noch häufig die Tätigkeit der menschlichen Hand nach, sei es beim Spinnen und Weben, beim Heben von Lasten oder beim Schmieden großer

---

[274] Ritter, J.; Gründer, K. Bd.10 1998, 940

120

Eisenstücke. Darum wird sie auch zunächst als Fortsetzung des alten Handwerks empfunden, dessen Funktion einem Außenstehenden einleuchtet, auch wenn er die Handgriffe im Einzelnen nicht beherrscht.

Die weitere Entwicklung schließlich lässt raffinierte technische Systeme entstehen als komplizierte Verbindungen von Maschinen zu gewaltigen Arbeitszusammenhängen. Ihre Arbeitsweise verselbstständigt sich immer mehr und beginnt der Herrschaft des Menschen zu entgleiten und dem Besen des Zauberlehrlings gleich sich gegen ihn zu kehren. Denn durch die Einspannung von Naturkräften, deren Gewalt der menschlichen und tierischen Muskelkraft unendlich überlegen sind, geht der überschaubare Bezug zum alten Handwerk verloren. Die weitere immer eingreifendere Entwicklung der Technik führt zu Atomspaltung, digitaler Welt, Gentechnik, Nanotechnologie usw.

Die aristotelische Einteilung der Tätigkeiten bleibt bis in die Neuzeit leitend. Aristoteles (384-322 v. Chr.) ordnet die techné der *Poiesis* zu, die Erzeugnisse hervorbringt, im Gegensatz zur *Praxis*. Unter *Praxis* versteht er die tugendhaften Handlungen in einer Gemeinschaft zusammenlebender Menschen: Handlungen, die dem politischen Zusammenhalt dienen, zum Beispiel der Gerechtigkeit, Vertragstreue, Tapferkeit, Freigebigkeit und Selbstbeherrschung. Die Poiesis erfordert Übung, die Praxis Wissen.[275]

Für die Antike charakteristisch ist nun eine *Werthierarchie* der einzelnen Tätigkeitsbereiche: das Herstellen einer Sache ist dem politischen Handeln nachgeordnet; Ziel ist immer der Erhalt der *Polis*. Über allem wiederum steht das gute Leben, das Glück, der Zustand der Autarkie [276] (Autarkie meint „Selbstgenügsamkeit“,

---

[275] Aristoteles: Eth. Nic. 1105 b 2-5
[276] Fischer, P. 1998, 417

Unabhängigkeit von äußeren Dingen oder anderen Menschen als Voraussetzung für Freiheit).

Vor diesem Hintergrund kann eine technische Errungenschaft nicht schon deshalb als Gewinn angesehen werden, weil sie raffiniertere Lösungen bietet oder die Menschen vielleicht reicher macht. Denn letztlich kommt es auf das an, was die Polis-Gemeinschaft festigt und der Tugend ihrer Menschen und somit dem guten Leben zuträglich ist. So kann, zum Beispiel, maßloser Reichtum die Sitten verderben und die Gemeinschaft auseinanderbrechen lassen.[277]

Die Antike will mit ihrer Technik die Natur weder verändern noch beherrschen, sondern sie eher *nachahmen* und *ergänzen*. Technik hat dem *Überleben* zu dienen und nicht Motor des Fortschritts zu sein wie in der Neuzeit. Darum fasst man ihre Ausweitung eher als *zersetzend* auf denn als Errungenschaft. Die vielleicht einzige Ausnahme bildet die Bewertung der Kriegs- und der Theatermaschinen. Da diese Technik die Polis nach außen und innen schützt und stabilisiert, steht sie dem politischen Handeln näher als den herstellenden Gewerben.[278]

Die für die Neuzeit typische Technisierung wird erst möglich durch die Verbindung zwischen Technik und Wissenschaft, die es in der Antike noch nicht gibt. Dafür muss die antike Gewichtung der Tätigkeitsbereiche verlassen werden. Erste Anzeichen für diese *Umwertung* findet man schon im Mittelalter. Herstellen einer Sache – bisher geringer geachtet als das politische Handeln und die Kontemplation – wird nun wichtiger. (Kontemplation: beschauliche Versunkenheit in Werk und Wort Gottes, ohne etwas zu wollen, Philosophie als Gesamtwissenschaft). Sowohl dieses Nebeneinander von Technik (Herstellen) und Wissenschaft als auch die fruchtbare Verknüpfung der Strukturwissenschaften,

---

[277] vgl. Aristoteles: Politik 1256 b –1258 a, 1333 a
[278] Fischer, P. 1998, 418

Logik und Mathematik, mit den erfahrungswissenschaftlichen Methoden bilden die Grundlage für den Siegeszug der Technik.[279]

Schon bei Nikolaus von Kues (1401-1464) finden wir die neuzeitliche Vorliebe für ein „am Messen, Rechnen und Experimentieren" orientiertes „Wissenschaftsideal". Der Kardinal ist der erste, der das Selbstverständnis des *Menschen als Techniker* betont.[280]

Die Utopie, „Neu-Atlantis", die Francis Bacon (1561-1626) geschrieben hat, ist visionär. Es geht darum, die Kräfte der Natur zu entdecken, um die Grenzen der menschlichen Macht so weit wie möglich auszudehnen. Nicht mehr die antike Vorstellung der Ausgewogenheit und des Maßhaltens führt hier Regie, sondern die des Vorantreibens des Machbaren. Die eigene Geschichte wird als wissenschaftlich-technischer Fortschritt begriffen.[281] Es wird deutlich, dass die Wirtschaft, bisher Grundlage politischer Gemeinschaften, zunehmend dem Einzelnen dient.

Der Geist der modernen Technik und Naturwissenschaft prägt schon die Renaissance. Immer mehr technisches Gerät wird produziert, man misst, konstruiert, probiert, experimentiert und manipuliert. Es geht um Quantifizieren und Mathematisieren. Man sucht nach universellen Bausteinen und Gesetzen der Natur und hofft, sich die Dinge verfügbar machen und maßlosen Reichtum erreichen zu können.[282]

Im 19. Jahrhundert schließlich treibt die Entdeckung der Beziehungen zwischen den verschiedenen Energieformen Wärme, Licht, Elektrizität, Magnetismus sowie chemischer und mechanischer Energie die technische Entwicklung in ungeahntem Ausmaß voran.[283] Der Mensch beginnt sich nun über die Technik

---

[279] Fischer, P. 1998, 418, 419
[280] Fischer, P. 1998, 419, 420
[281] Fischer, P. 1998, 420, 421
[282] Fischer, P. 1998, 421
[283] Mason, St. F. 1997, 575

zu definieren.[284] Die neu entstehende Elektrotechnik und die Chemie, die große Fortschritte macht, entwickeln sich zu „Großindustrien", zu Systemen aus „Technik, Wissenschaft und Wirtschaft". „Francis Bacons Utopie wird in der Form moderner Großbetriebe Wirklichkeit."[285]

Technik, deren Werkzeugcharakter immer mehr in Vergessenheit gerät, avanciert zum Zentralbegriff: „Technik wird der vorzügliche Gegenstand, der Ausgangspunkt und das *übergreifende Paradigma* für die Interpretation des Menschen."[286]

Luxus rückt ins Blickfeld, ökonomisches Haushalten tritt in den Hintergrund. Man hält Luxus für verzeihlich und der Entwicklung des Lebens dienlich.[287] Hundert Jahre später versteht J. Ortega y Gasset (1883-1976) unter Technik, das Erzeugen „des Überflüssigen, das aber für das Menschsein notwendig ist".[288]

Nicht nur die Naturwissenschaft avanciert zu einer Art *neuen Religion*,[289] sondern auch die Technik.[290] Mit ihrer Hilfe gelingt es dem Menschen, sich immer mehr von der Natur zu *befreien*[291] und die Naturprozesse zu seinem Wohl zu regeln.[292] Genauso wie die Sprache erschließt Technik die Welt und prägt die Sicht des Menschen auf die Welt.[293]

Für K. Marx (1818-1883) ermöglicht der wissenschaftlich-technische Fortschritt eine Welt des Reichtums und der Bildung, die allerdings nicht allen zugänglich ist.[294] Denn aus seiner Sicht

---

[284] Fischer, P. 1998, 423
[285] Fischer, P. 1998, 423
[286] Fischer, P. 1998, 423
[287] Koelle, A.1822, 25f
[288] vgl. Ortega y Gasset, J. 1949, 29ff
[289] vgl. Bovier de Fontenelle, B. le 1989, 285
[290] Fischer, P. 1998, 424
[291] vgl. Zschimmer, E. 1914, 65f
[292] vgl. Dessauer, F. 1927, 38f
[293] vgl. Eyth, M.v. 1919, 1ff
[294] vgl. Marx, K.19 56 ff., Bde. 23-25

124

vermittelt Technik nicht nur den Stoffwechsel mit der Natur, sondern verändert auch die sozialen Beziehungen der Menschen untereinander. Ab einem gewissen technischen Effektivitätsgrad kann die Arbeitsproduktivität so gesteigert werden, dass jede Arbeitskraft mehr erarbeitet als sie kostet. Dieser Mehrwert kommt hauptsächlich den Besitzern der Produktionsmittel (z.B. von Rohstoffen, Maschinen, Land, Gebäuden, also Kapital) zugute. Das führt zu einer sozialen Desintegration großer Teile der Bevölkerung (Massenarbeitslosigkeit; relative Armut, gemessen am gesellschaftlichen Reichtum hinsichtlich Gesundheit, Ausbildung, Bildung, Freizeitgestaltung usw.).[295] Darum verlangt Marx demokratisch vorzugehen, nicht nur auf politischer Ebene, sondern auch bei der Verteilung der Produktionsmittel und des gesellschaftlichen Reichtums.[296]

Überhaupt beginnt man im 20. Jahrhundert über die Domestikation der Technik und ihre psychopathologischen Folgen für den Menschen nachzudenken.

Arnold Gehlen (1904-1976) kritisiert die Neigung, alles zu *formalisieren* und zu *mathematisieren* auch auf nicht naturwissenschaftlichem Terrain, und wendet sich gegen das spezialisierte *Expertenwissen*, das nicht nur die Verständigung der Experten untereinander erschwert, sondern auch einen Laien davon ausschließt.[297] Die technische Welt, *entkoppelt* von jedem moralischen Maßhalten, kann ihre Möglichkeiten voll ausschöpfen.[298] Nicht nur, dass Bildung über das Fachwissen hinaus „verflacht"; „traditionelle Bildungsinhalte sind" auch „wirkungslos gegen die Normensuggestion, die vom jeweils Neusten ausgeht. Das Neue verführt mit primitiven und zugleich starken Reizen und befriedigt damit das von den Wissenschaften

---

[295] Fischer, P. 1998, 426
[296] Fischer, P. 1998, 426
[297] vgl. Gehlen, A.1957, 23 ff
[298] vgl. Gehlen, A. 1957, 70ff

und der zeitgenössischen Hochkultur *enttäuschte Bedürfnis nach Einfachheit und Bildhaftigkeit*" (Begriffe von den Autoren hervorgehoben).[299]

Technische Kategorien und Terminologie werden immer *dominanter* in der industriellen Gesellschaft und erfassen auch andere Bereiche.[300] Weil schon „vorhandene Technik" ihre „Anwendung" und ihre „qualitative und quantitative Ausweitung quasi fordere", entfalte sie „ihre eigene Finalität".[301] Der Mensch scheint „die Erde insgesamt aus dem Geist der Maschine zu organisieren."[302]

Die *chemische Industrie*, ein sich rasant weiterentwickelnder Zweig der Technik, belastet die Umwelt hauptsächlich deshalb, weil sie eine völlig andere Chemie betreibt als die Natur. Biochemische Abläufe haben sich in Jahrmillionen auf der Grundlage von Elementen entwickelt, die allgegenwärtig und leicht zugänglich gewesen sind: „Kohlenstoff, Wasserstoff, Sauerstoff, Stickstoff, Schwefel, Kalzium und Eisen. Daraus ist alles entstanden, vom Pantoffeltierchen bis zum Mammutbaum, vom Anemonenfisch bis zum Menschen."[303] Die Industrie dagegen schafft eine neue Ordnung. Sie verarbeitet die seltensten Elemente, die sie von überall her zusammenholt, um sie dann in einer Art und Weise in der Umwelt zu verteilen, wie das bei natürlichen Prozessen nie möglich wäre.

Das Schwermetall Blei beispielsweise, früher nur ganz isoliert in schwer zugänglichen Lagerstätten vorhanden, so dass die Natur nie versucht gewesen wäre, es in Lebewesen aufzunehmen, finden wir jetzt überall. Von Anstrichfarben, Autos und Computer kann es in den Körper des Menschen gelangen. Bei Kindern ist es schon

---

[299] vgl. Gehlen, A.1957, 33 ff
[300] Freyer, H. 1960, Nr. 7, 539 ff
[301] Freyer, H. 1970, 158
[302] Freyer, H. 1955, 11
[303] Ferrence, J. C.; Chip, W. 2006, 88

in geringen Dosen schädlich. Dasselbe gilt für Kadmium, Quecksilber, Arsen, Uran und Plutonium.

„Der Mensch gibt der Welt durch seine technischen Möglichkeiten eine neue Struktur. Manche der neuen, synthetischen Moleküle in Arzneimitteln, Kunststoffen und Pestiziden unterscheiden sich so sehr von Produkten natürlicher chemischer Vorgänge, dass man meinen könnte, sie kämen aus einer anderen Welt. Sie lassen sich nicht oder nur schwer biologisch abbauen. Aber auch die Verbindungen, die leicht von Bakterien zerstört werden können, beginnen sich inzwischen überall anzureichern, weil wir sie in derart riesigen Mengen einsetzen. Manche dieser Stoffe stehen im Verdacht, die Entwicklung des Reproduktionssystems zu beeinträchtigen. So ist schon länger bekannt, dass männliche Nagetiere mit deformierten Geschlechtsorganen geboren werden, wenn ihre Mütter mit Phthalaten in Berührung gekommen sind, die unter anderem als Weichmacher in Kunststoffen sowie als Trägersubstanzen für Duftstoffe in Kosmetika vorkommen." Das gilt auch für den Menschen. Eine weitere Studie hat ergeben, dass Herbizide wie Arachlor und Atrazin die Spermienzahl von Männern vermindert. Biologisch nicht abbaubare Substanzen können über Luft und Wasser in unseren Körper gelangen und ihn schädigen.[304] Man kann davon ausgehen, dass wir es heute mit ca. zweihundert- bis dreihunderttausend Substanzen zu tun haben, die es vor dem Industriezeitalter nicht gegeben hat; Substanzen, die auch immer kleiner werden und deren Auswirkungen auf Mensch und Natur noch nicht abzusehen sind.

Es soll deutlich werden, dass die Ordnung, die der Mensch dank seiner technischen Möglichkeiten schafft, nicht mehr eine Ordnung ist, die in einem prinzipiellen Zusammenhang mit der natürlichen liegt.

---

[304] Ferrence, J. C.; Chip, W. 2006, 88

Und darum können wir beobachten, wie sich im Laufe der Technikentwicklung die Einstellung des Menschen zur *Natur* verändert. Es gibt in der Gegenwart sogar Positionen, die keinen Bereich mehr als natürlich anerkennen. Ist die Natur in der Antike noch maßgebliche Größe, die die beginnende Technik und empirische Wissenschaft in ihre Schranken verweist und sie als bloßes Mittel zum guten politischen Leben, als Mittel zum Überleben sieht, wird sie – spätestens in der Neuzeit – zum Verfügungsobjekt eines mächtig gewordenen Individuums, das die Natur mit Hilfe einer Technik, die sich auf naturwissenschaftliches Wissen stützen kann, ausschlachtet und verändert. Doch beginnt der Mensch zu ahnen, dass die neu gewonnene *Freiheit*, die er der Technik verdankt, sich auch ins Gegenteil verkehren kann und dass der zum Herrn gewordene Diener ihm eine *neues Sklaventum* beschert. Die von ihm geschaffene Technik übt Zwänge aus, der der Mensch sich zu beugen hat (zum Beispiel verlangen Autos den Ausbau eines Straßennetzes, einer Infrastruktur, Werkstätten usw.; sehr viel invasiver wirkt die digitale Technik). Das ursprüngliche Ziel, nämlich dem Überleben des Menschen zu dienen in seinem Bemühen um Weiterdifferenzierung, geht durch die *Verselbstständigung* der Technik verloren. Technik kann destruktiv wirken: sie *sprengt die Maße* natürlicher, lebendiger Ordnung; sie reißt naturgegebene Grenzen ein, die der Mensch auch als konstruktiven maßvollen Wachstumsreiz braucht; sie lässt ihn organisches, maßvolles Haushalten vergessen, und in Verbindung mit anderen Symbolen, zum Beispiel der Schrift (Medien), perpetuieren sich ihre negativen Folgen. Als überhandnehmende Symbolik drängt sie nicht nur die lebendige Ordnung zurück, sondern kann sie auch in Gestalt omnipotenter Massenvernichtungswaffen auslöschen.

Hinzu kommt, dass die ausufernde Technik mit dem Menschen um die gleichen Ressourcen konkurriert; denn nicht nur der Mensch, auch seine Technik lebt von natürlicher Information.

Vielen wird diese Problematik erst heute angesichts der Diskussion um Biodiesel bewusst. Einige Fakten mögen diese Abhängigkeit verdeutlichen.

Unsere Atmosphäre und Biosphäre werden von dem solaren Energie-Informations-Fluss durchströmt. Das „Sonne-Erde-Weltraum-System" sorgt dabei für das Temperaturgefälle, in dem er abgewertet wird.[305] Die entstehende Entropie nimmt im Wesentlichen der Weltraum auf.

Die gesamte Sonneneinstrahlung beträgt rund 173 000 Terawatt (TW oder eine Milliarde Kilowatt). Fast ein Drittel davon wird sofort in den Weltraum zurück reflektiert, ohne auf der Erde etwas geleistet zu haben. Fast die Hälfte wird in Wärme umgewandelt, fast ein Viertel in Wasserdampf und nicht einmal ein Fünfhundertstel ist für die Wettermechanik wie Wind, Wellen, Konvektion und Strömungen verantwortlich.[306] Nur ein sehr kleiner Teil, ca. 95 TW,[307] also grob ein Zweitausendstel, ermöglicht die vielfältigen Lebensprozesse über die Photosynthese, wobei die in diesem Prozess entstehende Abwärme (rund hundertmal so viel) bereits abgezogen ist. Von diesem kleinen Teil des Energie- bzw. Informationsflusses beansprucht die Menschheit auf der höchsten trophischen Ebene wiederum nur einen sehr kleinen Teil, nämlich nur etwa 0,75 Prozent: also ca. 0,75 TW.

Doch wird dieser „biologische Energie-Informations-Fluss" vom technischen weit übertroffen. Im Jahre 1979 hat er schon beinahe 10 TW betragen, also ein Zehntel vom gesamten Energie - Informations-fluss des irdischen Lebens, von dem der Mensch selbst nicht einmal ein Prozent verbraucht.[308] Dass die Technik

---

[305] Jantsch, E. 1979, 371
[306] vgl. Hubbert, M. King 1971
[307] Hall, D. O. 1978
[308] Jantsch, E. 1979, 371

heute weit mehr natürliche Information aufzehrt als vor vierzig Jahren, bedarf keiner Erwähnung.

Seit der Urzeit menschlicher Technik, die vor ungefähr 450000 Jahren mit der Herrschaft über das Feuer begonnen hat, nutzt der Mensch jenen „Kurzzeitspeicher" der Sonnenenergie, den er als *Biomasse* vorfindet (Brennholz und organischer Abfall). Allerdings kann dieser bei ständigem Verbrauch höchstens 5 bis 10 TW liefern, wobei nicht einmal die Hälfte wirtschaftlich realisierbar erscheint. Der andere „Kurzzeitspeicher" der Sonnenenergie, der über Wasserkraftwerke genutzte Wasserdampf, schlägt mit nur etwa 3 TW zu Buche. Einen „mittelfristigen" Speicher, der nicht auf die Sonne zurückgeht, stellt die geothermische Energie dar, die insgesamt nur 3 TWJ (Terawattjahre) ausmacht. Die direkt zugänglichen Energie-Informations-Ströme der Biosphäre wie die Gezeiten sind in nur geringem Ausmaß verwertbar. Alle aufgeführten Kurz- und Mittelzeitspeicher der Erde können insgesamt nach Starr (1971) höchstens 18 TW liefern, wobei auch davon nur ein Teil genutzt werden kann.[309]

Darum ist es verständlich, dass der Mensch im industriellen Zeitalter zunehmend versucht, die „Langzeitspeicher" der Erde anzuzapfen. Im Kambrium vor sechshundert Millionen Jahren entstandene vielzellige Organismen haben sich in Sümpfen und Mooren konserviert und sind nicht in ihre molekularen Bestandteile zerfallen, so dass die potentielle Energie-Information ihrer makromolekularen Strukturen erhalten geblieben ist. Kohle, Erdöl, Erdgas und Ölschiefer stellen den sehr kleinen Teil des Energie-Informationsdurchflusses des Lebens dar, der sich vom Kurzzeitspeicher des Organismus zum Langzeitspeicher fossiler Brennstoffe entwickelt hat. Man schätzt ihn auf ungefähr 15 000 TWJ, wobei höchstens die Hälfte abbaufähig sein dürfte. Fast

---

[309] Starr, Ch. 1971

neunzig Prozent dieses Depots liefert die Kohle,[310] von der auch nur ein kleiner Teil genutzt werden kann.[311]

Die Regeneration des fossilen Speichers ist immer gleich und beträgt auch heute höchstens 100 Megawatt, also einen verschwindend kleinen Teil dessen, was abgebaut wird.[312]

Weit größer und älter sind die Langzeitspeicher, die nicht aus primärer Sonnenenergie, sondern aus jenen Prozessen der kosmischen Evolution stammen, die vor der Entstehung des Sonnensystems abgelaufen sind. Es handelt sich um Atomkerne, deren Speicher durch Spaltung oder Fusion genutzt werden kann. Geht man von Spaltungsreaktoren für direkten Einweg-Abbrand von Uran aus, so entspricht dieser Speicher der Kapazität der fossilen Brennstoffe. Die Energie kann allerdings mit der Brutreaktor-Technik der „Schnellen Brüter" bis auf das Hundertfache gesteigert werden, was einem Vielfachen der Jahreseinstrahlung der Sonne gleichkommt. Bei der Nutzung dieser Reserven muss auch der Preis, der für ein Pfund Uranoxid bezahlt werden muss, berücksichtigt werden.[313] Uran kann aus Meerwasser im Umfang von ungefähr 100 000 TWJ gewonnen werden.[314]

Sehr viel gewaltiger ist allerdings der andere nukleare Langzeitspeicher, aus dem Fusionsenergie gewonnen werden könnte. Geht man von der einfachen Deuterium-Tritium-Reaktion aus, wird das Vorkommen von Lithium, das im Reaktionssystem zu Tritium wird, zum limitierenden Faktor. Lithium kann aus dem Meerwasser extrahiert werden. Setzt man eine Gewinnung von zwei Prozent voraus, kann von einem Fusionsenergiepotential von

---

[310] Jantsch, E. 1979, 372
[311] Hubbert, M. King 1971; Starr, Ch. 1971
[312] Jantsch, E. 1979, 372, 373
[313] Jantsch, E. 1979, 373
[314] Trüeb, L. 1974

etwa einer Million TWJ ausgegangen werden. Das entspräche den Reserven an Spaltungsenergie.[315]

Doch sind wir heute in der Situation, uns mit begrenzten Energiequellen arrangieren zu müssen (die Frage ist, ob unbegrenzte Energiequellen angesichts unserer technischen Möglichkeiten dem Leben auf unserem Planeten nicht noch viel schneller den Garaus machen würden?). Die Ausbeute erneuerbarer Energien wird dies in absehbarer Zeit nicht ändern. Gleichzeitig verschlingt Technik einen immer größer werdenden Teil der zur Verfügung stehenden begrenzten natürlichen Information. Als Werkzeug geschaffen, sollte Technik dem Lebenserhalt dienen in all seinen Facetten. In ihren einfachen Formen tut sie das auch noch. Ein Spinnrad schreibt noch das Spinnen vor, ein Pflug das Pflügen. Doch in ihrer weiter entwickelten Form verselbstständigt sie sich immer mehr. Ihre zunehmend unverständlichere, immer abstraktere, unspezifische Form schreibt weder den Anwender vor noch den Zweck ihres Gebrauches, sie lässt sich *überall* einsetzen. Der Informationsstrom, der Technik alimentiert, kann *inadäquate* Anwendung finden: da sie immer präsent und jedem zugänglich ist, kann sie beispielsweise undifferenzierter Handlungsweise eine Schlagkraft verleihen, die diese naturgemäß nicht hätte (zum Beispiel Waffen in den Händen Undifferenzierter) oder je nach Art der Technik und ihres Anwenders zum *Selbstzweck* werden und jedes Handeln blockieren (so können Computer zum Beispiel ihren Werkzeugcharakter vergessen lassen, Zeit und Kräfte absorbieren und aus einem scheinbar handelnden Subjekt ein reagierendes Objekt machen). Ressourcen werden verschleudert, die konstruktivem Handeln nicht mehr zur Verfügung stehen. Das Gefüge der durch technische Möglichkeiten geschaffenen neuen Ordnung, die sich immer mehr von der lebendigen entfernt, wird instabiler. Natürliche Maße werden *verzerrt* (man denke an

---

[315] Jantsch, E. 1979, 373

ungebremste Massen- und Serienproduktionen oder an die Skyline moderner Metropolen) bzw. differenzierte Facetten der Natur *nivelliert* (zunehmende Versiegelung der Welt, Regenwaldrodung, Überfischung der Meere, Verstädterung usw.; ganz zu schweigen von Massenvernichtungswaffen). Die eigene Dynamik, die Technik auf ihrer hochentwickelten Stufe erreicht, sorgt dafür, dass natürliche Information immer seltener lebensadäquat genutzt wird.

Geld

Auch beim Geld wird deutlich, wie sich dieses Symbol im Laufe seiner Entwicklung immer mehr verselbstständigt und manipulierbar wird. Doch im Gegensatz zu Sprache/Schrift und Technik hat man die damit verbundenen Gefahren nicht so deutlich gesehen. Dabei kommt Geld eine Sonderstellung zu, denn es ist ubiquitär einsetzbar und kann alle menschlichen Bereiche steuern. Als *das* mächtigste Herrschaftsinstrument unserer Zeit kann es nicht nur alle Menschen versklaven, sondern die Welt auch zerstören.

Der Austausch und die Speicherung von Information bringen im Laufe der Geschichte des Menschen das überall einsetzbare und wertaufbewahrende Geld als allgemeines Tausch- und Zahlungsmittel hervor.

Geld ist ein Symbol, das sich vom Waren-Geld zum substanzwertlosen Zeichengeld bzw. zum unkörperlichen schuldrechtlichen Anspruch in Gestalt des Buchgeldes entwickelt hat.[316] Auch hier beobachten wir den bekannten Abstraktionsprozess, der die ursprüngliche Form zunehmend verschwinden lässt. Denn eigentlich bedeutet Geld Nahrung, Werkzeuge, sonstige Dinge zum Lebenserhalt, Sicherung von Bindung und Identität etc.

Die Anfänge des Geldes zeigen noch deutlich seine Bindung an das natürliche Fundament.

Als Waren-Geld hat man Nahrungs- und Genussmittel eingesetzt oder Felle, Werkzeuge, die noch einen Gebrauchswert verkörpern. Doch schon beim Zeichengeld (Schnecken, Muscheln, seltene Steine) handelt es sich um ein abstrakteres Wertsymbol, das allerdings damals weniger direkten wirtschaft-

---

[316] Ritter, J. Bd.3 1974, 225

134

lichen Zwecken gedient hat als vielmehr dem Brautkauf, der Erhöhung des sozialen Ansehens oder dazu, sich zu schmücken (Schmuckgeld).

Zur Zeit der Lyder und im Perserreich beginnt die Münzprägung, bei den Griechen im 7. vorchristlichen Jahrhundert als Silberprägung. Seit Cäsar (100 -44 v. Chr.) gibt es Goldmünzen. Das seltene und beständige Edelmetall besitzt selbst einen Wert. Geld als Gold bleibt natürlichen Zusammenhängen verpflichtet.

Das Vertrauen des Menschen in das *Gold* als indirektes Tauschmittel ist nicht Folge einer überlegten Planung, sondern das Ergebnis jahrtausendelanger Erfahrung.[317] Als eine vom Menschen *unabhängige* Größe, sorgt Gold für *Disziplin* in einer Volkswirtschaft. Denn es *begrenzt* die Staatsausgaben und verhindert Verschwendung und ein „Über-die-Verhältnisse-leben". Weil es von Natur aus *knapp* ist und nur mit großem finanziellen Aufwand entdeckt, gefördert und verarbeitet werden kann, lässt es sich als *objektives Maß* nicht auf politischen Befehl aus dem Nichts zaubern. Dadurch hält Gold als Geld das Geldangebot und die Kaufkraft der Geldeinheit frei von manipulativen Eingriffen von Interessengruppen.[318] Gold wirkt darum ökonomisch konstruktiv.

Auch das später eingesetzte Papiergeld, in China schon im 13. Jahrhundert, in Europa erst im späten Mittelalter, bildet immer nur den Ersatz für hinterlegtes Metallgeld.

Eine Wende zeichnet sich dann im 19. Jahrhundert ab. Man beginnt, die Deckungsvorschriften zu lockern. Nach dem Ersten Weltkrieg kommt es schließlich zum Zusammenbruch der Goldwährung. Die Bindungen des Papiergeldes an das Gold werden aufgegeben und aus der Goldwährung wird eine reine

---

[317] Lips, F. 2004
[318] Baader, R. 2007, 247

Papierwährung. Seitdem befindet sich nur noch unterwertiges (Scheidemünzen) oder stoffwertloses Geld (Banknoten sowie Buch- und Giralgeld) im Umlauf.

Heute gibt es keine Notenumlaufbegrenzung mehr. Die Zentralbank reguliert die Geldmenge und den Zahlungsverkehr nach sogenannten wirtschafts- und konjunkturpolitischen Erfordernissen. Mit anderen Worten: die immer mittelbarere Bindung des Symbols Geld an die domestizierenden natürlichen Grundlagen geht schließlich ganz verloren. Damit wird Geld manipulierbar.

Der Begriff des Waren-Geldes, wie er im lateinischen „pecunia" („pecus": Vieh) zum Ausdruck kommt, lebt von der Überzeugung, Geld müsse in sich einen objektiven, realen Substanzwert haben (extremer geldtheoretischer *Realismus*).[319] In diese Richtung geht auch der *Metallismus* (D. Ricardo (1772-1823); K. Marx (1818-1883)), der in Geld ein Gut sieht, das seinen Wert aus der Stoffqualität ableiten sollte, die es auch für andere außerzirkulatorische Zwecke verfügbar macht.

Auf der anderen Seite gibt es die Vorstellung, Geld sei nicht mehr als ein reines Instrument des Wirtschaftsprozesses und ein „manageable thing" in der Hand der verantwortlichen Wirtschafts- und Währungspolitiker.[320] So vertritt etwa G. F. Knapp die „staatliche Theorie des Geldes", die in Geld lediglich ein Geschöpf der Rechtsordnung sieht.[321] Man nennt diese Haltung auch extremen geldtheoretischen *Nominalismus*, im Laufe der Geschichte wird er immer bestimmender.

Es ist verständlich, dass das ungezeichnete, vollwertige Warengeld und dieser geldtheoretische Nominalismus, der die willkürliche Handhabung und Manipulierbarkeit des Geldes

---

[319] vgl. Veit, O. 1954, 39ff
[320] Ritter, J. Bd.3 1974, 225
[321] Knapp, G. F.1923, 1

vertritt, unvereinbar sind. Ein „Institut des Buchgeldes" kann schalten und walten wie es will, der Geld-Schöpfung aus dem Nichts sind theoretisch keine Grenzen gesetzt.[322] Es wird deutlich, dass eine nominalistische Geld-Politik von einem immer abstrakteren, gesichtsloseren und darum „machbaren" Geld nur profitieren kann.[323]

Nur kurz eine Erklärung dazu: wenn ein Mensch arbeitet und dafür Geld erhält, ist das der Lohn für eine von ihm schon erbrachte Leistung. Ist dieses Geld Gold oder eine durch Gold gedeckte Währung, hat er damit den vollen Gegenwert für diese Leistung erhalten, der Handel ist abgeschlossen; er kann damit jederzeit Güter in adäquatem Umfang erwerben. Erhält er dagegen ein nicht durch Gold gedecktes Papiergeld für seine schon erbrachte Leistung, hält er nur ein vages Versprechen in Händen, keinen wirklichen Gegenwert. Vage deshalb, weil dieses Papiergeld durch Manipulation entwertet werden kann; der Handel ist erst dann wirklich abgeschlossen, wenn er Güter gekauft hat, die seiner von ihm erbrachten Leistung entsprechen. Bei Geldentwertung aber wird er weniger erhalten. Darum bedeutet Geldentwertung Diebstahl, einen Betrug, der bis zur Existenzvernichtung gehen kann.

Schon früh erkennt man die Gefahr der wachsenden Steuerbarkeit des Geldes. Um Verlockungen, wie Münz-fälschungen oder entwertender Fiskalpolitik entgegenzuwirken, wird von Beginn an versucht, Geld ethisch Zügel anzulegen. Auf alten römischen Münzen finden wir oft das Bildnis der Münzgöttin Moneta (lat. moneta: Münze),[324] die eine Waage hält, wie die Göttin Aequitas, eine Schwester der Göttin Justitia. Sowohl Moneta wie Aequitas mahnen, bei der Verteilung gerecht vorzugehen. Daran erinnert auch Thomas von Aquins

---

[322] Ritter, J. Bd. 3 1974, 225
[323] Weber, W. 1965, 18ff
[324] vgl. Laum, B. 1951/52, 120ff

etymologische Deutung des Wortes „moneta": „Moneta heißt (das Geld), weil es uns „moniert", dass kein Betrug unter den Menschen vorkomme, da es das geschuldete Wertmaß ist."[325]

Denn nach der Finanztheorie ist Geld nicht nur ein legalisiertes *Tauschmittel*, sondern soll auch der *Wertaufbewahrung* dienen. Denn anders als viele Dinge des täglichen Lebens, zum Beispiel Lebensmittel, lässt es sich dauerhaft lagern.

Von Anfang an besitzt der Staat mit der Münzhoheit das Privileg, die als Geld umlaufenden Gold-, Silber- und Kupfermünzen zu prägen. Er bürgt für die Reinheit des Metalls und das Gewicht der Münzen. Damit ist ihr Wert im In- und Ausland als Tausch- und Wertaufbewahrungsmittel objektiv festgelegt. Der Edelmetallvorrat eines Landes bildet dabei die Grundlage für das in Gold oder Silber umlaufende Naturalgeld (Goldumlaufwährung). Die Menschen wissen, dass ihre Regierungen nicht mehr Geld ausgeben können, als sie über Gold oder Silber verfügen. Geld ist also noch natürlichen Beschränkungen unterworfen. Immer wieder haben Herrscher versucht, sich durch Verminderung des Gold- bzw. Silbergehaltes der Münzlegierung mehr Geld zu verschaffen, als ihnen zugestanden hätte. Doch ohne dauerhaften Erfolg.[326]

Goldumlaufwährungen hat es noch bis zur Zeit des Ersten Weltkrieges gegeben. Weil aber die Knappheit des Goldes mit einer wachsenden Wirtschaft nicht Schritt halten kann und man weitere bremsende deflatorische Konsequenzen hat verhindern wollen, ist man dann zu einer indirekten Goldkernwährung übergegangen. Auf der Grundlage eines bestehenden Goldschatzes hat man Papiergeld ausgegeben, das auch leichter zu handhaben ist.[327]

---

[325] Thomas von Aquin, De regimine principum ad regem Cypri II, 13
[326] Hamer, E. 2005, 61-78
[327] Hamer, E. 2005, 61-78

Die Grundregel dieses *Gold-Standards* ist ein fester Preis für das Gold, d.h. jede Währung steht in einem festen Verhältnis zu einer bestimmten Menge Gold. Die Währungen sind durch Gold gedeckt und jederzeit in Gold einlösbar. Die Währungsreserven der Staaten bestehen nur aus Gold. Auf internationaler Ebene herrscht völlig freie Ein- und Ausfuhr des Metalls. Alle Zahlungsbilanzdefizite werden mit Gold abgedeckt (Zahlungsbilanz: die Summe aller wirtschaftlichen Transaktionen zwischen In- und Ausland).[328]

Damit sorgt Gold auch hier für eine unabhängige und nicht manipulierbare Währung, für maßvolles Haushalten in einer Volkswirtschaft und eine international anerkannte *Wertstabilität*. Schwankungen der Wechselkurse, wenn nicht überhaupt unmöglich, bleiben begrenzt. Entsteht nämlich ein Zahlungsbilanzdefizit, weil im Inland die Preise ansteigen, dann fließt automatisch Gold aus dem Land. Damit steht weniger Gold für den innersystemischen Geldumlauf zur Verfügung. Als Konsequenz kommen die Preise unter Kontrolle oder sinken. Die Exporte werden wieder konkurrenzfähiger und die Zahlungsbilanz verbessert sich. Weist dagegen ein Land einen Zahlungsbilanz-Überschuss auf, dann strömt Gold herein und die Wirtschaft kann expandieren. Aufwertungen und Abwertungen sind in diesem System undenkbar, es bleibt stabil. Das ist der Grund, warum eine Zeit, die sich dem Anspruchsdenken verschrieben hat und über ihre Verhältnisse lebt, das Gold nicht liebt.[329]

Der Gold-Standard muss als Gewähr für dauerhaften *Wohlstand, kulturelle Blüte* und *Freiheit* gesehen werden, weil nur so verhindert werden kann, dass staatliche Begehrlichkeiten mit ihren Budget-Defiziten weiter wuchern, dass die Finanzwelt zu immer neuen spekulativen Exzessen getrieben wird, die sich in

---

[328] Lips, F. 2004
[329] Lips, F. 2004

Depressionen entladen.[330] Der Gold-Standard ist ein Instrument der freien Wirtschaft in dem Sinne, dass beides einander voraussetzt. Eine echte, arbeitsteilige Wirtschaft kann es ohne Gold überhaupt nicht geben.

Weil Gold den Menschen zwingt zu *sparen*, erhöht dieser augenblickliche Verzicht auf Konsum das Kapital, das investiert werden kann. Das wiederum senkt die Zinsen auf *natürliche* Weise, so dass Investitionen in größerem Umfang rentabel werden. Denn ein *organisches* Wirtschaftswachstum, und damit auch die Beschäftigung, hängen davon ab, wieviel gespart und wie geschickt das Ersparte investiert wird. Sparen und Investieren erhöhen die Pro-Kopf-Quote des investierten Kapitals, und das damit verbundene Produktivitätswachstum führt dann zu höheren Reallöhnen, also zur Vermehrung des Wohlstands. Konsumausgaben hingegen sind zwar notwendig, damit die produzierten Güter auch abgesetzt werden, verringern aber die Kapitalmenge, die für Investitionen bereitsteht. (In einer freien Marktwirtschaft ist es übrigens selbstverständlich, dass das Produzierte auch zum allergrößten Teil verkauft werden kann, weil die Märkte diesbezügliche Irrtümer der Unternehmer rasch bestrafen und somit eine schnelle Fehlerkorrektur einleiten).[331] Die wirtschaftende Gemeinschaft wird durch dieses Verhalten disziplinierter, und so stabiler und zukunftsfähiger. Sparen wirkt konstruktiv und biopositiv. Künstliche Zinssenkungen, um den Konsum anzuregen, wirken dagegen wohlstandsmindernd, weil die manipulativ unter den natürlichen Zins gesenkten Zinssätze die Sparanreize verringern und den Investoren falsche Signale geben.[332]

In der Geschichte finden wir viele Beispiele für disziplinierte Geldschöpfung, auch das *alte Griechenland.* Vor allem aber

---

[330] Greenspan, A. 1967
[331] Baader, R. 2004, 137, 138
[332] Baader, R. 2004, 138

Byzanz, das den Beitritt zur Gilde der Bankiers streng begrenzt und kontrolliert hat. Sponsoren haben damals mit Leumund-Zeugnissen über den Charakter des Kandidaten entschieden, denn man hat keine Geldfälscher haben wollen. Regelverletzungen sind mit dem Abhacken der Hand bestraft worden. Dieses Reich hat achthundert Jahre lang als Welthandelszentrum geblüht ohne Abwertung oder Schulden. Die Herrlichkeit beginnt zu bröckeln, als der Herrscher Alexius Comnenus (1048-1118) seiner hohen Spielschulden wegen abwertet. Zweihundert Jahre später marschieren die Türken ein, es ist das Ende des Reiches.

Ein weiteres besonderes Beispiel des Erfolgs von standardisierten Goldmünzen ist der „Gold-Dinar" des *arabischen Reiches*, das sich auf seinem Höhepunkt von Bagdad bis nach Barcelona erstreckt hat.

Die *italienischen Stadtstaaten* wie Florenz, Siena, Venedig und Genua haben ihre Blüte ebenfalls der Goldwährung, dem florentinischen „Fiorino d´Oro", zu verdanken. Gold als Geld bestimmt die Wirtschaft der Renaissance und bildet die Grundlage ihres Wohlstandes in weiten Teilen Westeuropas. Denn Kulturen gedeihen nicht, wenn die Menschen arm sind.[333]

Doch im Laufe der Geschichte wird die Geldwertgarantie immer mittelbarer. Der Staat kann immer mehr Nominalgeld ausgeben als er an Edelmetall zur Verfügung hat, denn üblicherweise verlangen nur wenige Geldscheininhaber den Umtausch ihrer Banknoten in Gold. Trotzdem hat das System funktioniert, weil auch Länder ohne eigenes Gold den Inhabern ihrer nationalen Geldscheine einen festen Umtauschkurs zu anderen Währungen garantiert haben, die ihrerseits wieder einen Goldkern besessen haben. Angesichts dieser Umtauschgarantie haben die Bürger sich darauf verlassen können – wenn auch über doppelten Umtausch – für ihr Geld Gold zu erhalten.

---

[333] Lips, F. 2004

Zwei Ereignisse in der Geschichte des Geldes bilden schließlich die Grundlage für revolutionäre Veränderungen: die Gründung der Zentralbank, dem Federal Reserve System (Fed) 1913, und die Aufgabe des Gold-Standards zu Beginn des Ersten Weltkrieges 1914, der gleichzeitig den endgültigen Untergang der alten Welt markiert.[334] Obwohl die amerikanische Verfassung eigentlich nur Gold und Silber als gesetzliches Geld zulässt, hat sich ein von *privaten* Banken gegründetes Kartell der Hochfinanz eine private Zentralbank geschaffen mit dem Recht, eigenes Papiergeld auszugeben. Dieses Geld, für welches anfangs noch die amerikanische Zentralregierung garantiert hat, ist zum gesetzlichen Zahlungsmittel in den USA und der Welt geworden.[335]

Nach dem Ersten Weltkrieg scheint man zum Gold-Standard zurückkehren zu wollen, aber das gelingt den Regierenden nicht. In der Konferenz von Genua im Jahr 1922 wird stattdessen der *Gold-Devisen-Standard* eingeführt. Und dieser Unterschied ist nun wichtig: nicht der Gold-Standard, sondern der Gold-Devisen-Standard. Das heißt, dass die Zentralbanken neben Gold nun auch Dollar und Pfund, die Währungen der Siegernationen, als Reserven nutzen. Dollar und Pfund besitzen nun plötzlich den gleichen Stellenwert wie Gold, und dies ist in hohem Maße inflationär, da ihre Menge nicht natürlicherweise begrenzt ist. Da im Gegensatz zu Gold, das immer seinen Wert behält, diese Währungen keineswegs vor Kaufkraftverlusten sicher sind, können sie kein allgemein gültiger und bleibender Maßstab sein. So ist es dem Federal Reserve System 1927, als es in den USA zu einem leichten wirtschaftlichen Abschwung gekommen ist, möglich gewesen, das Bankensystem übermäßig mit *Liquidität* zu

---

[334] Hamer, E. 2005, 61-78
[335] Hamer, E. 2005, 61-78

versorgen, was schließlich zum Kollaps der amerikanischen Wirtschaft und zu der Depression der 1930er Jahre geführt hat.[336]

Ohne Goldwährung gelingt es auch den nie unabhängigen Zentralbanken der anderen Länder nicht, eine Liquiditätsflut zu verhindern, da sie fast überall zu willkürlichen Instrumenten der Regierungen geworden sind. Diese zunehmende *Kreditschöpfung* führt in die Defizitwirtschaft und hat auch die Kriegswirtschaft ermöglicht und gefördert.

Am Ende des Zweiten Weltkrieges ist schließlich in Bretton Woods 1944 die Einführung des *Gold-Dollar-Standards* beschlossen worden, wobei die USA das Monopol erhalten haben, ihre Schulden mit selbstgedrucktem Papier zu begleichen.[337] Gleichzeitig haben die anderen Nationen ihr Gold an die USA abgeben müssen, als Deckung für die Dollarnoten. In den Zentralbanken der anderen Länder dagegen verdrängt der Dollar zunehmend das Gold als Hauptwährungsreserve.[338]

Schließlich hat US-Präsident Nixon (1913-1994) 1971 die Einlösepflicht des Dollar in Gold (*Gold-Dollar-Standard*) und zugleich die Haftung des Staates für den Dollar aufgekündigt. Seitdem sind die Dollarnoten weder real durch Gold noch durch Staatshaftung gedeckt, also eine *freie private Währung* der Federal-Reserve-Bank, allerdings gesetzliches Zahlungsmittel.

Inzwischen ist keine Währung der Welt werthaltig, der Dollar und alle anderen Währungen haben sich von jedem Sachwert gelöst und stellen nur noch gedrucktes, legalisiertes Papier dar. Damit sind die Schleusen endgültig offen für eine Geld- und Kreditschöpfung, für Defizitwirtschaft und Spekulation ohnegleichen; Geld wird hemmungslos neu gedruckt und durch ständige Vermehrung laufend entwertet. Durch gewitzte

---

[336] Lips, F. 2004
[337] Lips, F. 2004
[338] Hamer, E. 2005, 61-78

Manipulation der Devisenkurse – sie geschieht durch die gleichen Gruppen, die auch für die Liquiditätsflut sorgen – wird ein scheinbares Wertverhältnis vorgespiegelt, so dass die Menschen immer noch glauben, werthaltiges Papier in Händen zu halten.

Eine durch nichts gedeckte Währung kann zwar durch Gesetz zum amtlichen Tauschmittel erzwungen werden, nicht jedoch zum Mittel der Wertaufbewahrung. Hierzu bedarf es des Vertrauens der Geldinhaber in eine langfristige Wertsicherheit ihres Geldes. Der langfristige Kurswert – das Vertrauen – einer freien Quantitätswährung hängt wiederum allein von der *Knappheit* des Geldes bzw. der Geldmenge ab. [339]

Geldmengenvermehrung bedeutet aber immer *Inflation* und Inflation ist *Geldentwertung*. Negative Zinssätze (Inflation höher als Zinsertrag) dämpfen Investitionen und Konjunktur, gleichzeitig lassen sich mit einem beliebig vermehrbaren Geld hemmungslos Schulden machen, die die zukunftssichernde junge Generation belasten. So kann Geldentwertung Gemeinwesen schwächen bis hin zu ihrer Vernichtung, denn letztlich ist sie gleichzusetzen mit Diebstahl an den Früchten geleisteter Arbeit und bewussten Verzichts und führt damit zum Verlust der Zukunft. Man kann es auch anders ausdrücken: der Informationsstrom aus der Natur, der den Menschen erreicht, kann von ihm nicht konstruktiv weiterverwendet werden. Inflation ist lebensfeindlich und wirkt *bionegativ*.

Das ohne die goldene Bremse manipulierbare „*fiat money*" (also wertloses Geld) hat so in den letzten Jahrzehnten einen Geldbetrug globalen Ausmaßes möglich gemacht, der von keiner nationalen Regierung mehr kontrolliert oder verhindert werden kann. Es entstehen *Abhängigkeiten*, da das Fed-Privatgeld Dollar schon von der Geldmenge her in der Welt dominiert: mehr als fünfundsiebzig Prozent aller Geldquantitäten liegen in Dollar vor.

---

[339] Hamer, E. 2005

Auch die Rohstoffmärkte werden ausschließlich vom Dollar bestimmt.

Da die Zentralbanken der Länder sich immer mehr gezwungen sehen, den Dollar als Währungsreserve einzustellen und ihre Goldvorräte abzugeben oder „auszuleihen", konzentriert sich das Gold der Welt erneut beim Federal-Reserve-System wie vor der ersten Weltwirtschaftskrise. Die übrigen Währungen wie beispielsweise der Euro beruhen also in ihrem Wert zu über neunzig Prozent auf wertlosen, nur durch die Macht und den Willen der US-Hochfinanz gehaltenen Dollar-Papieren. Ein neuer Gold-Standard ließe sich somit nur mit deren Willen einführen und würde dieser Bank bei einer Neufestsetzung des Goldpreises im Falle einer Währungsreform enorme Gewinne bescheren.

Die ungehemmte Vermehrung des Dollar, die nicht nur der ausgebenden US-Privatbank, sondern auch dem amerikanischen Staat unbegrenzte liquide Mittel zur Verfügung stellt, macht es verständlicherweise möglich, dass mehr ausgegeben werden kann, als man einnimmt. Missbrauch des Dollar durch Geldmengenvermehrung ist also sowohl für die herrschende US-Finanz als auch für die von ihr beherrschte US-Administration einseitiger Vorteil.

Im Zuge dieser Entwicklung hat sich der amerikanische Staat gegenüber dem Ausland immer mehr verschuldet, denn er lässt sich in wachsendem Ausmaß von der Welt Sachgüter gegen wertloses Papier liefern – nach Hamer eine moderne Form der Tributzahlungen.

Damit liegt es allein beim Schuldner, sich durch offizielle Abwertung des Dollar auf Kosten seiner Gläubiger zu entschulden. Jede Abwertung des Dollar wird vor allem das

Ausland treffen, das achtzig Prozent des gesamten Dollar-Volumens hält.[340]

Wüsste der einfache Bürger, dass sein Geld nur den Papierwert darstellt und alles andere vom manipulativen Missbrauch einer privaten Bank abhängt, würde er dieses Geld nicht haben wollen. Damit stiege die Geldumlaufgeschwindigkeit und die Flucht in die Sachwerte begänne, was eine galoppierende Inflation zu Folge hätte. Betrogen wird man in diesem System nicht nur von der US-Hochfinanz, die ungehemmt Dollarnoten in die Welt jagt, sondern auch von den Zentralbanken (Euro-Bank, Banque of Japan, u.a.), die das gleiche tun. Deren Vorstände wissen um die Wertlosigkeit des Dollar und der eigenen Währung. Im Falle einer Währungsreform stünde beispielsweise die Euro-Bank ohne Werte da. Das Gold, auch das deutsche Gold – möglicherweise nur noch als bloßer schuldrechtlicher Anspruch vorhanden, nicht aber als Realgold – wäre im Zusammenbruch nicht greifbar. „Das System lebt davon, dass ein Missbrauch nicht diskutiert und nicht veröffentlicht wird."[341]

Ohne irgendeine *Kopplung* an Sachwerte und ohne Mengenbegrenzung aber hat das Geldsystem seine *Wertaufbewahrungsfunktion* verloren, während seine *Tauschfunktion* nur noch durch weltweite Kursmanipulationen künstlich aufrechterhalten wird. Auch die meisten Aktien sind keine Substanz-, nur mehr Hoffnungswerte.[342]

Aber es geht noch weiter. Die in diesem globalen System mit „fiat money" gekauften Sachwerte (Rohstofflager, Industriekomplexe, Immobilien und jede einigermaßen intakte ausländische Kapitalgesellschaft in freundlicher oder feindlicher Übernahme) lassen sich monopolisieren. Inhabern des *Papiergeldmonopols* kann es durch geschicktes Agieren gelingen,

---

[340] Hamer, E. 2005, 61-78
[341] Hamer, E. 2005, 61-78
[342] Hamer, E. 2005, 61-78

146

ganze Marktsegmente aufzukaufen und zu *Marktmonopolen* bzw. Marktoligopolen auszubauen: Diamanten, Gold, Kupfer, Zink, Uran, Telekommunikation, Glasfaserleitungsnetze, Print- und Fernsehmedien, Nahrungsmittel (Nestle, Coca Cola), große Teile der Rüstungsindustrie und der Luftfahrt usw. Auch ein Monopolisierungsversuch mit Hilfe der Gen-Manipulation ist vorstellbar. Genmanipulierte Tiere und Pflanzen sind selbst unfruchtbar. Könnte man die Genmanipulation flächendeckend durchsetzen, müssten alle Bauern das Gen-Saatgut einem Patentmonopol zu dem von ihm diktierten Monopolpreis abkaufen, da sie ihr eigenes Getreide für die Saat nicht mehr verwenden können.

Ähnliche Monopolisierungstendenzen bestehen auf dem Telekommunikations-, Energie- und Wassersektor. Damit kann die Welt mit Monopolpreisen zu Sonderabgaben herangezogen werden – eine moderne Form der Tributzahlung.[343]

Mit unbegrenztem Papiergeld ohne Deckung lassen sich auch *Kriege* finanzieren. Hätten sich die kriegführenden Nationen an die Regeln des Gold-Standard gehalten, hätte schon der Erste Weltkrieg nur kurze Zeit dauern können, da eine Finanzierung des Krieges „auf Pump" nicht möglich gewesen wäre. „Im Gegensatz zum 19. Jahrhundert mit seinem soliden, inflationsfreien Wachstum, seiner großen Währungsstabilität und wenig Kriegen, ist das 20. Jahrhundert ein Jahrhundert der Inflation, der Hyperinflation, der Währungs- und Handelskriege, Spekulationswellen und militärischer Kriege" gewesen mit Hunderten „von Millionen Toten, Ausrottung und Vernichtung ganzer Völker, Völkerwanderungen, monetärer Verschmutzung weltweit, wirtschaftlichem Ruin, gigantischer Verslumung" und schließlich „Zusammenbruch der Zivilisation".[344]

---

[343] Hamer, E. 2005, 61-78
[344] Lips, F. 2004

Kriege hat es immer gegeben, sie werden geführt, um die Lebensgrundlagen der jeweiligen Gemeinschaft zu verbessern bzw. ihre spezifische Identität zu sichern. Oft spielen – direkt oder indirekt – wirtschaftliche Motive eine Rolle: in der Urzeit ist es um Jagd- und Weideplätze gegangen, dann um Salzquellen und fruchtbare Flusstäler oder Raub- oder Eroberungszüge der See- und Handelsstaaten, schließlich um Bevölkerungsspielraum, Absatzgebiete und Rohstoffbesitz.[345] Letztlich kämpft der Mensch immer um natürliche Ressourcen, von denen er lebt. Doch Kriege, die durch ein unbegrenzt vermehrbares „fiat money" genährt werden, sind unnatürlich und sprengen räumlich und zeitlich jedes natürliche Maß.

Es ist deutlich geworden, wie destruktiv und lebensfeindlich ein manipulierbares, nicht mehr an Gold (Natur) gebundenes „fiat money" als ungezügeltes Symbol wirkt, und wie sehr die Ordnung menschlicher Gemeinschaften, ihre wirtschaftliche Grundlage, ihre Freiheit und Zukunft und damit ihre ganze Existenz von einer Verankerung ihrer Wirtschaft in maßvollen natürlichen Bedingungen abhängen.[346]

Darum ist das natürliche Gold ein *politisches Metall*. Auf unnachahmliche Weise zwingt es den Menschen, konstruktiv zu handeln. Daraus erwächst eine kulturelle Ordnung, die der natürlichen folgt: sie ist differenziert, *maßvoll* und physiologisch proportioniert, denn der Mensch bescheidet sich und bleibt *realistisch* in seinen Forderungen. Gold steht so jedem inadäquaten, uferlosen, ich-zentrierten Anspruchsdenken entgegen, es setzt als kontrollierende natürliche Instanz *Grenzen*. Die Loslösung der wirtschaftlichen Welt des Menschen von ihren natürlichen Grundlagen führt zunächst zur karikaturhaften Verzerrung ökonomischer Proportionen in unserer Zeit. Vergleichen wir beispielsweise das Pro-Kopf-Einkommen einer

---

[345] Lips, F. 2004
[346] Lips, F. 2004; 2002

148

der reichsten Industrienationen wie der Schweiz mit dem einer der ärmsten nicht-industrialisierten Nationen wie Mozambique, dann liegt das Verhältnis bei etwa vierhundert zu eins. Vor zweihundertfünfzig Jahren allerdings hat das Verhältnis zwischen reichsten und ärmsten Nationen lediglich ca. fünf zu eins betragen, und der Unterschied zwischen Europa und beispielsweise Ost- oder Südasien (China oder Indien) wäre bei vielleicht zwei zu eins anzusiedeln gewesen.[347]

Doch es ist zu erwarten, dass die zunächst gravierenden, unnatürlich überhöhten Differenzen auf längere Sicht einer allgemeinen Nivellierung weichen werden und damit Folge sind einer ökonomischen Schwächung aller menschlichen Systeme, die sich schon in kultureller Bindungslosigkeit, in zerbröckelnden nationalen und familiären Strukturen ankündigt. Letztlich zeichnet sich auch hier ein Informationsverlust des Menschen ab, der durch das zwischengeschaltete Symbol Geld immer weniger Information empfängt und darum zunehmend unfähig wird zu politischer, zu kultureller Gestaltbildung.

---

[347] vgl. Landes, D. S. 1999

Historische Fakten

Im Laufe der Geschichte löst sich die kulturelle Welt des Menschen mehr und mehr aus natürlichen Zusammenhängen. Mit der Polis, die die archaische Lebensordnung alter Stammesherrschaft hinter sich lässt, beginnt sich seit dem 5./6. Jahrhundert v. Chr. eine Ordnung von der Natur abzugrenzen, die zunehmend typisch menschliche Merkmale trägt. Das gesprochene Wort erhält neue Macht,[348] die ersten Münzen werden geschlagen.[349] Der Mensch wird rationaler, seine *symbolische* Welt wächst und verliert im Laufe der Zeit mehr und mehr die Prägung natürlicher Muster, was in der Gegenwart deutlich zu Tage tritt.

Wann das Mittelalter endet und die Neuzeit beginnt, ist nach wie vor umstritten. Man schwankt zwischen dem 13. (Crombie) und dem 18. (Troeltsch) Jahrhundert. Einerseits lassen sich schon in der Hochzeit der Scholastik wichtige Tendenzen neuzeitlichen Denkens finden. Thomas von Aquin (1225-1274) und Roger Bacon (1214-1292) sind Zeitgenossen. Andererseits ist nicht zu bestreiten, dass sich erst ab dem Ende des 17. Jahrhunderts mit dem Beginn der Aufklärung typisch neuzeitliche Vorstellungen durchsetzen: ein unerschütterliches Vertrauen in die *Vernunft* und die *Wissenschaft* des Menschen, die es ihm möglich machen, die Welt neu und zum Besseren zu gestalten.[350]

Es ist daher sinnvoll, die Epoche der Neuzeit zu unterteilen: in die *frühe Neuzeit*, die vom Ausgang des Mittelalters (um 1500) bis etwa zum Ende des Dreißigjährigen Krieges (1648) dauert bzw. die Zeit von Cusanus (1401-1464) bis Leibniz (1646-1716); es folgt das Zeitalter der *Aufklärung*, also von Leibniz (1646-1716) bis Kant (1724-1804). Die *späte Neuzeit*, für die Philosophen von

---

[348] Vernant, J.-P. 1982
[349] Braun, E.; Heine, F.; Opolka, U. 1996, 21-23
[350] Sandvoss, E. R. 2001, 137

Kant (1724-1804) bis Nietzsche (1844-1900) stehen, also die Zeit bis zum Ende des 19. Jahrhunderts, mündet schließlich in die *Gegenwart*, die politisch wie geistesgeschichtlich mit dem Ende des Zweiten Weltkrieges (1945) eine Zäsur erfährt.[351]

Bezeichnend auch die Tatsache, dass das Mittelalter, also Patristik und Scholastik, einen Zeitraum von tausend Jahren umfassen, Neuzeit und Gegenwart dagegen nur einen von fünfhundert Jahren.[352]

Technische Errungenschaften beginnen die Welt zu verändern. Die Erfindung des *Buchdrucks* um 1450 sorgt für eine nie dagewesene *Symbolflut.* Solange Schrift in der Obhut einer schmalen Funktionselite verbleibt, befestigt sie soziale Grenzen und Bildungsschranken. Heilige Texte gehen nun vom Exklusivbesitz der Priester in den Gemeinbesitz des Volkes über. Dadurch wird die *Verbreitung* von Ideen mit einer Geschwindigkeit möglich, die für die herrschenden Mächte nur schwer zu kontrollieren ist. Reformation und der Humanismus, der das Wissen der Antike erstmals in seiner ganzen Breite verfügbar macht, sind ohne diese Erfindung ebenso undenkbar wie der Ausbau des Schul- und Universitätswesens. Doch kulturelle Bindungen werden lockerer, Grenzen offener.

Erfindungen von Kompass, Globus und Taschenuhr ermöglichen den Übergang von der Küsten- zur Hochseeschifffahrt; neue Waffen revolutionieren die Kriegführung, Ritter werden durch Söldnerheere verdrängt. Das Zeitalter der *Entdeckungen* beginnt. Kolumbus (1451-1506) findet 1492 die karibischen Inseln, Vasco da Gama (um 1460-1524) sechs Jahre später den Seeweg nach Indien. Das aus Mittel- und Südamerika hereinströmende Gold führt zu einer Akkumulation großer

---

[351] Sandvoss, E. R. 2001, 13
[352] Sandvoss, E. R. 2001, 127

Vermögen und zur endgültigen Verdrängung des Naturaltausches zugunsten der *Geld*wirtschaft.

Kaufmännisches Kalkulieren gibt den Anstoß zu mathematischen Forschungen und befördert die rationale und rechenhafte Denkweise. Das *rationale* Zeitalter beginnt. Aus dem natürlichen Fundus der Kunst kommen bedeutende Impulse für die Mathematik: Konstruktion des zentralperspektivischen Raumes durch Filippo Brunelleschi (1377-1446), und für die Medizin und Biologie die anatomischen, botanischen und zoologischen Studien Leonardo da Vincis (1452-1519).

Als weltumstürzend im wahrsten Sinne des Wortes erweist sich die Formulierung der heliozentrischen Himmelsmechanik durch Nikolaus Kopernikus (1473-1543). Seitdem rollt der Mensch aus dem Zentrum des Kosmos ins „Nichts", wie Nietzsche (1844-1900) es später ausdrückt.

Im Zuge dieser neuzeitlichen Entwicklung verliert die abendländische Welt ihren Zusammenhalt und ihre Geschlossenheit. Die enorme Expansion in kurzen Zeiträumen zeigt nicht das physiologische Wachstum des kulturellen Systems, sondern seinen beginnenden Zerfall. Die mittelalterliche Welt geht nach ähnlichem Muster zugrunde wie über zweitausend Jahre vorher die archaische Welt. Die kontrastreiche, vielfältig und streng geformte mittelalterliche Ordnung, noch natürlich geprägt, weicht einer Neuzeit, die eine *Umwertung* vollzieht. Tradierte Normen verlieren ihre Tragfähigkeit. Das Ende nicht nur der mittelalterlichen *Theologie*, sondern auch ihrer philosophischen Tochter, der Metaphysik, zeichnet sich ab. Aktuelle Informationszufuhr verdrängt zunehmend gespeichertes, überliefertes Wissen und forciert die Entwicklung der Naturwissenschaften.

Die *theoretische Wissenschaft* wirkt fruchtbar. Doch kann ihre nur für Teilgebiete geltende, partielle Autorität nicht die

Orientierung sichern wie ein umfassend gültiges Dogma. Die Stärke der Naturwissenschaft liegt in ihrer analytischen Vernunft, nicht in ihrer synthetischen Kraft. Die *praktische Wissenschaft* gewinnt an Bedeutung. Im Gegensatz zur theoretischen Wissenschaft, die einen Versuch darstellt, die Natur zu begreifen, liegt es im Wesen der praktischen Wissenschaft, die Welt zu verändern. Mit dem Aufschwung der Technik beginnt im 19. Jahrhundert das industrielle Zeitalter, die Agrarwirtschaft wird zurückgedrängt.[353]

Nicht nur die *Religion*, auch die *Philosophie* büßt ihre regieführende Stellung ein. „Die Philosophie erstarrt entweder zu Systemen, Ideologien, Schulen oder wird sokratischer, besinnt sich auf ihr Nichtwissen und öffnet sich für Erfahrungen und Methoden fremder Kulturen."[354]

Es beginnt sich ein neues Verständnis des Staates und der *Politik* herauszubilden. Die mittelalterliche Idee der Monarchie als irdischer Widerschein der himmlischen Monarchie verblasst in dem Maße, wie das Christentum seine allein verbindliche moralische Macht einbüßt.

In der hierarchisch gegliederten, feudalen Herrschaftsordnung des Hochmittelalters gilt die Vasallität, die Monarchen, adlige Lehens- oder Feudalherren, Vasallen und Untervasallen durch ein persönliches gegenseitiges Treueversprechen lehensherrschaftlich miteinander verbindet. Der Lehensherr besitzt seinem Vasallen gegenüber die Verfügungs- und Befehlsgewalt, zugleich aber auch eine Schutz- und Fürsorgepflicht; der Vasall dem Lehensherrn gegenüber die Gehorsams-, Arbeits-, Militär- und Steuerpflicht. Diese Strukturen haben sich weltweit zu verschiedenen Zeiten überall dort entwickelt (zum Beispiel in Makedonien schon im 3. vorchristlichen Jahrhundert, in Afrika existieren sie zum Teil noch

---

[353] Sandvoss, E. R. 2001, 127
[354] Sandvoss, E. R. 2001, 128

heute), wo ein Stammes- oder Sippenverband im Zustand der Naturalwirtschaft ein relativ großes Gebiet politisch hat organisieren müssen. Ab dem 13. Jahrhundert folgt der ebenfalls hierarchisch strukturierte Ständestaat, in dem die Stände des Adels, der hohen Geistlichkeit und teilweise auch des städtischen Großbürgertums zusammen mit dem Monarchen die staatliche Herrschaft ausgeübt haben.

Doch schon die frühe Neuzeit (Renaissance, Humanismus und Reformation) wird von der Konkurrenz zwischen Bürgertum und feudaler Gesellschaft (Klerus, Adel) geprägt. Zwar hat es noch im 20. Jahrhundert Reste ständestaatlicher Ordnung gegeben, doch ist sie im 16. Jahrhundert der absoluten Monarchie gewichen, die sich schon auf ein bezahltes Beamtentum und das Offizierskorps stützt.

In Kontinentaleuropa leitet die *Französische Revolution* (1789) das Ende der tradierten, hierarchischen und metaphysischen Ordnung ein. Es folgt der weltanschaulich neutrale Nationalstaat des 19. und 20. Jahrhunderts. Liberalismus und Sozialismus setzen schließlich im 20. Jahrhundert in den meisten Staaten die politische Gleichheit aller gesellschaftlichen Gruppen durch.

Das Politikverständnis des modernen Staates verdeutlicht eine *individualisierende* Entwicklung. Der Staat wird instrumentalistisch, er dient dem Bürger. Nicht mehr das gute und tugendhafte Leben seiner Bürger und ihrer Gemeinschaft ist sein Ziel, sondern die Sicherung ihrer materiellen Wohlfahrt. Denn typisch für die Neuzeit insgesamt ist die Hinwendung zum *Subjekt*. Die Geschichte zeigt es im Spannungsfeld zwischen dem Triumpf individueller Macht (Machiavellismus) und dem Versuch, sie zu bändigen (Demokratie, Rechtsstaat).[355] Im 21. Jahrhundert beginnen sich dann die Nationalstaaten aufzulösen und einer globalen Gesellschaft zu weichen. Da es keine überindividuellen Systeme mehr gibt, geht es nur noch um Selbst-Behauptung und

---

[355] Sandvoss, E. R. 2001, 127

Selbst-Erhalt. Die Moderne ist geprägt durch die Metaphysik einer hybriden Selbst-Ermächtigung.

Wie lässt sich nun diese vielschichtige und verwirrende Entwicklung erklären? Kann unser bisheriges Wissen helfen, das Geschehene zu verstehen? Und schließlich die wichtigste Frage: Was haben wir weiterhin zu erwarten?

Wir sehen die Neuzeit als heterogene Umbruchphase, die alte und neue Strukturen enthält. Sie erweist sich als *Schlachtfeld*, auf dem die natürliche Ordnung mehr und mehr ihrem ausufernden symbolischen Produkt erliegt. In diesem sehr menschlichen Kampf treiben Kultur und Kunst ihre letzte und vielleicht üppigste und prächtigste Blüte, dort, wo die symbolische Welt des Menschen noch natürlichen Prinzipien gehorcht: Musik, Dichtung, Malerei, Architektur. Das allmähliche Zurückweichen der lebendigen Natur, die immer in die kulturelle Welt hineingereicht und sie durch ihre Bedingungen geformt hat, wird in der Moderne im Gestaltrückgang auf breiter Front deutlich.

Erinnern wir uns nochmals der Grundlagen.

Gestaltrückgang durch Informationsverlust
oder
Was haben wir aufgrund des Gesagten zu erwarten?

Es ist deutlich geworden, dass es in der Evolution um Informationszunahme geht bzw. um ein Wachsen immer differenzierterer raum-zeitlicher Gestalten. *Gestalt* als Formspeicher wird zum Schlüsselbegriff. Auf ursprünglicher natürlicher Gestalt wächst kulturelle Gestalt. Leben etabliert sich in wachsenden Ringen. Form wächst auf Form, von der Desoxyribonukleinsäure über die Zelle, den Organismus, über die Familie bis hin zum Volk und zu viele Völker einenden Systemen.

Da natürliche Gestalten ein hohes Maß an innersystemischen Ja-Nein-Entscheidungen, an Differenzen besitzen, verkörpern sie als differenzierte Form viel Information. Höchste Komplexität erreichen kulturelle Gestalten als überindividuelle raum-zeitliche und physisch-geistige Systeme, die eine sehr große Zahl von Menschen samt ihrem Wissen und ihren Artefakten in sich vereinen. Mit der Schaffung politischer Einheiten gelingt dem Menschen der evolutionär geforderte Informationszuwachs als Gegengewicht zur wachsenden Entropie.

Der evolutionäre Informationshaushalt der Biosphäre als umfassendstes lebendiges System besitzt letztlich in der Struktur des Sonnenlichtes seine Informationsquelle und in der Kälte des Weltraumes seinen Abfluss. Dazwischen zeigt sich ein Jahrmilliarden dauerndes, kontinuierliches Wachsen von Information durch Bindung entropiearmer Energie und Ausgrenzung der entstehenden entropiereichen Energie. Alle lebendigen Systeme der Biosphäre bis hin zu kulturellen Systemen werden von einem Delta immer mittelbarerer Information durchströmt. Der Mensch muss die Information auch in seine

Handlungen hinüberretten, soll ihm der Bau existenzerhaltender politischer Systeme glücken.

Weil die Differenziertheit des Menschen, die sich in seinen Handlungen zeigt, nur auf Grund von Informationen übertragenden Prozessen zunimmt,[356] braucht er den Informationsaustausch mit der Natur; das bedeutet natürliche Umwelt, auch andere Menschen, und ein normativer Codex, der den Kern natürlich-lebendiger Ordnung formuliert. Nur auf diesem Wege gelingt es dem Menschen vorausschauend, differenziert und politisch-einend zu handeln und dauerhaft zu bestehen.

Kulturelle Systeme umschließen physischen und geistigen Raum. Weil sich ihr Zusammenhalt auch auf Symbole stützt, handelt es sich um natürlich-symbolische Gestalten. Die innersystemische Bindung wird durch die Zwischenschaltung von Symbolen mittelbarer und lockerer als eine rein natürliche Bindung, was offenere Grenzen und eine höhere Verletzbarkeit des kulturellen Ganzen zur Folge hat. Symbole bilden *Sollbruchstellen*. Denn die für natürlich lebendige Systeme typische *Einheit* von *Form* und *Funktion* ist beim synaptischen Menschen dank seiner Fähigkeit zur Reflexion, Abstraktion und Symbolbildung in Gefahr und kann durch inadäquate Vermittlung dissoziieren. Das hat Folgen für seine kulturelle Welt. Denn nur wenn Denken und Handeln mehr oder weniger adäquat gekoppelt bleiben, kann der Mensch seine Form-Funktionseinheit erhalten und den Informationsstrom aus der Natur weitergeben. Man muss unwillkürlich an die alte indianische Weisheit denken, die englisch ausgedrückt lapidar lautet: „Walk your talk".

Im Laufe menschlicher Geschichte entwickelt sich nun ein immer dichter werdendes Netz von Symbolen und Artefakten, das sich zwischen Mensch und Natur schiebt.

---

[356] vgl. Kanitscheider, B. 1996, 21

Das im Verhältnis zu natürlichen Systemen undifferenzierte Symbol, dessen Funktion nicht in ihm selbst liegt, sondern nur auf Absprache beruht, soll nun zwischen der Natur und der kulturellen Welt des Menschen vermitteln. Gelingt seine Kopplung an das natürliche, maßvolle Fundament (bei Sprache und Schrift durch die Wahrheit, bei Geld durch die goldene Bremse), kann es seine Funktion, wenn auch in gröberem Raster, erfüllen. Weil aber die Kopplung des Symbols an das, was es vermitteln soll, nämlich die Natur bzw. den Menschen, locker und störanfällig ist und es selbst als starres Zeichen keinen evolutionären Beschränkungen unterliegt wie natürliche Formen, besteht die Gefahr, dass bei dieser Transformation *Information verloren* geht. Denn wir haben gesehen, dass schon die einfache „Übersetzung" realer Sachverhalte durch sprachliche und erst recht durch schriftliche Symbole einen Informationsverlust zeigt, der bei fortschreitender Abstraktion immer größer wird. Schließlich kann der Informationsstrom ganz versiegen. Hier wird der Unterschied deutlich zwischen einer Handlung, die der Mensch selbst ausführt, und einer sprachlich oder schriftlich vermittelten Anweisung zur Handlung, die nicht oder falsch verstanden und daraufhin nicht oder fehlerhaft ausgeführt wird.

Der Mensch, der ja von der Natur bzw. der natürlichen Ordnung lebt und ihre Komplexität nicht nur als Nahrung, sondern auch geistig über seine Sinne aufnehmen muss, braucht den direkten Kontakt zu dieser reichen und eindeutigen Information. Die wachsende Sphäre *ausufernder* Symbolik (Sprache, Schrift, Geld, Technik, Medien) aber schneidet ihn von der Natur ab und nimmt ihm diese Eindeutigkeit, Stetigkeit und Unmittelbarkeit natürlicher Formen in ihrer gesetzmäßigen Verknüpfung und Gewichtung. Die *Überschaubarkeit* natürlicher Muster und die *Langsamkeit* natürlicher Entwicklung, die so wesentlich sind für das menschliche Gehirn, gehen ihm verloren. Auf die symbolisch vermittelte Übersetzung der Natur kann man sich nicht so ohne Weiteres verlassen.

Auch und vor allem seine Norm, die wie ein Kompass dafür sorgt, dass menschliche Handlungsmaximen den *Ordnungsprinzipien* natürlich-lebendiger Systeme folgen, ist in Gefahr. Denn auch sie muss er Symbolen anvertrauen. Ist beispielsweise bei Symbolflut ein Überblick nicht mehr möglich, kann es dazu kommen, dass das Symbol für die natürliche Information gehalten wird, für die es zwar steht, die es aber nicht verkörpert. Der *Mittler der Realität* wird für die *Realität* gehalten. So kann Symbolik nicht nur verhindern, dass die reale, natürliche Information den Menschen wirklich erreicht, sondern sie kann menschliche Kommunikation und Handlung auch schon durch semantische und pragmatische Fehlermöglichkeit inadäquat werden oder allmählich versiegen lassen.

Was passiert jetzt genau: Eine *inadäquate Übersetzung* natürlicher Form durch Symbole führt zur inadäquaten Übertragung der innersystemischen, komplexen, natürlichen Struktur, d.h. durch die Übersetzung kommt es zur *Abschwächung* des Grades der *natürlichen Differenzen* und damit zu einer *Entdifferenzierung* und einem *Komplexitätsverlust* des Wahrgenommenen. Damit geht unweigerlich auch die Differenziertheit des auf dieser Wahrnehmung beruhenden menschlichen Denkens und Handelns verloren, erst recht, wenn Handeln zusätzlich symbolisch vermittelt wird. Die kulturelle, vom Menschen gestaltete Welt verarmt folglich an Information. Was der Mensch nämlich an Differenziertheit nicht empfangen hat, kann er auch nicht weitergeben. Eine *nivellierende* Entwicklung in Richtung *Uniformität* kommt in Gang.

Seine lebenserhaltende Norm wird dabei zur Achillesferse des Menschen, weil auch sie Symbolen anvertraut wird. Die im Laufe von Jahrtausenden symbolisch überfrachtete Norm wird missverständlich und das ihr zugrundeliegende Gesetz verschüttet. Die Botschaft von Mythen, Sagen und religiösen

Überlieferungen kann dann nicht ohne Weiteres verstanden werden. Symbole werden der Bedeutung der Norm nicht gerecht.

Das führt zur *Dissoziation* der menschlichen Form-Funktions-Einheit. Die kulturelle Welt des Menschen wird nicht mehr so differenziert strukturiert, wie das der Fall wäre, lebte der Mensch noch in unmittelbarem Kontakt zu der Natur. Denken und Handeln des Menschen *lösen* sich durch Zwischenschaltung von Symbolen allmählich von der regieführenden Kraft der lebendigen Natur.

Mit der immer weniger zugänglichen Natur verliert der Mensch auch das Regulativ der *Wahrheit*. Die Welt ist faktisch, doch nur die Natur, die ihm das Überleben sichert, ist wahr. Wahrheit gibt dem freien Menschen die Orientierung, die er in seinem Losgelassensein braucht. Weil er seine kulturelle Leistung nur mit sehr mittelbarer Hilfe der Natur zustande bringen muss, braucht menschliche Freiheit unbedingt die Wahrheit; ohne sie ist er nicht lebensfähig.

Der Mensch verliert die Verbindung zur Natur, er wird *isoliert*. Weder das genetisch verankerte natürliche Wissen des Menschen (Gen), noch sein aktuell erworbenes natürliches Wissen kann durch symbolisch vermittelte Handlung vollständig oder überhaupt zum Zug kommen. Im Gegensatz dazu kommt ein Apfel, den ich esse, sicher bei mir an.

Symbolisch gespeichertes, tradiertes, kulturelles Wissen, das letztlich die in langen Zeiträumen zugeführte, durch Interaktion der Menschen untereinander und mit ihrer natürlichen Umwelt erworbene Information einer Gemeinschaft widerspiegelt (Tradition), kann auch immer weniger im potentiell möglichen Umfang genutzt werden. Die durch symbolische Überfrachtung widersprüchlich anmutende bzw. unverständlich gewordene, natürliche Norm, die den Menschen in Richtung Weiterdifferenzierung lenkt, wird verworfen.

Durch die Isolation von der *Natur* und ihrer Ordnung kommt

160

es – und das ist nun ganz entscheidend – zu ihrer *Entmachtung*, genau genommen, zur Entmachtung des Differenziertheitsgrades der Natur in der kulturellen Welt des Menschen. Der Strom natürlicher Information, der in seiner Vielfalt ungehindert fließen muss, um menschliche Komplexität und differenziertes Handeln zu erhalten, beginnt zu versiegen. Hier liegt der Einschnitt in der Geschichte des Menschen, ab jetzt verändert sich seine Haltung nicht nur der Natur gegenüber, sondern insgesamt.

Ohne die Natur aber „*verhungert*" der Mensch, er verliert sein metaphysisches Bedürfnis, im Sinne einer Weiterdifferenzierung zu werten, was an seiner *veränderten Norm* deutlich wird. Damit büßt er seine einigende, aufbauende, seine gestaltbildende Kraft ein. Seine Handlungen werden undifferenzierter, politische Systeme zerfallen, seine Kunst und alles Übrige, was er herstellt, wird zunehmend gestaltloser bis hin zur Nivellierung oder zeigt sich in Formen, deren Proportionen nicht mehr an natürlich lebendige Maße erinnern. Diese Entwicklung verdeutlicht den *vertikalen* Ablösungsprozess des Menschen von der Natur. Die kulturelle Welt löst sich von ihrem natürlichen Fundament und verändert ihre Form, ihr hoher Ordnungsgrad schwindet.

Da alle lebendigen Systeme, also auch kulturelle Systeme, Nichtgleichgewichtssysteme sind, müssen sie immer ihre Offenheit gegenüber der informationsreichen Natur sichern. Wird solch ein „System in einem stationären Nichtgleichgewichtszustand plötzlich von der Umgebung *isoliert*, so relaxiert es zum Gleichgewicht. In Übereinstimmung mit dem Zweiten Hauptsatz der Thermodynamik wird die Entropie (...) dieses Systems solange ansteigen, bis der Gleichgewichtswert (...) erreicht ist (...). Dieser Zustand entspricht der größten molekularen Unordnung"[357] und das bedeutet *Tod*.

Diese Entwicklung tritt in der sich nun radikal verändernden

---

[357] Ebeling, W.; Freund, J.; Schweitzer, F. 1998, 31

Norm zutage, die alle Handlungskonzepte des Menschen prägt. Sie ist Ausdruck dieser grundlegenden Wandlung im evolutionären Informationshaushalt. Der *neuzeitliche* Mensch, der sich von der Natur abzukoppeln beginnt, gibt sich eine *andere normative* Verfassung, eine Ordnung, die nicht mehr der natürlichen folgt: er glaubt, auf die Natur, auf Wahrheit, auf sein altes überliefertes Gesetz verzichten zu können und fundamentale natürliche Prinzipien lebendiger Systeme, die seine Existenz erst möglich gemacht haben und die ihn auch bestimmen, über Bord werfen zu können:[358] *Tradierung*, *Hierarchie* und *Selbstbeschränkung*, die im Dienste einer *Weiterdifferenzierung* stehen. Die ursprüngliche *differenzierende, konstruktive Norm* weicht einer *entdifferenzierenden, egalisierenden Norm*. Der Gleichheitsgedanke wird zum tödlichen Algorithmus für den Menschen und seine Kultur.

Dem vertikalen Ablösungsprozess von den natürlichen Grundlagen (Nabelschnur zur Natur) folgt nun ein *horizontaler* Schrumpfungsprozess überindividueller politischer Gestalten, der in die *Individualisierung* oder *Vereinzelung* führt. Das entwurzelte und unterversorgte kulturelle System zerfällt. Kulturelle *Bindungen brechen*. Die Grenzen werden durchlässiger. Ohne das ausgewogene Verhältnis von Geschlossenheit und Offenheit kann die überindividuelle Einheit ihre Identität nicht mehr halten. Der raum-zeitliche Aktionsradius des entwurzelten und ungebundenen Individuums, das dem Primat des Ganzen folgt, wird enger. Vorausschauendes, langfristig tragfähiges Handeln, das immer einigendes, politisches Handeln bedeutet, kann der Mensch nicht mehr leisten.

In der Neuzeit zerfallen Vielvölkersysteme zu Völkern, dann zu Familien und schließlich zu Individuen. Es ist das Ende von Politik und Ethik als Gemeinschaftsleistungen von in ein überindividuelles Ganzes eingebundenen Individuen. Das alte

---

[358] Riedl, R.1990, 158, 188, 302

abendländische Reich hat sich aufgelöst, mit kurzfristiger Stabilisierung auf niedrigerem Niveau der Nationalstaaten, die sich nicht lange halten. Heute sehen wir die letzte Bastion fallen, die Familie, die in der Gegenwart keinen Wert mehr darstellt. Globalisierung müssen wir darum nicht als Zusammenwachsen zu einem einzigen weltumspannenden System begreifen, denn das würde die Unversehrtheit der Subsysteme voraussetzen, die es nicht mehr gibt. Globalisierung – auch wenn immer noch Regionen auf der Welt existieren, deren Entwicklung noch nicht so weit gediehen ist bzw. die sich dagegen wehren – ist Ausdruck eines globalen Zerfallsprozesses politisch-kultureller Systeme.

Auch die äußere persönliche Sphäre des Menschen, sein Besitz als Teil seiner Identität, schrumpft und lässt ihn kulturlos und ohne individuellen Informationsspeicher zurück. Schließlich verteidigt er nur noch seine physische und geistige Haut im Hier und Jetzt. Er ist nicht mehr zukunftsfähig, wobei man begreifen muss, dass Zukunftsfähigkeit *das* Kriterium für Vitalität darstellt.

Poietische Formen (Hergestelltes) ohne lebendige Kriterien, also technische Produkte, Medienflut etc. greifen um sich. Kunstwerke, deren Sonderstellung darauf beruht, dass sie als menschliche Artefakte die Essenz lebendiger Ordnung verkörpern, also „geistige Schöpfungen" darstellen, werden immer seltener. Die Moderne bringt es nur noch zu undifferenzierten „Installationen", die zurecht diese technische Bezeichnung führen.

Mit wachsender Mittelbarkeit kommt die *Echtheit* in Gefahr – als Ableitung des Begriffes „echt" bezeichnenderweise erst seit dem 18. Jahrhundert. Ursprünglich ein Wort der Rechtssprache wird es heute meist als Gegenwort zu „falsch, künstlich, nachgemacht" verwendet. Echtheit verlangt die unmittelbare bzw. lückenlose Verbindung eines Symbols zum *natürlichen Ur*heber oder natürlichen Ursprung als Teil seiner Identität. In einer unübersichtlichen, mittelbaren, künstlichen Welt, die ihr natürliches Fundament verloren hat, besitzt sie höchsten Wert. Denn nur in der Natur ist alles echt und ohne die regieführende Bindung an die Natur verliert die symbolische Welt ihre Authentizität und Verlässlichkeit, sie wird *manipulierbar*: die literarische Welt ohne die Wahrheit, die technische Welt ohne die genetische und die ökonomische Welt ohne die goldene Bremse. Wobei der Ökonomie eine Schlüsselstellung zukommt, da durch Geld alle anderen Bereiche steuerbar sind.

Entkoppelte manipulierbare Symbole aber, die gleichzeitig einer entdifferenzierenden Norm (Gleichheitsnorm) dienen, können deren lebensfeindliche Folgen verstärken. Zum Beispiel werden falsche Theorien durch technische Vervielfältigung stark verbreitet (Medien). Sie können aber auch kriegerisch durchgedrückt werden. Kriege, wiederum, verlieren ihre natürliche raum-zeitliche Begrenztheit durch ungebremste technische Kapazitäten und vor allem durch ein ungedecktes, beliebig vermehrbares Geld. Dieses ermöglicht überhaupt jede Durchsetzung auch widernatürlichster Handlungsmuster. Dabei entsteht eine menschliche Welt, die in nichts mehr an die natürliche Ordnung erinnert; doch nur diese hat Aussicht auf Bestand.

Und weil Leben natürliche Information sammeln und speichern muss, um immer differenziertere Systeme bilden zu können, führt Informationsverlust zu Entdifferenzierung und Gestaltrückgang, also zur Schwächung des Lebens. Eine *bionegative* Entwicklung kommt in Gang.

Symptomatisch für die Verschiebungen in den Fundamenten unseres Daseins ist die Wandlung im Denken und Handeln des Menschen, der nicht mehr mit der Natur interagiert, sondern vorwiegend mit den von ihm geschaffenen Strukturen, also mit sich selbst. Sie zeigt sich auf allen Ebenen, in der Philosophie, den politischen Theorien, in den Naturwissenschaften, in der Kunst.[359]

So ist der Mensch für Kant (1724-1804) auf sich allein gestellt, ohne transhumane Instanz. Ihm bleibt nur ein schmales Fundament, nämlich die Natur in sich, sein genetisches Wissen, das ihn mit der sonst unerreichbaren Natur draußen verbindet. Das „Ding an sich" ist darum dem Menschen nicht mehr zugänglich. Oder denken wir an die Quantenmechanik, die dem Menschen den Boden unter den Füßen wegzieht, weil sie keine objektive, vom Menschen unabhängige Realität mehr kennt; und schließlich die moderne Kunst, die Gestalten bzw. Tongestalten aufzulösen beginnt. Nicht zuletzt die neuzeitliche politische Philosophie, die sich expressis verbis gegen die Natur konstituiert und keine überindividuelle Einheit mehr kennt.

Heisenberg (1901-1976) hat dafür eine treffende Metapher gefunden: mit der scheinbar unbegrenzten Ausbreitung seiner materiellen Macht kommt die Menschheit in die Lage eines Kapitäns, dessen Schiff so stark aus Stahl und Eisen gebaut ist, dass die Magnetnadel seines Kompasses nur noch auf die Eisenmasse des Schiffes zeigt, nicht mehr nach Norden. Mit einem solchen Schiff kann man kein Ziel mehr erreichen. Es wird nur noch im Kreise fahren und dem Wind und der Strömung ausgeliefert sein.[360]

Es ist keine Frage, dass Kultur Symbole braucht und diese auch konstruktiv und lebensfördernd wirken können. Unbestreitbar aber bleibt auch die Tatsache, dass eine immer abstrakter werdende Symbolik, wenn sie sich *anhäuft* und von ihrem begrenzenden Fundament *löst*, eine eigene, lebensfeindliche Dynamik entwickelt, die den Menschen aus der Einheit des Natürlichen ausgrenzt und ihn existenziell gefährdet.

---

[359] vgl. Heisenberg, W. 1953
[360] Heisenberg, W. 1996, 254

Gründe für diese Entwicklung der Natur, die den Menschen hervorgebracht hat, liegen möglicherweise in den Grenzen lebendiger *Komplexität*, die den synaptischen Menschen und seine Kultur zum evolutionären Wendepunkt machen. Mathematische Modelle lassen einen Verlust an *Stabilität* bei Zunahme der Komplexität vermuten, allerdings unter Gleichgewichtsbedingungen.[361] Wie dissipative Strukturen zeigen, scheint eine kritische Größe für höhere Komplexität entscheidend zu sein. „Andererseits verhindert aber auch hier die Entsprechung von Struktur und Funktion ein Aufblähen der Gruppe.“[362] Man denke an die gewaltige raum-zeitliche Struktur eines politischen Systems, wie beispielsweise des abendländischen „Heiligen Römischen Reiches Deutscher Nation“, das sich als lebendige kulturelle Gestalt tausend Jahre lang ausbalancierend gehalten hat.

Damit wäre *Bevölkerungswachstum* – selbst auch erst dank seiner symbolischen Werkzeuge möglich – für die Ausweitung der vom Menschen gemachten artifiziellen und symbolischen Welt verantwortlich. Denn Bevölkerungswachstum und symbolische Welt bedingen einander.

Während in dem Zeitraum von 1 000 000 v. Chr. bis 1000 v. Chr. die Erdbevölkerung von wenigen Tausend auf achtzigtausend gewachsen ist, also der zur Verdoppelung der Erdbevölkerung benötigte Zeitraum ca. hunderttausend Jahre beträgt, ist die Bevölkerungszahl in dem Jahrtausend vor Christi Geburt schon auf 160 000 gestiegen, wobei die Verdopplungszeit auf tausend Jahre sinkt. In der Zeit von 900 bis 1700 verkürzt sie sich auf achthundert Jahre, das heißt die Bevölkerung ist von 320 Millionen auf 600 Millionen gewachsen. 1700 bis 1850 hat sich die Erdbevölkerung schon innerhalb von hundertfünfzig Jahren auf 1.2 Milliarden verdoppelt. 1987 hat es 5 Milliarden Menschen

---

[361] vgl. May, R. M. 1973
[362] vgl. Jantsch, E. 1979

auf der Erde gegeben, die Verdopplungszeit liegt damit schon bei siebenunddreißig Jahren.[363] Heute, im Jahr 2020, leben ca. 7,8 Milliarden Menschen auf der Erde.

Wir fassen zusammen: der Mensch unterliegt wie jedes Lebewesen dem Zwang zur Höher- bzw. Weiterdifferenzierung. *Weiterdifferenzierung* bedeutet aber nicht nur Schaffung und Ausdifferenzierung politisch-kultureller Systeme, sondern auch *Rationalisierungsschübe*, die verbunden sind mit einer höheren Abstraktionsleistung und einem Mehr an *Symbolen*, die in immer größerem Ausmaß die natürliche Ordnung durchsetzen und vermitteln. Ab einer bestimmten *Menge* und ab einem bestimmten *Abstraktionsgrad* trennen Symbole den Menschen von der hoch differenzierten Natur als Informationsreservoire und verlieren dadurch auch selbst die natürliche, begrenzende Verbindung zu ihr. Damit scheint der Mensch einen Punkt erreicht zu haben, an dem die Symbole, die er als Zwitterwesen der Evolution produzieren muss, überhandnehmen und aufhören Mittler und Werkzeuge im Dienste menschlichen Lebens zu sein: sie beginnen den Menschen von seinen natürlichen Quellen abzuschneiden. Als dissipatives System braucht der Mensch jedoch den ständigen Informationsdurchfluss lebendig natürlicher Ordnung, um am Leben zu bleiben. Mit der Durchtrennung dieser Nabelschnur verfällt die von ihm geschaffene kulturelle Ordnung.

Die *Isolation* des Menschen lässt inadäquates, undifferenziertes *Gleichheitsdenken* entstehen und macht die nun frei fluktuierenden Symbole *manipulierbar*, die damit Diener einer lebensfeindlichen, auf falscher Norm beruhenden Ordnung werden und diese *perpetuieren*. Die weitere Entwicklung zeigt ein Schrumpfen überindividueller Gemeinschaften, das auch nicht vor der Familie Halt macht. Als letzte und kleinste kulturelle Einheit wird auch sie zugrunde gehen und ein evolutionäres Novum zurücklassen, das noch nie dagewesene, nackte, kulturlose

---

[363] Eichler, H. 1993, 10

Individuum, das mit seinen Bindungen und seinem Besitz auch seine *Freiheit* verliert.

Das Überschreiten eines bestimmten Verhältnisses von Symbolischem zu Natürlichem zugunsten des Symbolischen wirkt entdifferenzierend. Möglicherweise verkraftet der Mensch, der durch sein symbolisches Produkt zum evolutionären Grenzgänger des Lebens wird, nur ein bestimmtes Maß an Symbolik, ohne Schaden zu nehmen.

Wir werden sehen, wie sich diese Entwicklung, die wir hier bloß theoretisch entworfen haben, in der Geschichte des menschlichen Denkens und Handelns widerspiegelt. Der Mensch fängt an, Symbolisches auf- und Natürliches abzuwerten als Ausdruck seiner zunehmenden Isolation.

Symbolflut isoliert den Menschen

Die Neuzeit beginnt der S p r a c h e größeres Gewicht zu verleihen. Im 18. Jahrhundert zeigt sich, wie der *Mittler der Realität* schließlich für die Realität selbst gehalten wird.

Während die frühe Neuzeit Sprache noch als Träger von Gedanken sieht, die auch ohne die Sprache bestehen, ist man seit der französischen Aufklärung von der „prinzipiellen Sprachgebundenheit allen Denkens"[364] überzeugt. Sprache verliert mehr und mehr ihre Funktion als zwischenmenschliches Kommunikations- und Bindungssystem im Dienst überindividueller Systeme; sie wird als Konstitutionsmedium von Gedanken des Einzelnen gesehen. Die Symbolik der Sprache ist nun wichtiger als ihr natürliches Fundament, bisher das Primäre. Man sieht in den ursprünglichen Empfindungen des Menschen etwas Grobes, das der weiteren Differenzierung und analytischen Kraft der sprachlichen Symbole bedarf.[365]

Die analytische Philosophie der Gegenwart schließlich hält die Sprache für die Welt. Philosophie wird zur Sprachkritik.[366] L. Wittgenstein (1889-1951) sieht „eine ganze Wolke von Philosophie (...) zu einem Tröpfchen Sprachlehre" „kondensieren",[367] obwohl ihm durchaus die Gefahr der „Verhexung unseres Verstandes durch die Mittel unserer Sprache"[368] bewusst ist.

Sprache avanciert von einem Randthema zu Beginn der Neuzeit zu einem *Hauptgegenstand* philosophischen Denkens am Ende des 20. Jahrhunderts, in dem die Sprachphilosophie mehr und mehr den Status einer „Ersten Philosophie" einnimmt. Der

---

[364] Ritter, J.; Gründer, K. Bd.9 1995, 1476
[365] Condillac, É. B. de 1780
[366] Wittgenstein, L. 1921/22, 4.0031
[367] Wittgenstein, L. 1928/29-45 II, XI, § 116
[368] Wittgenstein, L. 1928/29-46 I. § 109, 342

Schriftsteller W. Benjamin (1892-1940) beispielsweise erkennt in der Schrift nichts Mittelbares und Dienendes mehr. Die „Devise lautet: Der Geist ist tot, es lebe der Buchstabe. Die Schrift hört auf (…) Medium zu sein: das Medium wird zur Botschaft."[369]

Eine Ausnahme bildet die jüdische Mystik, die *Kabbala* (ab 1200), die der Allmacht des Rationalismus misstraut. Sie beruht auf einer jüdisch-neuplatonischen Überlieferung, die „den hebräischen Buchstaben als Werkzeugen der göttlichen Schöpfung operative Kraft zuschreibt."[370] In der Kabbala wird ein entscheidender Schritt im Universum der Schrift vollzogen: durch ihr magisches Potential gelingt die Kopplung von Text und Deutung an die darauf beruhende Handlung, denn die Handlung darf nicht versanden. Fehlverständnissen beugen Lehrer der Thora vor.

In diesem Zusammenhang ist auch der Begriff der *Wahrheit* wichtig. Sprache und Schrift können unter bestimmten Voraussetzungen, nämlich bei engem Kontakt zur natürlichen Ordnung und bei sorgfältigem Einsatz, die Wirklichkeit widerspiegeln. Das durch die Symbolisationsfähigkeit des Menschen entstandene Problem der Wahrheit hat, wie schon erwähnt, mit der durch Reflexion und Abstraktion geschaffenen Spaltung von Ausdruck und Sache zu tun. Wahrheit in dem hier formulierten Sinn soll Erkenntnis bedeuten und nicht bloße formale Richtigkeit, wie es im logischen Aussagenkalkül zur Unterscheidung zwischen wahr und falsch für den Wahrheitswert einer Aussage benützt wird. Denn oberste Instanz der Wahrheit bleibt das objektive Sein, die Wirklichkeit als Ganzes, der sich das Denken immer mehr nähern muss, will der Mensch dauerhaft überleben.

Der direkte Zugang zur Natur bringt den Menschen dieser

---

[369] Ritter, J.; Gründer, K. Bd.8 1992, 1427; vgl. Benjamin, W. 1924/25
[370] Ritter, J.; Gründer, K. Bd.8 1992, 1427; vgl. Dornseiff, F. 1925, ND 1985

Wahrheit näher, die ungebremste Informationszufuhr „informiert" ihn – im wahrsten Sinne des Wortes – immer differenzierter. In dem Begriff der Wahrheit, der in der menschlichen Freiheit wurzelt – denn ein Tier ist Teil von ihr und muss sie nicht erst suchen – spiegelt sich das Bedürfnis des Menschen nach Orientierung an der Natur als Ganzes. Entfremdung von der Natur geht mit der Entfremdung von der Wahrheit Hand in Hand.

Symbolische Vermittlung, die den Menschen von der Natur entfernt, braucht erst recht diese Verankerung in der Natur. Denn ohne das Streben nach Wahrheit wird es dazu kommen, dass die Sprache eine virtuelle Welt schafft, die mit der Realität nichts mehr zu tun hat. Wer dann noch diese virtuelle sprachliche Welt zur eigentlichen Wirklichkeit erklärt, an der es sich zu orientieren gilt, muss auf Dauer scheitern. Denken wir nur an die manipulierbare Medien-Welt. Darum ist der Begriff der Wahrheit für Sprache und Schrift unverzichtbar. Er erzwingt immer differenziertere Anpassung an Fakten und natürliche Prinzipien der Wirklichkeit. Bis hin zur Neuzeit bleibt der Begriff der Wahrheit wichtiges Regulativ.

Doch schon in der Renaissance beginnt man an der „Erkennbarkeit der Wahrheit" zu zweifeln, weil die Widersprüchlichkeiten der spätscholastischen Philosophie und Theologie zu einer inneren Kritik führen an der Institution der katholischen Kirche, die ja für den mittelalterlichen Wahrheitsbegriff steht. So glaubt beispielsweise der italienische Humanist F. Petrarca (1304-1374), dass man auch ohne Wahrheit glücklich werden kann.[371]

Die späte Neuzeit schließlich kennt nur einen *formalen*, logischen Wahrheitsbegriff, der, von allen Objekten der Wirklichkeit völlig losgelöst, nicht nach der Übereinstimmung der Aussage mit den Tatsachen der Welt fragt. Die Relativität

---

[371] Petrarca, F. 1993, 22

menschlicher Existenz tritt immer deutlicher zutage. Im Bewusstsein seiner Endlichkeit und Fehlbarkeit und ohne jede transhumane Instanz übernimmt der Mensch nun selbst die Garantenrolle für Wahrheit bzw. verzichtet ganz auf sie.

Die seit Kant (1724-1804) gültige Vorstellung, dass die Ordnung der Natur erst von der Vernunft gesetzt wird, findet seine Fortsetzung im *Relativismus* der Postmoderne, der sich als „sozialer Konstruktivismus", „Pragmatismus" oder als „Dekonstruktionismus" äußert und von der Überzeugung einer vom menschlichen Geist konstruierten Welt lebt, der keine Objektivität zukommt. Jacques Derrida schreibt: „Ein Text-Äußeres gibt es nicht"[372] und Richard Rorty meint: „Ich denke, die ganze Idee einer „Tatsache" ist eine, ohne die es besser ginge."[373] „Ohne ein vorgängiges Vokabular, das an eine Situation herangetragen und in dem sie beschrieben wird, gäbe es keine wie auch immer gearteten Tatsachen."[374]

Das Nichtvorhandensein einer objektiven Welt – es wird deutlich, dass diese erkenntnistheoretische Position letztlich nur die kulturelle Situation des Menschen und seine Isolation von der Natur repräsentiert – spiegelt eine dezidierte Anthropozentrik und führt entweder in die Paralyse oder in eine epistemische *Beliebigkeit*. Hier geht der erkenntnistheoretische Realismus endgültig verloren. Zwar erweist sich diese Haltung als logisch unangreifbar, also zirkel- und widerspruchsfrei, doch kann sie die Folgen menschlichen Handelns nicht erklären und sie weder ontologisch noch erkenntnistheoretisch deuten, weil eine reale, beobachterunabhängige, objektive Welt nicht mehr existiert[375] (s. Anhang: Erkenntnistheorie).

In diesem Zusammenhang steht auch Humes (1711-1776)

---

[372] Derrida, J. 1983, 274
[373] Rorty, R.1988, 271
[374] Fay, B.1996, 72
[375] Vollmer, G. 1993, 170, 171

Theorie, die logische Schlüsse und auch andere systematische, wahrheitsbewahrende und zugleich gehaltserweiternde Verfahren in Frage stellt. Damit wird auf Wissenszuwachs und Prognostik völlig verzichtet. Die daraus resultierenden „Ad-hoc-Strategien" ohne längerfristigen Erfolg sind jedoch mit dauerhaftem Überleben nicht mehr vereinbar.[376] Doch darauf gehen wir im erkenntnistheoretischen Kapitel genauer ein (s. Anhang).

Erwähnen wollen wir allerdings auch die „musikalische Zeichenrevolution des Guido von Arezzo" (um 992-1050).[377] Hier wird die fruchtbare Seite der Symbolik deutlich, die eine kulturelle Blüte ungeahnten Ausmaßes ermöglicht.

Ähnlich konstruktiv wirkt auch die Einführung der arabischen Zahlen (einschließlich der Null) durch Leonardo Fibonacci aus Pisa (etwa 1180-1241), die ebenfalls die kulturelle Entwicklung mächtig vorantreibt: die Neuzeit kombiniert Texte mit Landkarten, Plänen und Zeichnungen und schließlich Schaltplänen. Diesem „alphanumerischen Verbund" gelingt es im Laufe der Zeit, „sein eigenes Medium zu überschreiten und unsere Kultur aus der Gutenberggalaxis herauszuschleudern".[378] Die Turingmaschine, das grundlegende Prinzip der Computerschaltung, verdrängt Gutenbergs Druckerpresse: „Ziffern" stehen „für Buchstaben", „für Zahlen", „für Noten und schließlich auch und gerade für Befehle".[379] Auch hier erleben wir eine allmähliche Einebnung, diesmal auf dem Gebiet der unterschiedlichsten Codesysteme. Diese Nivellierung charakterisiert die moderne Hochtechnologie, die am Ende einer langen Geschichte steht.[380]

Im Bereich der T e c h n i k wird der wachsende Machtanspruch der symbolischen Welt besonders deutlich. Dieser Prozess zeigt,

---

[376] Vollmer, G.1993, 165
[377] Wenzel, H. 2007, 24
[378] vgl. Kittler, F. 2001, 185-201
[379] Wenzel, H. 2007, 24
[380] vgl. Kittler, F. 2001, 185-201

wie aus einem Werkzeug allmählich *Selbstzweck* wird, wie die Natur ihrer kumulativen Ausbreitung mehr und mehr erliegt und wie *Isolation* und *Entdifferenzierung* des Menschen zunehmen. Denn wie einsam der Mensch eigentlich ist, wenn er nur noch über technische Wege kommuniziert, erst recht ausschließlich mit Technik interagiert, erleben wir heute. Schließlich durchdringen technische Produkte die letzte Grenze des Individuums, nicht nur als „pharmakologische Technologie" und in Form von Nahrungszusätzen, sondern auch als Implantate, Nanotechnologie, Genveränderung und nicht zuletzt von dem eingreifenden und manipulativen Potential der digitalen Medienwelt.

Wie segensreich Technik sein kann, solange sie kontrolliertes Werkzeug bleibt, bedarf keiner Erwähnung. Man denke an den medizinischen Bereich mit Medikamenten, Herzschrittmachern, Narkosen, diagnostischen Mitteln usw. Doch auch wenn Technik dem Einzelnen hilft, bleibt die Frage, ob sie auch dem Ganzen dient und das auf lange Sicht.

Schon früh kritisieren Gianbattista Vico (1668-1744) und Jean-Jaques Rousseau (1712-1778) den wissenschaftlich-technischen Fortschritt, weil er *überschätzt* wird. Vico misstraut den mathematischen und idealisierten Entwürfen, vor allem dann, wenn sie „für die Natur selbst gehalten werden".[381] Methodische Fortschritte lassen bestimmte kulturelle Fähigkeiten wie beispielsweise die Urteilskraft verloren gehen. Vico macht auf die Verständigungsschwierigkeiten zwischen naturwissenschaftlichen Experten und Laien aufmerksam und erkennt früh die Schattenseiten von Buchdruck und Kopiertechniken: zwar machen sie Wissen breiten Schichten zugänglich, begünstigen aber merkantiles Profitdenken und bahnen so „einen gewissen

---

[381] Fischer, P. 1998, 422; Vico, G. 1984, 39-139

174

Populismus der Autoren", was wiederum für eine „Nivellierung der geistigen Produktionen auf niedrigem Niveau" sorgt.[382]

Rousseau verneint in seiner berühmten Preisschrift von 1750 die von der Akademie zu Dijon gestellte Frage, ob die Wiederherstellung der Wissenschaften und der Künste zur Läuterung der Sitten beigetragen haben. Weil die Wissenschaften und die Künste, die schönen wie die mechanischen, ein Streben nach Luxus begünstigen,[383] *„untergraben"* sie die „militärischen" und „moralischen" „Tugenden" und verändern die „Maßstäbe gesellschaftlicher Anerkennung". Wissenschaftliche und technische Qualitäten drängen soziale politische Tugenden in den Hintergrund.[384] Rousseau ist vielleicht der erste, der erkennt, dass Wissenschaft und Technik wie Ideologien wirken, und zwar nicht, weil sie „demagogisch täuschen", sondern weil sie „zum fraglosen *Selbstverständnis* der zivilisierten Völker werden". Wissenschaftlich-technischer Fortschritt kann so in die kulturelle *Vermassung* führen und die Menschen auf ihre arbeitsteiligen Rollen reduzieren[385] (Hervorhebungen von den Autoren).

Die weitere Geschichte bestätigt diese Skepsis. Das Mittel, nicht mehr der Zweck, dem es ursprünglich dienen soll, rückt in den Mittelpunkt.: „Das Mittel ist ein Höheres als die endlichen Zwecke – der Pflug ist ehrenvoller als unmittelbar die Genüsse sind, welche durch ihn bereitet werden. Das Werkzeug erhält sich, während die unmittelbaren Genüsse vergehen und vergessen werden."[386] Das Verhältnis von Zweck und Mittel, Mensch und Werkzeug *kehrt sich um*. Der Mensch wird nun weniger durch die Erfindung von Werkzeugen gefordert und geprägt als durch die Bedienung und den Gebrauch schon vorliegender Werkzeuge. Formt der Mensch das erfundene Werkzeug, so formt das

---

[382] Fischer, P. 1998, 422
[383] vgl. Rousseau, J.-J. 1989, 69f
[384] Fischer, P. 1998, 422; vgl. Rousseau, J.-J. 1989, 72f
[385] Fischer, P. 1998, 423; vgl. Rousseau, J.-J. 1989, 56
[386] Hegel, G. W. F. Bd.6 1969ff, 453

vorgefundene Werkzeug seinerseits den Menschen, der lediglich lernen muss, es zu gebrauchen. Die unmittelbaren Zwecke des Menschen ordnen sich den Imperativen des Mittels unter.[387]

Dass ein bestimmter Grad der Technisierung dazu führt, dass die *Mittel die Ziele bestimmen*, diesen Gedanken finden wir beim Soziologen Helmut Schelsky (1912-1984).[388] Damit büßt die Technik nicht nur ihre Werkzeugfunktion ein, sondern sie zwingt den Menschen auch, sich vordergründig auf sie einzustellen. Darum geht es immer mehr um Perfektionierung der technischen Mittel und um Machbarkeit; nach Zweck und möglichen Folgen fragt man nicht mehr.[389] Die Technik entzieht sich zunehmend moralischer Bewertung. Undifferenziertes Denken spiegelt sich in dem immer kleiner werdenden zeitlichen Spielraum des Menschen. Pragmatische Nutzenmaximierung scheint ihm zu genügen, über langfristige Wirkungen denkt er nicht nach. Immer seltener kann der einzelne Mensch als Handlungssubjekt angesehen werden. Es geht vielmehr um institutionelles kollektives Handeln in seinen sozialen Rahmenbedingungen wie Markt, politischen und rechtlichen Restriktionen.

Zwar wächst mit der Zersplitterung des Informationshaushaltes die Macht des Menschen über einzelne Teilschritte des technischen Prozesses; die Macht über das Ganze, jedoch, geht immer mehr verloren. *Technische Sachzwänge* ersetzen zunehmend politisches Handeln.[390] Das Ziel, politisch zu handeln im Dienst einer Gemeinschaft, rückt aus dem Blickfeld. Denn der Umgang mit Technik beschäftigt und bestimmt den Menschen. Das gilt für alle technischen Bereiche, vor allem aber für die Computerwelt, die beginnt, den Menschen vollständig zu

---

[387] Hutter, A. 1994, 162
[388] Fischer, P. 1998, 428
[389] Schelsky, H. 1961
[390] Schelsky, H. 1961 (1965) 444f

absorbieren. Der Dynamik der Technik und ihrem Sog kann er sich letztlich nicht entziehen.

Auch Max Weber (1864-1920) sieht die kommende Ohnmacht des Zauberlehrlings Mensch voraus. Zunächst im Sinne Hegels (1770-1831) hält er die Technik für „geronnenen Geist" und allein dies gebe ihr die Macht, die Menschen in ihren Dienst zu zwingen. Der Schluss jedoch, den Weber zieht, ist denkbar weit vom „Fortschritt im Bewusstsein der Freiheit" Hegels entfernt. Die zunehmende Totalisierung des Prinzips der Technisierung arbeite nämlich darauf hin, so Weber, „das Gehäuse jener Hörigkeit der Zukunft herzustellen, in welche vielleicht dereinst die Menschen sich, wie die Fellachen im altägyptischen Staat, ohnmächtig zu fügen gezwungen sein werden".[391] Die moderne Technisierung bildet die Grundlage sowohl für eine *„neue Freiheit"* wie für eine *„neue Hörigkeit"*.

Technik nimmt allmählich den Rang der Natur ein. Für Walter Benjamin (1892-1940) steht die moderne *„emanzipierte Technik"* „der heutigen Gesellschaft als eine zweite Natur gegenüber".[392] S. Moscovici, der die Technik unter evolutionären Gesichtspunkten untersucht, sieht sie allerdings keineswegs verantwortlich für die Entfremdung des Menschen von der Natur, sondern unreflektiert als Sonderfall der Natur und nicht deren Negation.[393] Dem kann man zustimmen, auch wenn diese Haltung im Detail nicht weiterbringt. Denn der Mensch – selbst Natur – bringt die Technik hervor. Nichtsdestotrotz bleibt sie ein undifferenziertes Produkt der Natur, das akkumuliert und das Leben zu dominieren und zurückzudrängen beginnt. Diese Tatsache lässt jedoch nur einen Schluss zu: dass der Mensch, Urheber dieser ausufernden, bionegativen, symbolischen Sphäre, zum evolutionären

---

[391] Weber, M. 1958, 32
[392] Benjamin, W. 1936
[393] Ritter, J. ; Gründer, K. Bd.10 1998, 949

Wendepunkt in der Geschichte des Lebens wird, der nun nicht mehr die Kraft besitzt zur Weiterdifferenzierung.

Diese Auswirkung der Technik wird auch in der fortschreitenden „*Homogenisierung*" bzw. *Uniformisierung* des Lebensraumes deutlich. Sehen wir uns doch nur die austauschbare Gestaltung der Flughäfen moderner Großstädte an mit den international gebräuchlichen Piktogrammen, Geldautomaten, Computersprachen und dergleichen.[394]

Technische Entwicklung schreitet unaufhörlich fort und erobert immer neue Bereiche des Lebens. Die *Gentechnologie* verändert nicht nur Pflanzen und Tiere, sondern führt zu einer Verfremdung des heutigen Menschenbildes, mit unabsehbaren Folgen. Der Mensch beginnt mit der Natur – auch der eigenen – zu experimentieren genau zu der Zeit, da er Prognosen und Entscheidungen an Computer abgibt. Die Technik nimmt die letzte Hürde. Ihre entdifferenzierende Wirkung auf das Individuum hat einen Grad erreicht, der den Schutz der letzten Grenze, seiner körperlichen, nicht mehr ermöglicht. Wie lange kann der Mensch noch als Subjekt seiner Technik verstanden werden?

Besonders eingreifend wirken Symbole, wenn sie gebündelt zum Einsatz kommen: Schrift, Technik und Geld schaffen die Medienwelt. Technik und Geld sind verantwortlich für Massenvernichtungswaffen, globale Kriege, Massenproduktionen, digitale Massenkommunikationsmittel usw. (heute, 2020, geben die USA rund 2 Milliarden Dollar täglich (!) für Waffen aus). Von dem Kampf Mann gegen Mann hat sich das anonyme *moderne Waffenarsenal*, das durch Knopfdruck eine Massenvernichtung auslösen kann, weit entfernt. Doch sind schleichend wirkende Technologien nicht weniger lebensfeindlich.

Die *Nanotechnologie* beispielsweise stößt in den Nanobereich

---

[394] Fischer, P. 1998, 433

vor („nános" gr. „Zwerg"). Letztlich soll sie Materie auf atomarer Ebene durch digitale Programmierung manipulieren und eine daraus resultierende molekulare Fertigung möglich machen. Sie konstruiert Materialien und Geräte aus einzelnen Atomen bis zu einer Strukturgröße von hundert Nanometer. Ein Nanometer ist ein Milliardstel Meter. Es werden schon Nanomessmaschinen entwickelt, die eine bisher unerreichte Messauflösung von 0,1 Nanometer möglich machen. Mit Atomkraft- bzw. Rasterkraftmikroskop werden die Oberflächen abgetastet. Die Wissenschaft ist an einem Punkt angelangt, an dem die Grenzen der verschiedenen Disziplinen verschwimmen, man nennt die Nanotechnologie darum auch eine konvergente Technologie.

Als Nanobiotechnologie versorgt sie die Medizin mit Trans-plantaten, Kontrastmitteln und Medikamenten mit Nanopartikeln. Sie transportieren oder speichern Wirkstoffe, zum Beispiel gegen Krebs. Doch auch im Alltag wird sie verwendet, als Schutz-anstrich für Karosserien, in Sonnencremes mit Lichtschutzfaktor gegen UV-Strahlung, aber auch in der Lebensmitteltechnologie (Nano-Food). Da Nanopartikel sehr klein und *durchdringend* sind, wirken sie sehr viel toxischer als größere Partikel derselben Chemikalie. Es gelingt nicht, sie nach der Behandlung aus dem Körper zu entfernen. *Kumulative* Folgeschäden sind zu befürchten. Auf der Jahrestagung der US-amerikanischen „American Association for Cancer Research" im April 2007 ist eine Untersuchung von Forschern der University of Massachusetts vorgestellt worden, die lautet, dass Nanopartikel in Gewebezellen die DNA schädigen und Krebs auslösen können. Die Forscher empfehlen große Vorsicht bei Fertigungsverfahren mittels Nanotechnologie und die Vermeidung unkontrollierten Entweichens in die Umwelt.

Ausufernd wuchernd hat das Werkzeug seine Einfachheit, Anschaulichkeit, Eindeutigkeit, seine Begrenztheit und Bestimmtheit und die Bindung an das domestizierende natürliche

Fundament längst verloren. Die überall einsetzbare sich verselbstständigende Technik ist Selbstzweck geworden und hat angefangen, das Leben, dem sie eigentlich dienen soll, nicht nur zurückzudrängen, sondern es auch invasiv zu zersetzen.

Von entscheidender Bedeutung ist auch die Tatsache, dass die Technik, die zunächst mehr Freiräume ermöglicht, nun auch evolutionär notwendige Grenzen sprengt und so den maßvollen schöpferischen Wachstumsreiz für den Menschen ausschaltet. Immer ist eine von der Natur diktierte Enge, Not, *Knappheit* der Anreiz für ökonomische Effektivität und Weiterdifferenzierung gewesen. Eine technisierte Welt schafft dagegen andere Zwänge, auf die der Mensch antworten muss. Sie sind nicht mehr konstruktiv und lösen ihn allmählich aus dem Zusammenhang natürlich lebendiger Ordnung.

Wir stecken in einem Dilemma: einerseits gilt die Tatsache, dass wir mittlerweile ohne Technik nicht mehr leben können. Blauäugige Programme, die eine Deindustrialisierung fordern und damit wirtschaftlichen Selbstmord begehen, lassen sich nicht vertreten. Andererseits wissen wir aber auch, dass wir dabei nicht nur auf einem Pulverfass sitzen, sondern auch in einen destruktiven Sog geraten, dem kaum zu entkommen ist.

Auch am Beispiel des G e l d e s können wir beobachten, wie der Mensch sich von der Natur entfernt, wie zwischenmenschliche Bindungen durch Geld lockerer werden, und wie der Einzelne zunehmend *isoliert* und *„entkleidet"* wird (auch hier und im Folgenden die Hervorhebungen von den Autoren).

Keiner hat das besser formuliert als G. Simmel (1858-1980) in seiner „Philosophie des Geldes": „Die *persönliche Bindung* des Fronbauern, der seinem Grundherren festgesetzte oder „ungemessene" Arbeit zu leisten oder bestimmte Teile des Bodenertrages zu liefern hatte, lockerte sich in dem Maße, in dem jene Verpflichtungen in Geldabgaben übergingen. Denn nun war der Bauer wenigstens in der Wahl seiner Beschäftigungen frei, wenn sie nur den geforderten Geldbetrag brachten. Deshalb hat die völlige Ablösung der bäuerlichen Dienste und Lieferungen vielfach ihren Weg über ihre Umwandlung in Geldbezüge genommen."[395]

Geld sorgt für geschäftsmäßige, austauschbare, lockere *Assoziationen*. Sie ist nicht zu vergleichen mit den früheren persönlichen Bindungen unter den Menschen. Die Verantwortung eines Herren seinem Sklaven und Fronbauern gegenüber bedeutet eine lebenslange Verpflichtung. Die mittelalterliche Korporation hat den ganzen Menschen in sich eingeschlossen: „eine Zunft der Tuchmacher war nicht eine Assoziation von Individuen, welche die bloßen Interessen der Tuchmacherei pflegte, sondern eine Lebensgemeinschaft in fachlicher, geselliger, religiöser, politischer und sonstigen Hinsichten"[396]. Die Gemeinschaft wird als Einheit empfunden. Im Gegensatz dazu lässt Geldwirtschaft lose Assoziationen entstehen, die ohne weiteres fein säuberlich wieder auseinanderdividiert werden können. Bloßes Geldinteresse ermöglicht solche Zweckverbände, die alles Persönliche und Spezifische ausgrenzen. Ein modernes Arbeitsverhältnis kann schnell geschlossen und wieder gelöst werden. Auch der Arbeitgeber wird durch die Geldentlohnung entlastet, während die Fürsorge für den Sklaven und den Fronbauern ihn personal mehr gebunden hatte.[397]

Diese Bindungslosigkeit erleben die Menschen zunächst als *Freiheit*. Das hat auch politisch Folgen. Die Freiheit, zum Beispiel, des englischen Volkes seinen Königen gegenüber, wächst in dem Maße, wie Kapitalzahlungen die Beziehungen bestimmen. Hat den König früher noch die Vorstellung geleitet, dass sich „kein Blatt Papier zwischen ihn und sein Volk drängen

---

[395] Simmel, G. 1989, 719, 720
[396] Simmel, G. 1989, 721
[397] Simmel, G. 1989, 719, 720, 721

sollte", entfernt er sich in einer Geldwirtschaft immer weiter von ihm.[398] Der Zusammenhalt einer Gemeinschaft wird unmerklich lockerer.

Der Mensch der „ausgebildeten Geldwirtschaft" ist auch „von einer immer größeren Zahl von Personen *abhängig*", allerdings auf eine bloß vordergründige, „rein sachliche" Art und Weise: „als Träger von Funktionen, Besitzer von Kapitalien, Vermittler von Bedürfnissen". Die Person als Ganzes interessiert hingegen gar nicht. „Mit dem modernen Kulturmenschen verglichen, war der Angehörige einer alten oder primitiven Kultur nur von einem Minimum von Menschen abhängig". Aber dieser enge Kreis war dafür viel mehr „personal festgelegt". „Es waren diese persönlich bekannten, gleichsam unauswechselbaren Menschen, mit denen der altgermanische Bauer oder der indianische Gentilgenosse, je vielfach noch der mittelalterliche Mensch in wirtschaftlichen Abhängigkeitsverhältnissen stand"; von wie vielen Lieferanten allein ist dagegen der geldwirtschaftliche Mensch abhängig! „Aber von dem einzelnen, bestimmten" „ist er unvergleichlich unabhängiger und wechselt leicht und beliebig oft mit ihm". „Die Bedeutung jedes einzelnen gesellschaftlichen Elementes ist in die einseitige Sachlichkeit seiner Leistung übergegangen, die deshalb viel leichter auch von anderen und persönlich verschiedenen Menschen produziert werden kann, mit denen uns nichts als das in Geld restlos ausdrückbare Interesse verbindet."[399]

Der moderne Mensch wird immer einsamer. „Die menschlichen Beziehungen verlieren alle Elemente eigentlich individueller Natur. Einflüsse werden gegenseitig *anonym* ausgeübt ohne Rücksicht darauf, wen sie treffen. In dieser reinen Sachlichkeit der geldmäßigen Beziehung zeigt sich bei aller gegenseitigen Abhängigkeit doch die Persönlichkeit ihrer Träger als völlig gleichgültig." In diesem Für-sich-sein, dem

---

[398] Simmel, G. 1989, 719, 720, 721
[399] Simmel, G. 1989, 721, 722

individuellen Losgelassensein eines jeden, wird die *isolierende* Wirkung von Geld deutlich.

Dieser „*negative Charakter der Freiheit*, die das Geld gibt", ist „von größter geschichtlicher Bedeutung". Es reift die Erkenntnis, dass Geld nicht wirklich einen Gegenwert darstellt zu natürlich gewachsenen Strukturen. „In den Verboten der Regierungen im 18. und 19. Jahrhundert den Bauern „auszukaufen", scheint ein Gefühl mitzuwirken, dass diesem ein Unrecht geschieht, wenn man ihm sein Land selbst gegen volle Entschädigung in Geld abnimmt. Denn er gewinnt damit zwar eine momentane Freiheit; aber er verliert, was der Freiheit erst ihren Wert gibt: das zuverlässige Objekt persönlicher Betätigung. In dem Lande steckte für den Bauern noch etwas ganz anderes als der bloße Vermögenswert: es war für ihn die Möglichkeit nützlichen Wirkens, ein Zentrum der Interessen, ein richtungsgebender Lebensinhalt, die er verlor, sobald er statt des Bodens nur seinen Wert in Geld besaß."[400]

Denn der Bauer tauscht den Boden, die ihn ernährende Form, die komplexe natürliche Information und den direkten Zugang zu ihr, ein in bloße Potentialität. „Er gewann Freiheit von etwas, aber nicht die Freiheit zu etwas."[401]

Geld isoliert nicht nur, es „entkleidet" auch: „Seit es überhaupt Geld gibt, ist, im Großen und Ganzen, jedermann geneigter zu *verkaufen* als zu kaufen. Mit steigender Geldwirtschaft wird diese Geneigtheit immer stärker und ergreift immer mehr von denjenigen Objekten" Besitz, „welche gar nicht zum Verkauf hergestellt sind, sondern den Charakter ruhenden Besitzes tragen und vielmehr bestimmt scheinen, die Persönlichkeit an sich zu knüpfen, als Grundbesitz, Rechte und Positionen allerhand Art. Indem alles dies immer kürzere Zeit in einer Hand bleibt, die

---

[400] Simmel, G. 1989, 721, 722
[401] Simmel, G. 1989, 722

Persönlichkeit immer schneller und öfter aus der spezifischen Bedingtheit solchen Besitzes heraustritt, wird freilich ein außerordentliches Gesamtmaß von Freiheit verwirklicht; allein weil nur das Geld mit seiner Unbestimmtheit und inneren Direktionslosigkeit die andere Seite dieser Befreiungsvorgänge ist, so bleiben sie bei der Tatsache der *Entwurzelung* stehen und leiten oft genug zu keinem neuen Wurzelschlagen über."[402] Man muss bedenken, dass die langen Zeiträume, in denen natürliche Komplexität wächst, nicht in Geld ausgedrückt werden können.

„Ja, indem jene Besitze bei sehr rapidem Geldverkehr überhaupt nicht mehr unter der Kategorie eines definitiven Lebensinhaltes angesehen werden, so kommt es von vornherein nicht zu jener innerlichen Bindung, Verschmelzung, Hingabe, die der Persönlichkeit zwar eindeutig determinierende Grenzen, aber zugleich Halt und Inhalt gibt. So erklärt es sich, dass unsere Zeit, die, als Ganzes betrachtet, trotz allem, was noch zu wünschen bleibt, sicher mehr Freiheit besitzt als irgendeine frühere, dieser Freiheit doch so wenig froh wird."[403]

Besitz ist der persönliche oder kulturelle Informationsspeicher eines Einzelnen oder einer Gemeinschaft. Auch wenn man im bürgerlichen Recht strikt zwischen Besitz als tatsächliche Verfügungsgewalt und *Eigentum* als rechtliche unterscheidet, soll das hier keine Rolle spielen.

In der bürgerlichen Tauschgesellschaft verändern sich die Besitzverhältnisse. Während bei den Naturvölkern der Besitz eines Menschen noch unmittelbar zu ihm gehört als Teil seines Lebenskreises[404] und er im feudalen Lehensverhältnis für das enge Bündnis zwischen dem Lehensherrn und seinem Vasallen in Form von Fürsorge- und Treuepflichten sorgt, verlieren die Besitzverhältnisse der späten Neuzeit ihre personalen und sozialen

---

[402] Simmel, G. 1989, 723
[403] Simmel, G. 1989, 723
[404] vgl. Lévy-Bruhl, L.1910

Bindungen. Denn der aufkommende Liberalismus verlangt nach einer relativ breiten Streuung des Besitzes.[405] Im sozialistischen Gleichheitsdenken schließlich wird Besitz geächtet, weil er Differenzen unter den Menschen akzentuiert.[406]

Besitz als Informationsspeicher aber ist Ausdruck einer konstruktiven, letztlich biopositiven Haltung des Einzelnen. Darum hat es die Verschränkung von Besitz und politischer Mitsprache in der Geschichte bis zur Neuzeit gegeben.[407] Denn Besitz, physischer und geistiger Besitz, wurzelt in dem synaptischen, Informationen aufnehmenden, Symbole schaffenden, Vorräte und Wissen anhäufenden und um vorausschauendes Handeln bemühten Potential des Menschen. Innerhalb einer natürlichen Ordnung ist er Ausdruck einer aufbauenden Haltung eines Einzelnen, einer Familie oder einer kulturellen Gemeinschaft. Diese natürliche ökonomische Ordnung entwickelt sich auf kultureller Ebene dann, wenn menschliche Produkte und menschliches Handeln noch natürlichen Gesetzen folgen, also nur in einem Milieu, in dem weder „fiat money" noch widernatürliche Eingriffe von außen möglich sind. Diese Ordnung ist „nichts Organisiertes, sondern ein offenes, spontanes, wettbewerbliches, sich selbst steuerndes und sich selbst (über Gewinn und Verlust) kontrollierendes Naturphänomen, ein Wechselspiel des Lernens und der Wissensvermehrung vermittels des Mechanismus Versuch und Irrtum".[408] In solch einem Milieu ist Besitz als persönlicher, familiärer bzw. nationaler Informationsspeicher ein Kriterium für Differenziertheit und Kultur. Als konstruktive Informationsreserve eines lebendigen Systems sichert sie dem Menschen unabhängiges Denken, vorausschauendes Handeln und

---

[405] Ritter, J. 1971, Bd.1, 846, 847

[406] Marx, K. 1891

[407] Kant, I. : Metaphysik der Sitten I, § 1 ; Hegel, G. W. F. : Grundlagen der Philosophie des Rechts § 45

[408] Baader, R. 2004, 84

dauerhafte Existenz. Denn Kultur beruht letztlich auf Informationsanhäufung, die Daseinsvorsorge und Nahrungskontinuität möglich machen.

Die durch Besitz konstituierten Differenzen gestalten sich in einer natürlichen Ordnung maßvoll und werden erst durch neuzeitliche Finanzpraktiken übersteigert, was Besitz in Verruf bringt. Doch weder Besitz noch Differenzen an sich sollten dann in Frage gestellt werden, sondern vielmehr eine Geldwirtschaft, die manipulierbar wird und für Maßlosigkeit sorgt und schließlich eine kultur- und lebensfeindliche Entwicklung in Gang setzt. Denn mit einer Geldschöpfung aus dem Nichts und einer Liquiditätsschwemme ungeahnten Ausmaßes lässt sich praktisch alles durchsetzen, was einem System schadet. Weil Geld das Symbol darstellt, das den gesamten Informationshaushalt steuern kann, besitzt es eine Sonderstellung unter den Symbolen. Es ist *ubiquitär* einsetzbar und besitzt enzymatische Kraft. So erhalten auch undifferenzierteste Individuen und Ideen eine Wirkung, die sie natürlichen Gesetzen nach nicht erhalten hätten.

Trifft „fiat money" schließlich auf eine widernatürliche Norm, verschärft und potenziert sich dieser lebensfeindliche Effekt. Eine dem Gleichheitsgedanken verpflichtete *Umverteilung*smentalität nämlich, die unentwegt naturgegebene Strukturen und Differenzen ignoriert und natürliche Differenziertheit und Komplexität, die ein lebendiges System stets nach vorne bringen, als „natürliche Privilegien" (K. Marx) auszugleichen und zu schwächen sucht, wird diesem uferlosen und unökonomischen Unterfangen mit ständiger Neuverschuldung nachkommen. So wird es mit Hilfe einer deckungslosen Papiergeld-Sintflut möglich, widernatürliche, lebensfeindliche Handlungsmuster zu finanzieren. „Wohlfahrtsstaat, Bürokratie und Verschuldung bilden" „stets den Auftakt zum späteren Bankrott, zum Nieder- und Untergang" von kulturellen Systemen.[409]

In der M e d i e n w e l t schließlich finden wir Sprache, Schrift, Technik und Geld vereint, sie verändert die Kultur des Menschen am nachhaltigsten.

Filme gibt es seit hundertdreißig, Fernsehen und Digitalrechner seit hundert Jahren. Der erste Satellit wird vor nicht einmal neunzig Jahren in den Orbit gestellt, kurz darauf folgen Videorecorder, PC und Mobilfunk, Anrufbeantworter und elektronische Briefkästen.[410] Das World Wide Web (seit 1990) findet schon nach kurzer Zeit millionenfachen Einsatz. Die elektronischen Kommunikationstechnologien expandieren ungebremst. An Hypertext und CD-Rom, Cyberspace und virtueller Realität können wir beobachten wie unaufhaltsam und machtvoll sich die Medienlandschaft ausbreitet. Die Welt der Moderne zeigt sich als global vernetzte Kommunikationsgesellschaft.

In dieser digitalen Welt wird die Verständigung immer unpersönlicher, standardisierter, anonymer. „Entsinnlichung von Zeit und Ort" – mag es sie in Ansätzen auch schon im Mittelalter gegeben haben, als die Stimme allmählich durch das Buch ersetzt worden ist – so führt sie jetzt zu einem immer deutlicher werdenden „*Verlust der Kommunikationsfähigkeit*".[411]

Die Orientierung wird unsicherer. Da man Dokumenten, Schreiben, Fernsehbeiträgen nicht mehr anmerkt, wie oft sie bearbeitet, kopiert oder geschönt worden sind, verlieren sie ihre *Authentizität*. Es ist nicht mehr erkennbar, woher sie stammen, was Platon (427-347 v. Chr.) schon im „Phaidros" an der Schrift

---

[409] Wittmann, W. 1995, 113
[410] Hiebel, H. H. 1991, 186-224
[411] Wenzel, H. 2007, 21

beanstandet, die den Dialog mit einem lebendigen Gegenüber ersetzen soll.[412]

Beim intensiven Gebrauch der neuen Medien lässt sich ein *Sprachverfall* beobachten: Hochsprache weicht der Umgangssprache, die Muttersprache der Weltsprache und Syntax verliert ihre Komplexität. Denkt und schreibt man nur noch in Clips, geht die Fähigkeit zu abstrahieren und zu differenzieren verloren. Eine kulturelle *Nivellierung* kommt in Gang.

Die neuen Medien lassen *Grenzen* verschwimmen. Durch bisher ungeahnte Speicher- und Verarbeitungsqualitäten verändern sie „das Verhältnis zwischen Eigenem und Fremden, Erinnern und Vergessen und damit zwischen Geschichte und Gegenwart grundlegend".[413] Identitätsstiftende Ausgrenzung des Undifferenzierten und Destruktiven ist nicht mehr möglich. Fernsehen beispielsweise vermag den erzählerischen Zusammenhang aufzulösen, den raum-zeitlichen Rahmen zu zerstören und das Kausalitätsprinzip außer Kraft zu setzen. Mit seinem verwirrenden Spiel ständig wechselnder Einstellungen und Perspektiven, mit dem Bild im Bild, werden die in Szene gesetzten Personen konturloser und unbestimmter. In dieser Bilderwelt verschwimmen zeitliche Strukturen, so dass Vergangenheit, Gegenwart und Zukunft sich nicht mehr unterscheiden lassen.[414] Zusammen mit der Bilderflut führt das dazu, dass das Gefühl für zeitliche Dauer und räumliche Distanzen abhandenkommt. Der Mensch, von immer vielfältigeren und flüchtigeren Eindrücken bedrängt, verliert allmählich das Gefühl für historische Kontinuität. Er erlebt den Augenblick abgespalten von einem Vorher und Nachher als isolierten Moment.

Das Bildermeer, das den Betrachter gefangen nimmt, dient oft genug auch dazu, *Konsum*wünsche zu erzeugen. Er ist ihnen

---

[412] Wenzel, H. 2007, 21
[413] Wenzel, H. 2007, 22
[414] Kaplan, E. A. 1987

hilflos ausgeliefert, da ihm gleichzeitig die Orientierung durch strukturierte und klar umrissene Bedeutungsinhalte fehlt. Darum entweicht ihm alles, was er zu sehen bekommt, es bleibt ihm nichts. Der Einzelne wird „hypnotisiert" und „dezentriert", d.h. er verliert seinen festen, klar definierten Ort in der Welt.[415]

Denn es geht in dieser elektronischen Sphäre schon lange nicht mehr um die aufmerksame und intensive Beschäftigung mit stabilen Texten. Beim Switchen, Zappen oder Surfen durch die erdrückende mediale Vielfalt kann nur flüchtig wahrgenommen werden. Genauso flüchtig sind auch die Sinnangebote: „Rhetorik löst die Hermeneutik ab. Spätestens in den Datennetzen geht es um Breite und Additivität der möglichen Links, nicht um Tiefe und Sinndichte."[416] Die Betrachtung wird *oberflächlicher*.[417]

Auch hier zeigen sich – allerdings viel harmlosere – Parallelen im Mittelalter, wenn Heinrich der Teichner den jungen Studenten vorwirft, sich durch viele Bücher zu kämpfen, anstatt „die eine, autorisierte Stimme ihres gebildeten Lehrers in sich aufzunehmen".[418] Noch Ende des 18. Jahrhunderts erwähnt Freiherr Adolph von Knigge in seinem Buch „Über den Umgang mit Menschen", der Adel sei im Lesen von Mienen bewanderter als im Lesen von Buchstaben.[419] Denn erst spät beginnt die politische Führungsschicht Bücher zu nutzen, was dazu führt, dass hohe Prämien zur Verfügung gestellt werden, um Fachkräfte zu gewinnen. Buchgelehrte Juristen beispielsweise sind im Spätmittelalter so begehrt, dass man sie oft dem Adel gleichstellt.[420]

---

[415] Kaplan, E. A. 1987
[416] vgl. Schmidt, S. J. 1998, 67
[417] Wenzel, H. 2007, 22
[418] Wenzel, H. 2007, 22
[419] Knigge, A. Frh. v.: Über den Umgang mit Menschen. O.J.
[420] Wenzel, H. 2007, 26

Durch den Bilderstrom der audiovisuellen Medien kommt es nicht nur zu *Sprachlosigkeit*, sondern auch zu einem *Wirklichkeitsverlust*. „Während in einer reinen Schriftkultur die Referenz von Zeichen auf außersprachliche Gegenstände fraglos unterstellt werde, gerate in Kulturen, die über audiovisuelle Simulationsmöglichkeiten verfügen, die ontologischen Frage, „Was ist wirklich?" in eine schwer kontrollierbare Bewegung."[421] Die alles beherrschende Bilderflut vernichtet nicht nur die Buchkultur, sondern schiebt sich zwischen uns und das wirkliche Leben. In diesem Realitätsverlust wird der Ablösungsprozess des Menschen und seiner kulturellen Welt von der Wirklichkeit deutlich. Auch hier ist *Isolation* des Einzelnen, der oft nur noch in einer virtuellen Welt lebt, die Folge.

Möglicherweise hat schon der des Lesens unkundige mittelalterliche Ritter ähnlich empfunden beim Anblick seiner gelehrten, über den Büchern verweichlichten Standesgenossen,[422] die allerdings nicht zu vergleichen sind mit Virilios omnipräsentem, aber zugleich paralysiertem Telekommunikator, der zur vollkommenen Isolation, Anästhesie und Sterilität verurteilt ist.[423] Doch auch wenn sich die Reaktionen auf die großen Medienwechsel in der Geschichte ähneln, so müssen wir doch sehen, dass die Destruktivität der heute erreichten Symbolflut in der Geschichte des Menschen einzigartig ist.

Besonders Kinder und Jugendliche beziehen immer häufiger ihre Vorbilder aus Fernsehen und digitalen Medien. „Unruhiger und oberflächlicher geworden, sind sie hauptsächlich an erregenden Events und der Darstellung des eigenen Äußeren interessiert. Der neue Charakter, den Fernsehen und digitale Medien schaffen, entspricht den Erwartungen der modernen Arbeitswelt: Flexibilität, ständig neue Aufgaben und

---

[421] Schmidt, S. J.: Medien 1998, 68
[422] Wenzel, H. 2007, 22
[423] vgl. Virilio, P. 1989; 1992, 38

190

Arbeitsumgebungen, beeindruckende Selbstdarstellung statt Aufbau langfristiger Vertrauensverhältnisse". Darum sind die Aussichten trostlos: „ein politisch desinteressierter, gesellschaftlich nicht engagierter, an seinen Arbeitgeber emotional nicht gebundener, psychisch labiler, egoistischer, vor allem mit seiner Inszenierung beschäftigter und an Events interessierter Single als Bürger der Zukunft."[424] Denn Fernsehen wirkt wie eine eindringliche Norm auf die Menschen, besonders auf Kinder. Diese manipulative und uniformisierende Wirkung lässt eine eindimensionale jugendliche Massenkultur entstehen, die hauptsächlich von Agenten des Musikkommerzes organisiert wird.[425] Es bleibt abzuwarten, ob die neue Massenkultur innovativ und autonom handeln kann. Denn wenn Kreativität auf Werbung beschränkt bleibt und Selbstdisziplin einem hedonistischen Anspruchsdenken weicht, wird eine kulturell konstruktive Haltung fraglich.[426]

Dieser globale *Datenüberfluss* ungeahnten Ausmaßes bei gleichzeitigem *Mangel an Selektionskriterien* bedeutet aber, dass der Mensch, überflutet von Information, die er nicht überblicken und ordnen kann, Normen und *Werte* und damit seine Orientierung und Kritikfähigkeit verliert.[427] Gegen Indoktrinationen jedweder Couleur ist er immer weniger gefeit, denn er hat ihnen nichts entgegenzusetzen.

Schon die Drucktechnologie sorgt für eine *Demokratisierung* des Wissens. Sie macht nicht nur das Buch zur *Ware* und ermöglicht profitorientierte Vernetzungsformen, die eine eigene Dynamik entwickeln, sondern es geht auch darum, *alle* zu erreichen.[428] Erst recht gilt dies für die digitale Welt. Die Tatsache aber, dass alle erreicht und auch alle beeinflusst werden können –

---

[424] vgl. Winterhoff - Spurk, P. 2006, 108
[425] Kaplan, E. A. 1987
[426] Bell, D. 1991, 29, 93, 202
[427] Wenzel, H. 2007, 22
[428] Eisenstein, E. 1979; Giesecke, M. 1991

und das auch noch beinahe gleichzeitig – in einer unübersichtlichen Welt, die für den Einzelnen kaum mehr zu durchschauen ist, macht die Gefährlichkeit der heutigen Situation deutlich.

Folgt die moderne kommerzielle Kommunikationstechnologie schließlich einer lebens- und kulturfeindlichen Gleichheitsnorm, deren Entstehung ihrerseits durch die neuzeitliche Medienwelt gebahnt wird, entwickelt sie sich mit zum ruinösesten Werkzeug auf unserem Planeten.

Zusammenfassend stellen wir fest, dass ein Zuviel an Symbolen den Menschen von der Natur trennt und damit Leben schwächt.

Politische Gestalt

Hier soll es um den politischen Aspekt kultureller Systeme gehen.

Denn auch bei politischen Systemen, diesen mächtigen kulturellen Gebilden, handelt es sich um lebendige Gestalten, also um begrenzte, geordnete Einheiten und nicht um Haufen, die aus beliebigen Elementen wahllos und locker zusammengewürfelt sind. Denn der Systemgedanke alles Lebendigen gilt auch auf kultureller Ebene. Die entscheidende evolutionäre Leistung der Biosphäre liegt in der Synthese. Auch der Mensch verdankt ihr seine Existenz. Sie muss ihm auch in seinen Handlungen gelingen, will er weiter existieren.

Politische Systeme sind das Ergebnis einer konstruktiven Handlung, einer *Höherdifferenzierung*, die der „Zweite Hauptsatz der Thermodynamik" verlangt. Für den Menschen bedeutet dieser Aufbau, der neue Strukturen und damit neue Formen, neue Information entstehen lässt, eine enorme Anstrengung. Dieses Vorhaben setzt den Erhalt und die Zufuhr bestimmter Information voraus, Bindung wird dabei zum Schlüsselbegriff. Als Grundlage jeder Strukturierung speichert sie nicht nur die zugeführte Information, sondern auch die neu geleistete Arbeit. Die Ordnung wächst, es entstehen immer komplexere Einheiten. Im Kern handelt es sich dabei um eine hohe ökonomische Leistung. Sie liegt in einem Kontinuum mit der *evolutionären Ökonomie* der Biosphäre, der es gelingt, die Information trotz immer begrenzter Zufuhr zu steigern, Formenvielfalt zu schaffen und damit dem Leben Dauer zu verleihen

Aus der Geschichte wissen wir, dass es um ein immer wiederkehrendes Spektrum möglicher *kultureller Bindungen* geht: über Familien und Sippen hinaus schafft der Mensch immer größere Gemeinschaften. Es entstehen Stämme, Völker und

Vielvölkersysteme. Politische Gestalten, die Natur und Symbolisches in sich vereinigen, erreichen höchste Komplexität. Mit ihnen schafft der Mensch den von der Entropie geforderten Informationszuwachs.

Politisches Handeln versucht, die äußerste physische und geistige *Grenze* einer historischen Gemeinschaft zu sichern, ihr Territorium und ihr kulturelles Profil als Kehrseite der politischen Bindung. Politisch ist alles, was die Lebensfragen einer überindividuellen Gemeinschaft als einheitliches Ganzes betrifft. Politik muss für Bedingungen sorgen, die kulturelle Bindung ermöglichen und schützen, weil erst diese aus lockeren Assoziationen kulturelle Einheiten entstehen lässt. Politisches Handeln wird daran gemessen, wie gut und wie lange es den geistigen und physischen Raum einer kulturellen Gemeinschaft erhalten kann, denn oberste Richterin bleibt die Zeit. Dauerhafte politische Existenz sichert nicht nur das Leben der Gemeinschaft, sondern auch das jedes Einzelnen, der zu ihr gehört. Politik wird zur Schicksalsfrage des Menschen.

Auch wenn der Sinn des Politischen als auf die *Polis* bezogen stets mitgedacht wird, hat es politisches Handeln immer schon gegeben. Mit der griechischen Polis beginnt es allerdings Gegenstand rationaler Reflexion und Theorie zu sein; für alle früheren staatlichen Organisationsformen verwenden die Griechen den Sammelbegriff „Ethnos". Schon zur Zeit der griechischen Kolonisation um 750 v. Chr. beginnt man über Politik nachzudenken, als Folge einer Krise. Vieles, was bis dahin selbstverständlich gewesen ist, hat sich als nicht mehr tragfähig herausgestellt. Man entwirft Theorien richtiger Ordnung als Maßstab politischen Handelns. Dieses Denken findet seinen wichtigsten Niederschlag im Werk des griechischen Geschichtsschreibers Thukydides (460- nach 400 v. Chr.).[429] Zunehmend ist man davon überzeugt, dass eine stabile Ordnung

---

[429] Ritter, J.; Gründer, K. Bd.7 1989, 1041, 1042

nicht möglich ist, ohne breitere Schichten mitentscheiden zu lassen, es zeigen sich die ersten demokratischen Ansätze.[430]

So wird die Polis zum Gegenstand überlegter Prüfung und Gestaltung. Die Menschen sind sich nun nicht nur der großen Möglichkeiten ihres Handelns bewusst, sondern auch der damit verbundenen Gefahren. Angesichts der vorstellbaren Willkür und Fragwürdigkeit aller menschlichen Gesetze sucht man sie durch Verankerung in einer naturgegebenen Ordnung (Physis), nach der man sich richten kann, zu rechtfertigen[431]. Die Polis, deren bürgerliche Oligarchie (Herrschaft Weniger) sich unter dem Druck der Perserkriege bewährt hat, verfällt mit der Mitsprache immer breiterer Schichten. Die demokratische Polis hält sich nicht lange.

Diese Situation veranlasst Sokrates (470-399 v. Chr.), seine kritischen Fragen zu stellen. Er sucht nach einer praktikablen, gerechten, der Natur entsprechenden Norm. Was gerecht ist, lässt sich nicht durch bloße Erfahrung verstehen, Gerechtigkeit als Ergebnis wissenschaftlich fundierter Überlegung kann darum nur von Wenigen begriffen werden. Demnach ist es unverständlich, dass in einer Demokratie jeder Ungeschulte politisch tätig sein darf, während auf allen anderen, nicht politischen Gebieten nur Spezialisten befragt werden.[432]

Auch Platon (427-347 v. Chr.) untersucht die Geschichte der Polis und angesichts ihrer Schwächen und Gefahren schwindelt ihm.[433] Denn der Polis geht es nicht mehr um die Bürger, sondern um Parteiinteressen,[434] er findet keine sich um den Erhalt des Ganzen bemühenden Staatsmänner, sondern nur Parteimänner.[435] So versucht er der Gerechtigkeit und damit der Idee der Polis, in

---

[430] Meier, Ch. 1982, 133-147

[431] Ritter, J.; Gründer, K. Bd.7 1989, 1042

[432] vgl. Platon: Prot. 319 bff; Gorgias 455 b. 462 bff. 466 e. 500 e/501 a

[433] Platon: 7. Brief 325 eff.

[434] Platon: Leg. 832 c

[435] Platon: Polit. 303 c

der sie sich zeigen soll, philosophisch auf die Spur zu kommen. Als naturgemäße Ordnung muss sie sich sowohl in der Seele als auch im Kosmos finden lassen. Im „Politikos" nennt er Politik die Wissenschaft königlichen Handelns. So regiert der wahre Staatsmann souverän aufgrund eigenen Wissens unabhängig von der Zustimmung anderer. Gesetze sollten nach   Platon nur als zweitbeste Orientierungsgröße zum Zuge kommen.[436]

Seit dieser Zeit versucht man zu ergründen, was ein politisches System *zusammenhält*. Vergegenwärtigen wir uns darum kurz das Charakteristische eines politisch-kulturellen Systems.[437]

Denn wie bei allen lebendigen Systemen geht es auch hier um die eine Grenze konstituierende, innersystemische Bindung, die die Ordnung des Systems stabil hält. Geht diese Bindung und damit die Ordnung verloren, hört das System auf zu bestehen. Grenze ist also auch hier Ausdruck einer Bindung und einer lokal begrenzten Ordnung. Das kann nicht oft genug betont werden, gerade in einer Zeit, die jede naturgegebene Grenze brandmarkt. Wir erleben das heute mit der Globalisierung, die nationale Identitäten aufzulösen beginnt. Nicht gemeint hingegen sind *widernatürliche*, eine historische Gemeinschaft trennende Gefängnisgrenzen wie die Berliner Mauer. Schon Platon (427-347 v. Chr.) bringt „peras" (gr. Grenze) mit „Schönheit, Gesetz und Ordnung" in Verbindung.[438] Auch der Begriff „Polis" bezeichnet ursprünglich die Burg und die zur Burg gehörende Siedlung, dann die Stadt im Sinne eines *begrenzten*, von Mauern umgebenen Siedlungszentrums.

Die politische Grenze ist, wie die ihr zugrundeliegende Bindung, eine raum-zeitliche; der Mensch muss sie ständig neu schaffen und schützen. Er hat dabei nicht nur *physisch-territoriale*, sondern auch *geistig-kulturelle* Grenzen zu sichern.

---

[436] Platon: Polit. 293 ff
[437] Aristoteles: Eth. Nic. IX, 8, 1168 b 32
[438] Platon: Phileb. 25 b 5-27 e 9

196

Darauf sind wir schon eingegangen. Als Teil einer Sippe besitzt er nämlich familiäre Identität, als Mitkonstituent eines Kulturkreises wird er im Codex dieser Gemeinschaft sein kulturelles Profil verteidigen, auch ganz unabhängig von physischen Angriffen. Denn Beleidigungen, seien sie persönlicher oder kultureller Art, wirken nicht weniger verletzend als physisch-territoriale Attacken. Meist decken sich geistig-kulturelle Räume mit ihren Territorien. Territoriale Angriffe, Landeinfall, Hausfriedensbruch, Körperverletzung sind so auch immer eine Verletzung nicht nur physischer Art. Verbote markieren so die nicht zu betretenden virtuellen Räume und zeichnen das kulturelle Profil einer Gemeinschaft. Sie müssen als Schutz existenzsichernder Identität und kulturellen Zusammenhalts gesehen werden.

Auch wenn es keine vollständig geschlossenen Systeme gibt und ein bestimmtes Maß an Offenheit für jede kulturelle Gemeinschaft überlebensnotwendig ist, so lässt doch zu viel Offenheit immer auch auf einen entsprechend lockeren Zusammenhalt schließen, der auf Kosten der Identität geht und das Ganze verletzlicher macht. Dies gilt für Ehe, Familie und Kultur. Denn räumliche Begrenztheit weist nicht nur auf eine schon bestehende Ordnung hin, sondern bildet auch die entscheidende Voraussetzung für weitere Differenzierung.[439]

Die evolutionäre *Ökonomie*, die den Aufbau politischer Systeme vorschreibt, lenkt den Menschen in eine konstruktive Richtung. Sie verlangt nicht nur den Erhalt der schon bestehenden Form, das haushälterische Umgehen mit der aktuellen, immer begrenzten Information, die ständig zugeführt und konstruktiv eingesetzt werden muss, sondern auch die neue eigene gestalterische Leistung. Sie festigt und erweitert die Familie als kleinste politische Einheit und stärkt so das politische Ganze. Jeder Aufbau und jedes größere System setzen die Intaktheit des kleineren voraus. Denn das ist eine Eigenheit des Lebens, dass die

---

[439] Fong, P. 1973, 93-106

umfassendere Identität die mitkonstituierende untergeordnete nicht auslöscht. Alles Handeln der Individuen eines politischen Körpers macht seinen „Stoffwechsel" aus. Für Aristoteles (384-322 v. Chr.) sind Ökonomie und Politik noch nicht streng getrennt, sondern bilden Momente im Aufbau des gemeinschaftlichen Lebens. So müssen Ökonomie des Einzelnen, politische Ökonomie und evolutionäre Ökonomie in einem Zusammenhang gesehen werden. Hier liegt die ontologische Wurzel der Ökonomie. Sie dient dauerhaftem menschlichen Überleben.

Kulturelle Identität einer Gemeinschaft bedeutet immer auch Schutz für den dazugehörenden Einzelnen. Fällt dieser Wall, wird die zu verteidigende Grenze näher rücken. Ein ungebundener Mensch, der sich nur noch seiner körperlichen und geistigen Haut erwehrt, muss sich nach allen Seiten hin schützen, er gerät immer mehr in die Defensive. Ein nur noch reagierendes Individuum wird mit seiner Sicherheit auch seine Freiheit verlieren. Für ein Leben als Einzelkämpfer in einer symbolüberfluteten Massengesellschaft aber ist der Mensch nicht gemacht. Sie kann seinem auf Kultur und Politik angelegten Wesen keinen Schutz bieten.

Zeigen kulturelle Systeme noch die Prägung ihres natürlichen Kerns, haben wir es mit einem fundamentalen Staatsbegriff zu tun. Im *Staat* zeigt sich dann die *politische Einheit* eines in territorialer Geschlossenheit rechtlich organisierten Volkes. Als Kulturstaat bietet er dem Einzelnen die Form seiner erweiterten Identität, in ihm ist der Wille eines kollektiven Individuums institutionalisiert. Die dem spezifischen Codex einer Gemeinschaft entsprechenden Werte formen die Entscheidungen der Menschen. Aus der Folge solcher Entscheidungen ergibt sich die historische Identität eines Staates, die eigene „seinsgemäße" Art von Leben. Denn Politik ist ein „Kampf ums Sosein" (C. Schmitt), eine evolutionäre Notwendigkeit im Dienst *kultureller Vielfalt*.

Die kulturelle Individualität erreicht ein Staat durch

Abgrenzung gegen andersartige Individuen der Staatenvielfalt, niemals in einer universalen Weltgesellschaft ohne Grenzen und ohne Differenzen.[440] Denn nur in einem differenzierten Milieu entsteht Form und damit Kultur.

Wir wollen einen Blick werfen auf ein politisches Vielvölkersystem, das rund tausend Jahre bestanden hat und 1806, nach der Französischen Revolution, zugrunde gegangen ist.

Das *alte mittelalterliche Reich,* das Heilige Römische Reich Deutscher Nation, stellt eine besonders geordnete *Einheit* vieler Völker dar. Es ist kein Staat im modernen Sinne. Seine Ordnung stützt sich auf „*Tradition* und Konsens", sie besteht teils in gewohnheitsrechtlichem Herkommen, teils in ausdrücklichen Vereinbarungen und nicht etwa in einer obrigkeitlichen Satzung, denn eine höchste Gewalt, die einseitig über das Recht hätte verfügen können, gibt es nicht. Als Recht gilt, „was entweder von der *Heiligkeit unvordenklichen Alters*" bestimmt ist und seit langem unwidersprochen praktiziert wird oder was von den beteiligten Herrschaftsträgern vereinbart worden ist. Doch bilden diese „Reichsgrundgesetze" bloße „Inseln im Meer des gewohnheitsrechtlichen Herkommens". Die „Rechtsordnung" stellt nicht eigentlich eine „systematisch aufgebaute Verfassung" dar, „sondern eher den einer kumulativen, in sich vielfach widersprüchlichen Summe von Rechtsbeständen".[441]

Das Reich ist ein „Personenverband", der sich auf gegenseitige *persönliche* Treueverpflichtungen stützt. Ein Netz von Eiden verbindet die Einzelnen auf allen Herrschaftsstufen miteinander: Reichsvasallen mit dem Kaiser, Landstände mit ihren Landesherren, Stadträte mit den Bürgergemeinden, Erbuntertanen mit ihren Grundherren usw. „Demonstrative öffentliche Rituale, nämlich Krönungen, Belehnungen, Huldigungen, Ratswechsel,

---

[440] Demandt, A. 1988, 29
[441] Stollberg-Rilinger, B. 2006, 116

Schwörtage, Amtseinsetzungen usw. stiften oder bekräftigen diese wechselseitigen Verpflichtungen." Durch diese Inszenierungen wird die „Ordnung des Ganzen" ständig erneuert.[442]

Das Reich stellt einen *„hierarchisch* strukturierten Verband" komplexer Ordnung dar, deren „Glieder verschiedenen Ranges" in unterschiedlicher Weise am Ganzen teilnehmen können, vom Kaiser und den Kurfürsten an der Spitze über die Fürsten bis hinunter zu Rittern. Diese „Glieder" herrschen ihrerseits über Untertanen. Die einzelnen Untertanen haben nur mittelbar und in unterschiedlicher Abstufung Anteil am Reich; umgekehrt besitzt der Kaiser keinen direkten Zugriff auf sie. Ein einheitliches gleiches Reichsbürgerrecht gibt es nicht.[443]

Als *„Friedens- und Rechtswahrungsverband"* ist es von seinem Konzept her „defensiv". Zum Reich zu gehören bedeutet für alle Glieder, unter dem Schutz seines Landfriedens zu stehen, Recht vor Reichsgerichten suchen zu können und direkt oder indirekt zu den Reichslasten beizutragen. „Die Rechte, die das Reich gewährt, sind grundsätzlich *ungleich.*" Das Rechtssystem ist ein System ineinander verschachtelter, wohlerworbener Rechte, Freiheiten und Privilegien („iura quaesita"). „Rechtssicherheit, also Stabilität von Erwartungen, folgen unter diesen Umständen gerade nicht wie im modernen Rechtstaat aus der systematischen Gleichheit der Normen für alle, sondern umgekehrt aus ihrer historisch gewachsenen Differenz. Da sich erworbene Rechte besser von einer Gemeinschaft wahren lassen als von Einzelnen, schließen sich all diejenigen, die die gleichen Privilegien und Freiheiten genießen, zu deren gemeinschaftlicher Wahrung zu *Ständen* zusammen."[444]

Politische und soziale Ordnung sind noch nicht voneinander getrennt. Die Beziehungen der Menschen untereinander sind nicht

---

[442] Stollberg-Rilinger, B. 2006, 116, 117
[443] Stollberg-Rilinger, B. 2006, 117
[444] Stollberg-Rilinger, B. 2006, 117, 118

anonym und abstrakt wie die der Funktionsträger in modernen formalen Organisationen, sondern sie beruhen noch in hohem Maße auf persönlicher *Nähe*, Verwandtschaft und Patronage. Persönliche, dynastische, korporative oder ständische Ehre sind wesentliche Motive politischen Handelns.

Im Reich bilden auch *religiöse und politische Ordnung* eine Einheit. Zwar wird in zwei großen Schritten – 1555 und 1648 – das friedliche Nebeneinander der Konfessionen im Reichsrecht verankert. Damit werden die Konfessionen aber durchaus nicht zu politisch irrelevanten Privatangelegenheiten, ganz im Gegenteil: durch die Paritätsregel sind auf Reichsebene alle politischen Verfahren vom Konfessionsgegensatz geprägt.[445]

Das Reich als Verband hierarchisch gestufter Glieder hat ein Oberhaupt, den *Kaiser*. Dabei ist wesentlich, dass es ein nur *geringes Machtgefälle* zwischen dem Kaiser und den mächtigsten Gliedern gibt. Er verfügt daher nur über eine autoritative Macht, das heißt, er ist die *legitimationsspendende Spitze des Ganzen* und besitzt keine wirksame, von seiner dynastischen Hausmacht unabhängige Erzwingungsgewalt. Es gibt keine von den Reichsständen unabhängigen Exekutivorgane.[446]

Die ungleiche Funktion der Reichsglieder, ihre Verschiedenheit an Macht, Größe, Rang und Rechtsstatus bewirkt, dass sie auch ein unterschiedlich ausgeprägtes Interesse an der politischen Einheit des Gesamtverbandes haben: während für die Kleinen und Mittleren die Solidarität des Reiches existentiell notwendig ist, ist sie für die Großen teils nützlich, teils lästig. Diese Interessenheterogenität nimmt im Laufe der frühen Neuzeit dramatisch zu. Je mehr sich die territorialen Schwerpunkte der

---

[445] Stollberg-Rilinger, B. 2006, 118
[446] Stollberg-Rilinger, B. 2006, 118, 119

Großen aus dem Reichsverband hinaus verlagern, desto deutlicher zeigt sich dessen Integrationskraft überfordert.[447]

Das Reich zeigt eine *Flexibilität*, die es ihm ermöglicht, sich in seiner Geschichte immer wieder neu an veränderte Bedingungen anzupassen. Auf die strukturellen Herausforderungen des Spätmittelalters antwortet es mit einer intensiveren Kooperation, die den Zusammenhalt festigt. Aus der Zerreißprobe der Reformationszeit gehen die Reichsinstitutionen gestärkt hervor. Reichsständische Freiheit und Zusammenarbeit als Gesamtverband schließen sich nicht aus. Erst die konfessionelle Lagerbildung des ausgehenden 16. Jahrhunderts überfordert die Konsensbildung und blockiert sämtliche Verfahren. Der Ausgang des Dreißigjährigen Krieges zeigt wiederum, dass das Reich nur in einem Gleichgewicht zwischen ständischer Libertät, kaiserlicher Autorität und gemeinsamen Institutionen Bestand haben kann. Im 18. Jahrhundert allerdings ist das Reich der staatlichen Entwicklungsdynamik seiner mächtigsten Glieder nicht mehr gewachsen. Nachdem es Luther, Gustav Adolf und Ludwig XIV. überstanden hat, fällt es am Ende seiner eigenen Reformunfähigkeit zum Opfer.[448]

Und so stellt sich jetzt die Frage: Wo liegt das Geheimnis des politischen Zusammenhalts? Wie ist es möglich, aus Einzelnen mit ihren immer bestehenden individuellen Unterschieden eine Einheit zu bilden, die im Dienst des Ganzen alle Kräfte ineinandergreifend bündelt und fähig wird, mit einer Stimme zu sprechen? Mit anderen Worten: Wie entsteht eine kulturelle Bindung?

---

[447] Stollberg-Rilinger, B. 2006, 119
[448] Stollberg-Rilinger, B. 2006, 120

Auf die kulturelle Bindung kommt es an

Es ist eigentlich ganz einfach: das, was Menschen gemeinsam haben, verbindet sie. Kulturen entstehen durch gemeinsame Herkunft, Geschichte, Heimat, Sprache und Norm. Diese Gemeinsamkeit zeigt sich augenfällig als genetische Verwandtschaft. Sie ist bei Familie und Volk am stärksten ausgeprägt.

Das bedeutet auch, dass wir grundsätzlich mit allen Menschen dieser Erde verbunden sind, weil wir alle eine gemeinsame genetische Basis haben. Auch das Gefühl, mit allen Lebewesen eins zu sein, hat diesen Grund; zum Beispiel haben Mensch und Schimpanse zu 98 Prozent das gleiche Genmaterial. Auch der Grad der Differenziertheit, also das Niveau, eint die Menschen über alle Kulturen hinweg. Denn Differenziertheit setzt Werte voraus, die allen Kulturen zugrundeliegen. Nichtsdestotrotz haben Menschen einer Kultur die größte gemeinsame Basis.

Denn Bindung bildet die Grundlage eines *Organismus – biologisch* wie *kulturell* – sie muss von der lockeren Assoziation eines Konglomerats bzw. einer *Haufenbildung* unterschieden werden. Sie ist auch nicht mit einer kurzfristig konstruierten Organisation zu verwechseln, denn sie wächst in der Zeit und als Basis jeder gewachsenen kulturell-politischen Ordnung kann sie nicht verordnet werden.

Diese Bindung, die also auf den ungehemmten natürlichen *Informationsfluss* von der Natur zum Menschen und von Mensch zu Mensch angewiesen ist, gestaltet sich in kleinen Gemeinschaften, die Nähe und Direktheit ermöglichen, am stabilsten: in Familien und Sippen. Sie bilden den Kern jeder politischen Einheit. Mit wachsender Größe wird die natürliche Information zunehmend symbolisch vermittelt, die Bindung daher mittelbarer und verletzlicher.

Der Mensch, der Teil einer überindividuellen Einheit geworden ist, verändert sich. Als Teil eines größeren Ganzen wird er dieses nun als das Eigene empfinden und schützen. Bindung zeigt sich im Gefühl einer Verpflichtung, eines *Schuldigseins* anderen Menschen, einer Institution oder einer geistigen Macht gegenüber. Der gebundene Mensch wird fähig, sich im Dienst eines erweiterten Ich zu *relativieren,* er denkt und handelt in umfassenderen Zusammenhängen. Trotz seines Selbsterhaltungstriebs kann er Opfer zur Sicherung der größeren Gemeinschaft bringen, der er samt seinen Nachfahren angehört. Der größere Radius dieses Ganzen, zu dem er jetzt gehört und der ihn nun bestimmt, bedeutet Raum- und Zeitgewinn. Das gibt ihm Schutz und Ruhe. So bestimmt die zu sichernde Ordnung eines größeren Systems auch die *Anthropologie.* Das *Primat des Ganzen* bestimmt die Wertvorstellungen und die darauf beruhenden Handlungen des Menschen. Durch die Einbindung in eine größere Einheit, eine Familie oder ein Volk, wird er gezwungen, differenzierter und vorausschauender zu handeln. Er *kann* zum aristotelischen Bürger werden. Allerdings kann er auch, wenn die Bedingungen für eine Bindung fehlen, als vordergründiger Egoist nur noch sich selbst verteidigen in Machiavell´scher Manier.

Bindungsfähigkeit setzt einen bestimmten Grad an umfassender *Differenziertheit* voraus, die mit dem Begriff des Instinktes eher getroffen wird als mit dem Begriff des Intellekts. Sie ist bei Menschen, die noch in natürlichen Zusammenhängen leben, am sichersten gegeben. Wie differenziert ein Mensch ist, wird vor allem in dem Grad und der Angemessenheit seines raumzeitlichen Handlungsspielraumes deutlich. Höchste Komplexität versucht dem *erweiterten* Ich *Dauer* zu verleihen und besitzt damit politische Kraft; auch hier sollte an den Künstler gedacht werden, der mit seinen Werken die gemeinschaftliche Identität stärkt, ihr Glanz und Dauer verleiht und das oft in viel größerem Ausmaß als politisches Handeln es je kann.

In jeder Gemeinschaft wird es immer Menschen geben, die nicht in der Lage sind, das für den Einzelnen sicherere politische Ganze zu sehen. Besonders hier scheint die prohibitive Moral von Bedeutung zu sein. Denn Moral dient dem Erhalt des Ganzen. Darum besitzt das Unmoralische immer den Charakter des Vernunftwidrigen. Mit Max Weber (1864-1920) muss nämlich die allgemeine Tugendhaftigkeit, von der Kant (1724-1804) ausgegangen ist, bestritten werden.[449] Nur die kulturelle Bindung schützt – wie der französische Staatsdenker C. de Tocqueville (1805-1859) es ausdrückt – vor den Schreckbildern der Neuzeit: dem ungehemmten Egoismus und der Tyrannei der Mehrheit.

Die Bildung einer politischen Einheit wird begünstigt durch den Kontrast zu einem „Nicht-Ich." Die Geschichte ist voll von Beispielen, die zeigen, wie *außersystemische Differenzen* Gemeinschaften zusammenschweißen, erst recht, wenn sie sich zur Konfrontation steigern. (C. Schmitt). Je schärfer die Differenz, desto enger die Bindung innerhalb der neu entstandenen Einheit, desto sicherer ihre Identität. Denn weniger aus der friedlichen, fächerförmigen Ausbreitung der Familien, sondern eher aus Kampf ist jede politische Einheit hervorgegangen. Denken wir an die Geschlossenheit der griechischen Welt im 5. vorchristlichen Jahrhundert, die erst angesichts der feindlichen persischen Übermacht zustande gekommen ist; oder an die einheitliche Reaktion der Deutschen auf die napoleonische Bedrohung im 19. Jahrhundert. Der unterschiedliche Grad an Differenz und Nähe lässt auch neutrale Koexistenz und lockere Bündnisse zu. Eine Welt ohne Differenzen wäre eine Welt ohne Bindung und Identität. Eine Welt ohne Feinde wäre auch eine Welt ohne Freunde. Einer Wertung können wir uns als organische Wesen nicht entziehen.

Mit wachsender Größe eines politischen Systems wird die kulturelle Bindung immer mittelbarer. So weisen Vielvölkersysteme durch ihre innersystemische Vielfalt und

---

[449] vgl. Schmitt, C. 1963

Ausdehnung notwendigerweise einen geringeren Zusammenhalt auf. Wie schon angedeutet, scheint es einen begrenzenden Zusammenhang zu geben zwischen Größe, Komplexität und Stabilität.

Wir nehmen weniger die Bindung wahr als ihre Kehrseite, die Grenze. Sei es nun eine Landesgrenze, eine Stadtmauer oder ein Gartenzaun. Immer verbirgt sich hinter einer Grenze ein System, das nicht nur an dieser Grenze endet, sondern das sich auch auf diese Weise schützt. In unserer Zeit, die jede überlieferte Grenzziehung bekämpft, kann das nicht oft genug erwähnt werden. Denn unsere globale Welt stellt einen gigantischen Zerfallsprozess dar, der tradierte kulturelle Systeme aufzulösen beginnt. Doch darauf werden wir noch eingehen.

Das innersystemische Bindungsgeflecht bildet die Struktur des Systems und verleiht ihm *Identität*. Es sichert dessen spezifische Eigenart, die Wesensgleichheit seiner Elemente, die als „Selbst" erlebte Einheit und Echtheit beispielsweise einer Person oder einer Kultur. Die kulturelle Bindung bedeutet nicht nur drückende Verpflichtung, sie ist auch *die* Quelle von Kraft, Freude, Glück und Liebe für den Menschen; sehr oft Leid und Krankheit dort, wo sie nicht gelingt. Davon wissen die Psychotherapeuten von heute ein Lied zu singen.

Identifikationsbemühungen stärken die eigene Ordnung. Sie machen einen wichtigen Teil menschlicher Aktivität aus. Das gilt für Individuen und Gemeinschaften. Da sich die kulturellen Formen unterscheiden, brauchen sie immer wieder Bestätigung, dass ihre Lebenswelt die richtige ist. In der Binnenstärkung beispielsweise versucht die Gemeinschaft, die Richtigkeit der bestehenden Ordnung durch Rituale zu bekräftigen, die, so unterschiedlich sie auch sein mögen, vor allem den Zusammenhalt festigen sollen. Die Notwendigkeit, sie peinlich genau zu zelebrieren, ihr langsamer und deutlicher Ablauf lassen ihren Bestätigungscharakter erkennen. Jede Gemeinschaft hat ihre Feste

206

und Feiern, ihre Einheitsmythen und Einheitssymbole, ob man sich nun in Reden auf die eigene Geschichte besinnt, Uniformen oder Trachten trägt, eine Flagge hisst oder einen Nationalfeiertag begeht.[450]

Die zweite Art der Bestärkung braucht die Abgrenzung von der fremden Lebenswelt, die darum oft abgewertet wird. So haben die Griechen die Nicht-Griechen als „barbaroi", „Stammler", bezeichnet, und indianische Gesellschaften die Inuit (Eskimo) als „eksimantsig", „Rohfleischesser". Hochschätzung aller Symbole der eigenen Gruppe und eine entsprechende Herabsetzung derjenigen jeder anderen vergleichbaren kulturellen Einheit [451] sind Bestandteil in diesem Bestätigungsprozess der eigenen kulturellen Ordnung. Mag man sich auch der Schattenseiten dieses Ethnozentrismus bewusst sein, so muss man doch sehen, dass er die innerkulturelle Bindung festigt.[452]

Außerdem kann nur ein in natürlicher und kultureller Ordnung verwurzeltes Wesen Verständnis für die Ordnung eines anderen aufbringen. Und auch die Öffnung einer Person oder Kultur nach außen setzt unter anderem die Sicherung des eigenen Selbstwertgefühls voraus über das Bekenntnis zur eigenen kulturellen Einheit; denn nur aus innerlich gefestigter Position heraus ist der Mensch ohne Angst freundlich.[453]

Wie gelingt nun dem Menschen die Höherdifferenzierung, die in der kulturellen Bindung, also in seinem einenden, immer differenzierteren, weitreichenderen Handlungsmuster deutlich wird?

Da es auf eine *Informationsakkumulation* ankommt, versucht der Mensch, so viel Information anzuhäufen wie möglich.

---

[450] vgl. Marschall, W. 1990
[451] vgl. Lorenz, K. 1983
[452] vgl. Marschall, W. 1990
[453] vgl. Eibl-Eibesfeldt, I. v. 1997

Zunächst wendet er das Prinzip der *Tradierung* an: Er sammelt und speichert die schon bestehende Information früherer Generationen (tradiertes Wissen, genetisch und kulturell, dazu gehört auch die Norm). Damit schützt er die Menschen seiner Gemeinschaft und ihr überliefertes, kulturelles Wissen. Gleichzeitig nimmt er möglichst viel an neuer Information aus der Natur auf. Hier liegt der Sinn von Bildung und Forschung: Bildung bedeutet nicht, Sekt nippend auf Vernissagen herumzustehen, sondern sicherer und vorausschauender im Urteil zu werden, aber auch gütiger und demütiger, nobler und bescheidener und vor allem bewusster und angemessener in seinen Handlungen. Das ist eine Ressource, die jede Gemeinschaft stärkt, stabilisiert und zukunftsfähig macht. Schließlich gehorcht das Denken und Handeln einer Gemeinschaft dem höchst ökonomischen Prinzip der *Hierarchie*, denn hierarchische Handlungswege können den Informationsfluss am effektivsten nutzen. Darauf werden wir noch genauer eingehen. All das verlangt vom Einzelnen *Opfer* und Verzicht. Denn nur so entwickelt sich kulturelle Bindung und damit Höherdifferenzierung.

Was damit gemeint ist, begreifen wir sofort, wenn wir uns die Familie ansehen. Sie steht für die stärkste Bindung innerhalb einer Kultur und wird zu ihrer Keimzelle. Auf dieser grundlegenden kulturellen Ebene führt die Natur noch am unmittelbarsten Regie. Familiärer Zusammenhalt lebt von tradierter Information, die von Generation zu Generation weitergegeben wird. In dieser Bindung erleben wir alle gemeinschaftsstiftenden und kulturtragenden Tugenden, Schutz, Vertrauen, Uneigennützigkeit, Opferbereitschaft, Solidarität, aber auch den Sinn von Homogenität und Hierarchie. Familie bedeutet Zusammengehörigkeitsgefühl und selbstloser Einsatz ohne Gegenleistung. Doch sie ist nicht nur eine schützende „Wagenburg", sondern auch ein „Trainingslager für Leid". Konrad Lorenz (1903-1989) hat betont, dass beide Erfahrungen, die in der Familie gemacht werden, aufopfernde Nächstenliebe und Leid, den Menschen prägen. Sie nehmen ihm die „Illusion der Unlustvermeidung" und die Überzeugung, es gäbe auch ein Leben ohne diese Prüfungen.[454]

Auf Familien und Völkern baut jedes umfassendere politische System auf. Damit wird die Familie zum Fundament, auf dem Kultur in all ihren Facetten, auf der menschliches Leben überhaupt ruht.

---

[454] Schirrmacher, F. 2006, 57

Homogenität

Hier wird das, was wir schon im letzten Kapitel beschrieben haben, noch ergänzt. Jede *Einheit* setzt höchstmögliche Homogenität ihrer Elemente voraus. Bei einem Organismus ist sie gegeben, er entsteht durch Teilung einer Keimzelle. In der von vielfältigen phänomenalen Differenzen geprägten kulturellen Welt lässt sich eine Einheit viel schwerer verwirklichen.

Nur die in langen Zeiträumen gewachsene *fundamentale Ähnlichkeit,* die in der Gemeinsamkeit der *Geschichte,* des *kulturellen Wissens* und grundlegender *Werte* deutlich wird, schafft die Voraussetzungen für eine organisch-kulturelle Bindung im Sinne eines synchronisierten, für diese Gemeinschaft typischen Handlungsspektrums. Anders können kulturelle Wesen nicht miteinander verbunden werden als durch gemeinsame Werte und ein *umfassendes* Interesse am Erhalt ihrer spezifischen Existenz.

Aktuelle räumliche Gemeinsamkeiten allein schaffen noch keine politische Einheit. Wir können mit Menschen aus verschiedensten Kulturkreisen zusammenleben und trotzdem nicht mit ihnen verbunden sein. Mit den eigenen Kindern dagegen werden wir immer verbunden sein, auch wenn wir sie u.U. nicht sehen können, weil sie beispielsweise am anderen Ende der Welt leben. So schreibt der rumänische Dichter und Philosoph L. Blaga (1895-1961) über das jahrhundertelange Zusammenleben zweier Völker in Siebenbürgen: „Durch die gleichen Zeiten und durch die gleiche Landschaft zieht der rumänische Schafhirt wiegenden Ganges mit seinen Herden an den hohen altersgrauen Türmen und Burgen (der deutschen Sachsen) vorüber. Es sind zwei Arten von Menschen, die in derselben Landschaft leben, aber in verschiedenen Räumen. Wiewohl im nächsten Nebeneinander, sind sie doch durch die urformenden, unterbewussten Horizonte in weitem Abstand voneinander geblieben, und acht Jahrhunderte nachbarlichen Zusammenlebens waren nicht ausreichend, um die andere Ferne zu überwinden und auszulöschen."[455]

Der Begriff der Synchronisierung kann missverstanden werden. Gemeint ist nämlich ein vielfältiges, facettenreich differenziertes und sich ergänzendes Ineinandergreifen von einzelnen Handlungen, was dazu führt, dass – wie von Geisterhand – ein *spezifisches*, für diese Gemeinschaft typisches Denk- und Handlungsmuster gewoben wird. Diese Resonanz ergibt sich aus dem Zusammenwirken eines spezifischen *Gen*pools und seiner *Geschichte*, meist einer bestimmten *Landschaft* und schließlich einer für diese Gemeinschaft eigentümlichen *Norm*, die letztlich die ewige, Sein-erhaltende Ur-Norm auf besondere Art interpretiert.

Das wird im Begriff des *Bürgers* deutlich. Noch im 19. Jahrhundert unterscheiden die meisten, vor allem die städtischen Gemeinden in Deutschland, zwischen den Einwohnern, die in der Gemeinde ihren Wohnsitz haben, und den Bürgern, die dort Heimat- oder Bürgerrechte besitzen; in den Gemeinden der Schweiz gibt es diese Trennung noch heute. Auch hier entscheidet die *Zeit*. Denn das Gen verkörpert die in Struktur gegossene Geschichte eines Menschen und aller seiner Vorfahren und speichert damit die Information einer unendlich langen Entwicklung. Genetische Verwandtschaft verwirklicht ein Höchstmaß an raum-zeitlicher Gemeinsamkeit. Sie bildet die Grundlage eines Volkes und seiner Kultur.

Die Notwendigkeit, kulturelle Systeme schaffen zu müssen, verlangt diese in langen Zeiträumen gewachsene Informationsakkumulation als Basis. Grundlegende Differenzen schaffen Inkompatibilitäten, weil die Information, die man gemeinsam hat, zu klein ist. Auch wenn alles Lebendige auf diesem Planeten eine große gemeinsame genetische Grundlage

---

[455] Blaga, L. 1987, 8

besitzt, wird der kleine genetische Anteil, der sie voneinander trennt, in diesem Zusammenhang entscheidend. Je größer die Homogenität, also der gemeinsame Informationsspeicher, desto fester die Bindung. Das verdeutlicht auch in diesem Fall der familiäre Zusammenhalt.

Die Zahl der voneinander verschiedenen Genkombinationen beim Menschen gilt als ungeheuer groß. Kein Mensch ist dem anderen gleich. Folglich kann es bei kulturellen Systemen nur diese grundlegende Homogenität im Sinne einer historischen und genetischen Ähnlichkeit geben, die die Bindungskompatibilität, aber auch die Flexibilität des Ganzen sichert. Aufgrund ihres identischen Genmaterials verkörpern beispielsweise Bienen und Ameisen ein hohes Maß an Homogenität, was in einer starren Spezialisierung endet. Vielleicht haben sich Insekten darum seit hundert Millionen von Jahren auch nicht wesentlich weiterentwickelt. Innerhalb menschlicher Systeme jedoch, müssen *Fluktuationen* möglich sein. Sie steigern ihre Anpassungsfähigkeit und Redundanz, natürlich aber auch ihre Verletzlichkeit.

Letztlich steht und fällt die kulturelle Bindung mit der *vollzogenen Handlung*. Hier münden alle Informationsströme, die aus unserer Stammes- und Individualgeschichte entspringen. Sie können erst durch die Tat zum Zuge kommen, also kulturell wirksam werden. Wir wollen uns in diesem Zusammenhang nicht näher mit der Verarbeitung dieser Information beschäftigen. Doch kann man davon ausgehen, dass ein Mensch umso differenzierter handelt, je vielfältiger und reichhaltiger die Information ist, die ihm – genetisch wie kulturell – zur Verfügung steht.

Je mehr sich Handlung auf Symbole stützt, desto unsicherer wird sie und mit ihr der kulturelle Zusammenhalt. Denn Handlung kann im Wort stecken bleiben oder durch Worte irregeleitet werden. Weil aber Sprache und Schrift zum entscheidenden Informationsmedium werden, kommt es auf eine verlässliche

Kommunikation an. Wir werden feststellen, dass sie nur in einem sehr homogenen Umfeld gegeben ist.

Verstehen von Sprache

Sprache kann eine ausgeführte Handlung begleiten, doch darum geht es hier nicht. Die Schwierigkeit liegt in der Vermittlung einer Handlung. Wie schon erwähnt, ist Sprache *Träger* der Information, nicht die Information selbst. Im Gegensatz zur natürlichen Information ist sie nicht eindeutig. Darum setzt die Vermittlung ein *Verständnis* des Gesagten voraus und zusätzlich die Bereitschaft und Fähigkeit, die Handlung auch auszuführen. Je länger eine solche Vermittlungskette, desto größer die Gefahr einer inadäquaten bzw. versandenden Handlung. Jeder kennt das Spiel der Flüsterpost, das schon bei der Weitergabe eines einzigen Begriffes an eine Folge weniger Hörer die Fehlerquote in der Kommunikation deutlich macht.

Als künstliches Zeichen besitzt das Symbol keine feste Bedeutung; diese erhält es erst dadurch, dass zwischen Sender und Empfänger Verabredungen über ein Zeichenrepertoire, über bestimmte Codes, Kanäle und über die Zuordnung von Zeichen und Bedeutung bestehen. Existieren solche Verabredungen nicht oder sind sie nicht zwingend verbindlich (was in der menschlichen Kommunikation meist der Fall ist), so hängt die Bedeutung eines Ereignisses als Zeichen *ausschließlich vom Empfänger* ab.[456]

Wenn Tiere sich innerhalb ihrer Spezies über Geruch, Sehen, Gestik und Hören erfolgreich verständigen, liegt dem eine „*feste Verabredung*" zugrunde, die über „Vererbung oder frühkindliche Prägung" zustande gekommen ist. Die Verständigung bzw. Verbindung ist darum verlässlich, weil sie sich auf *natürliche* Zeichen bzw. Strukturen stützen kann. „Die meisten Vögel wissen nämlich, wie ein Gesangslaut zu deuten ist. Allerdings gibt es auch

---

[456] Roth, G. 2001, 362

hier Ausnahmen"; „auch sie müssen sich dann ihren Gesang und dessen Bedeutung erst aneignen".[457]

Verständigt sich hingegen der Mensch, steht ihm nur wenig angeborenes Wissen zur Verfügung. Lautäußerungen des Schmerzes, der Freude, der Lust, der Aggression, der Furcht und Trauer und auch einige Gebärden oder Gesichtsausdrücke können universell verstanden werden, weil sie natürlich sind. Doch unabhängig davon muss der Mensch früh Laute, Wörter, Sätze und deren Bedeutung erlernen. „Dieser Vorgang, bei dem unser Nervensystem intern bereits vorhandenen semantischen Zuständen bestimmte Sprachlaute zuordnet, ist kompliziert und läuft meist unbewusst ab."[458]

Denken wir an ein geläufiges Wort wie „Bank". Wenn wir es hören, stellen wir uns etwas Bestimmtes darunter vor, meist zusammen mit einem Bild. In einem ganzen Satz aber erhalten die einzelnen Begriffe oft unterschiedliche Bedeutungen. Einfache Sätze, wie „Setz dich auf diese Bank!", erfasst man schnell, während kompliziertere oder mehrdeutige Sätze nicht so ohne weiteres zu verstehen sind. Wenn jemand beispielsweise sagt: „Ich gehe jetzt zu meiner Bank", dann könnte das ein Schüler im Klassenraum sein, ein Spaziergänger im Park oder ein Bankangestellter auf dem Weg zu seinem Arbeitsplatz. Der wirkliche Sinn kann erst im Zusammenhang verstanden werden und den muss unser Gehirn *aktuell* erschließen.[459]

„Wenn unser Gehirn Sprachlaute hört oder Schriftzeichen sieht, überprüft es die Wörter und Sätze in seinem Sprachgedächtnis auf ihre mögliche Bedeutung hin. Dabei wird diejenige Bedeutung aufgerufen, die im gegebenen Kontext die geläufigste und damit wahrscheinlichste ist." Weil aber jeder von uns mit bestimmten Worten und Sätzen anderes verbindet und das in seinem

---

[457] Roth, G. 2001, 362
[458] Roth, G. 2001, 362, 363
[459] Roth, G. 2001, 363

Sprachgedächtnis gespeichert hat, wird auch jeder etwas anderes darunter verstehen.[460]

Wenn wir nämlich eine Sprache erlernen, „geschieht dies eingebettet in eine vorsprachliche Verständigung mit unserer unmittelbaren menschlichen Umwelt, meist der Mutter". „Dabei entwickelt sich auch unser Sprachgedächtnis."[461] Kinder lernen aus dem Zusammenhang, was ein Wort bedeutet, indem sie nach dem Prinzip von Versuch und Irrtum vorgehen und dabei auf den Handlungs- und Kommunikationserfolg achten. Kleinkindern gelingt das ohne weiteres; „es scheint im menschlichen Gehirn einen ganz spezifischen Apparat für das Erlernen der Muttersprache und von Wortbedeutungen zu geben, im deutlichen Gegensatz zum Erlernen von Zweitsprachen."[462]

Abgesehen von einem überschaubaren Repertoire natürlicher Zeichen, gibt es also bei uns Menschen keine genetisch sichere Bedeutung von Wörtern und Sätzen. Darum muss jedes Gehirn die sprachliche ebenso wie die nicht sprachliche Bedeutung von Verständigungssignalen individuell konstruieren. „So viele Gehirne, so viele Bedeutungswelten!"[463]

Verständigung funktioniert immer dann, wenn zwei oder mehr Gehirne bestimmten Signalen gleiche oder ähnliche innere Bedeutungs-Zustände zuordnen. Auf diese gleichen oder ähnlichen „Erfahrungskontexte, *konsensuelle Bereiche*", wie Humberto Maturana (1982) sie genannt hat, kommt es an. Entweder existieren sie schon oder sie werden aktuell konstruiert, was meist unbewusst geschieht.

Der erste grundlegende konsensuelle Bereich ergibt sich aus der Tatsache, dass wir Menschen sind und damit andere Menschen

---

[460] Roth, G. 2001, 363
[461] Mehler, J. 2000, 897-908
[462] Roth, G. 2001, 364
[463] Roth, G. 2001, 364

216

intuitiv verstehen, nicht nur ihre menschlichen Sprachlaute, sondern auch ihre Mimik, Gestik, Handlungen und Gebräuche, während wir unsere nächsten Verwandten, die Affen, nicht oder nur schlecht einschätzen können.

Der zweite konsensuelle Bereich entsteht, wenn wir in eine bestimmte Gemeinschaft hineingeboren werden und bestimmte Denk-, Sprach- und Verhaltensmuster uns tief geprägt haben, ohne dass wir uns dessen bewusst sind.

Gemeinsames Aufwachsen in einem bestimmten sozialen Umfeld, ähnliche Schul- und Berufsausbildung ermöglichen den dritten konsensuellen Bereich.

Der vierte, schließlich, entsteht dadurch, dass wir „aufbauend auf den drei anderen Bereichen mehr oder weniger identische individuelle Erfahrungen machen. Dies allerdings ist sehr selten."[464]

Denn selbst im eigenen Land, aber in uns fremden Kreisen (Städter zum ersten Mal in einer rein bäuerlichen Umgebung, Naturwissenschaftler und Geisteswissenschaftler), merken wir, dass trotz gleicher Muttersprache die Verständigung über ein bestimmtes Maß hinaus nur schwer möglich ist, weil Wörter und Sätze hier häufig einen anderen *Bedeutungshintergrund* haben. Wie gut und sicher wir uns verständigen können, hängt demnach von der *gemeinsamen Lebenserfahrung* ab. Hinzu kommt allerdings noch die Schwierigkeit, dass nicht nur gilt: „Wenn zwei dasselbe tun, ist es nicht dasselbe, sondern auch: Wenn zwei dasselbe erleben, ist es überhaupt nicht dasselbe." Da unsere Persönlichkeit sich früh formt durch *genetische* Anlagen und stark prägende *frühe* Erfahrungen, entwickeln wir uns schon sehr bald höchst individuell. Dabei löst jeder Schritt in der Entfaltung unserer Persönlichkeit unterschiedliche Reaktionen der Umwelt aus, die auf uns zurückwirken; wir reagieren wieder darauf und so

---

[464] Roth, G. 2001, 365

fort. „Selbstverständlich lässt sich Verhalten modifizieren, meist aber wirkt unser Umgang mit der Umwelt *selbststabilisierend*. So entwickeln Menschen ihre ganz eigene Weltsicht und Lebensführung, die auch dann ganz unterschiedlich sein kann, wenn Menschen in ähnlichem Umfeld leben."[465]

Eine gemeinsame Sprache *täuscht* uns allerdings dabei, weil sie diese Unterschiede in Erfahrung und Zielvorstellungen überdeckt. Auch wenn wir unser eigenes Handeln erklären, verwenden wir solche Formulierungen, von denen wir glauben, dass sie normalerweise verstanden werden; ob dies tatsächlich der Fall ist, lässt sich letztlich nicht feststellen. „Die gesellschaftlich vermittelte Sprache gaukelt uns vor, es gebe eine überindividuelle Argumentationsebene, eine universelle Logik der Kommunikation. Diese gibt es vielleicht dort, wo es um abstraktes Wissen, nicht aber dort, wo es um Lebenserfahrung und Handeln geht."[466]

„Menschen werden früh in ihrer Persönlichkeit geprägt und auch jahrzehntelanges Sprechen und Umgehen miteinander ändert in aller Regel daran wenig." Denn Menschen sind durch ihr genetisches Potential relativ „*autonome*, das heißt weitgehend innengeleitete Wesen". Damit spielt auch bei der Kommunikation die *genetische* Ähnlichkeit eine entscheidende Rolle. Die Verständigung gelingt nämlich dann am besten, wenn konsensuelle Bereiche sich weitgehend überlappen,[467] was nur innerhalb einer kulturellen Gemeinschaft gegeben ist. Denn „Verstehen gründet im Gemeinsamen".[468] Man muss sich diesen Vorgang als eine Art *Resonanz* vorstellen, wie eine Glasscheibe, die bei einem bestimmten Ton zu klirren beginnt, bei anderen Tönen nicht.[469] Darum ist die Gefahr, sich misszuverstehen,

---

[465] Roth, G. 2001, 365, 366
[466] Roth, G. 2001, 366
[467] Roth, G. 2001, 366, 367
[468] Jünger, F. G. 1967, 208
[469] Roth, G. 2001, 367

218

innerhalb einer historisch homogenen Einheit, die sich auch auf eine nicht sprachliche Kommunikation stützen kann, am geringsten.

Wichtig bei der Verständigung ist nämlich immer auch der *nicht symbolische* Anteil, der das Sprechen begleitet. Auch er ist in homogenen Gemeinschaften am ehesten gegeben. Klang, Rhythmus und Betonung der *Stimme* wirken *direkt* auf den Hörenden. Diese natürliche Information geht in der Schrift verloren. Wie dominant dieses Bedürfnis nach direktem Kontakt in einer technisierten Welt ist, zeigt die Tatsache, dass Unternehmen viel Geld aufwenden, um beispielsweise ihre Manager im Wochentakt um den Erdball reisen zu lassen, obwohl Kommunikation in Echtzeit mit Geschäftspartnern an beliebigen Orten problemlos möglich wäre. Unsere fernen Vorfahren sind auf eine zu Fuß erreichbare Umgebung festgelegt gewesen, in der sie naturgemäß fünfzig bis hundert Stammesgenossen vorgefunden haben. Diesen sind sie täglich von Angesicht zu Angesicht begegnet und haben sie per Zuruf erreichen können.

Vielen ist auch die Verständigung über Geruchssignale, *Pheromone*, nicht bewusst. Sie spielt nicht nur bei Säugetieren eine große Rolle, sondern auch beim Menschen. Soziale Gerüche (z.B. Schweiß, Pheromone beim Sexualverhalten) wirken direkt auf unser limbisches System und indirekt auf unseren Cortex.[470]

Der *Mimik* kommt beim Sprechen eine große Bedeutung zu. Auch wenn wir sie oft nur unmerklich wahrnehmen, scheint sich zu bestätigen, dass das Gefühl, ob wir unserem Kommunikationspartner trauen dürfen oder nicht, mimisch unbewusst vermittelt wird.

---

[470] Roth, G. 2001, 360

Gestik kann Sprache unterstreichen, sie verzerren, aber auch etwas ganz anderes vermitteln und beispielsweise das Gegenteil dessen andeuten, was gesagt wird.[471]

Diese natürliche, nicht sprachliche Kommunikation stützt, wesentlicher als uns bewusst ist, die symbolische Kommunikation unter Menschen. Je besser die Verständigung innerhalb einer Gemeinschaft funktioniert, d.h. je mehr Information übertragen werden kann, desto sicherer und komplexer gestaltet sich das Handlungsmuster.

Darum ein paar Worte zu der neuzeitlichen *multikulturellen* Gesellschaft: der Begriff ist irreführend. Kultur als Gemeinschaftsleistung kann nämlich auf die Dauer nicht von verstreuten Einzelvertretern aufrechterhalten werden. Das ist nur möglich in relativ geschlossenen, autonomen Enklaven innerhalb eines Gastlandes, das zu einer die Andersartigkeit respektierenden Minderheitenpolitik nur dann bereit sein wird, wenn die fremde Kultur die herrschende Geschlossenheit der eigenen nicht gefährdet. Denn das aufnehmende System kann nur ein bestimmtes Maß an innersystemischer Inhomogenität verkraften. Werden die Kohärenzkräfte einer Gemeinschaft überfordert, löst sie sich auf. Darum bedeutet die multikulturelle Gesellschaft, wie sie heute praktiziert wird, das Ende jeder Kultur. Die in langen evolutionären Zeiträumen entstandenen spezifischen Profile der bunt zusammenlebenden Individuen werden innerhalb weniger Generationen ihre Eigenart verlieren. Die Integration verwandter Kulturen stellt dabei kein Problem dar. Auch einzelne Vertreter fremder Kulturen kann eine Gemeinschaft durchaus aufnehmen, nicht aber in zu großer Zahl. Denn dann läuft die politische Einheit Gefahr, auseinanderzubrechen, eine Entwicklung, die auf Kosten kultureller Vielfalt geht.

Die Vielfalt der Systeme auf allen Ebenen aber stellen *das*

---

[471] Roth, G. 2001, 361

Charakteristikum dieser Welt dar. Ihr liegen evolutionäre Gesetze zugrunde, die diese vielschichtige Weiterdifferenzierung fordern und die weder durch Diskussion noch durch „Fortschritt" der Menschheit aus der Welt geschafft werden können. Darum lassen sich politische und kulturelle Vielfalt in einer bindungslosen, multikulturellen Welt nicht aufrechterhalten.

Denn wenn Außenstehende die eigene Sprache erlernen und beherrschen, müssen sie damit noch lange nicht die der Spezifität der eigenen kulturellen Normen adäquate *Mentalität* besitzen, auf die es letztlich ankommt. Als Ergebnis jahrhundertelanger genetisch-kultureller Entwicklung formt sie das kulturelle Profil und kann nicht im Handumdrehen erworben werden. Bis in die Gegenwart hinein haben sich alle menschlichen Gemeinschaften auf dieses Fundament der Homogenität gestützt. Erst seit kurzem beginnt es sich aufzulösen.

Noch etwas zu dem Begriff „Freund": Etymologisch ist mit „Freund" ursprünglich nur der Sippengenosse gemeint, der „Verwandte" oder „verwandt Gemachte". Erst in der späteren Neuzeit wird der Begriff Freundschaft auf eine Angelegenheit privater Sympathiegefühle reduziert. Der „Feind" dagegen ist oft nur negativ bestimmt, als Nicht-Freund.[472]

Das natürliche Prinzip der *Tradierung* erzwingt die Homogenität einer Gemeinschaft als Grundlage der kulturellen Bindung. Dadurch, dass ein ganz bestimmter Informationspool weitergegeben wird, entsteht das *Spezifische* einer Kultur. Dieser Prozess trägt dazu bei, die evolutionär notwendige Vielfalt der Biosphäre zu sichern. Im Rahmen einer Komplexitätssteigerung der lebendigen Systeme ist es darum durchaus sinnvoll, viele Völker, die ihre Identität behalten, in Vielvölkersystemen zu einen, und damit immer differenziertere politisch-kulturelle Einheiten zu schaffen; gleichzeitig ist es aber in keiner Weise

---

[472] Schmitt, C.1963, 104

sinnvoll, Völker durch wahllose Verteilung ihrer Individuen zu zerschlagen, und aus gewachsenen Systemen im besten Fall lockere Haufen Einzelner zu machen, die, allein auf sich gestellt, weder ihre kulturelle Identität wahren noch neue kulturbildende Bindungen eingehen können. Die bindungslose, individualisierte Massengesellschaft eines „melting pot" aber ist letztlich das Ergebnis einer multikulturellen Gesellschaft.

Tradierung

Im Lateinischen bezeichnet „tradere" übergeben, weiterleiten, übertragen, vor allem im rechtlichen Bereich.[473] Auch im Substantiv „traditio" klingt das römische Depositenrecht an: „das Depositum ist kein Eigentum, mit dem man beliebig verfahren kann, sondern es muss gut verwahrt und unversehrt bzw. unverfälscht zurückgegeben werden."[474] „*Tradition* kann dann, etwa in der Bedeutung einer „Weitergabe von abstrakten Kulturgütern durch die Zeiten" in der Art eines *Fackellaufes*", auf alle kulturellen Bereiche übertragen werden. Ihr gelingt es, die Geschlechter und Generationen zu verbinden und eine Brücke zu schlagen zwischen Vergangenheit und Gegenwart.[475] Sie formt „alle Lebensbereiche, von Sitte, Brauch und Ritual über Lebenserfahrung und Gewohnheitsrecht bis hin zu Lehrüberlieferungen".[476]

Schon der Vorsokratiker Archytas von Tarent (4. Jh. v. Chr.) erwähnt ein Wissen, das andere an uns weitergereicht haben.[477] Platon (427-347 v. Chr.) spricht von „unterrichtlicher Vermittlung".[478] Obwohl er Mythen und Göttergeschichten in der Erziehung ablehnt,[479] besitzen die Alten und Weisen bei ihm hohes Ansehen, weil sie die Richtigkeit einer Aussage bekräftigen können,[480] womit er der Tradition Autorität beimisst. Darum heißt es im „Philebos", „eine Gabe der Götter sei einmal durch einen gewissen Prometheus in leuchtendem Feuerschein herabgebracht worden, und die Alten, besser als wir und den Göttern näher

[473] Ehrhardt, A. 1937, 1875-1892
[474] Magass, W. 1982, 110
[475] Demandt, A. 1978, 203
[476] Ritter, J.; Gründer, K. 1998, Bd.10, 1315
[477] Archytas von Tarent: Frg. 47, B a. VS 1, 432, 5
[478] Platon: Leg. 803 a
[479] Platon: Timaios 23 b
[480] Platon: Gorgias 510

wohnend, hätten uns diese Sage übergeben."[481] Diese göttliche Gabe erhält bei Platon (427-347 v. Chr.) und Aristoteles (384-322 v. Chr.) Wissenschaftscharakter und wird „Vernunfterkenntnis, Philosophie."[482]

Tradition gilt als Grundpfeiler der *Religion*. Dabei geht es nicht nur um Erziehung, um Lehren und Lernen, sondern auch um Recht, um die Übergabe eines Depositums, das nicht veruntreut werden darf und trotz historischer Wandelbarkeiten unverfälscht weitergereicht werden muss. Tradition ist „das verbindende Element mit dem Ursprung".[483] Wie im Judentum steht sie auch im Christentum für die Autorität einer von göttlicher Offenbarung gestifteten und in Gang gesetzten Vergangenheit, die unentwegt präsent gehalten werden muss.[484]

Den Wert einer stabilisierenden Überlieferung erkennt auch das 20. Jahrhundert. A. Gehlen (1904-1976) betont als „Gegen-Rousseau", dass „in dem Element „Tradition" etwas für unsere innere Gesundheit Unverzichtbares" steckt, eine „ungeheure Entlastung", „in das kleine Einmaleins der Kultur" gehörig: „Hohe Kultur", sagte Nietzsche einmal, „verlangt, viele Dinge unerklärt stehen zu lassen", „sie verlangt also Traditionen, die sich nicht erklären, sondern kraft Geltung des immer so Gewesenen respektiert werden." „Umgekehrt gilt: „Wenn die äußeren Sicherungen und Stabilisierungen, die in den festen Traditionen liegen, entfallen und mit abgebaut werden, dann wird unser Verhalten entformt, affektbestimmt, triebhaft, unberechenbar, unzuverlässig."[485]

---

[481] Platon: Philebos 16 c
[482] Ritter, J.; Gründer, K. 1998, Bd.10, 1315 1316
[483] Paulus: 1. Kor. 11, 2
[484] Ritter, J.; Gründer, K. 1998, Bd. 10, 1316, 1317
[485] Gehlen, A. 1952

Der Philosoph H. Lübbe (geb. 1926) spricht von der „Evidenz der Unmöglichkeit", ohne Tradition „auszukommen",[486] und C. F. v. Weizsäcker (1912-2007) stellt fest, „dass Fortschritt überhaupt nur möglich ist auf der Basis einer Tradition, die schon da ist (...) und dass umgekehrt Tradition immer entstanden ist durch einen Fortschritt, der für uns nur so weit in der Vergangenheit liegt, dass wir uns seiner oft nicht mehr bewusst sind."[487]

Auch hier wie überall geht es um das richtige Maß. „Eine Gesellschaft, in der die Tradition zum Kult wird, verurteilt sich zur Stagnation, eine Gesellschaft, die von der Revolte gegen die Tradition leben will, zur Vernichtung."[488]

Denn ohne das Prinzip der Tradierung ist Evolution nicht möglich.[489] Ohne die Fähigkeit zur Überlieferung und konservativen Beharrung stünde die Natur vor der unlösbaren Aufgabe, alle unzähligen komplizierten Gestalten und Funktionen, die zur Aufrechterhaltung von Leben notwendig sind, in jeder Generation neu erfinden zu müssen. Indem das Prinzip der Tradierung den Informationshaushalt eines Systems von seinem Ursprung an speichert, ermöglicht es durch Bündelung und *Anhäufung* von Form, Ordnung, von Information die innersystemische *Weiterdifferenzierung*.[490] Tradierung schafft so nicht nur ein kulturelles Ordnungsdepot, das die genetische und geistige Ordnung der Menschen einer Gemeinschaft verkörpert, sondern auch deren *Homogenität*, und formt auf diese Weise deren *spezifisches* Profil nach bewährten Ordnungsprinzipien im Dienst kultureller Vielfalt.

Den überwältigenden Teil natürlicher Ordnung speichert und tradiert das menschliche *Genom* in Form seines Basen-Codes ohne

---

[486] Lübbe, H, 1977, 289f
[487] Weizsäcker, C. F. v. 1979, 373f, 374
[488] Kolakowski, L. 1969, 1085
[489] Riedl, R. 1990, 302
[490] vgl. Schrödinger, E. 1951; Riedl, R.1990, 302

Zutun des Menschen. Mit ihm treten wir in die Welt, es konstituiert unser Sein. Es verkörpert das in Jahrmillionen gewachsene Wissen, das in Interaktion mit der natürlichen Umwelt erworben worden ist. Die Weitergabe von Generation zu Generation erfolgt durch genetische Reduplikation. Es hat sich bisher gezielten manipulativen Eingriffen entzogen.

Im Gegensatz dazu beruht kumulierende *Tradition*, die jeder Kultur zugrunde liegt, auf Symbolik, dieser fundamental neuen, bei keiner Tierart vorhandenen Leistung. Begriffliches Denken, Wortsprache und Schrift eröffnen dem Menschen eine nie vorher dagewesene Möglichkeit, sein individuell erworbenes Wissen zu verbreiten und weiterzugeben. Diesem Depot kommt in der kulturellen Entwicklung die gleiche Aufgabe zu wie dem Genom im Artenwandel. Laut Konrad Lorenz ist diese direktere Vererbung auch der Grund dafür, dass sich die geschichtliche Entwicklung einer Kultur so viel schneller vollzieht als die Stammesgeschichte (Phylogenese). Bei dem beschleunigten geistigen Informationsgewinn steht der Neuerwerb (Zufuhr) im Vordergrund. Speicherung erfolgt nicht nach so unerbittlichem Konzept der Reduplikation wie beim Gen, sondern ist durch Sprache und Schrift mittelbarer, störanfälliger, vieldeutiger. Wir haben gesehen, dass hier eine große Gefahr liegt.

Denn auch kulturelles Wissen enthält existenzsichernde natürliche Information. Es birgt den in langen Zeiträumen gespeicherten Informationsaustausch der Individuen einer spezifischen menschlichen Gemeinschaft mit ihrer natürlichen Umwelt. So speichert es auch die dieser Gemeinschaft eigentümliche Sicht der Welt. Durch die spezifische Interpretation immer gleicher natürlicher Gesetzmäßigkeiten trägt sie bei zu der evolutionär notwendigen Vielfalt. Dieses Wissen, das mündlich und schriftlich überliefert wird, formt das kulturelle Muster einer Gemeinschaft.

Auch in der Kulturentwicklung wird das festgehalten, was sich am zuverlässigsten bewährt hat. Zwar wirkt Selektion im kulturellen Bereich nicht so streng wie im Artenwandel, weil sich der Mensch einem selektierenden Faktor nach dem anderen entzieht (Konrad Lorenz). Bei Kulturen findet man daher öfters, was bei Arten kaum vorkommt, sogenannte Luxusbildungen. Es handelt sich dabei um Strukturen, deren Form sich nicht aus einer systemerhaltenden Leistung ableitet. Der Mensch kann es sich erlauben, mehr „unnützen" Ballast mitzuschleppen als ein wildes Tier.[491]

Eine entscheidende Rolle innerhalb der Tradition spielt der tradierte *Wertecodex*. Gebote und Verbote lenken die Handlungen der Menschen und sichern so ihr eigenes Profil. Je spezifischer die Information, desto differenzierter ihre Identität. Dieser Codex lässt sich schon in den Anfängen des Menschen finden.

Wie nahe die frühe Menschheit der Natur noch gewesen ist, wird in den *Mythen* der Völker deutlich. Sie bilden den Ursprung aller Kultur und spiegeln das Bild der ältesten vorgeschichtlichen Zeit, in der die Menschen die natürliche Harmonie noch nicht verlassen haben und mit dieser „jene unbewusste Gesetzmäßigkeit" teilen, „welche den Werken freier Reflexion stets fehlt."[492] In Mythen zeigen sich die urweltlichen Anfänge. In Bildern schildern sie die Entstehung der Welt, der Götter und der Menschen. Sie sind nicht erfunden.[493] Als magische Wahrheit sollen sie mündlich ohne irgendwelche Variation weitergegeben werden.

Dabei geht es um nichts anderes als „um *Erhaltung und Vermehrung des Lebens*" der Menschheit, genauer gesagt, der Stammesgemeinschaft. „Die Wirkungskraft" des Mythos besteht in der „Magie des Wortes, in der verwirklichenden Macht des Wortes, eben des „Mythos", der „fabula". Gemeint ist nicht die

---

[491] vgl. Lorenz, K. 1983
[492] Bachofen, J.J. 1996, 121-123
[493] Pettazoni, R. 1996, 257-261

„Fabel-Rede", sondern eine geheimnisvolle und mächtige Kraft, verwandt, auch in etymologischer Hinsicht der Gewalt des „fatum"" (Schicksal). „So kam im alten Mesopotamien die Rezitation des sog. „Schöpfungsgedichtes" (...) anlässlich des Neujahrsfestes (...) einer Wiederholung des Schöpfungs-geschehens gleich, es ist so, als sei die Welt noch einmal in ihren Anfängen. Dergestalt wird das neue Jahr auf die beste Weise wahrhaft und feierlich eröffnet, gleichsam als ein neuer Zeitzyklus, den man mit einer neuen schöpferischen Handlung beginnt."[494] In märchenhafter Form verpackt transportieren Mythen ewig gültige Weltaspekte.[495]

Die magische, primitive Menschheit ist schon eine *religiöse* Menschheit, sie unterliegt göttlicher *Norm*.

Und immer wieder geht es in dieser ursprünglichen Kultur um *Zwist* und *List*. „Sie sind nicht bloße Erscheinungen des menschlichen Seelenlebens: sie sind da, wie sie in der Welt da sind, plötzlich und keiner besonderen Begründung bedürftig. Man erinnere sich nur der vielen unverständlichen Zwistigkeiten und Listigkeiten aller Heldensagen. Sie sind kosmische Selbstverständlichkeiten und deshalb auch Gründe für alles, wie Heraklits „Allvater Krieg"."[496] Unsere Welt ist eine *differenzierte* Welt, darum bestimmen *Differenzen* ihre Entwicklung von Anbeginn.

Homers Epen, die „Ilias" und die „Odyssee", bilden als griechische Mythen einzigartige historische Quellen für unser Verständnis *archaischer Ordnung*, die wir uns kurz ansehen wollen. Sie ist durch *Herkunft* bestimmt und *hierarchisch* geordnet.

---

[494] Pettazoni, R. 1996, 258
[495] vgl. Otto, F. 1996, 278
[496] Kerenyi, K. 1996, 231

Der König verdankt seine Macht als Stammesoberhaupt den Göttern. Auf Grund körperlicher und geistiger Vorzüge besitzt er die alleinige Entscheidungsgewalt. Er holt zwar den Rat der Vornehmsten ein, ist aber nicht an ihn gebunden. Auch wenn er mit der Haushaltsführung vertraut ist, lässt er seinen Besitz, Herden, Weide- und Ackerland, von Untergebenen bewirtschaften. Denn er sorgt vor allem für den militärischen *Schutz* der Bewohner seines Gebietes und für Beutezüge. Sein Ideal ist die *Bewährung* als Ritter im Kampf, um seine männliche Tapferkeit zur Schau zu stellen und Ruhm zu ernten. Seine Fähigkeit als Herrscher stellt er *ständig* unter Beweis. Auch seine adligen Vasallen, aus weniger vornehmem Geschlecht als der König, huldigen der Tapferkeit und wollen Ehre erlangen. Kriege sind in erster Linie Zweikämpfe zwischen Heroen.

Der König unterliegt wie alle anderen den überkommenen Bräuchen, die *göttlichen* Ursprungs sind. Verletzt er eine *Norm*, hat er zwar keine irdische Gerechtigkeit, dafür aber die Götter zu fürchten. Die Heiligkeit alten Rechts wird Rache nehmen an ihm, seiner Familie und seinem Besitz.[497]

Das Herrschaftsverhältnis ist eine direkte, rein *persönliche* Beziehung, es steht und fällt mit der Person des Königs. Das Volk, der „demos", nimmt nicht teil am heroischen Leben und Kampf, es besitzt im Rat keine Stimme, es hat zu gehorchen, auf Grund des ewigen Zusammenhangs von Schutz und Gehorsam.[498]

Grundlage des Lebens bildet der „oikos", das *Haus*, dem der Hausherr vorsteht und über Frau, Kinder, Hausgesinde, Sklaven und Gefolgsleute bestimmt. Ohne Haus leben zu müssen, gilt als größtes Unglück. Zwischen der Herrschaft im Haus und der Herrschaft im Staat wird nicht unterschieden.[499]

---

[497] Braun, E.; Heine, F.; Opolka, U. 1996, 18
[498] Braun, E.; Heine, F.; Opolka, U. 1996, 18
[499] Finley, M. I. 1979

Die heroische Welt Homers verkörpert mit Tradition, Hierarchie und göttlich geschützter Norm noch natürliche Prinzipien.[500]

Je länger tradiert wird, desto mehr besteht die Gefahr einer *Überfrachtung*. Untersucht man die herkömmlichen sozialen Verhaltensnormen einer Kultur so, wie sie im Augenblick vorgefunden werden ohne historische Reflexion, kann man unter ihnen solche, die von zufällig entstandenem „Aberglauben" herrühren, nicht von solchen unterscheiden, die schützenswertes Wissen enthalten. „Überspitzt lässt sich sagen, dass alles, was über längere Zeiträume durch kulturelle Tradition überliefert wird, schließlich den Charakter eines Aberglaubens oder einer Doktrin annimmt."[501] Auch in dieser, vielleicht oft überschießenden Speicherung, zeigt sich das lebensnotwendige Prinzip des Konservierens bei einem System, dessen Existenz von dem Umfang relevanter, erprobter Information abhängt. Es ist schwer festzustellen, welche von den Sitten und Gebräuchen, die zur Tradition einer Kultur gehören, entbehrlicher, überalterter Aberglaube und welche unentbehrliche Kulturgüter sind. Weil tradiertes Wissen das *Skelett* jeglicher Kultur darstellt, kann es ohne Einsicht in die Vielzahl seiner Wechselwirkungen höchst gefährlich sein, willkürlich ein Element aus ihm zu entfernen. Riten und Normen halten kulturelle Einheiten zusammen und grenzen sie durch ihr spezifisches Profil voneinander ab. Auch so scheinbar unwichtige Dinge gehören dazu, wie beispielsweise eine bestimmte Art von „Manieren", ein spezieller „Gruppendialekt," „eine Art, sich zu kleiden" usw. „Auch sie symbolisieren eine Gemeinschaft und werden in ähnlicher Weise geliebt und verteidigt wie eben diese Gruppe persönlich bekannter und geliebter Menschen."[502]

---

[500] vgl. Riedl, R. 1990, 92
[501] vgl. Lorenz, K.1983
[502] vgl. Lorenz, K. 1983

Die Offenheit eines kulturellen Systems sichert die Jugend, die sich von den althergebrachten Traditionen zu lösen beginnt. Sie prüft sie kritisch und hält nach neuen Idealen Ausschau, nach einer neuen Gemeinschaft, der sie sich anschließen und deren Werte sie übernehmen kann. Man spricht hier von *„physiologischer Neophilie"*. Dieser Vorgang hat einen hohen Arterhaltungswert. Er macht das sonst allzu starre System offener und anpassungsfähiger. Denn wie bei allen konservierenden Mechanismen muss auch die kulturelle Überlieferung die unentbehrliche Stützfunktion mit einem Verlust von Freiheitsgraden erkaufen. Und wie bei jedem Wandel, der in diesem Fall von jungen Mitgliedern der Gemeinschaft herbeigeführt wird, bringt die Phase der Umstrukturierung Halt- und Schutzlosigkeit mit sich. Normalerweise folgt auf die Periode der physiologischen Neophilie eine Affinität zum Althergebrachten. A. Mitscherlich (1908-1982) nennt dieses Phänomen treffend den *„späten Gehorsam"*.[503]

Die „physiologische Neophilie" und der „späte Gehorsam" bilden zusammen eine systemerhaltende Leistung, die einerseits hilft, veraltete, die Entwicklung hemmende Elemente der überlieferten Kultur auszumerzen und andererseits die wesentliche und unentbehrliche Struktur des Systems zu bewahren. Da diese komplizierte Funktion notwendigerweise vom Zusammenspiel sehr vieler äußerer und innerer Faktoren abhängt, ist sie störanfällig. Doch zeugt die Vorstellung, man müsse überliefertes Kulturwissen vollständig wegfegen, um dann „schöpferisch" neu aufbauen zu können, von Ignoranz und infantiler Anthropozentrik. Sie beachtet nicht den Zeitfaktor und die unüberschaubare Komplexität des Geschehens.[504]

Das Leben sammelt alles an Information, was sich bewährt hat und hält es fest. Das ist der Sinn von Überlieferung, genetisch wie

---

[503] vgl. Lorenz, K. 1983
[504] vgl. Lorenz, K. 1983

kulturell. Sie bildet die Grundlage seiner Ordnung. Ein weiterer Kunstgriff gelingt dem Leben, indem es die immer begrenzte Informationszufuhr unterschiedlich gewichtet und sehr differenziert kanalisiert: es erfindet das höchst ökonomische Prinzip der Hierarchie.[505]

---

[505] vgl. Riedl, R. 1990, 188

Hierarchie

In jedem lebendigen System wird differenzierteste *Herrschaft* ausgeübt. Das gilt auch für den kulturellen Bereich. Denn dank des „ewigen Zusammenhangs von Schutz und Gehorsam" (C. Schmitt) entsteht überall dort, wo Schutz gewährt wird, auch Herrschaft über den Beschützten. *Konstruktiv* wird diese Herrschaft dann, wenn es ihr gelingt, das Systemganze dauerhaft zu erhalten, das Handlungsmuster der gewachsenen Gemeinschaft so zu ordnen und zu gewichten, dass die Information des Systems gesteigert und eine weitere Differenzierung möglich werden kann.

Hierarchie (vom griech. „hieros": „heilig" und „arche": „Herrschaft") ist das „heilige" Herrschaftsprinzip, das alles Leben durchzieht. Es steht als zentraler Begriff in fast allen Bereichen der Wissenschaft für „Abstufung, Rangordnung und das Verhältnis der Über- und Unterordnung", eine Gliederung mit aufsteigender Bedeutung und abnehmender Zahl der Elemente. Der Begriff, Ende des 6. Jahrhunderts im religiös-kirchlichen Bereich entstanden, ist von der profanen Welt übernommen worden.[506]

Hier taucht der Begriff ab dem 18. Jahrhundert auf als „politische Hierarchie,"[507] als „Hierarchie der Gewalten"[508] und besonders als „Beamten-Hierarchie" und „militärische Hierarchie". Man entdeckt die Rangordnung in vielen anderen Bereichen. Auch in der Philosophie wird Hierarchie zum geläufigen Begriff.

Die Ordnung der Hierarchie ist durch Merkmale gekennzeichnet, deren Geltungsbereiche, ohne dass sich ihre Grenzen schneiden, ineinander verschachtelt sind. Organische

---

[506] Ritter, J. 1974, Bd.3, 1123, 1124
[507] Hegel, G. W. F. 1935, 7f. 24 ff
[508] Görres, J. 1819

Strukturen, Denkmuster, Sprachen – alle Gemeinwesen des Menschen ordnen sich hierarchisch.[509] Das Prinzip der Hierarchie, das jedes lebendige System formt und von Beginn an bestimmt, entwickelt sich auf dem Boden *natürlicher Differenzen*. Ohne Differenzen gibt es keine Hierarchie, keine Ordnung und keine Komplexität.

Kybernetische Modelle versuchen das komplizierte Geflecht der Regelkreishierarchien *biologischer Systeme* zu verdeutlichen, ihre Soll- und Steuerungsgrößen, die vielfachen Führungsgrößen, die Rangfolge von Kontrollsystemen. Was in einer untergeordneten Einheit führt, hat in einer übergeordneten Kreisschaltung die Rolle der Regelgröße. Stellgrößen des einen Funktionskreises registriert ein anderer als Störfaktor und so fort. Entscheidend dabei ist, dass es keine biologische Führungsgröße gibt, die nicht durch Rückkopplung relativiert würde. Denn die letzte Instanz, der eigentliche Souverän an der Spitze jeder lebendigen Hierarchie, ist – und das ist nun ganz entscheidend – das *Ganze*. Auf den Erhalt des Ganzen kommt es an, seinem Primat ordnet sich alles unter.

Wie erfolgreich Rangfolgen sind, ist uns auch aus der „*Ökonomie* der Nachrichten-, der Befehls- und Kompetenz-Übertragung" bekannt. Es geht darum, Geltungsbereiche eindeutig zu definieren und Fehler wie auch zu große Redundanz zu vermeiden. „Viel Ordnung aus wenig Gesetz; viel Sicherheit mit einem Minimum an Denken."[510] Denn wenn es um *Effektivität* geht, kann der hierarchische Informationsfluss nicht wirklich angezweifelt werden, ob nun in kleinen Gruppen, in Betrieben oder in kirchlichen und staatlichen Systemen. Sie ist überall zu finden, in großen Armeen, aber auch bei rebellierenden Aufständischen, die sie sehr schnell wieder einführen. Brechen nämlich alte Herrschaftsstrukturen zusammen, weil man sie nicht

---

[509] Riedl, R.1990, 188, 189
[510] Riedl R. 1990, 267

mehr haben will, folgt daraus immer Ratlosigkeit und Chaos. Die einzige Antwort darauf bleibt, sofort neue Rangfolgen einzuführen, entgegen den tradierten Gesetzen, die sich letztlich auch nur auf diese Weise effektiv bekämpfen lassen.[511] Wird eine Gemeinschaft bedroht, empfindet sie hierarchische Befehlswege besonders eindrücklich als existenzrettende Notwendigkeit.

Hierarchie beginnt als „Massen-Hierarchie undifferenzierter Menschen-Klassen"; denken wir nur an Armeen, Sport- und Sparvereine, deren hierarchische Struktur immer „juvenil" bleiben wird. Je länger solche Formen sich bewähren, desto eher entwickelt sich in der Folge die „Senilitätsphase der Schachtelhierarchie, der Kammerherrn und Kirchenfürsten. Hierarchie ist eine Notwendigkeit; jeder Versuch, sie zu ersetzen, ersetzt – vor ihrer Wiedereinführung – Ordnung durch Chaos."[512]

Auch wenn uns Menschen der Moderne die Bedeutung von Herrschaft nicht mehr bewusst ist, weil sie heute sehr viel indirekter, subtiler und anonymer ausgeübt wird, müssen wir feststellen, dass es sie immer gegeben hat.

Die aristotelische Philosophie zeigt uns, wie sie in der alteuropäischen Welt ausgesehen hat. „Als weltbewegendes und lebensordnendes Strukturprinzip" lässt sie sich in der „Ordnung des Hauses finden (Herr und Knecht)". Aristoteles (384-322 v. Chr.) vergleicht dieses Verhältnis mit der „Herrschaft der Seele über den Leib". Sie zeigt sich ihm auch in der „Ordnung der Polis (Staatsmann und Freie)", die ihn an die Autorität der „Vernunft über das Begehren" erinnert. „Denn die Ungleichheit der Menschen und der damit verbundenen unterschiedlichen Rechte und Pflichten sind damals als allgemeinverbindliche Wertordnung begriffen und nicht in Frage gestellt worden."[513]

---

[511] Riedl, R 1990, 267, 268
[512] Riedl, R. 1990, 268
[513] Ritter, J. 1974, Bd.3, 1084, 1085

Während Platon (427-347 v. Chr.) die Herrschaft des Rechts über die Gemeinschaft ablehnt, weil an dessen Stelle „der mit Wissen königliche Mann" gehöre,[514] vertritt Aristoteles (384-322 v. Chr.) schon eine sehr moderne Haltung. Er ist nämlich stolz darauf, dass die hellenische Polis letztlich nicht von einem Menschen, sondern nur vom Gesetz regiert wird: „König der Griechen ist allein der Nomos."[515]

Allerdings darf man Macht und Recht nicht miteinander verwechseln. Es ist nämlich so, dass jede Herrschaft ein souveränes Entscheidungsmonopol beinhaltet. Denn kein juristischer Fall kann lückenlos durch ein positives Gesetz geprüft und gewürdigt werden, „weil der juristische Schluss nicht bis zum letzten Rest aus seinen Prämissen ableitbar ist, und der Umstand, dass eine Entscheidung notwendig ist, ein selbstständiges determinierendes Moment" belässt.[516] Kein Recht verwirklicht sich selbst, d.h. jede Umformung verlangt nach einem Menschen, der sie vollzieht.[517] Während im Normalfall die Rechtsordnung dafür sorgt, dass die selbstständige souveräne Entscheidung „auf ein Minimum" reduziert werden kann, erhält sie im Notfall höchstes Gewicht. „Souverän ist, wer über den Ausnahmezustand entscheidet."[518] In rechtsstaatlichem Sinne kann nicht angegeben werden, wann ein Notfall vorliegt, noch kann inhaltlich aufgezählt werden, was in einem solchen Fall zu geschehen hat. „Die Verfassung kann höchstens angeben, wer in einem solchen Fall handeln darf."[519] Ist derjenige keiner Kontrolle unterworfen, „steht er außerhalb der normal geltenden Rechtsordnung und gehört doch zu ihr", denn er entscheidet im Notfall, ob die Verfassung insgesamt außer Kraft gesetzt werden kann. Die „souveräne Kompetenz" wird somit zu einer „ungeteilten" und

---

[514] Platon, Politikos 294 a 7f
[515] Ritter, J. Bd.1 1971, 939; Aristoteles, Pol. III, 15, 1286 a 7ff
[516] Schmitt, C. 1914, 36
[517] vgl. Ottmann, H. 1990
[518] Schmitt, C. 1996, 13, 15, 19
[519] Schmitt, C. 1996, 14

„unbegrenzten". „Souverän ist einer oder keiner", Souveränität ist somit ein „Entscheidungsmonopol".[520]

Der Rationalismus der Aufklärung hat den Ausnahmefall in jeder Form verworfen. Seitdem setzt eine Entwicklung ein, die den Souverän nach und nach beseitigen soll; ob auch der Notfall aus der Welt geschafft werden kann, ist eine andere Frage. Für Kant (1724-1804) und den Neukantianer und Rechtsphilosophen Kelsen (1881-1973) ist das Notrecht kein Recht mehr.[521]

In ihrer Geschichte haben die Menschen meistens unter *monarchischer* Herrschaft gelebt mit wenigen Ausnahmen kleinerer Gemeinwesen: z.B. „die Athenische Demokratie, Rom während des republikanischen Zeitalters bis 31 v. Chr., die Republiken von Venedig, Florenz und Genua während der Renaissance, die Schweizer Kantone seit 1291", „England unter Cromwell von 1649 bis 1660".[522]

Wie kommt diese monarchische Herrschaft *ursprünglich* zustande, also unabhängig von ihren missbräuchlichen Formen? In jeder verwurzelten Gemeinschaft gibt es Einzelne, die aufgrund ihrer besonderen Fähigkeiten geschätzt und anerkannt werden. Ihr höherer Mut, ihre überlegene Weisheit und Tatkraft verschaffen ihnen Respekt und ihr Urteil besitzt *natürliche* Autorität. Der Differenziertheit des Fähigsten überlässt man gerne den Schutz der Gemeinschaft und damit die Herrschaft. Dieser König, der seine privilegierte Position allein seinem persönlichen Charakter und seinem Können verdankt, ist mit seiner Gemeinschaft verbunden. Darum wird er mit seinem Entscheidungsmonopol in der Regel verantwortlich umgehen. Auch dann, wenn man ihn als persönlichen Eigentümer des Landes, das er regiert, ansieht, wird er vernünftig und konstruktiv handeln, erst recht, wenn er seinen

---

[520] Schmitt, C. 1996, 14, 19
[521] Schmitt, C. 1996, 20
[522] Hoppe, H.-H. 2004, 128

Besitz an seinen persönlichen Erben weitergeben kann.[523]

Sogar im schlimmsten Fall, also dann, wenn man dem König ausschließlich Eigeninteresse unterstellt, wird er versuchen, mit seinen Besitz vernünftig umzugehen. Denn persönliches Eigentum verlangt immer ökonomische Kalkulation und Weitblick. Folglich wird der Herrscher auch unter diesen Umständen nicht versuchen, seine Untertanen übermäßig auszubeuten und jede Produktion lahmzulegen, weil ihm das letztlich selbst schadet. „Als persönlicher Besitzer der Regierung wird der König für mäßige Besteuerung sorgen, da sein Volk umso produktiver sein kann, je geringer die Abgabenlasten sind", was ihm letztlich auch zugutekommt.[524] Es gibt Untersuchungen, die zeigen, dass die Steuern des Volkes seit dem 11. Jahrhundert zwar in ganz Europa gestiegen sind, dass sie aber „bis zur zweiten Hälfte des 19. Jahrhunderts nie mehr als fünf bis acht Prozent des nationalen Einkommens betragen haben, abgesehen von wenigen Ausnahmen".[525]

Trotz seiner Souveränität hat sich der König genauso dem Recht zu beugen wie seine Untertanen. Die Haltung des Monarchen den Gesetzen gegenüber beschreibt Bertrand de Jouvenel: „Die Einstellung des Souveräns den Rechten gegenüber wird im Eid der ersten französischen Könige ausgedrückt: „Ich werde jeden einzelnen von euch ehren und beschützen, und ich werde für jeden das Gesetz aufrechterhalten und die Gerechtigkeit, die ihm zusteht." Wenn der König „Schuldner der Gerechtigkeit" genannt wird, ist das keine hohle Phrase. Seine Pflicht ist es gewesen, „suum cuique tribuere", jedem das Seine zu geben. „Es war nicht der Fall, dass er jedem das gab, was seinem Wissen nach für diesen das Beste wäre. Rechte der Untertanen hatten nicht die unsichere Stellung einer Gewährung,

---

[523] Hoppe, H.-H. 2004, 70-73
[524] Hoppe, H.-H. 2004, 73, 74, 75
[525] Cipolla, C. M. 1980, 48

238

sondern waren freie Eigentumsrechte. Das Recht des Souveräns war ebenfalls ein freies Eigentumsrecht. Es war subjektives Recht wie alle anderen Rechte, wenn auch von höherer Würde, aber es konnte die anderen Rechte nicht aufheben."[526]

Auch in Bezug auf Landgewinn wird der private Herrscher versuchen, dies eher auf vertraglichem Weg zu erreichen als durch Krieg, der außerordentlich viele Ressourcen verschlingt. Denn die Kosten einer militärischen Intervention muss ein Monarch zum großen Teil selbst tragen. Er wird daran interessiert sein, so kostengünstig wie möglich zu expandieren, was am einfachsten durch Vermählung von Mitgliedern verschiedener Herrscherhäuser geschieht. Folglich wird Außenpolitik oft zu Familien- und Heiratspolitik, die zwei ursprünglich unabhängige Königreiche miteinander verbindet. Das Motto des habsburgischen Österreich macht dies deutlich: „bella gerunt alii; tu, felix Austria, nube" („die anderen führen Krieg; du, glückliches Österreich, heirate").[527]

Ganz anders gestalten sich die Bedingungen bei einer *demokratischen Herrschaft*. Denn im Verlauf von anderthalb Jahrhunderten, beginnend mit der Französischen Revolution, wandelt sich Europa und in seinem Fahrwasser die ganze Welt fundamental. Die monarchische Herrschaft und die souveränen Könige weichen demokratisch-republikanischer Herrschaft und „souveränen Völkern".[528]

In Demokratien gilt der Regierungsapparat als „öffentliches Eigentum", den nun regelmäßig gewählte Verwalter zwar nicht besitzen, aber kontrollieren und vorübergehend treuhänderisch nutzen. Ihre Legitimation stützt sich auf Mehrheiten. Jeder kann an die Regierung gelangen.

---

[526] Hoppe, H.-H. 2004, 76, 77
[527] Hoppe, H.-H. 2004, 82
[528] Hoppe, H.-H. 2004, 129, 132

„Ein demokratischer Herrscher nun kann den Regierungsapparat und die Regierungsressourcen (Nießbrauch) zu seinem persönlichen Vorteil einsetzen. Weil er aber nur kurz regiert, den Kapitalwert dieser Instrumente nicht besitzt, und sie auch nicht an einen persönlichen Erben weitergeben kann, liegt es im Gegensatz zu einem König nicht in seinem Interesse, den Gesamtwert des Regierungsvermögens (Kapitalwerte und laufendes Einkommen) zu vermehren, sondern nur das laufende Einkommen (unabhängig und auf Kosten von Kapitalwerten). Darum führt öffentliches Besitztum in der Regel zu einem ständigen Kapitalverbrauch." Da demokratische Regierungen von einer Politik der Mäßigung, die nur langfristig Früchte trägt, kaum profitieren, verfolgen sie eher eine Politik höherer Steuern, um das laufende Einkommen zu maximieren. Während Mäßigung einem König nützt, weil sie den Wert seines Besitzes dauerhaft vermehrt, ist sie für einen demokratischen Verwalter nur von Nachteil.[529]

Im Zuge der Demokratisierung sind darum nicht nur die Steuern gestiegen, direkte (heute inzwischen auf über fünfzig Prozent des Inlandsproduktes) und indirekte durch zusätzliche „Geldschöpfung" seitens der Regierung, zum Beispiel Inflation, sondern auch die Zahl der öffentlich Angestellten im Vergleich zu privat Beschäftigten. „Der ausschließlich Parteieninteressen dienende Verwaltungsapparat wird aufgebläht. Demokratie verkommt zur Parteiendiktatur. Systemimmanent auch die Tatsache, dass dort vor allem kurzfristig orientierte Menschen zu finden sind." [530]

Charakteristisch für die monarchische Welt ist die Existenz eines Warengeldes, Gold oder Silber. Ein Goldstandard macht es nämlich einer Regierung schwer, die Geldmenge inadäquat zu steigern und dadurch zu entwerten. Dies wird erst nach dem Ersten Weltkrieg und nach Abschaffung des Goldstandards unter

---

[529] Hoppe, H.-H. 2004, 82- 84
[530] Hoppe, H.-H. 2004, 87, 89

demokratischen Bedingungen möglich. Das seit 1971 herrschende weltweite System uneinlösbarer Papierwährungen nun lässt jede Liquiditätsschwemme zu. Die Geld- und Kreditmenge, die seitdem dramatisch gestiegen ist,[531] macht Spekulation und Manipulation in großem Stil möglich. Geld wird damit zum eigentlichen Herrschaftsinstrument in der Welt. Es ermöglicht eine gefährliche, weil zunächst unsichtbare Versklavung globalen Ausmaßes.

Auch was das Recht angeht, unterscheiden sich Monarchien von Demokratien. Noch bis in die späte Neuzeit hinein ist man davon überzeugt, dass Könige und ihre Untertanen von einem einzigen, überall gültigen Recht regiert werden. Recht wird dabei als etwas verstanden, das schon immer „gegeben" ist, und nicht als etwas, was „gemacht" wird. Erst unter demokratischen Bedingungen wird es aktuellen Bedürfnissen angepasst. Dabei entwickelt sich auch ein „öffentliches Recht", das Regierungsbeauftragte von persönlicher Haftung ausnimmt, ihnen Immunität von den Vorkehrungen des Privatrechts gewährt und so in öffentlichem Eigentum befindliche Ressourcen einer ökonomischen Verwaltung entzieht. Dadurch, dass ein „öffentliches" Recht (einschließlich Verfassungs- und Verwaltungsrecht) als höheres Recht eingeführt wird, wird das Privatrecht untergraben.[532] Auch wenn uns das nicht bewusst ist, wird Herrschaft so nicht nur absoluter, sondern auch willkürlicher.

Wenn Herrschaft der natürlichen Ordnung folgt, bleibt sie maßvoll. Besitzt der Fähigste die größte Verantwortung, führt die Natur Regie in Gestalt eines differenzierten Menschen, dessen Können und Weitsicht das Gemeinwesen voranbringt. Sogar Demokratien können vernünftig regiert werden, wenn es gelingt, tatsächlich den Besten und Verantwortungsvollsten die Herrschaft zu übergeben, was nur in kleinen, in einem natürlichen Umfeld

---

[531] Hoppe, H.-H. 2004, 90, 91
[532] Hoppe, H.-H. 2004, 90-92

lebenden homogenen Gemeinschaften möglich ist mit einem insgesamt hohen Niveau der Bürger. Denn die Homogenität einer Gemeinschaft ist auch in diesem Falle wesentlich. Je homogener die Bevölkerung, desto physiologischer erscheint dem Einzelnen die hierarchische Struktur. Das können wir in intakten Familien beobachten. Gleiches gilt aber auch – natürlich in entsprechend geringerer Ausprägung – für Herrscher, die durch Tradierung mit ihrer Gemeinschaft verbunden sind. Denn es gilt: Nur meinesgleichen kann mir befehlen! Dann verliert auch der Begriff „Befehl" seine neuzeitlich negative Färbung. Die ursprüngliche Bedeutung des Wortes nämlich lautet: „übertragen, anvertrauen" und ist noch in alten Kirchenliedern zu finden. („bevelhen" mhd.: übergeben, anvertrauen, übertragen, in Obhut geben; „seine Seele Gott befehlen").[533] Hierarchie zeigt sich dann als funktionelle, dem Erhalt des Ganzen dienende Herrschaft. So wird auch die Bedeutung der Homogenität eines kulturellen Systems verständlich als konstruktive Kraft, die das zentrifugal wirkende Potential innersystemischer Differenzen in Schach zu halten vermag.

Hierarchie kommt dann in Verruf, wenn nicht mehr der Beste regiert. Dafür können Symbole sorgen. Denken wir nur an überlieferte Symbole der Macht, zum Beispiel eine Krone. Die starre Kopplung dieses unveränderlichen Symbols an die wandelbare natürliche Form einer Generationenfolge kann zu Problemen führen. Es besteht kein Zweifel daran, dass Erbmonarchien stabilisierend wirken können. Doch kann in einer Erbmonarchie der Sohn eines guten Herrschers unfähig sein. Besitzt er die Insignien der Macht, wird er Unglück anrichten. Doch sind ihm auch Grenzen gesetzt in einem kulturellen Umfeld, das samt seinen Symbolen noch natürlich verankert bleibt (Gold- oder goldgebundene Währung, Wahrhaftigkeit in der Informationsvermittlung, noch nicht entfesselte Technik, vor

---

[533] Duden, Herkunftswörterbuch 1989, 69

allem konstruktive Norm). Dafür darf man dann aber weder das schöpferische Prinzip der Hierarchie noch das der Tradierung verantwortlich machen, sondern allein die unflexible Kopplung des gleichbleibenden Symbols der Macht an die evolutionär veränderliche, lebendige Form der Generationenfolge. Ein Element aktueller Bewährung, das es in archaischer Zeit gegeben hat, könnte dem entgegenwirken.

Auch die Neuzeit, die jede Herrschaft bekämpft, kann sie nicht umgehen, auch wenn sie jetzt anonym und unpersönlich auftritt als Ausdruck des (angeblich) allgemeinen Willens. Zwar sieht es so aus, als ließe sich die Macht der Regierenden beschneiden, weil die Regierten ihre Repräsentanten leicht auswechseln können. Aber oft ist es für den Einzelnen unmöglich, in großen unübersichtlichen Gesellschaften die Zusammenhänge zu durchschauen. Mit Hilfe von Medien ist nämlich jede Indoktrination möglich. Und indem man Macht *allen* Ehrgeizigen in Aussicht stellt, kann sie ausgeweitet werden. Nun, da jeder Minister werden kann, ist niemand daran interessiert ein Amt in Frage zu stellen, das er selbst eines Tages anstreben könnte.[534]

Herrschaft wird zur Katastrophe, wenn undifferenzierten Regierenden eine entfesselte und somit manipulierbare Symbolflut zur Verfügung steht, also korrupte Medien, uferloses „fiat money" und ein entsprechendes Waffenarsenal, das auch dem verantwortungslosesten Individuum alle Macht verleiht. Denn ohne die regieführende Kraft der Natur, die nicht nur einem Unfähigen die Herrschaft versagen, sondern ihm auch in Form einer konstruktiven Norm Zügel anlegen würde, kann Herrschaft dem entsprechenden System nicht nur schweren Schaden zufügen, sondern es sogar zerstören.

Dass demokratische Verhältnisse in einem Milieu entfesselter Symbolik nicht geschaffen sind, die Besten in Verantwortung zu

---

[534] Hoppe, H.-H. 2004, 88

bringen, liegt auf der Hand. Denn eine Gesellschaft, die jeden, sei er nun differenziert oder nicht, verantwortungsvoll oder nicht, zur Regierung zulässt und ihm auch noch ein Heer manipulativer Werkzeuge dazu liefert, muss sich nicht wundern, wenn eine Negativauslese stattfindet, die Unbedenklichkeit, Verantwortungslosigkeit, Korruptheit, Geltungssucht und zu Lügen bereite Überredungskunst begünstigt und Claqueure, Ideologen und Demagogen ans Ruder gelangen lässt.

Von entscheidender Bedeutung ist die Norm in einem politischen System. Wenn Regierende in einer symbolüberfluteten Welt sich nicht mehr von lebensfördernden Werten leiten lassen, sondern von einer destruktiven Gleichheits-Norm, wird Information nicht mehr effektiv und zukunftsorientiert zum Wohle des Ganzen eingesetzt, sondern sinnlos verschwendet. Weiterdifferenzierung ist dann nicht mehr möglich. Damit wird das informationsökonomisch höchst effektive Prinzip der *natürlichen* Hierarchie verlassen und der lebendigen Ordnung des Menschen die Grundlage entzogen: Seine Kultur zerfällt. Gründlicher als durch den Gleichheitsgedanken kann natürliche Hierarchie nicht bekämpft werden.

Neben Tradierung und Hierarchie gibt es ein weiteres Prinzip, das alles Leben bestimmt. Seine informationsökonomische Bedeutung ist sehr viel augenfälliger als die der beiden anderen: Opferbereitschaft bzw. Disziplin als systemerhaltende Selbstbeschränkung.

Opfer

Statt von Opfer könnten wir auch von Selbstbeschränkung, Selbstbeherrschung und Selbstüberwindung sprechen, von Disziplin, Pflichterfüllung und Verzicht, von Arbeit, Fleiß und Leistung. Alle stellen eine im Kern ökonomisch höchst effektive Haltung dar. In der Natur begegnet sie uns als *Selbstbegrenzung* eines lebendigen Systems, das gleichzeitig zu Wachstum bzw. Neustrukturierung fähig ist. Die Ökonomie hat dafür einen Begriff, auf den wir noch genauer eingehen werden: die Zeitpräferenz.

Arbeit repräsentiert den Ordnungsstrom aus der Natur, den wir Menschen fortsetzen. Er muss durch uns hindurchgehen und aus uns herausfinden. Die Information, die uns erreicht, muss arbeitend, als gestaltschaffende Bewegung, als Muster, Rhythmus in die kulturelle Welt hineingetragen werden.[535]

Der Begriff des Opfers reicht weit zurück. Wir kennen es als tragenden Teil aller alten *Religionen*. Doch obwohl Opferriten häufig beschrieben worden sind, gibt es keine ausgearbeiteten Theorien des Opfers. Der Mensch hat den Göttern aus verschiedenen Gründen geopfert, so z.B. um eine Bitte, Danksagung oder Sühne zu bekräftigen oder einen Vertrag durch ein Eid-Opfer zu besiegeln.[536] Doch schon zu Platons (427-347 v. Chr.) Zeit wird über das bisher so selbstverständliche Opfern nachgedacht. Zu glauben, Götter seien bestechlich und man könne sie durch gebratenes Fleisch nötigen, hält Platon für ungläubig und wendet sich in dieser Hinsicht gegen Homer.[537] Trotzdem stellt er das Opfern als fromme Geste und als Verneigung vor den Göttern nicht in Frage[538] und hält es für eine Pflicht des Staates,

---

[535] Fischer, E. P. 2002, 331
[536] Homer: Ilias, II, 410ff
[537] Platon: Resp. 365 e
[538] Platon: Leg. 716 d

regelmäßig zu opfern und dabei Feste für die Gemeinschaft zu veranstalten[539]. Aristoteles (384-322 v. Chr.) glaubt sogar, dass das gemeinsame Opfern und Essen einige Gemeinschaften erst zusammengebracht haben.[540]

Der Aristoteles-Schüler Theophrastos (371-287 v. Chr.), der die Tier-Opfer für barbarisch hält, wendet sich gegen die materielle Gabe, worauf sich später auch die christliche Kritik am Opfer beruft. Denn nicht der vordergründige Wert des Opfers ist entscheidend, sondern die Gesinnung des Opfernden.[541] Diese Haltung vertritt auch Seneca (4 v. Chr. - 65 n. Chr.): „Nicht will er verehrt sein durch Opfer und Blutströme, (...) sondern durch ein reines Herz und edle, tugendhafte Vorsätze."[542]

„Das Alte Testament will die durch Sünde und Schuld gestörte Beziehung zu Gott opfernd erneuern. Denn Opfern versöhnt und vereinigt mit Gott." Doch auch hier finden wir die Vorstellung, „dass nicht das materielle Opfer von Bedeutung ist, sondern der Wunsch, gerecht zu sein, und seine Liebe, Gotteserkenntnis und den Gehorsam gegen Gott zu unterstreichen". Die Kirchenväter verlassen den „veräußerlichten Opfer-Kult" und unterstreichen das „gerechte Leben als wahres Opfer durch die Propheten".[543] Im Zuge wachsender „Spiritualisierung und Entmaterialisierung" ist man schließlich der Auffassung, dass das „materielle Opfer einem geistigen Wesen nicht mehr entspricht".[544]

„Im Neuen Testament wandelt sich der Opfergedanke grundlegend. Er löst sich vom alttestamentlichen Opferkult und überhöht das Opfer gleichzeitig", „insofern hier die Selbsthingabe Jesu am Kreuz als endgültiges Sühneopfer und höchste Erfüllung

---

[539] Platon: Leg. 828 a ff
[540] Aristoteles: Eth. Nic. 1160 a 20f
[541] Theophrast bei Porphyrios: De abstinentia II.c. 19, 4
[542] Seneca: Opera, Frg. 123
[543] Ritter, J.; Gründer, K. 1984, Bd. 6, 1225
[544] Ritter, J.: Gründer, K. 1984, 1225

des Opfergedankens überhaupt gilt". Jesus kritisiert den „veräußerlichten Opferkult" und sagt „der Samariterin, dass mit ihm ein neuer Kult gekommen ist". Das Opfer Jesu, das er den Menschen dargebracht hat, soll sie veranlassen, „ihre ganze Existenz als Lobopfer für Gott" zu „gestalten", und sie „zu Selbstverleugnung und Tod" fähig machen. Es soll nämlich das ganze menschliche Leben als Opfer dargebracht werden.[545]

Mit Beginn der Neuzeit wird das Opfer dann zunehmend kritisiert. Auch wenn Leibniz (1646-1716) seine Bedeutung noch anerkennt,[546] steht ihm die Religionsphilosophie der deutschen Aufklärung vorwiegend ablehnend gegenüber.[547] Noch für Hegel (1770-1831) ist das Opfer als „Anerkennung der allgemeinen Macht"[548] ein bestimmendes Element der Religion überhaupt. „Durch das Opfer drückt der Mensch aus, dass er seines Eigenthums, seines Willens (...) sich entäußere."[549]

Auch die Ethik verwendet den Opfer-Begriff, allerdings im übertragenden Sinn, so etwa in Fichtes (1762-1814) „System der Sittenlehre": „Es soll für die Pflicht alles, (...) was dem Menschen teuer sein kann, aufgeopfert werden."[550] Ähnlich ist für Schiller (1759-1805) „das heldenmütigste Opfer", das „wie eine freiwillige Wirkung" erscheint, Kennzeichen der „schönen Seele".[551]

Was lässt sich nun abschließend über das Opfer sagen? Entscheidend beim Opfer ist sicher die Haltung, die entsagt, und möglicherweise liegt der Sinn aller Opferriten darin, sich durch ständige Wiederholung den Verzicht, diese informations-ökonomisch so konstruktive Haltung *einzuprägen*, sie zu *üben*.

---

[545] Ritter, J.; Gründer, K. 1984, Bd. 6 1225, 1226
[546] Leibniz, G. W. 1966, 183
[547] Ritter, J.; Gründer, K. 1984, Bd. 6 1231
[548] Hegel, G. W. F. 1961, 16, 137
[549] Hegel, G. W. F. 1961, 11, 83
[550] Fichte, J. G. 1977, 181
[551] Schiller, F. v. 1975, 5, 468

Denn Weiterdifferenzierung und Kultur leben vom haushälterischen Umgang mit den knappen Ressourcen, von Selbstüberwindung und Disziplin, von immer langfristigerer Vorsorge, um die Zukunft zu sichern. So setzen Horkheimer (1895-1973) und Adorno (1903-1969) den „Prozess der Zivilisation" sogar mit dem Begriff des Opfers gleich, weil Naturbeherrschung Triebverzicht und Einschränkung erfordere: „Die Geschichte der Zivilisation ist die Geschichte der Introversion des Opfers. Mit anderen Worten: die Geschichte der *Entsagung".*[552] Dass beim Opfernden auch immer das Gefühl mitschwingt, etwas schuldig zu sein und der Natur, von der er lebt, etwas zurückgeben zu wollen, ist unbestreitbar.

Man sollte auch nicht vergessen, dass die individuelle Freiheit des Menschen „die späte Frucht von langwierigen Perioden der Selbstüberwindung, der mühsamen Umwandlung von Disziplin in Selbstdisziplin" ist. Denn individuelle Freiheit „ist kein Zustand, den man gewährt". Auch in Hegels (1770-1831) teleologischer Geschichtsphilosophie lohnen sich die „Opfer der Geschichte", weil nur sie die Freiheit möglich machen: „Dieser Endzweck ist das,[553] (...) dem alle Opfer auf dem weiten Altar der Erde und in dem Verlauf der langen Zeit gebracht worden."[554]

Mit dem *ökonomischen* Begriff der *Zeitpräferenz* wollen wir nun versuchen, das Opfer, das ein Mensch bringt und das „in nuce" eine lebensfördernde informationsökonomisch positive Haltung darstellt, kurz zu erklären.

Was nun ist die Zeitpräferenz? Das Konzept der Zeitpräferenz beschreibt, zu welchem Zeitpunkt ein Individuum ein bestimmtes Gut konsumieren möchte, wenn es zwischen mehreren Zeitpunkten wählen kann. Wenn wir davon ausgehen, dass die Zeitpräferenz positiv ist, beschreibt sie damit nichts anderes als

---

[552] Horkheimer, M.; Adorno, Th. W. 1947, 71, 73f
[553] Bueb, B. 2006, 88
[554] Hegel, G. W. F. 1961, 47

die Präferenz von Individuen, Konsum in der Gegenwart künftigem Konsum vorzuziehen.

Denn die Handlung eines Menschen zielt immer darauf ab, seinen jetzigen Zustand zu verbessern, was auch ein Mehr an Gütern beinhaltet. Hier spielt auch die Zeit eine Rolle, die dafür nötig ist. Es ist auch verständlich, dass er dabei haltbare Güter weniger haltbaren vorzieht und seine Ziele so schnell wie möglich erreichen will. Das verstehen wir unter dem Phänomen der Zeitpräferenz.

Jeder, der handelt, braucht eine bestimmte Zeit, um das zu erreichen, was er sich vorgenommen hat. Da die Zeit aber begrenzt ist und der Mensch auch immer konsumieren muss, werden Güter, die man früher erhält, höher bewertet als Güter, auf die man lange warten muss. Gäbe es diese Zeitpräferenz nicht und ginge es ausschließlich darum, nur mehr zu erwerben, wären die Produktionsprozesse am attraktivsten, die am meisten einbringen, ganz gleich, wie lange sie dauern. Der Mensch würde dann nur sparen und nichts verbrauchen. „Zum Beispiel hätte Crusoe, statt zunächst ein Fischernetz zu basteln, damit begonnen, einen Fischdampfer zu konstruieren, da dies die möglicherweise ökonomisch effizienteste Methode ist, Fische zu fangen."[555] Doch der Mensch kann nicht anders, als gleich lange Zeitabschnitte unterschiedlich zu bewerten, je nachdem ob sie in naher oder fernerer Zukunft liegen. „Die Menge an Ersparnis und Investition wird durch Zeitpräferenz begrenzt."[556] Die Zeitpräferenz ist der Grund, warum der Mensch ein gegenwärtiges Gut nur dann gegen ein zukünftiges eintauscht, wenn er annehmen kann, in der Zukunft mehr davon zu haben.

Die Zeitpräferenzrate ist von Mensch zu Mensch verschieden und kann sich auch innerhalb eines Lebens verändern; wir gehen

---

[555] Hoppe, H.-H. 2004, 46
[556] Mises, L. v. 1998, 483, 491

davon aus, dass sie positiv ist. Menschen mit *niedriger* Zeitpräferenz werden früh anfangen zu sparen und zu arbeiten, was Wissenserwerb ganz allgemein und ein Studium einschließt. Im Gegensatz dazu wird ein Mensch mit *hoher* Zeitpräferenz nicht bereit sein, Opfer zu bringen und zu warten, er möchte alles sofort haben.

Die Zeitpräferenz kann durch verschiedene Faktoren beeinflusst werden, durch äußere, biologische, persönliche, soziale oder institutionelle.[557] Es ist eine Tatsache, dass die Menschen nicht gleich differenziert sind. Wir wissen alle, dass es z.B. Menschen gibt, die durch eine Wüste gehen und einen Garten hinterlassen, während es gleichzeitig Menschen gibt, die – denselben Informationsinput vorausgesetzt – durch einen Garten gehen und eine Wüste hinterlassen.

Schon das biologische Alter eines Menschen wirkt sich auf seine Zeitpräferenz aus. Ein *Kind* ist unreif und möchte in der Regel alles sofort haben, es besitzt eine sehr hohe Zeitpräferenz.[558] Ein *Erwachsener* dagegen hat ein Gefühl für Lebenserwartung und ist bereit, langfristig vorzusorgen und dafür in der Gegenwart Opfer zu bringen. Er hat eine niedrige Zeitpräferenz. Im *Alter* und gegen Ende des eigenen Lebens steigt dann die Zeitpräferenz wieder an. Ein alter Mensch, der nur noch kurze Zeit zu leben hat, neigt eher dazu, zu verbrauchen, weil Sparen ihm persönlich nicht viel nützt. Er hat eine höhere Zeitpräferenz. Hat der alte Mensch dagegen Kinder, wird er sich in der Regel anders verhalten und über die Dauer seines Lebens hinaus vorsorgen, seine Zeitpräferenz wird niedrig bleiben.[559]

Doch auch Erwachsene denken und handeln unterschiedlich. Es gibt Menschen, die nur im Hier und Jetzt leben und sich über die Zukunft keine Gedanken machen. Wie Kinder haben sie eine

---

[557] Hoppe, H.-H. 2004, 49
[558] Hoppe, H.-H. 2004, 50, 51
[559] Hoppe, H.-H. 2004, 51

250

hohe Zeitpräferenz. Es gibt auch Menschen, die sich ständig um die eigene Zukunft und die ihrer Kinder sorgen; sie sparen und häufen Kapital und dauerhafte Konsumgüter an, um auch das zukünftige Leben zu sichern. Zwischen diesen beiden Extremen sind alle Abstufungen möglich.[560]

Die *Differenziertheit* eines Menschen scheint mit seiner Zeitpräferenz zu korrelieren. Wachsende Komplexität zeigt sich in einem immer weiter reichenden *zeitlichen Radius;* dazu gehört übrigens auch der Künstler, dessen Werk als „geistig-lebendige Gestalt" die Zeiten überdauert und ihm – leider – oft nicht sofort nützt. Der differenzierte Mensch ist fähig, viel vorausschauender zu handeln als andere und dafür Opfer auf sich zu nehmen im Dienst dauerhafterer Existenz, erst recht, wenn er eingebunden ist in eine überindividuelle Gemeinschaft. Nicht selten hat er auch historisches Bewusstsein, das ihm hilft, aus der Vergangenheit zu lernen. Gelingt es ihm außerdem, das physische und kulturelle Leben einer immer größeren Gemeinschaft *dauerhaft* zu sichern, besitzt er also auch einen weitreichenden *räumlichen Radius,* dann hat er zweifellos eine der höchsten Leistungen erbracht, zu der ein Mensch fähig ist. Auch hier muss an den Künstler gedacht werden, dessen Werk das spezifische Profil einer kulturellen Gemeinschaft auch über deren Bestehen hinaus erhält und in die Welt trägt. Denn oberste Richterin bleibt die Zeit.

Auch wenn sich eine hohe Zeitpräferenz völlig legal zeigen kann, beispielsweise als Ungeduld, Rücksichtslosigkeit, Unhöflichkeit und Unzuverlässigkeit, scheint doch ein systematischer Zusammenhang zwischen ihr und *kriminellen Handlungen* zu bestehen. Denn kriminelle Aktivitäten, wie Raub, Mord, Vergewaltigung etc. wollen den Lohn ihres Einsatzes sofort haben und nicht erst Mühe, Arbeit und Zeit investieren. Die mögliche Bestrafung liegt, wenn überhaupt, in der fernen

---

[560] Hoppe, H.-H. 2004, 52

Zukunft[561]. Ein normaler Mensch dagegen denkt auch an eine eventuelle zukünftige Bestrafung und lässt sich durch die Aussicht auf Verurteilung und Gefängnis abschrecken.[562] Den stark gegenwartsorientierten Menschen interessiert die Zukunft nicht. Folglich kann man erwarten, dass aggressives Verhalten innerhalb einer Gesellschaft zunimmt, wenn der Grad ihrer Zeitpräferenz steigt[563].

Umgekehrt können Menschen mit niedriger Zeitpräferenz günstig auf ihr gesamtes Umfeld wirken. Denn abgesehen von der anfänglichen Zeitpräferenz eines Menschen oder ihrem Verteilungsmuster innerhalb einer Bevölkerung, gelingt es Einzelnen mit niedriger Zeitpräferenz, das gesamte Niveau aller Zeitpräferenzen in einer Population zu senken und damit einen „Prozess der Zivilisation"[564] in Gang zu setzen. Denn ein Mensch, der spart und investiert und dadurch wohlhabender wird, vergrößert auch seinen Wirkungsradius. Und je weitreichender er plant, desto wichtiger wird es für ihn, die Zukunft richtig einzuschätzen. Darum wird er versuchen, sich viel Wissen anzueignen, um die Lage besser beurteilen zu können. Dieses Wissen aber wird zum freien Gut, das auch andere nutzen können, die seinem Beispiel folgen wollen. So kann die Disziplin des Sparers die ganze Population konstruktiv beeinflussen. Das führt dazu, dass diese Gemeinschaft differenzierter und vorausschauender agiert, länger und sicherer lebt, auch angenehmer, nicht nur weil sie sich mehr leisten kann, sondern weil sie durch die eigene Leistung auch zufriedener wird.[565]

Neben Arbeit, Sparen und Wissen ist noch die Sicherheit unseres Eigentums von Bedeutung. Das wollen wir kurz erläutern.

---

[561] Hoppe, H.-H. 2004, 96
[562] Hoppe, H.-H. 2004, 97
[563] Hoppe, H.-H. 2004, 96
[564] vgl. Elias, N.1968
[565] Hoppe, H.-H. 2004, 56

Wir alle leben von der Natur, die Ökonomen sprechen von „Land". Zu Beginn der Menschheit hat es nur „Land" gegeben, also naturgegebene Ressourcen und Hindernisse, und „Arbeit", mit anderen Worten, den menschlichen Körper. Genau genommen ist nur die körperliche menschliche Leistung einfach gegeben. Alles andere, seien es nun Konsumgüter wie beispielsweise Kartoffeln oder indirekt nützliche Güter (Produktionsfaktoren) wie das umliegende Land für einen Kartoffelacker, ist nicht einfach nur gegeben, sondern muss erworben werden, es ist das Ergebnis einer Besitzergreifung der Natur durch ein spezifisches Individuum. Auch wenn wir alles der Natur verdanken, muss das, was konsumiert wird, vorher z.B. geerntet, gelagert, konserviert oder verarbeitet worden sein; alle Konsum- und Kapitalgüter gehen auf die Handlung eines spezifischen Individuums zurück. Schließlich ist auch technisches Wissen nicht einfach „gegeben". „Dass eine heute gesparte Kartoffel in einem Jahr zehn Kartoffeln erzeugen kann, mag naturgegeben sein, aber zunächst muss man eine Kartoffel haben. Und selbst wenn man eine hat und willens ist, sie für diesen oder einen noch geringeren Ertrag zu investieren, ist eine solche Tatsache irrelevant, wenn die fragliche Person nicht die Gesetze des Kartoffelwachstums kennt."[566]

Also weder das Angebot von Gütern noch Wissen und Können sind einfach so gegeben; vielmehr sind sie Leistungen eines Menschen, der damit seine Lebensmöglichkeiten verbessern will.[567]

Solange diese, jedem Individuum zustehenden und produzierenden Handlungen von außen nicht gestört werden und jeder von allen anderen Personen als Eigentümer seiner Güter, die er sich angeeignet und produziert hat (ohne dabei anderen zu schaden), anerkannt wird, zeigt sich in einer Tauschgesellschaft eine kulturschaffende Tendenz fallender Zeitpräferenz. Dann kann

---

[566] Hoppe, H.-H. 2004, 58, 59
[567] Hoppe, H.-H. 2004, 59

jeder sämtliche gegenwärtigen und zukünftigen Vorteile dieser Güter in Anspruch nehmen.[568]

Werden *Eigentumsrechte* aber durch staatliche Eingriffe verletzt, kehrt sich diese konstruktive Entwicklung hin zu fallenden Zeitpräferenzen um.[569] Im Unterschied zu kriminellen Akten, wie Diebstahl, aber auch Naturkatastrophen, wie Flut, Hitzeperioden, etc., die nur vorübergehend schaden, weil man sich auch vor ihnen schützen kann, verändern Eigentumsrechts-verletzungen der Regierungen die Zukunftsorientiertheit der Menschen nachhaltig. Hohe Steuern, Liquiditätserzeugung oder Enteignung sind von Dauer und weil man sie als legitim ansieht, ist man ihnen schutzlos ausgeliefert. Weil die Menschen nicht mehr glauben, ihre Anstrengungen könnten sich in der Zukunft lohnen, sinkt ihre Bereitschaft, etwas zu leisten. Wenn diese Situation nur lange genug besteht, kommt die konstruktive Tendenz der Menschheit, Reserven zu schaffen, zunehmend weitblickend zu werden und für die immer fernere Zukunft vorzusorgen, nicht nur zum Stillstand, sondern kann sich umkehren. Die Menschen handeln nun gegenwartsorientiert, sie werden infantiler und hedonistisch, ihre Zeitpräferenz steigt und ein kulturzerstörender, letztlich lebensfeindlicher Prozess kommt in Gang.[570] Denn Eigentum, Produktion und freiwilliger Austausch bilden wesentliche Voraussetzungen menschlicher Kultur.

Tradierung, Hierarchie, Opfer- und Leistungsbereitschaft bedingen einander. Das exklusive Prinzip der Tradierung schafft erst das homogene Feld, das sich auf natürliche Art hierarchisch strukturiert. Homogenität bedeutet nicht Gleichheit. Homogenität meint Spezifität und lebt vom gemeinsamen spezifischen Ursprung, der vielfältige Variationen des Einen hervorbringt, die

---

[568] Hoppe, H.-H. 2004, 59, 60
[569] Hoppe, H.-H. 2004, 60
[570] Hoppe, H.-H. 2004, 61-67

sich allein erst zu einem organischen Ganzen fügen können. Denn aus vordergründig gleichen Teilen kann kein Organismus entstehen. Auch Opferbereitschaft, die entsagungsvolle Tat für das Ganze, ist nur in einem homogenen Umfeld möglich. Als höchste menschliche Leistung kann sie nicht beliebig abgerufen werden. Was wir der Familie oder unserer kulturellen Gemeinschaft freiwillig schenken, kann weder verordnet noch jedem beliebigen Fremden gewährt werden. Damit wäre der Mensch überfordert. Ohne Opferbereitschaft lässt sich auch keine Hierarchie denken, die das weite Spektrum unterschiedlichster Talente vereinigen muss. Ihr auseinanderdriftendes, von Differenzen geprägtes Potential kann nur innerhalb einer homogen tradierten Gemeinschaft gebündelt werden, deren Mitglieder sich als große Verwandtschaft empfinden und sich füreinander einsetzen.

Tradierung, Hierarchie und Opfer bzw. Selbstbeschränkung bilden das natürliche Fundament jeder kulturellen Bindung und Weiterdifferenzierung. Darum sind diese Prinzipien immer Bestandteil einer konstruktiven Norm. Ohne sie ist weder biologisches noch kulturelles Leben möglich.

Und auch hier wirkt sich Symbolflut, die sich von ihrem begrenzenden Fundament gelöst hat, negativ aus. Denn sie trennt den Menschen nicht nur direkt von der Natur, indem sie seinen Blick auf sie verstellt, sondern vor allem auch dadurch, dass sie die Ordnungsprinzipien der Natur aushebelt und damit die menschliche Norm zu verändern beginnt. Technik beispielsweise, die jedem gleichermaßen zur Verfügung steht, lässt, wie schon erwähnt, Mühe, Dienst, Knappheit vergessen; sie bahnt unökonomischem Handeln den Weg. Gleichzeitig suggeriert sie eine Gleichheit, die es natürlicherweise nicht gibt. So werden naturgegebene hierarchische Strukturen verwischt. Jedem zugängliche, nicht zu überblickende, verwirrende und manipulierbare Medienflut lässt Tradition und ihre Werte lächerlich erscheinen und damit auch Religion, Metaphysik und

Gott. Manipulierbares Geld, schließlich, bedeutet nicht nur mehr Technik, mehr Medien, sondern übersteigert ursprünglich moderate Differenzen in dem Maße, dass man geneigt ist, Differenzen überhaupt als verwerflich zu begreifen. Das stellt ebenfalls jedes hierarchische Denken und die Tradition insgesamt in Frage. Außerdem kann man mit einer uferlosen Geldschöpfung aus dem Nichts und geschickten Finanzpraktiken ganze Völker verarmen, versklaven und um ihre Zukunft bringen, was wir heute erleben. Die politischen Rahmenbedingungen dafür haben aber erst demokratische Regierungen möglich gemacht.

Es sei noch angemerkt, dass politische Theorien der Neuzeit, die in der Ökonomie den Angelpunkt jeder menschlichen Entwicklung sehen, diesen Begriff nicht wie hier in evolutionär umfassenden Kontext verstehen, sondern in einem sehr engen, bloß vordergründigen. Das zeigt sich im primitiven Klassendenken. Denn der Mensch wird nicht nur von der aktuellen Informationszufuhr (Nahrung, unmittelbare ökonomische Verhältnisse) bestimmt, sondern ebenso von der tradierten physischen (Gen) und geistigen Informationszufuhr (Norm und Tradition). Doch davon ist im Marxismus nichts zu finden, worauf wir später noch zurückkommen.

Differenzierende (konstruktive) Norm
oder
Gesetz des Lebens

Wir haben gesehen, dass jedes lebendige System dem „Zweiten Hauptsatz der Thermodynamik" unterliegt, der es zwingt, nicht nur Information aufzunehmen, sondern auch zwischen einer ihm dienlichen, komplexen Ordnung, die ihm Weiterdifferenzierung und damit Überleben ermöglicht, und einer niedrigeren Ordnung zu unterscheiden, die ihm diese Weiterdifferenzierung nicht möglich macht und so seine Existenz gefährdet. Darum verlangt auch jede kulturelle Ordnung als normativer Prozess eine ständige Korrektur auf ein Soll hin. Diese erfolgt beim Menschen nur physisch von allein, geistig und kulturell muss sie erst vollzogen werden. Denn seine Entscheidungsfreiheit bedarf einer Regel, Richtschnur, einer Norm, die sein Handeln in konstruktiver Weise lenkt. Kurz etwas zu dem Begriff.

Norm (lat. Norma, Winkelmaß, Richtschnur, Regel, Norm, Maßstab), ein ursprünglich in der antiken Architektur verwendeter Begriff, der das Winkelmaß zur Konstruktion rechter Winkel bezeichnet hat,[571] wird schon bald auch auf geistige Ebenen übertragen. In Ciceros (106 - 43 v. Chr.) Rechtsphilosophie finden wir „norma" neben „regula". Beiden Bedeutungen „liegt" „das Bild der Natur als Baumeisterin zugrunde, deren Werkzeuge auch menschliches Handeln benutzen soll."[572] Auch im Mittelalter orientiert sich die „rectitudo" philosophischer Äußerungen an der geometrischen „rectitudo (Rechtwinkligkeit) des architektonischen Norm-Begriffs" im Bestreben, die richtige Regel im Leben zu finden, die „nicht erlaubt abzuirren", die „korrigiert, was verkehrt und verdreht ist".[573] Der Norm-Begriff

---

[571] Vitruv: De arch. IX, Praef.
[572] Cicero: Acad. rel. I, 41; II, 140
[573] Jäger, H. E. H. 1979 I, 312; Ritter, J.; Gründer, K. Bd.6 1984, 907

in der Rechtsphilosophie enthält weiterhin die naturrechtliche Prägung des Rechts durch die viel ursprünglichere Moral. So wird die Jurisprudenz „zur iurisprudentia architectrix, die die göttliche Architektonik des Guten nachzubilden strebt".[574]

Mit anderen Worten: Norm ist ein *Gesetz*. Mit der Qualität dieses Gesetzes steht und fällt die Existenz des Menschen, denn sie ist der geistige Kompass, nach dem er sich richtet. Weil der Mensch selbst komplexeste natürliche Ordnung verkörpert und sowohl physisch wie auch geistig das gleiche hohe Ordnungsniveau braucht, muss sich dies auch in seinen Gesetzen widerspiegeln. Und das ist nur möglich, wenn sie der Natur folgen. Dabei geht es nicht darum, die natürliche Ordnung zu kopieren, sondern darum, die „conditio sine qua non" jeder komplexen lebendigen Ordnung auf kultureller Ebene einzuhalten.

Jahrtausendelang gelingt es dem Menschen, die Prinzipien der Natur zur eigenen Verfassung zu machen und nach ihnen zu handeln. In seiner Norm formuliert er einen Kern der *Lebens*gesetzlichkeit neu und etabliert sie auf kultureller Ebene. Damit bemächtigt er sich des Geheimnisses des Lebens, er ist nun sicherer. Denn immer geht es um dauerhaftes Überleben einer menschlichen Gemeinschaft. Und weil auch Kulturen sich nur durch ständiges Weiterdifferenzieren stabilisieren können, muss der Mensch *werten*. Die Gratwanderung, zu der er verdammt ist, sein ewiger Kampf gegen die Entropie, verlangen die Entscheidung zwischen wahr und unwahr, zwischen richtig und falsch. Sie fällt das Urteil über Sein und Nichtsein. In ihr wurzeln die ethisch-politischen Begriffe gut und schlecht, schön und hässlich, Freund und Feind.

Denn auch wenn die Neuzeit nicht mehr in der Lage ist allgemeingültig zu formulieren, was gut ist, lässt sich doch sagen:

---

[574] Ritter, J.; Gründer, K. Bd.6. 1984, 907

Leben ist gut und Sein ist gut.[575] Demnach ist auch gut und erstrebenswert, was menschliches Leben und Sein ermöglicht. Darum muss in jeder gültigen Norm das angelegt sein, was die Existenz des Menschen und seine Kultur befördert. Basalste Aufgabe jeder Norm liegt also in der Sicherung menschlicher Existenz. Hier finden wir die ontologische Wurzel jeder kulturellen Disziplin (Religion, Politik, Ethik, Recht, Ökonomie). Diese Voraussetzungen menschlichen Lebens formen demnach die *Sollenssätze*, die jeder konstruktiven menschlichen Norm zugrunde liegen. Sie prägen das für diese Gemeinschaft typische Handlungsmuster und strukturieren die kulturelle Bindung. In Religion, Ethik, Recht und Ökonomie muss sich immer das ordnende Interesse des Ganzen spiegeln.

Die Verknüpfung von Norm („Zweiter Hauptsatz der Thermodynamik"), Wahrheit (Natur) und Sein wird deutlich. Aus diesen Zusammenhängen erwächst das *metaphysische Bedürfnis* des Menschen, das ihn veranlasst, im Sinne einer Weiterdifferenzierung zu werten. Diesem Bedürfnis entspringen in archaischer Zeit Mythos und Religion, später die philosophische Metaphysik und jede weitere Rechtsform (Naturrecht, politischer Aristotelismus, positives Recht).

Ein ursprünglicher Zustand, der bei allen archaischen Kulturen zu finden ist, vereinigt die ganze kulturelle Welt des Menschen. Diese Einheit geht im Laufe menschlicher Entwicklung immer mehr verloren. Der australische Stamm der Walibri besitzt für diese „Einheitlichkeit" aller normativen Disziplinen ein eigenes Wort: „djugaruru", „die gerade Linie, das Richtige".[576]

Jahrtausendelang stellt die Religion das menschliche Gesetz.

---

[575] Weizsäcker, C. F. v. 1994, 186
[576] Figl, J. 2003, 770

Religion

Religion ist, wenn man sie aller Illustrationen, aller Bilder und Geschichten entkleidet, im Kern eine Norm, ein *Gesetz*. Das wird im indischen „Dharma" (Gesetz, Sitte, Ordnung), dem chinesischen „Zong jiao" (himmlische Lehre) und dem hebräischen „huqqat" (Gesetz, Satzung, Kultordnung) deutlich. Auch wenn es „keinen Oberbegriff für alle Religionen der Menschheit" gibt, betonen die älteren Begriffe „den äußeren Vollzug der Religion, die Beobachtung kultischer Gebote und Vorschriften, die gewissenhafte Erfüllung von Pflichten und die Befolgung des religiösen Gesetzes".[577]

Wichtig dabei ist, dass „religio" „kein Gefühl" wiedergibt, „sondern eine *Handlung*", die erfüllt, was angeordnet ist „in der notwendigen Rücksicht und Vorsicht dem „numen" (göttlichen Wesen) gegenüber".[578] Es sind Handlungen, die von *Natur* oder durch *Brauch* verbindlich sind.

Cicero (106-43 v. Chr.) sieht daher die „religio" als eine der „iustitia" untergeordnete „Tugend" an: „religio ist das, was die Menschen eine höhere Ordnung der Natur, die sie göttlich nennen, dienen und anbeten läßt".[579] Auch für den scholastischen Gelehrten Albertus Magnus (um 1200-1280) ist „religio" eine „species iustitiae" und „virtus innata".[580]

Der Christ Lactanz (gest. nach 317), Erzieher am Hofe Konstantins, führt den Begriff „religio" nicht wie Cicero (106-43 v. Chr.) auf „religere", „sorgfältig beachten", sondern auf „religati", „verbunden sein" zurück. Diese Definition zeigt die *Rückgebundenheit* des Menschen an eine höhere Ordnung bzw.

---

[577] Ritter, J.; Gründer, K. Bd.8 1992, 632
[578] Ritter, J.; Gründer, K. Bd.8 1992, 634
[579] Cicero: Rhet. (De inv.) II, 53
[580] Albertus Magnus: De caelo et mundo I, 4,1

Macht, die über den Kult hinausführend ihm eine konstruktive sittliche Lebensbewältigung ermöglicht, die er Gott schuldet.[581]

Eine entsprechende Bedeutung finden wir bei dem Begriff „glauben". Zwar stellt es die Übersetzung des griechischen „pisteuein" mit vergleichbarem Wortsinn dar, doch verwendet das Judentum dafür die Vokabel „aman": „sich an etwas festmachen", wobei ebenfalls der Gedanke der Verankerung deutlich wird. Ursprünglich gemeint ist also nicht das unbestimmte „ich weiß nicht", sondern im Gegenteil: „ich verlasse mich auf, ich binde meine Existenz an". Es geht beim religiösen Glauben also nicht um einen Gegenpol zum Wissen, sondern um Vertrauen, Gehorsam und *Lebensübergabe*.

Religion ist ihrem ganzen Wesen nach *Opfer*. Weil es aber „in jedem Zeitalter bei allen Völkern immer irgendeine Darbringung von Opfern gab", sieht Thomas von Aquin (1225-1274) in der „religio" eine „lex naturalis":[582] Religion als ein in der *Natur* verankertes, höchst ökonomisches, lebenspendendes menschliches Gesetz. Noch zu Beginn des 20. Jahrhunderts bestimmt darum M. Mauss „das Opfer" als fundamentales Element der Religion überhaupt.[583]

In der frühen Neuzeit (1550-1700) kommt es zu einem Bedeutungswandel von „religio". Religion wird mehr und mehr Angelegenheit der Ratio und Privatsache und verliert zunehmend den Bezug zur Wirklichkeit. Der Deismus, die Gottesauffassung der Aufklärung des 17. und 18. Jahrhunderts, bestreitet zwar nicht die Existenz Gottes und seine Erkennbarkeit in der Natur, aber doch seine Beziehung zur Weltwirklichkeit.

G. W. Leibniz (1646-1716) kann noch „Raison" und „Foy" miteinander vereinbaren und lehnt den Widerspruch zwischen

---

[581] Ritter, J.; Gründer, K. 1992, Bd.8 635, 636
[582] Thomas von Aquin: S.theol. II-II, 85,1 ad 1
[583] Mauss, M./Hubert, H. 1968, 1, 3-39

Religion und Vernunft bei dem Aufklärer P. Bayle (1647-1706) ab.[584] Er ist davon überzeugt, dass uns die „natürliche Vernunft die gute Moral und die „vraye Religion""" lehrt.[585]

Erst im 18. Jahrhundert wird, wie in keiner Epoche zuvor, der Begriff „Religion" angegriffen, man fragt nach ihrem Sinn, verlangt, sie zu verbessern, oder stellt sie ganz in Frage. Die Diskussion beginnt in England als Folge der weitgehenden Liberalisierung religiöser Haltungen nach der „Glorious Revolution" (1688).[586]

Doch gibt es auch den Versuch, die Religion durch Abwerfen symbolischen Ballastes zu erneuern bei noch richtiger Einschätzung ihres Stellenwertes: „to restore and reinforce the practice of the natural Law".[587] Auch die Betonung des praktisch-moralischen Vollzugs religiöser Pflichten ist prägend für diese Zeit. Jüdische, islamische, christliche und heidnische Religionen sind sich einig, dass Tugendhaftigkeit wichtiger ist als Worte.[588]

Die Unterscheidung einer inneren, wahren Religion als Liebe zu Gott, zur Wahrheit und zum Nächsten und einer äußeren, bloß formellen Religion, die lediglich Vorschriften beachtet, ist ein weiteres bedeutendes Kennzeichen des Religions-Begriffs im 18. Jahrhundert. In dieser Spaltung zeigt sich schon der Wandel.

Obwohl Voltaire (1694-1778) das Christentum und die Kirche unentwegt bekämpft, ist er noch davon überzeugt, dass die Menschen die Religion als Zügel („frein") brauchen, „um gut und gerecht zu sein"; „dass es deshalb besser ist, eine schlechte als gar keine Religion zu haben, wenn man nur nicht in Fanatismus verfällt."[589] Und trotz seiner feindlichen Haltung Voltaire

---

[584] Leibniz, G. W. 1885, 49, 53ff; 38f. 273f

[585] Leibniz, G. W. 1962, 462; Ritter, J.; Gründer, K. Bd.8 1992, 651

[586] Ritter, J.; Gründer, K.Bd.8 1992, 654

[587] Tillotson, J. 1712, 343, 348, 350

[588] Ritter, J.; Gründer, K. Bd.8 1992, 654

[589] Voltaire: Traité sur la tolérance 1763; Ritter, J.; Gründer, K. Bd.8 1992. 658

gegenüber, vertritt auch J.-J. Rousseau (1712-1778) einen ähnlichen Religions-Begriff. In Emiles Erziehung verzichtet man ganz auf Offenbarung und spitzfindige Glaubenssätze. Das Wesen der Religion liegt allein darin, Gott zu erkennen und tugendhaft zu leben.[590] Doch noch deutlicher als Voltaire erkennt Rousseau die „*politisch*-soziale Funktion" der Religion, deren einigende Kraft in einer Gesellschaft unentbehrlich ist. Missachtung der Gesetze kommt bei ihm einer Missachtung Gottes gleich.[591]

Auch I. Kant (1724-1804) versucht über eine moralische Deutung an der Einheit der Religion festzuhalten. In der „Kritik der reinen Vernunft" (1781) sieht er den Zusammenhang zwischen Religion und Moral. Für ihn ist „Religion" geradezu die „Erkenntniß aller Pflichten als göttlicher Gebote".[592] Alles Außermoralische der traditionellen Religion lehnt er jedoch als Aberglauben ab. Aber er betont auch das „*anthropologische Fundament* der Religion, ihre Verwurzelung im Wesen und in der Bedürfnisstruktur" und in den unumgänglichen Beschränkungen des Menschen.[593]

Entschlossen wendet sich der dunkel mahnende „Magus im Norden", J. G. Hamann (1730-1788), gegen die aufklärerische Konzeption einer vernünftigen Religion.[594] Alle Religion sei älter als unsere Vernunft, ihr Grund liege „außer der Sphäre unserer Erkenntniskräfte", nämlich „in unserer ganzen Existenz";[595] in den „Geschichten, Gesetzen und Gebräuchen aller Völker" findet er den „sensum communem der Religion".[596] Auch J. G. v. Herder (1744-1803) lehnt eine rationale Deutung der Religion ab. Bereits 1774 betont er: „die ganze Religion in Grund und Wesen ist

---

[590] Ritter, J.; Gründer, K. 1992, Bd.8, 658
[591] Ritter, J.; Gründer, K. Bd.8 1992, 659
[592] Kant, I.: Kp V 233; KU 477
[593] Ritter, J.; Gründer, K. Bd.8 1992, 675
[594] Hamann, J. G.: Bibl. Betrachtungen 1758
[595] Hamann, J. G.: Zweifel und Einfälle (1776)
[596] Hamann, J. G.: Brocken (1758)

Thatsache! Geschichte!"[597] In späteren Schriften nennt er Religion „die älteste und heiligste Tradition der Erde", die erst Kultur und Wissenschaft möglich macht. In der Religion sieht er die grundlegende Orientierungsleistung für das Leben: Sie „ist überall zum Rath, Trost, Unterricht und wenn ich sagen darf, zur äussersten Nothwehr der Menschen erschaffen; denn sie wars allein, die den armen schwachen Sterblichen über das Unsichtbare, Allmächtige, Allwirkende, ja über das Zukünftige sogar in seiner dunkelsten Form belehren, trösten und ruhig machen wollte."[598]

Auch hier wird deutlich, dass *Tradition* als konstitutives Moment der Religion gilt. Wie in ähnlicher Weise für das Judentum wird die Tradition für das Christentum Inbegriff verbindlicher Autorität, die sich auf göttliche Offenbarung berufend auch in der Gegenwart präsent bleibt.

Auf die religiös-kirchliche Wurzel des Begriffes der *Hierarchie* sind wir schon eingegangen. Denn zunächst bezeichnet Hierarchie die „heilige Herrschaft", „den gestuften Weg von Gott zu den Geschöpfen und von diesen zurück zu Gott". Sie zeigt sich als „ordnendes Grundprinzip" des Kosmos und verbindet die neuplatonische Vorstellung eines „Stufenkosmos der höheren und niederen Welt mit der christlichen Heilslehre". Hierarchie geht dabei aus von der ungeformten Materie über die Welt der Organismen bis hin zur „absoluten Form". Als Abbild der geistig-kosmischen Ordnung ist auch die Kirche hierarchisch gegliedert.[599]

---

[597] Herder, J. G. v.: Funfzehn Provinzialblätter. An Prediger (1774)
[598] Herder, J. G. v.: Ideen zu einer Philos. der Gesch. der Menschheit IX, 5 (1785)
[599] Ps.-Dionysios Areopagita: De cael. hierar.III, 1 ff; De eccl. hierar.I, 3.; Ritter, J. Bd.3 1974, 1124

Metaphysik

In einem Prozess zunehmender Reflexion zerfällt die umfassende natürliche Einheit mythologisch-religiöser Zeit, die den Menschen einschließt. Es ist eine Entwicklung, die seit den Vorsokratikern (ab dem 6. Jahrhundert v. Chr.) immer deutlicher zu Tage tritt.

Metaphysik kann als das rational-philosophische Kind des Mythos angesehen werden, mit dem gleichen Ziel, aus einer geschlossenen Weltsicht heraus eine verbindliche, auf normative Vervollkommnung ausgerichtete Lehre zu schaffen. Durch einen in der Natur angesiedelten, wahren Gott soll sie die Menschen nach natürlichen Prinzipien lenken.

Religion bleibt ihrem mythologischen Ursprung enger verhaftet als die Metaphysik, sie stützt sich nicht auf Gründe, sondern auf Glauben und Autorität; Schopenhauer (1788-1860) nennt sie deshalb auch „Volks-Metaphysik".[600]

Der aristotelische Titel „Weisheit" zeigt, dass die „Metaphysik" sich um „begründetes Wissen, um die ersten Prinzipien und Ursachen bemüht". Sie soll „theoretische Wissenschaft sein wie Physik und Mathematik".[601] Das Kant´sche Diktum, „Metaphysik als Naturanlage der Vernunft", bleibt unbestreitbar.[602]

Heute steht das metaphysische Bedürfnis des Menschen, nach grundlegendem Wissen zu streben, nicht mehr im Dienst einer Gemeinschaft, sondern erschöpft sich im subjektbezogenen Ehrgeiz eines unpolitischen Individuums. Wir können in diesem Zusammenhang nicht umhin, auf diesen dunklen und

---

[600] Ritter, J.; Gründer, K. 1980, Bd.5, 1261
[601] Ritter, J.; Gründer, K. 1980, Bd.5, 1188
[602] Kant, I.: Proleg. Akad.-A. 4, 365

verwirrenden Begriff der Metaphysik kurz einzugehen, um ihn etwas verständlicher zu machen.

Metaphysik (vom griech. „meta ta physika" „nach bzw. hinter dem Physischen") ist der Titel der Schriften des Aristoteles, die das bezeichnen, was für uns erst nach den konkreten Naturdingen erkennbar ist. Weil sie sich mit dem befasst, was allem zugrunde liegt, nennt er sie auch „Erste Philosophie".

Im Unterschied zur Religion sucht die Metaphysik einen rationalen Zugang zur Welt. Sie ist die philosophische Grundwissenschaft, in der alle philosophischen Disziplinen wurzeln. Sie fragt nach den Gesetzen des Wirklichen und nach dem Bleibenden im Wandel der Erscheinungen. Ihre grundlegenden Prinzipien sollen die Welt erklären und die Handlungen des Menschen lenken. Denn dadurch, dass die aus diesen Prinzipien abgeleiteten Folgen mit den Tatsachen verträglich sind, gewinnt der Mensch Sicherheit. Metaphysik fragt nach dem Sein, nach Gott, nach der Wahrheit und der Natur.

Die Bilder und Theorien, die der Mensch je nach seinem Verhältnis zur Natur im Laufe seiner Entwicklung zeichnet und nach denen er handelt, reichen von mythologisch-religiöser Weltdeutung der geplagten, defensiv agierenden Kreatur bis hin zu den vielfältigen Formen der Metaphysik des immer mächtiger werdenden Vernunftwesens. Während das maßgebliche religiöse Gesetz der frühen natursynchronen Menschheit noch die Kraft besitzt, die Ordnung des Lebens weiterzubauen, verliert der Mensch mit zunehmender Entfernung von der Natur mehr und mehr seine metaphysische Kraft und mit ihr seine Fähigkeit, konstruktiv zu werten. Diese Entwicklung spiegelt die Geschichte der Metaphysik. Durch symbolische Überfrachtung werden ihre Aussagen immer verwirrender und widersprüchlicher, bis sie schließlich zugrunde geht und mit ihr die ganze Philosophie.

Im Christentum entsteht, vom antiken Platonismus vorbereitet, eine dualistische Metaphysik, eine Spaltung, die zunächst zwischen „Diesseits" und „Jenseits" bzw. „bloß sinnlichem Dasein" und „wahrem Sein" trennt und schließlich, laut Kant, die Erscheinung von dem „Ding an sich" unterscheidet. Damit wird der „bloß sinnlichen Wahrnehmung" die wahre fundamentale Erkenntnis abgesprochen, die man dagegen dem „reinen Denken", der Vernunft, durchaus zutraut.

Von dieser Grundlage aus hat sich im Laufe der Zeit eine „*spekulative* Metaphysik" entwickelt, die versucht, „das wahre Sein, auch Gott", „aus reiner Vernunft zu erkennen und die Gesamtwirklichkeit von einem obersten allgemeinen Grundsatz aus zu deuten und herzuleiten". Sie hat „sicheres, beweisbares Wissen bieten" wollen, das als ursprüngliches, „übersinnliches Sein" allem Erfahrbaren vorausgeht.[603]

Kant (1724-1804) erschüttert schließlich in seiner „Kritik der reinen Vernunft" (1781) diese Art von Metaphysik. Er lehnt jedes bloß spekulative Denken ab, weil es nichts über die Wirklichkeit aussagen kann. Im Unterschied dazu erlebt die spekulative Metaphysik im deutschen Idealismus, besonders bei Fichte (1762-1814), Schelling (1775-1854), Hegel (1770-1831), auch noch bei Schopenhauer (1788-1860), einen großen Aufschwung.

Nietzsche (1844-1900) hingegen sucht nach einer Philosophie, die „als die Axt dienen (kann), welche dem „metaphysischen Bedürfnis" der Menschen an die Wurzel gelegt wird – ob mehr zum Segen als zum Fluche der allgemeinen Wohlfahrt, wer wüsste das zu sagen?"[604]

Doch erst die jüngste Neuzeit stellt die Metaphysik insgesamt in Frage. Gefördert durch naturwissenschaftlichen und technischen Fortschritt setzt sich der Positivismus durch, eine Haltung, die nur das gelten lässt, was tatsächlich und zweifelsfrei

---

[603] Hirschberger, J. Bd.2 o.J., 545
[604] Nietzsche, F.: Menschliches, Allzumenschliches I, 37 = 1, 478

gegeben ist. So verliert die Metaphysik in der zweiten Hälfte des 19. Jahrhunderts ihre Bedeutung: die metaphysikfreie Philosophie wird zur Wissenschaft, die sich nur noch mit dem Erkenntnisvorgang und den Methoden der Einzelwissenschaften auseinandersetzt. Das Ziel der Metaphysik, eine widerspruchslose Weltanschauung zu konzipieren, die alles Wissen in eine durchgängige Verbindung bringen soll, gilt als gescheitert.

Im Gegensatz dazu entwickelt sich seit dem 19. Jahrhundert eine „*induktive* Metaphysik", die sich auf die Erfahrung stützt und so versucht, ein Weltbild zu entwerfen. Sie will nicht nur „Begriffsdichtung sein, sondern durch die empirischen Wissenschaften wohlbegründetes Wissen" mit allerdings „hypothetischem, unsicherem Charakter".[605]

Der Wahrheitsanspruch der Philosophie ist schon immer in Frage gestellt worden, nicht nur von der antiken Sophistik und Skepsis, sondern auch von der Dichtung, wie z.B. bei Aristophanes (445 - ca. 385 v. Chr.) und Lukian (um 120 - nach 180 v. Chr.). Im Islam des 11. Jahrhunderts kritisiert Al Ghazali in seiner „Destructio philosophorum", der Lehre von der doppelten Wahrheit, die Metaphysik, im späten Mittelalter tut es Ockham (um 1285 - zwischen 1347 -1350). Inhaltliche Metaphysikkritik gehört so schon immer zur Metaphysik. Aber erst die Neuzeit verwendet den Begriff abwertend.

Doch auch wenn Religion und spekulative Metaphysik in Verruf geraten, sollte nach ihrem Kern gefragt werden. Dieser wird verstellt durch die *kumulative Symbolik* von Jahrhunderten, denn „philosophische Probleme entstehen, wenn die Sprache feiert".[606] Durch vieldeutige Illustrationen und subjektive Interpretationen des ursprünglichen Gesetzes entwickelt sich im Laufe der Zeit ein widersprüchliches Gebräu: „Fast alles in

---

[605] Hirschberger, J. o.J., 545
[606] Wittgenstein, L.: Philosophische Untersuchungen Nr. 38

268

Sachen Metaphysik ist kontrovers, und es ist daher nicht überraschend, dass es unter denen, die sich selbst Metaphysiker nennen, wenig Übereinstimmung darüber gibt, was genau es ist, worum es ihnen geht."[607]

Nebenbei bemerkt, verdanken die Naturwissenschaften ihren Siegeszug nicht nur ihrer direkten Beschäftigung mit der Natur, sondern sicher auch der Anwendung einer eindeutigeren Symbolik als der umgangssprachlichen; dies gilt besonders für die Physik, die sich auf mathematische Symbole stützt.

Darum sollte eines deutlich werden: Es geht nicht um die einzelnen Bilder von Religion und Metaphysik, die vordergründig durchaus falsch sein können wie im Mythos, sondern um die ihr zugrundeliegenden Kriterien lebendiger, konstruktiver Ordnung. Werden diese im Zuge einer illustrativ überfrachteten, widersprüchlich gewordenen Lehre, deren ursprüngliches Anliegen verschütt gegangen ist, mit ihr aufgegeben, verliert der Mensch seine Verankerung in der Natur. Denn trotz immer weiterreichender zersplitternder Differenzierung, die kulturelle Entwicklung mit sich bringt, muss der Mensch die Bindung an sein Fundament behalten und darf, trotz wachsender Mittelbarkeit, die Nabelschnur zu seinem Urgrund nicht abreißen lassen. Denn nur sie ermöglicht den ständigen Informationsstrom in die kulturelle Welt und macht den existenzerhaltenden politischen Aufbau möglich.

Es mag sein, dass der Mensch der Natur nahe ist, wenn er in Höhlen lebt, vielleicht auch, wenn er die Natur genauestens analysiert und Wissen über sie anhäuft; doch vor allem ist er ihr nahe, wenn er sich von natürlichen Prinzipien leiten lässt, wenn die ihn lenkende Norm dem „conditio sine qua non" natürlicher Ordnung, dem Gesetz der Schöpfung, folgt. Dann hat er die Einheit des Natürlichen noch nicht verlassen. Das setzt zunächst

---

[607] Walsh, W. H. 1967, 5, 300

die Nähe zur Natur voraus und, wenn diese im Laufe der immer rationaleren Entwicklung des Menschen verloren geht, die sichere Tradierung natürlicher Prinzipien, die sich in einer Zeit verfestigt haben und gespeichert worden sind, in der der Mensch noch natürlicher – weniger rational – gewesen ist. So wird die Norm, die der Mensch sich setzt, zum Indiz für sein Verhältnis zur Natur.

Religion und ihre reflektierte Variante, die Metaphysik, stehen für den einigenden Bund des Menschen mit der Natur, die Tradierung, Hierarchie und Opfer lehrt. Aber noch fehlt in diesem menschlichen Gesetz der entscheidende Anker und Motor, der es zu einem dynamisch-konstruktiven Gesetz macht und damit die Höherdifferenzierung immer weiter vorantreibt: Gott.

Gott

Wie lässt sich nun diese geheimnisvolle Macht erklären? Ist die Physik überhaupt dazu in der Lage?

Der Mensch nennt sein höchstes Soll, das er sich auf Grund des „Zweiten Hauptsatzes der Thermodynamik" setzen muss, Gott. Er findet es in der *Natur* verwirklicht und dort siedelt er seinen Gott auch an. Er verleiht ihm Attribute, die er selbst nicht besitzt, die er jedoch anstreben muss, um zu bestehen. Im Gegensatz zu dem raum-zeitlich begrenzten, ständig reagierenden Menschen ist Gott raumlos, zeitlos, bewegungslos. Unendlichkeit, Ewigkeit und Bewegungslosigkeit sind folglich die Elemente, die wir in allen Religionen wiederfinden.

Der Mensch kann sich Gott, seinem höchsten Soll, nur durch permanente Höherdifferenzierung nähern. Dies verlangt den ständigen Kontakt zur Natur als Quelle der Wahrheit. Sie allein ermöglicht ihm die evolutionär notwendige Weiterdifferenzierung. Damit wird der Mensch fähig, in immer größeren raum-zeitlichen Dimensionen adäquat, also immer differenzierter und politisch einigend zu handeln. Es gelingt ihm, seine engen Grenzen zu erweitern. Das verspricht ihm Ruhe und dauerhaftere Existenz und nähert ihn Gott. Auch wenn er Gott nie erreichen kann, muss er ständig nach ihm streben. Dadurch, dass sein Gott, sein höchstes Soll, an dem er sich orientiert, in der Natur liegt, erhält alles, was der Mensch tut, seine aufbauende Richtung.

Mit Gott verankert der Mensch, der um sein geistiges Grenzgängertum „weiß", sich und seine kulturelle Welt in der Natur. Es ist ein geistiger Anker, den er wirft. Er koppelt seine Norm an die natürliche Norm. Dieser Kunstgriff, der grundlegenden Gesetzmäßigkeiten entspringt, sichert ihm den Bund mit der Natur, die schützende Identität alles Natürlichen. Im Gegensatz dazu braucht ein Tier keinen Gott außerhalb seiner selbst, es trägt ihn nämlich in sich. Denn die Natur verwirklicht das Soll (Eidos) am sichersten. Mag Gott auch wie eine menschlich-rationale Projektion erscheinen, so ist sie doch eine in keiner Weise vernachlässigbare! Sie entspricht mit hoher Wahrscheinlichkeit einer geheimnisvollen Größe in der Natur, an der sich jede normative Bewegung allen Lebens ausrichtet.

Gott, als normativer Begriff, steht für das zu höchstem Sein (dauerhafte Existenz) führende höchste Soll, die höchste Wahrheit, die es anzustreben gilt, auch wenn sie nie erreicht wird. Er repräsentiert das in der Natur verankerte Gesetz als „Inbegriff des ethisch-politischen Wertmaßstabes"[608] (N. v. Kues) und übt dadurch einen differenzierenden Sog auf den Menschen aus, der auf diese Weise immer sicherer bestehen kann. Das macht Gott zum Garanten für kulturelle Bindung, für politisches Handeln, für kulturelles Leben überhaupt.

Denn Gott ist Teil der menschlichen Formulierung des *Lebensgesetzes*. Die Stoiker führen den Begriff „Zeus" („Zenós") auf „zen" (leben) zurück.[609] Gott verlangt vom Menschen die Leistung des evolutionär notwendigen Aufbaus, er steht für die konstruktiven natürlichen Ordnungsprinzipien, für Hierarchie, Tradierung und Opferbereitschaft und sichert ihre lebensfördernde Ausrichtung. Den Einzelnen lehrt Gott Bescheidenheit, Demut, Verzicht und die Fähigkeit, sich als Teil eines überindividuellen Ganzen zu sehen und sich in dessen Dienst zu relativieren. Vordergründige ökonomische Effizienz wird so zur Voraussetzung evolutionärer ökonomischer Effizienz.

Nichtsdestotrotz wird die *Autonomie*, die Freiwilligkeit des Einzelnen nicht angetastet: denn der Mensch unterwirft sich nicht einem Menschen, sondern einer höheren Macht, die warnt und abrät und nicht zwingt. Dennoch geht etwas Bezwingendes von

---

[608] Ritter, J. 1974, Bd.3, 743
[609] Kunzmann, P.; Burkard, F.-P.; Wiedmann F. 1991, 55

Gott aus. Er ist heilig, sein Gesetz gilt als unantastbar und verpflichtend.

Damit treibt Gott die Vervollkommnung des Menschen voran und sichert so menschliche Existenz. Denn er vermag zu einen, die Menschen mit der Natur und die Menschen untereinander. Die enge Verflechtung von Religion und Politik wird verständlich. Dieser wichtige Aspekt im Begriff des Heiligen findet sich bei Goethe (1749-1832): „Was ist heilig? Das ist's, was viele Seelen zusammen / Bindet, bänd es auch nur leicht, wie die Binse den Kranz. / Was ist das Heiligste? Das, was heut und ewig die Geister / Tiefer und tiefer gefühlt, immer nur einiger macht."[610] Auch Hegel (1770-1831)[611] versteht unter dem Heiligen das, was *eint*.[612]

So wird Gott zum Gewährsmann *politischer* Identität, Bürge *kulturellen* Handelns, letztlich Beweggrund menschlichen Lebens überhaupt. Mit ihrem Gott verteidigt eine politische Gemeinschaft die Kraftquelle ihrer spezifischen Existenz. Als entscheidende lebensfördernde Triebfeder ermöglicht Gott die Fortsetzung des Lebens auf kultureller Ebene. Denn Gott macht das religiöse Gesetz – das wird hier deutlich – zu einem *dynamisch-konstruktiven Gesetz:* es enthält evolutionär-ökonomische Elemente wie Bewahren, hierarchische Struktur, Opfer als Grundlage eines *Aufbaus*, im Gegensatz zum positiven Recht, das ein statisches Gesetz darstellt. Dieses kann im allerbesten Fall einen „status quo" aufrechterhalten und wahrscheinlich nicht einmal diesen. Im freiwilligen Dienst und Opfer, im „Vergelt's Gott" oder „Für Gottes Lohn" wird der ökonomisch schöpferische Kern metaphysischer Haltung deutlich. Es wird dem Menschen möglich zu schenken, mehr zu geben, als er erhält. Im Gegensatz zum egalitären Charakter eines neuzeitlichen Vertrages ist der Mensch durch Gott in der Lage, die mühevolle Leistung am

---

[610] Goethe, J. W. v.: Jahreszeiten Dist. 76/77
[611] Hegel, G. W. F.: Grundlinien der Philosophie des Rechts
[612] Hegel, G. W. F.: Philos. Propädeutik §77

Turmgebäude des Lebens zu erbringen, denn das Leben entwickelt sich gegen den Strom der universalen Entropie nur aus dieser Kraft zu höheren Formen. Man wird erinnert an Rousseau (1712-1778), der, an den Schwierigkeiten einer positiven Gesetzgebung verzweifelnd ausruft, „man müsste Götter haben, um den Menschen Gesetze zu geben".[613]

Werfen wir einen Blick auf die geschichtliche Entwicklung des Gottes-Begriffes. In archaischer Zeit bezeichnet „deós" „das überwältigende, mächtige, beseeligende Gegenüber, dessen Erfahrung uralte Kultriten vermitteln, dann überhaupt jede übermächtige Erfahrung." „Der von der Philosophie ignorierte *Herrscherkult* hat in diesem Wortgebrauch einen Anhaltspunkt."[614]

Einerseits haben sich die Menschen gescheut, Göttliches abzubilden – man denke an jenen unbekannten Gott, dem die Athener in weiser Überlegung einen Sockel ohne Statue errichtet haben;[615] andererseits schafft die Dichtung im altgriechischen Epos eine anthropomorphe Gottheit: „die Götter sind menschlich an Gestalt und Persönlichkeit, nur unendlich überlegen durch Macht, Unsterblichkeit, Seligkeit.[616] Zeus, „Vater der Götter und Menschen", der „höchste und beste", der „alles wohl geordnet hat",[617] ist auch „strafender Hüter der Gerechtigkeit".[618] Die göttliche Macht wird als eine umfassende, lenkende empfunden, sie wird in der Ordnung des Naturrhythmus deutlich, die auch als Gerechtigkeit bezeichnet wird. Die Vorsokratiker (im 6. vorchristlichen Jahrhundert) beginnen sich dann vom Anthropomorphismus zu lösen: man spricht nun im Neutrum vom „Göttlichen". „Der „größte" Gott ist einer, nicht

---

[613] Rousseau, J.-J. 1964, 381-384; Maier, H; Denzer, H. 1994, 71
[614] Ritter, J. Bd.3 1974, 721
[615] Messadié, G. 2006, 21
[616] Ritter, J. Bd.3 1974, 721
[617] Hesiod: Theogonie 70ff
[618] Solon: Frg. 1

menschengestaltig, unbeweglich, unveränderlich, bedürfnislos und moralisch vollkommen. Seine lenkende Kraft wird zur geistigen Macht: er ist „ganz Sehen, Hören, geistiges Erfassen.""[619]

Im 5. Jahrhundert v. Chr. beginnen die Sophisten Wesen und Dasein der Götter in Frage zu stellen. Protagoras (481- ca. 411 v. Chr.) leugnet die rationale Erkenntnis des Göttlichen (Agnostizismus).[620] Später wird die Existenz Gottes überhaupt negiert (Atheismus).

„Im Gegensatz dazu weiß sich noch Sokrates (470-399 v. Chr.) im Dienst des Gottes."[621]Bei Platon (427-347 v. Chr.) steht Gott im Zentrum seines philosophischen Denkens. „Gott ist der Inbegriff des Guten und der Grund alles Guten."[622] Obwohl „unkörperlich und nur im Denken zu begreifen", nennt Platon (427-347 v. Chr.) ihn im „Timaios" den „handwerklichen Bildner" der Welt, auch „Vater"[623] und in einem Brief „König."[624] Der Mensch soll versuchen, sich Gott anzugleichen,[625]denn Gott ist das „Maß aller Dinge".[626]

Für seinen Nachfolger, Artistoteles (384-322 v. Chr.), ist die Philosophie, die nach dem ursprünglichsten Sein und nach der Gottheit fragt, die „erste Philosophie", also „Theologie".[627] „Die erste Ursache der ewigen Bewegung muss selbst unbewegt sein, außerräumlich, immateriell, reine Wirklichkeit; als Ziel des Strebens und Denkens bewegt sie den Himmel; sie ist selbst das

---

[619] Xenophanes: VS 21 B 11ff. A 32; Ritter, J. Bd.3 1974, 722
[620] Protagoras: VS 80 B 4
[621] Platon: Apol.. 20 e ff
[622] Platon: Resp. 380 d ff
[623] Platon: Ep. II, 312 e
[624] Platon: Ep. II, 312 e
[625] Platon: Theait. 176 b
[626] Platon: Leg. 716 c
[627] Aristoteles: Met. 1026 a 13

Vollkommenste, nämlich Denken, das stets sich selbst denkend erfasst und darin selig ist; dies ist Gott."[628]

Im Laufe der Entwicklung wird der Gottesbegriff immer mehr überhöht. Gott entrückt der Welt, der Materie, der Vernunft, allem Guten, denn er ist das „Übergute".[629] Man kann ihn auch nicht beschreiben, eher sagen, was er nicht ist, so der jüdisch-hellenistische Religionsphilosoph Philon von Alexandria (13. v. Chr. - 45/50 n. Chr.): Gott ist „eigenschafts- und namenlos", „nicht in Raum und Zeit".[630]

Im Alten Testament zeigt sich dann der so entscheidende *politische* Aspekt des Gottesverständnisses. Der aus der nomadischen Vergangenheit überlieferte „Gott der Väter" kommt ohne Heiligtum und Priester aus. Er gibt sich nur dem Anführer einer wandernden Sippe zu erkennen und verspricht ihm „Führungskraft", „Schutz, Nachkommenschaft und Landbesitz".[631]Denn die Erzväterreligion erhofft sich von ihrem Gott die zukunftssichernde Orientierung. Gleichzeitig verbietet das Alte Testament, Gott bildlich darzustellen. Damit wird zwischen Gott und diesseitig Manifestem unterschieden, was Gott unangreifbarer macht. Die „Sinaitheophanie", „die für Israel grundlegende Offenbarung", stützt sich im Wesentlichen auf drei Säulen: „Erscheinung Gottes in der Natur, „Bundesschluß", d.h. Begründung der Gemeinschaft zwischen Gott und Volk",[632] „und Rechtsmitteilung; denn Ethos und Recht menschlichen Zusammenlebens gelten als Konsequenz der Gottes-Beziehung." Entscheidend dabei ist, „dass Gott an sein Volk gebunden bleibt, unabhängig vom Ort, an dem es sich gerade befindet". „Immer

---

[628] Ritter, J. Bd..3 1974, 723; Aristoteles: Met. 1071 b 3ff
[629] Plotin: Enn. II, 9, 1
[630] Philon: De opificio mundi 8f
[631] vgl. Alt, A. 1968, 1-78; Ritter, J. 1974, Bd..3, 725
[632] Älteste Belege: Ex. 19, 16-20 bzw. 24, 9-11

276

helfend begleitet er es nach Palästina und Jahrhunderte später in die Verbannung.“[633]

Auch Jesu Gott ist der „Gott der Väter“, Gott bleibt der „Schöpfer-Gott“ und „Bundes-Gott“. „Aber Jesu eigene und eigentliche Botschaft ist (...) die Kunde von dem gütigen, verzeihenden und überreich schenkenden Gott, und hier erst hebt er sich deutlich vom Judentum ab und stellt ein Gottes-Bild vor uns hin, wie es bis dahin nicht geoffenbart wurde“.[634] „Das ganze Mittelalter hindurch wird Gott als schöpferischer Grund und Motor jeder physischen und moralischen Ordnung begriffen“.[635]

Beim Gottesverständnis Martin Luthers (1483-1546) schließlich tritt schon der neuzeitliche, der persönliche Aspekt des Glaubens hervor. Auf die Frage „Was heißt einen Gott haben oder was ist Gott?“ antwortet er im „Großen Katechismus“: „Ein Gott heißt das, dazu man sich versehen soll alles Guten, und Zuflucht haben in allen Nöten; also dass einen Gott haben, nichts anderes ist, denn ihm von Herzen trauen und glauben.“[636] Auch wenn Gott „Deus iustificans“ bleibt[637] und „weiterhin angesichts der Sünde zürnt“, ist seine „Natur“ doch ein „glühender Backofen voller Liebe“.[638] Typisch für die Reformation ist auch ein „Lebensgefühl“, das „die unermüdliche Handlung als wesentlich erkennt: aus dem umfassenden und unaufhörlichen Wirken Gottes aber auch des Bösen (Teufels) muss die notwendige Aktivität des Menschen folgen.“[639] Hier liegt auch die Wurzel der ökonomisch so erfolgreichen Haltung des Protestantismus (z.B. Calvinismus).

In der Neuzeit entwickelt sich dann eine zunehmend kritische Haltung Gott gegenüber, was zum Verlust der Gottes-Vorstellung

---

[633] Ritter, J. 1974, Bd.3, 725

[634] Schnackenburg, R. 1962, 571; Ritter, J. Bd.3 1974, 728

[635] Augustinus: De civ. Dei, 12, 25; 8, 4f

[636] Luther, M. WA 30/1, 132f

[637] Luther, M.: WA 40/2, 327

[638] Luther, M. WA 40/2 36, 425

[639] Ritter, J. 1974, Bd.3, 754

führt. Das aufklärerische Denken fordert den Menschen auf, sich nicht mehr auf fremde Autoritäten, sondern auf die eigene Vernunft zu verlassen. Gott wird ein sinnloses Wort, das man wie den Begriff der Schöpfung am liebsten aus der Sprache verbannen will.

Nun noch ein paar Worte zum *Monotheismus*. Zu Beginn der Menschheit ist „alles von Göttern voll".[640] Dieser Vielgötterglaube wird dem Menschen erst bewusst, als er angreifbar zu werden beginnt.[641] Dem ursprünglichen *Polytheismus* folgen die monotheistischen Religionen, Judentum, Christentum und Islam (Tendenzen auch bei Zarathustra und neuzeitlichen Strömungen des Hinduismus). Sie anerkennen und verehren nur einen einzigen Gott, der keine anderen Götter neben sich duldet. Es sind gestiftete Religionen; die ihnen eigene Offenbarungsform ist eine prophetische. Der Unbedingtheitsanspruch dieser Religionen ist weit höher als der der polytheistischen Religionen. Der monotheistische Gott verlangt strikten Gehorsam.[642]

Wie lässt sich diese Entwicklung erklären? Nun, es scheint so zu sein, als wollte der Mensch sein höchstes Soll im christlichen Monotheismus weiter steigern, denn er stellt seinen Gott *über* die Natur. Vielleicht findet hier die nie verstummende evolutionäre Forderung nach Höherdifferenzierung ihren Niederschlag: einer Konzentrationssteigerung, einem Prozess ökonomischer Verdichtung gleich bündelt der Mensch schließlich alle Kräfte, um immer komplexere politische Gebilde zusammenhalten zu können.

Doch kann ihm das auch gefährlich werden. Zwar bleibt die Verbindung Gott-Natur immer noch bestehen („Gott schuf die Natur und siehe, sie war gut"). Doch zeichnet sich auch schon die

---

[640] Thales: VS I, 11, A 22
[641] Ritter, J.; Gründer, K. 1989, Bd. 7, 1087
[642] Ritter, J.; Gründer, K. Bd.6 1984, 142

beginnende Entfremdung des Menschen von ihr ab. Das Verhältnis der „Vertragspartner" Mensch-Natur beginnt sich zu verändern. Die weitere Entwicklung kennen wir: die große Mutter Natur schrumpft im Laufe von Jahrhunderten zum Verfügungsobjekt des Menschen und verkommt schließlich zur bloßen Umwelt eines ich-zentrierten Vernunftwesens.

Möglicherweise ist mit dem großen abendländischen Reich im späten Mittelalter ein Grad an Komplexität erreicht, der nicht mehr überschritten werden kann. Man wird erinnert an das Motto Kaiser Karls V. (1500-1558), in dessen Reich die Sonne nicht untergeht: „plus ulter": „über das Mögliche hinaus".

Hinzu kommt, dass die lebenserhaltende Norm des Menschen, die nun im Gegensatz zu archaischen Zeiten der Schrift anvertraut werden muss, der Interpretation jedes Beliebigen ausgeliefert ist und fehlgedeutet werden kann. Nicht jeder vermag den Gesetzeskern hinter dem jahrhundertealten Wust an Metaphern und Bildern zu erkennen. Wir erinnern nochmals an Luthers (1483-1546) Ausspruch, in dem es heißt, dass in der Buchwerdung Gottes sein Tod angelegt sei.

Der aufgeklärte Geist sucht Gott in den Wolken und findet ihn dort nicht. Er beginnt alles in Frage zu stellen, Gott, die Religion und das, wofür sie stehen: Tradition, Hierarchie, Opfer. Er kann nicht sehen, dass er damit im Begriff ist, auch auf ethische Haltung, auf politische Einheit, auf Kultur überhaupt zu verzichten. Er erkennt nicht, dass er mit den Geboten Gottes die Gebote der Natur über Bord wirft und sich damit von ihr löst. Ohne seine geistige Verankerung in ihr aber treibt er dem entropischen Abgrund entgegen.

Die Neuzeit verlegt ihr höchstes Soll, ihren Gott, nun in den Menschen selbst, der dank seiner Subjektivität nicht zum Maß und zum Garanten der Wahrheit taugt. Damit geht die entscheidende, die Differenzierung vorantreibende Sogwirkung eines höchsten

Soll, das an die unbestechliche, sichere und hochkomplexe Natur gekoppelt ist, verloren. Der Mensch befindet sich seitdem in freiem Fall.

Gerechtigkeit

Gerecht ist, was das Ganze stabil hält und so allen nützt. Denn es geht immer um Zusammenhalt und Überleben der Gemeinschaft. Gerechtigkeit hat die Aufgabe, im Dienst der *Zukunftsfähigkeit des Ganzen* das zu stärken, was allen nützt, und das zu verhindern, was allen schadet. Gerechtigkeit ist gelebte Norm.

Denn das wirtschaftliche, „anthropologische Gesetz der Knappheit" einerseits und der Erhalt des Ganzen andererseits muss jedem Gerechtigkeitsdenken zugrunde liegen. Da alles, was die Erde dem Menschen zur Verfügung stellt, begrenzt ist, ist er gezwungen, das Gegebene „im Schweiße seines Angesichts" zu verarbeiten. Es ist auch so, dass der Mensch zu „Unersättlichkeit" neigt. Weil „alles Menschliche", „ob Individuum, Gruppe oder Institution", von diesem „Immer-mehr-wollen" geprägt ist, muss gehaushaltet werden.[643] Um aber das ganze System dauerhaft stabil zu erhalten, entsteht von Beginn an eine hierarchische Allokationsstruktur, die, jedem das Seine zuweisend, notwendig *asymmetrisch* ist, wobei das begünstigt wird, was dem Ganzen und damit letztlich jedem nützt. Erst die späte Neuzeit versteht unter Gerechtigkeit automatisch Gleichheit.

Werfen wir einen Blick auf die Entwicklung dieses Begriffes. Da alles Recht ursprünglich religiöses Recht ist, stellt auch Gerechtigkeit eine religiös-ethische und politische Größe dar. Die Vergöttlichung, die „Divinisierung" der Gerechtigkeit hat es in allen Kulturen gegeben.

Das altägyptische Ma´at umfasst „Wahrheit, Gerechtigkeit, Recht, Ordnung, Weisheit, Echtheit, Aufrichtigkeit" und „bezieht sich" nicht nur auf „Moral und Manieren im menschlichen Zusammenleben", sondern auf „die göttliche Gerechtigkeit des

---

[643] Höffe, O. 2001, 27

Totengerichts, auf die tägliche Überwindung des Chaos durch den kosmosschaffenden Sonnengott und die kosmosschaffende Gesetzgebung seines irdischen Abbilds, des Königs."[644] „Ma´at verbindet Ordnung, Herrschaft und Rechtschaffenheit mit einer unüberbietbaren Glückseligkeit, mit Heil" und dem „Gelingen des eigenen Lebens".[645] Auch in Mesopotamien behält die Rechts- und Gerechtigkeitsordnung seinen göttlichen Ursprung und der König ist den Göttern verantwortlich.

Unter dem Einfluss der altägyptischen Ma´at-Lehre stehen die hebräischen Ausdrücke, die mit „Gerechtigkeit" übersetzt werden, „Sädäq" bzw. „Sädaqah", für eine „ebenso umfassende wie unabänderliche Lebensordnung". Das Bündnis zwischen Gott, JHWH, und Israel ist von Sädäq geprägt „in der sowohl rechtlichen als auch sittlichen und vor allem religiösen Beziehung zwischen Gott und seinem auserwählten Volk". Die Thora und die fünf Bücher Mose vermitteln in Form ihrer Gebote den von Gott offenbarten Gerechtigkeitsbegriff. „Und wer diese Ordnung willentlich annimmt, ihre Forderungen tätig erfüllt und auf diese Weise die rechtlich-sittlich-religiöse Gemeinschaft zu bewahren hilft, ist im personalen Sinn gerecht." Dabei liegt der Hauptakzent bei Sädäq auf „Gemeinschaftstreue", auf der „Loyalität zur eigenen Gemeinschaft".[646]

Auch in der archaischen Zeit des 8. vorchristlichen Jahrhunderts, in den beiden Epen Homers, der „Ilias" und der „Odyssee", und in Hesiods „Theogonie" („Götterentstehung") zeigt sich, dass die Gerechtigkeit göttlichen Ursprungs ist. Recht und Gerechtigkeit sind eins und werden von einer einzigen Göttin, Themis, vertreten. Sie ist die Tochter der Allmutter Gaia und des Himmelsgottes Uranus und älter als der König der Götter, Zeus.

---

[644] Assmann, J. 1995, 9
[645] Höffe, O. 2001, 14, 15
[646] Höffe, O. 2001, 16

Es herrscht noch eine „ewige und unwandelbare Ordnung", „die für Menschen und Götter gleichermaßen gilt".[647]

In Platons (427-347 v. Chr.) Dialog „Politea" („Der Staat") – das übrigens älteste abendländische Werk, das der Gerechtigkeit gewidmet ist – erscheint der Staat wie ein Bild des Menschen im Großen, als eine in sich gegliederte Ganzheit, als „Organismus". Diese organismische Staatsauffassung wird später auch in der Romantik von Schleiermacher (1768-1834), von Schelling (1775-1854) und Hegel (1770-1831) vertreten. Es geht dabei nicht darum, den menschlichen Organismus nachzubilden, „sondern um ein einigendes Konzept, einen Gesamtgeist, der alle Felder des Staatslebens miteinander verbindet und in seiner Verfassung Gestalt erhält." Die staatliche Ordnung bei Platon (427-347 v. Chr.) ist nach wie vor eine *hierarchische*, auch wenn der an der Spitze stehende Philosophen-König nicht mehr als Stellvertreter Gottes auf Erden erscheint, sondern seine Stellung seinem Wissen und seinen Fähigkeiten verdankt. „Dadurch, dass der göttliche Ursprung der Gerechtigkeit von der Idee des Guten abgelöst wird, wird die nun einsetzende philosophische Reflexion deutlich."[648]

Platon (427-347 v. Chr.) unterscheidet die arithmetische Gleichheit („Jedem das Gleiche") von der geometrischen oder proportionalen Gleichheit („Jedem nach seinen Leistungen"). Gerechtigkeit besteht dann, wenn jeder „das Eigene und Seinige hat und tut", und damit die Aufgaben seines Standes erfüllt, als Sklave, Bürger, Krieger. Sie lebt von Differenzen.

Auch die aristotelische politische Einheit integriert eine Vielzahl von Unterschieden. Es sind die elementaren *Ungleichheiten* von Reichen und Armen, Starken und Schwachen, Edlen und Schlechten, Herrschenden und Beherrschten,

---

[647] Höffe, O. 2001, 17, 18
[648] Höffe, O. 2001, 20

Vollbürgern und Schutzgenossen, Freien und Sklaven, Männern und Frauen, Vätern und Kindern, die die Struktur der Polis prägen.

Bei der „Frage, nach welchem inneren sachlichen Maß die Polis ihre Ehren", „Ämter und Machtpositionen sowie ihre Kriegsbeute verteilt", habe man sich „an das Verhältnis zu halten, in dem die (zum Ganzen) beigesteuerten Beträge zueinander stehen." Für Aristoteles (384-322 v. Chr.) „ergibt sich das aus der Ungleichheit der Bürger unter dem Aspekt des Reichtums, des Geburtsadels, der Tüchtigkeit oder der Freiheit, kurz: aus dem sozialen Rang."[649]

Geht es also darum, „das Gemeinsame in angemessener Weise auf die einzelnen zu verteilen", darf man nicht jedem quantitativ das Gleiche geben, sondern man muss das „geometrische Verhältnis" der proportionalen Gleichheit anwenden und sich nach der erbrachten Leistung des Einzelnen für das Ganze richten.[650]

„Versteht man den politischen Status des Bürgers mit Thomas v. Aquin" (1225-1274)[651] „als Ausdruck seiner Wichtigkeit für das Ganze, lässt sich die aristotelische Lehre von der austeilenden Gleichheits-Gerechtigkeit auf den einen Grundsatz" „reduzieren": „Güterverteilung nach dem *Beitragsprinzip*". „Kann doch höheres Ansehen und politische Bedeutung (im Grenzfall sogar die freie Geburt) als Beitrag zur guten Ordnung der Polis interpretiert werden."[652] Hier wird deutlich, dass eine Gleichbehandlung ein Unrecht wäre, weil dadurch eine erbrachte Leistung entwertet würde,[653] was sich ein lebendiges System eigentlich nie erlauben darf.

Auch wenn es um die Teilhabe an politischer Verantwortung geht, verlangt die aristotelische Theorie eine verdienstabhängige

---

[649] Aristoteles: Nikom. Ethik, V 7: Hofmann, H. 2000, 104
[650] Hofmann, H. 2000, 104
[651] Thomas v. Aquin: Recht und Gerechtigkeit: Theologische Summe II-II, Frage 61 a 2
[652] Röhl, K. F. 1992, 40; Hofmann, H. 2000, 104
[653] Hofmann, H. 2000, 108

284

Differenzierung. Entsprechend müssen fähige Bürger bevorzugt werden. Die strikte politische Pro-Kopf-Gleichheit sieht Aristoteles als Verirrung an.[654] „Selbst die Demokratie, also die von ihm als politische Entartung kritisierte Pro-Kopf-Gleichheit der politischen Teilhabe ist hier ja nur ein Grenzfall einer ständischen Gliederung und reicht über die Minderheit der frei geborenen Männer, der Bürger, nicht hinaus."[655]

Wie sieht nun eine *zukunftsfähige, konstruktive*, also gerechte Norm im Prinzip aus? Der französische Philosoph und Mathematiker, Blaise Pascal (1623-1662), äußert sich einmal verzweifelt über die Relativität des Rechts, über die großen lokalen Unterschiede dessen, was als Recht gilt.[656] Dennoch lässt sich ein unstrittiger normativer Kern ausmachen, den es in jedem Codex bis hin zur späten Neuzeit gegeben hat.

So lässt sich das *Urbild einer Norm* zeichnen, die das begünstigt, was überindividuelle Einheit bauen und erhalten kann, trotz differenzierter Vielfalt. Und dieses normative Grundmuster lässt sich in den Sollenssätzen aller Gemeinschaften bis hin zur Neuzeit wiederfinden, von Ptahotep (2100 v. Chr.), Hammurapi (Regierungszeit vermutlich 1793-1750 v. Chr.) und Hesiod (700 v. Chr.), über Solon (640-594 v. Chr.), Meister Kung (Konfuzius) (551-479 v. Chr.), Mo ti (um 480-380 v. Chr.), Platon (427-347 v. Chr.), Aristoteles (384-322 v. Chr.), Cicero (106-43 v. Chr.), Nizamulmuk (1018-1092) und Thomas von Aquin (1224-1274).

Aus dem, was wir nun wissen, lässt sich diese Ur-Norm ableiten. Grundvoraussetzung für jede kulturelle Ordnung bildet die überlebensnotwendige *Informationszufuhr aus der Natur*, die vor allem anderen gesichert werden muss, physisch wie geistig: als Nahrung, als Umwelt, als Norm.

---

[654] Aristoteles: Politik III 9ff., VI 2, 4
[655] Hofmann, H. 2000, 99
[656] Hofmann, H. 2000, 82

Zunächst wird *Gott*, als Inbegriff dieser Norm, als Garant für die Bindung an die Natur und für die Bindung unter den Menschen, heiliggesprochen und für unantastbar erklärt. Alle Kulturen bestrafen Gotteslästerung und Unglauben als schwerstes Vergehen. Ebenso müssen elementare Umweltverstöße geahndet werden, früher beispielsweise Brunnenvergiftungen.[657]

Der Codex muss auch den ökonomischen Umgang mit der natürlichen, immer begrenzten Information im Dienste des Ganzen verlangen, weil kulturelles Wachstum nur möglich ist, wenn die Menschen haushalten und mehr Form hervorbringen, als sie verbrauchen (positive Ökonomie). Tugenden wie Leistung und Verzicht werden belohnt. Der Staatsmann und Dichter, Solon (640-594 v. Chr.), einer der Sieben Weisen der griechischen Antike, fordert, *maßvoll* zu sein.[658]

Es kann auch nur dann aufgebaut werden, wenn man schon Erreichtes festhält. Folglich wird jede Gemeinschaft die *überlieferte Information* aus der Natur schützen: *Gen und Tradition*, denn auch Tradition speichert natürliche Information, die die Individuen einer menschlichen Gemeinschaft untereinander und im Zusammenspiel mit der Natur in langen Zeiträumen erworben haben. Vor allem aber steht Leib und Leben des Einzelnen unter besonderem Schutz: Mord, Giftmischerei, Verstümmelungen, Misshandlungen werden folglich überall als schwerstes Verbrechen bestraft.[659]

Zu vieles Fremde, das die Homogenität und damit die Kohärenzkräfte der Gemeinschaft als wichtige Voraussetzung kultureller Einheit und ihres spezifischen Profils gefährden und überfordern könnte, wird ausgegrenzt. Der am Anfang der griechischen Geistesgeschichte stehende Dichter Hesiod (nach 700 v. Chr.) beispielsweise kritisiert sogar die Schifffahrt, da sie

---

[657] Höffe, O. 2001, 12
[658] Becher; G.; Treptow, E. 2000, 44
[659] Höffe, O. 2001, 12

die Geschlossenheit der Gemeinschaft bedroht, und empfiehlt, sich eher dem Ackerbau zuzuwenden.[660]

Denn der Schutz der eigenen politischen Einheit verlangt die Entscheidung zwischen Freund und Feind und die Bewahrung der schon bestehenden *identitätsstiftenden Bindung bzw. Grenze.* In allen Kulturen werden Ehe, Familie, die eigene Kultur und das eigene Territorium verteidigt. Darum spricht der chinesische Philosoph, Meister Kung (latinisiert Konfuzius) (551-479 v. Chr.), von der Gemeinschaft als großer Verwandtschaft bzw. großer Familie;[661] der scholastische Philosophenfürst Thomas v. Aquin (1224-1274) sieht die Einzelnen wie Glieder eines großen Körpers.[662] Wehrhaftigkeit ist ein Merkmal aller Gemeinwesen, die ihre Identität sichern wollen. Fremdherrschaft gilt als unerträglich. Für beklagenswert hält Solon (590 v. Chr.), wenn eigene Leute in Knechtschaft geraten.[663]

Besitz als Teil individueller Identität und *Autonomie* darf nicht angetastet werden. Meister Kung (551-479 v. Chr.) sieht Besitz als Schutz,[664] Besitzlosigkeit wird als Strafe empfunden. Freiheitsberaubung, Diebstahl, aber auch Beleidigungen (Beschimpfungen, üble Nachrede) ahnden alle Kulturen.[665]

Da hierarchische Wege die ökonomischsten sind, zeigen alle Gemeinwesen eine *hierarchische* Struktur. Findet das naturgegebene Komplexitätsgefälle auch kulturell seinen Niederschlag, erhält also der Fähigste die größte Verantwortung, wirkt Hierarchie fruchtbar. Die Spitze der Hierarchie, meist der König, bildet die einigende Klammer, dem sowohl die zentrale rechtliche als auch (jedenfalls im Staatskult) kultische Funktion

---

[660] Becher; G.; Treptow, E. 2000, 40
[661] Becher; G.; Treptow, E. 2000, 46
[662] Becher; G.; Treptow, E. 2000, 116
[663] Becher; G.; Treptow, E. 2000, 51
[664] Becher; G.; Treptow, E. 2000, 51
[665] Höffe, O. 2001, 12

zugesprochen wird und der in archaischer Zeit religiöse Verehrung genießt.

In diesem *informationsökonomischen* Zusammenhang muss auch die Schulung des Individuums gesehen werden: Wissenserwerb, Bewahrung spezifischen kulturellen Wissens, Ausfaltung angelegter individueller Fähigkeiten, Leistungs- und Hilfsbereitschaft, Wahrheitsliebe, Disziplin besitzen in allen Kulturen einen hohen Stellenwert. Bildung hebt das allgemeine Niveau, stärkt den Zusammenhalt, sichert die Spezifität des Ganzen, steigert die Möglichkeiten des Systems durch immer komplexere Ausdifferenzierung und erhöht damit seine Überlebenschancen. Wahrheitsliebe ist besonders wichtig. Maß-, Gewichts- und Urkundenfälschungen, falsches Zeugnis werden in allen Kulturen bestraft. Wahrheit verlangt die Tauschgerechtigkeit, die keineswegs nur im wirtschaftlichen Bereich gilt.[666]

Zu große innersystemische Differenzen können die Stabilität des Ganzen gefährden. Alle Kulturen bemühen sich um Ausgleich und um das *Gemeinwohl*, wobei die Stärkung der Schwachen nie dazu führt, die Fähigen zu behindern, weil das dem Ganzen schaden würde.

In allen Gemeinschaften finden wir die ausgleichende („korrektive") Gerechtigkeit. Im Zivilrecht sorgt sie dafür, erlittene Schäden und im Strafrecht ein verschuldetes Unrecht auszugleichen.[667] Alle Kulturen erkennen auch die „Grundsätze der Verfahrensgerechtigkeit" an und die „Wechselseitigkeit und Reziprozität, verbunden mit der Goldenen Regel: „Was du nicht willst, dass man dir tut, das füg auch keinem anderen zu."'"[668]

Mit Hilfe dieses Gesetzes ist es dem Menschen gelungen,

---

[666] Höffe, O. 2001, 12, 11
[667] Höffe, O. 2001, 12
[668] Höffe, O. 2001, 11

alle Kräfte für den überlebensnotwendigen politisch-kulturellen Aufbau zu sammeln. Im Sinne einer evolutionären Ökonomie lehrt ihn das Gesetz, dem er sich freiwillig unterwirft, Opfer, Verzicht und Leistung sowie Entbehrung in der Gegenwart, um die Zukunft zu besitzen. Es zeigt ihm sein höchstes Soll, das in der Natur liegt und das er immer anstreben muss. „Streben ohn Unterlaß" sind auch die letzten Worte Buddhas (um 560 - um 480 v. Chr.). Das Gesetz nennt Freund und Feind, es schützt die Bindung und die Grenze der Gemeinschaft und weist Hierarchie und Tradierung als ökonomische Wege des evolutionären Informationserhalts aus. Das Gesetz hütet die Quellen der spezifischen Identität der Gemeinschaft, ihr kulturelles Wissen und die ihr vertraute örtliche Natur (Heimat).

In diesem Zusammenhang mag erwähnt sein, dass das christliche: „Liebet eure Feinde"[669] immer nur den privaten Feind oder Konkurrenten gemeint hat: „diligite hostes vestros", „hostes", der private Feind, nicht „inimicus", der politische Feind. Auch ist in dem tausendjährigen Kampf zwischen Christentum und Islam beispielsweise niemals ein Christ auf den Gedanken gekommen, aus Liebe zu den Sarazenen oder den Türken Europa dem Islam auszuliefern.[670] Denn es ist durchaus evolutionär gewollt, ein christliches *und* ein islamisches System zu erhalten im Sinne einer notwendigen Vielfalt.

Dieses biopositive Gesetz schafft notwendig *Unterschiede*. Kein Mensch unter dieser Sonne wird je bestreiten, dass Differenzen schmerzhaft und grausam sein können: Differenzen zwischen gesund und krank, reich und arm, schön und hässlich, Freund und Feind. Wir Menschen haben dieses Gesetz nicht gemacht. Doch es ist so, dass erst dieses Gesetz – und nur dieses Gesetz – uns und unsere Kulturen hervorgebracht hat und uns auch weiterhin bestimmt, ob wir das nun wollen oder nicht. Überhaupt

---

[669] Matth. 5, 44; Luk. 6,27
[670] Schmitt, C. 1963, 29

lebt und besteht alles nur dank dieser differenzierenden Kraft. Differenzen sind darum der Preis, den wir für Komplexität und Vielfalt auf allen Ebenen, für Kultur, für Leben überhaupt zahlen müssen. Kant (1724-1804) hat recht, wenn er die „Ungleichheit unter Menschen" als „reiche Quelle so *vieles Bösen"* ansieht, aber auch „*alles Guten"*.[671]

Wir dürfen auch nicht vergessen, dass Differenzen in einer Welt aus dem Ruder laufender manipulativer Symbole („fiat money", nicht mehr der Wahrheit verpflichtete mediale Welt) in einer Weise übersteigert werden, wie dies in natürlichen Zusammenhängen nie möglich wäre.

Zusammengefasst kann der Mensch mit diesem Gesetz *konstruktiv differenzierend* handeln und jahrtausendelang Kulturen blühen lassen.

Als Naturrecht und Politischer Aristotelismus prägt dieses Gesetz die gesamte antike und mittelalterliche Welt seit dem vierten vorchristlichen Jahrhundert. Es bleibt regieführend bis zum Ende des 18. Jahrhunderts, als Kants (1724-1804) Rechts- und Moralphilosophie sich auszubreiten beginnt.[672] Darum wollen wir abschließend diese beiden wichtigen Theorien kurz skizzieren.

---

[671] Kant, I.: Mutmaßlicher Anfang der Menschengeschichte (1786) 325
[672] Kersting, W. 1996, 1

Naturrecht und Politischer Aristotelismus

Im Gegensatz zur neuzeitlichen politischen Philosophie steht die klassische Politik der Natur nicht feindlich gegenüber. Denn die frühere politische Gemeinschaft kann selbst als „Naturzustand" begriffen werden.[673]

Naturrecht (gr. physei/physikon dikaion: „dem von Natur aus Rechten bzw. Gerechten")[674] lehrt, „dass in der Naturordnung die Prinzipien" „eines gerechten Gemeinwesens enthalten und für die menschliche Vernunft zweifelsfrei zu erkennen" sind. Es soll dem veränderbaren und fehlbaren menschengemachten Recht als Grundlage dienen. Auf diese Weise wird die unveränderliche Naturordnung zur „Metaverfassung" für alle menschlich-politischen Verfassungen und formt so ihre Gemeinwesen.[675]

In diesem Begriff des Naturrechts wird nicht nur die normative Bedürftigkeit des Menschen und die Bedenklichkeit seines positiven Rechts deutlich, sondern auch die Vorstellung einer überzeitlichen und darum vorbildlichen, aller menschlichen Autorität entzogenen, verbindlichen Ur-Ordnung. Der Lateiner nennt es „ius naturae" oder „lex naturae". Die christliche Welt spricht vom „göttlichen Recht" („ius divinum") und einem „ewigen Gesetz" („lex aeterna").[676]

„Anthropos zoon politikon physei estin" („der Mensch ist von Natur aus ein politisches Lebewesen").[677] Dieser Satz gibt im Kern das wieder, was der *politische Aristotelismus* meint, die von Aristoteles (384-322 v. Chr.) formulierte politische Philosophie. Sie versteht die Natur als eine teleologische, (gr. telos: Ziel) metaphysische Ordnung, die in den Lebewesen als zielgerichtete

---

[673] Kersting, W. 1996, 8
[674] Höffe, O. 2001, 40
[675] Kersting, W. 1996, 9
[676] Höffe, O. 2001, 40
[677] Aristoteles, Politik 1253 a 2

Entwicklung deutlich wird und ihnen ihre „Bestimmung", ihr „Recht" und das, was ihnen zuträglich ist, „vorschreibt". Nur mit dieser natürlichen Ausrichtung kann das Leben gelingen. Natur und politische Welt liegen in einem Kontinuum und sind unauflöslich miteinander verknüpft. „Die Polis ist das metaphysische Biotop des Menschen."[678]

Im Gegensatz dazu zeigt sich die Natur der Neuzeit als bloße „Ware", als mit „empiristischem Tatsachenblick" beäugtes „Verfügungsobjekt." Hier definiert sich das politische Leben in „ausdrücklicher Entgegensetzung zu allem Natürlichen".[679]

Auch im *stoischen Naturrecht*, das in der hellenistischen Zeit nach dem Niedergang der klassischen griechischen Poliskultur entstanden ist, beugt man sich einem im gesamten Kosmos gültigen unantastbaren Gesetz.[680] Die empathische Einheit der politischen Gemeinschaft mit der Natur beschreibt keiner so eindrucksvoll wie Cicero (106-43 v. Chr.) in „De re publica". Überhaupt macht kaum ein Text den Unterschied zwischen dem damaligen und dem heutigen Rechtsverständnis deutlicher als dieser: „Das wahre Gesetz ist die richtige Vernunft in Übereinstimmung mit der Natur. Es erfasst alle, ist ständig gleichbleibend und ewig. Es befiehlt die Pflichterfüllung und hält durch seine Verbote vom Bösen ab (...). Dieses Gesetz kann nicht abgeschafft werden. Man kann nichts von ihm wegnehmen, noch ihm etwas entgegensetzen. Kein Senatsbeschluss und keine Volksabstimmung können seine Verbindlichkeit aufheben. Es braucht keinen Erklärer und keinen Ausleger (...). Es ist dasselbe in Rom und Athen, heute und später. Es umspannt alle Völker und Zeiten als ewiges und unveränderliches Gesetz. Es spricht zu uns gleichsam der Lehrer und Herrscher der Welt."[681] Wie anders doch

---

[678] Kersting, W. 1996, 7, 8
[679] Kersting, W. 1996, 8
[680] Kersting, W. 1996, 8
[681] Cicero, De re publica III, 22(33)

das Heute, das laufend Gesetze nach Bedarf schafft und der aktuellen Situation anpasst.

Das *christliche Naturrecht* übernimmt die Elemente des stoischen und formt sie lediglich um. Aus dem „ewig-unveränderlichen Kosmos" wird so die „Schöpfung Gottes" und die bei den Griechen herrschende „anonyme Finalität, Normativität und Sinnbestimmtheit" zu einer „zielgerichteten übernatürlichen Kraft als Ausdruck göttlichen gerechten Willens".[682]

Der politische Aristotelismus der klassischen Politik begreift den politischen Zustand des Menschen, sein Leben als Bürger mit „*seinesgleichen* in der politischen Gemeinschaft" „als einzig naturangemessene Lebensweise des Menschen".[683] „Im tätigen Polisleben allein, in der gemeinschaftlichen Sorge um das Gemeinwohl, kann er seiner Bestimmung gerecht werden", nur im Einsatz für das Ganze erfährt er seine „menschliche, sittliche und individuelle Erfüllung".[684] „Die Polis besteht um des guten Lebens willen",[685] denn Aristoteles (384-322 v. Chr.) weiß, dass der Mensch nur in der Gemeinschaft mit anderen überleben kann.[686]

Die gesamte Poliswelt ist von asymmetrischen Verhältnissen unter *Ungleichen* geprägt und nur in der kleinen homogenen Gruppe der regierenden freien Bürger, der „Väter", die den Kopf der Polis ausmachen, gilt der Grundsatz der Gleichheit. Frauen, Gesinde, Sklaven und Fremde sind davon ausgeschlossen, sie besitzen keine Bürgerqualität, sie werden als Unfreie und Ungleiche angesehen. Die regierenden Bürger sind in der Minderheit. Sie vertreten auch die Nicht-Bürger „aufgrund ihres

---

[682] Kersting, W. 1996, 9

[683] Kersting, W. 1996, 2

[684] Kersting, W. 1996, 2

[685] Aristoteles: Pol. 1252 b 29

[686] Kersting, W. 1996, 2

allseits anerkannten" „überlegenen Wissen(s) um die Zwecke der Gemeinschaft und die Wege zu einem guten Leben". Ihre „Autorität" macht sie zu einem „Integrationskern einer die Klassengesellschaft umarmenden politischen Einheit".[687]

Denn die Freiheit des politischen Aristotelismus ist konkret und asymmetrisch; sie tritt immer im Verein mit der Unfreiheit anderer auf (Sklaven waren in der Regel fremde Kriegsgefangene; manchmal hat auch Verschuldung in die Unfreiheit geführt). Dabei ist die klassische Freiheit nicht von Verantwortung zu trennen. Diese übernimmt die privilegierte Gruppe der freien Bürger, die sich um das Gemeinwohl und den Erhalt des Ganzen kümmern.[688]

In diesem Zusammenhang wollen wir erwähnen, dass Aristoteles (384-322 v. Chr.) seine politische Theorie erst entwickelt hat, als die Polis bereits vom Verfall gezeichnet ist. Die von Perikles (kurz nach 500-429 v. Chr.) etablierte demokratische Ordnung hat nämlich nicht lange bestanden. Nach und nach dürfen immer breitere Schichten politisch mitbestimmen (allerdings auch nicht alle). Im Jahr 462 v. Chr. entscheiden der „Rat der Fünfhundert", das Volksgericht und die Volksversammlung („ekklesia"). Im Jahr darauf werden schon Tagegelder für Mitglieder des Rates und des Gerichtes eingeführt, um auch Armen den Zugang zu politischen Ämtern zu ermöglichen. Damit wird das politische Geschäft auch ökonomisch interessant. Schließlich, im Jahre 458 v. Chr., dürfen auch die Zeugiten, die dritte Klasse steuerpflichtiger Bürger, die höchsten Staatsämter bekleiden. Das Ende der Polis zeichnet sich ab. In dieser Krise beginnen die Philosophen über Politik nachzudenken.[689]

Das „*Herrschaftsprinzip*" an sich – ganz im Gegensatz zur Neuzeit – hat die klassische Philosophie niemals in Frage gestellt.

---

[687] Kersting, W. 1996, 6, 7
[688] Kersting, W. 1996, 3, 6
[689] Braun, E.; Heine, F.; Opolka, U. 1996, 25

Herrschaft hat jeder als selbstverständlich empfunden, es ist immer nur darum gegangen, die beste Herrschaftsform zu finden.[690] *Gerechte*, am *Gemeinwohl der Bürger* orientierte Verfassung ist die „politische Verfassung". Schlechte Verfassungen betonen das „oikostypische Eigeninteresse", es sind „unpolitische Verfassungen". Inbegriff des politisch Schlechten ist die Tyrannei. Ein Tyrann dient nicht mehr den Bürgern, sondern missbraucht das Ganze zu seinen Zwecken.[691] Das trifft für die Tyrannei der Mehrheit genauso zu wie für eine Parteiendiktatur. Als Gegenteil der Tyrannis gilt die „Politea, die oligarche Verfassungsordnung", die von der schmalen Elite „gleichberechtigter freier Bürger" vertreten wird.[692]

Noch kurz etwas zur *Ethik*, die nicht von der klassischen Politik zu trennen ist. Sie lehrt, was unter einem „guten, gerechten und darum glücklichen Leben" zu verstehen ist. Ein unpolitischer Privatmann kann nicht gut, gerecht und glücklich leben. Eine moralische Haltung, die, wie in der Neuzeit bei Kant (1724-1804), auf eine verinnerlichte Gesinnung beschränkt bleibt ohne soziales Engagement, kennt der politische Aristotelismus nicht. Der Einzelne definiert sich nicht im Gegensatz zur Gemeinschaft, sondern als Gemeinschaftsmensch, der sich dem Ganzen verpflichtet fühlt und danach handelt,[693] was auch den Heranwachsenden als Vorbild dient.[694] Denn im Unterschied zum neuzeitlichen Liberalismus wird das antike Leben von den „Tugenden der Bürger" bestimmt und nicht ausschließlich von Privatinteressen gelenkt. Dieser Bürger ist „kein Erwerbsbürger, kein Bourgeois, kein Warenproduzent, der einzig am guten Gang seiner Geschäfte interessiert ist und sich der Politik nur zuwendet, weil sie sich (...) als einträglich erweist oder weil sich mit ihrer

---

[690] Kersting, W. 1996, 4
[691] Kersting, W. 1996, 5
[692] Kersting, W. 1996, 5
[693] Kersting, W. 1996, 5
[694] Aristoteles: Pol. 12880 a 1

Hilfe die Erwerbsbedingungen vorteilhafter gestalten lassen"; er ist kein „homo oeconomicus".[695] „Denn die Polis ist eine geschlossene soziale Welt, eine verbundene Gemeinschaft um des guten Lebens aller Bürger willen", keine moderne, locker assoziierte Gesellschaft von bindungslosen Privatleuten.[696]

Es ist deutlich geworden, dass nur das *natürliche Gesetz* als religiöse Norm, als Naturrecht oder als naturrechtliche politische Philosophie politische Systeme schaffen und dauerhaft zusammenhalten kann. Suchen wir in der Geschichte nach Symbolen für diese enge Verflechtung von Religion und Politik, stoßen wir auf eine interessante Erscheinung. Wie steinerne Zeugen stehen sie im entfernten Südosten Europas: es sind die siebenbürgischen Kirchenburgen.

---

[695] Kersting, W. 1996, 5, 6
[696] Kersting, W. 1996, 6

Kirchenburgen

Kirchenburgen, Wehr- und Verteidigungskirchen gibt es auch sonst noch in Europa: in Gotland, Friesland – in den Zeiten der Wikingerüberfälle errichtet – vereinzelt auch in Hessen, in Franken und Thüringen; wir finden sie auch in Frankreich und Italien, in der Wachau an der Donau, in Kärnten und in der Steiermark oder auch östlich der Karpaten, in der dem siebenbürgischen Hochland benachbarten Moldau. Doch nirgends begegnen sie uns in so eindrucksvoller Dichte und Ausprägung wie in Siebenbürgen, nirgendwo sonst haben Kirchenburgen ihre Aufgabe als „Arche Noah“[697] der Menschen bis weit in die Neuzeit hinein (und zwar bis ins frühe 18. Jahrhundert) so offenkundig erfüllt wie hier. Nirgendwo sonst stehen sie – über ihre Verteidigungsfunktion hinaus – als Lebens- und Kultraum so sehr im Mittelpunkt ihrer Gemeinschaft wie hier. Sie sind „Wagenburg“ und „Schlachtschiff“,[698] Gotteshaus und Vorratskammer zugleich. Sie werden zum Charakteristikum dieser Region.[699]

Siebenbürgen, auch als Transsilvanien bekannt, ist ein hügeliges Hochland im Südosten Europas, das von dem Gürtel der Karpaten umschlossen wie eine natürliche Festung wirkt. Seit der Mitte des 12. Jahrhunderts folgen Einwanderer aus dem Westen Europas dem Ruf des ungarischen Königs Geysa II. (um 1129-1162), der das östliche Gebiet seines Reiches bis zum Karpatensaum hin sichern will. Sie kommen wohl aus allen Richtungen des staufischen Deutschland, doch vorwiegend aus der Moselgegend.[700] Man nennt sie Flandrenses, Teutonici, Latini, Saxones; sie werden später verallgemeinernd Saxones (Sachsen)

---

[697] Fabini, H. u. A. 1985, 8
[698] Welder, M. 1992, 36
[699] Myss, W. 1991, 28
[700] Zillich, H. 1976, 15

genannt, obwohl es sich mehrheitlich um Franken handelt.[701] Diese Landnahme der „hospites vocati" gliedert sich territorial in „Sieben Stühle" (Verwaltungsbezirke) und erhält mit dem „Privilegium Andreanum" (Freibrief König Andreas II (1176-1235) für die Sachsen), eine „Magna Charta", die die verfassungsmäßige Grundlage für deutsches Leben in Siebenbürgen bildet. Es hat über acht Jahrhunderte bestanden und erst die sozialistische Ideologie des 20. Jahrhunderts macht ihm den Garaus.

Im Vielvölkerstaat Siebenbürgen, in dem friedliche Koexistenz mit Kämpfen und Bündnissen seiner Völker abwechseln, sind die Sachsen, die nie mehr als zweihundertfünfzigtausend gezählt haben, immer in der Minderheit. Nichtsdestotrotz werden sie in ihrer exponierten Grenzlage, vielleicht mehr als alle anderen Stämme Siebenbürgens, zu einem abendländischen Vorposten und „Wellenbrecher"[702] für die hereinflutenden Gefahren aus dem Osten. Vom 15. bis zum 17. Jahrhundert stürmen türkische Heere gegen Europa an. Im Unterschied zu dem Mongoleneinfall von 1241/42, der zweimal blitzartig das Land verheert, beschwört die Türkengefahr eine Notzeit für Siebenbürgen herauf, die insgesamt drei Jahrhunderte dauert.[703] Sie bringt Tod und Verwüstung und Verschleppung in die Gefangenschaft. Es hat Ende des 17. Jahrhunderts Ortschaften gegeben, die in ihrer Geschichte bis zu fünfzigmal niedergebrannt worden sind.

Unter diesem ungeheuren Druck entstehen die Kirchenburgen. Jedes noch so kleine Dorf rüstet sich. Schließlich durchzieht ein dichtes Netz von Kirchenkastellen das Land. Insgesamt gibt es ungefähr zweihundertdreißig Kirchenburgen im engeren Sinne[704]; ohne Grenzburgen zur Verteidigung wichtiger Pässe, ohne

---

[701] Teutsch, F. 1965, 8
[702] Welder, M. 1992, 46
[703] Folberth, O. 1973, 16
[704] Folberth, O. 1973, 18

298

Fliehburgen, Gauburgen, Stuhlburgen, in denen bei besonders großer Gefahr die Bevölkerung mehrerer Ortschaften Schutz gesucht hat, ohne die fünf von den deutschen Ordensrittern zwischen 1211 und 1224 erbauten Ritterburgen. Denn allen diesen Burgen fehlt das Gotteshaus als sakraler Kern, sie haben ausschließlich militärischen Zwecken gedient.[705]

Im Mediascher Kirchenbezirk beispielsweise zählt man fünfzig kleine Festungen auf einem Territorium von fünfzig mal dreißig Kilometern, die alle im Laufe von etwa drei Generationen entstanden sind. Wie viel spektakulärer diese „Igelstellung" als etwa die der modernen Betonbunker der französischen Maginot-Linie oder des deutschen Atlantikwalls im Zweiten Weltkrieg.[706] Diese Leistung bleibt umso erstaunlicher, als sie von einer kleinen Bevölkerung, wie sie für die damaligen deutschen Siedlungen in Siebenbürgen angenommen werden muss, bewältigt worden ist. So entfallen im Schnitt nicht mehr als vierhundert Menschen (oft sind es viel weniger) auf ein Kastell, das gebaut und verteidigt werden muss – davon natürlich nur etwa die Hälfte Männer.[707]

Die wachsende Bedrohung treibt die Dorfgemeinschaft dazu, die ursprüngliche Kirche immer stärker zu befestigen und zu einer Kirchenburg umzubauen. Damit wird sie zur steinernen Chronik der Schicksale ihrer Erbauer. Die bewehrte Dorfkirche wird zum Herzstück der Verteidigungsanlage. Schon in der zweiten Hälfte des 13. Jahrhunderts entstehen angesichts der wiederholten Tatareneinfälle (1241/42, 1285) die ersten von wehrhaften Türmen (Bergfrieden) geschützten Kirchen und die frühesten, meist bloß von einer ovalen, zinnengekrönten Schutzmauer umgebenen Kirchenburgen.[708]

Im Spätmittelalter entwickeln sich die Befestigungswerke der

---

[705] Folberth, O. 1973, 19
[706] Folberth, O. 1973, 18
[707] Folberth, O. 1973, 25
[708] Myss, W. 1991, 12

Kirche dann immer mehr zu geschlossenen Festungen. So lassen sich in den meisten Kirchenburgen Bauelemente verschiedener Stilepochen – der Romanik, Gotik, Renaissance und auch noch des Barock – finden.[709] Beeindruckend dabei ist, dass der künstlerische Gestaltungswille auch und gerade in den Jahrzehnten zu Tage tritt, die angesichts der Türkengefahr vor allem die intensive Beschäftigung mit dem Wehrbau verlangt haben.[710]

Der Kirchplatz wird mit Mauern und Türmen umwehrt,[711] die die Kirche oft in zwei, ja manchmal sogar auch in drei Ringen schützen. Der ursprünglich vorhandene, den Wehrmauern vorgelagerte Graben lässt sich heute nur noch selten finden. Die Zugänge werden mit eisenbewehrten Torflügeln und Fallgattern geschlossen.[712] Sehr häufig wird der Chorteil des Baues über das Kirchenschiff hinaus um eines oder mehrere Stockwerke erhöht und stärker befestigt als die übrigen Teile, so als sei man entschlossen, nicht nur das eigene Leben, sondern auch das Heiligste, das dieser Raum birgt, bis zum letzten Atemzug zu verteidigen. Nichts vermag den heiligen Ernst dieses aus tiefster religiöser Wurzel entspringenden Lebensgefühls deutlicher zu machen als diese Bauweise.[713] Aus dem erhöhten, dicht mit Schießscharten und Guss-Erkern versehenen Chor kann der anstürmende Feind über einen inneren, oberhalb des Chorgewölbes entlanglaufenden Gang abgewehrt werden. Damit erreicht man zweierlei: der Turm, der auf der einen Seite den Zugang in das Kircheninnere befestigt, erhält durch den starken Wehrbau auf der gegenüberliegenden Seite eine ergänzende Verstärkung; gleichzeitig wird gerade dieser zum sichersten, am

---

[709] Myss, W. 1991, 16
[710] Myss, W. 1991, 18
[711] Zillich, H. 1941, 106
[712] Zillich, H. 1941, 109
[713] Folberth, O. 1973, 22

schwersten einnehmbaren Teil des sakralen Kastells. Diese architektonische Eigenart ist typisch für Siebenbürgen.[714]

Kirche, Türme und Wehrhäuser reichen aber nicht aus, um während einer Belagerung die ganze dörfliche bzw. städtische Gemeinschaft mit ihren Vorräten und allem, was gerettet werden soll, aufzunehmen. Darum baut man in den Burghöfen, angelehnt an die Wehrmauern, ein-, zwei- oder dreigeschossige Kammern an. Jede Familie hat ihr kleines Zimmer. Gleichzeitig legt man Keller an, die auch als Stall für Milchkühe und Kleinvieh dienen. Eine handbetriebene Mühle ist immer vorhanden. Wehrhäuser und bevorzugte Räume, wie beispielsweise das Stübchen des Pfarrers, erhalten Heizvorrichtungen.[715] Überlebenswichtig ist die Sicherung des Trinkwassers. Der Brunnen befindet sich oft inmitten des Kirchenschiffes. Liegt er außerhalb der Kirche, erhält er einen eigenen schützenden Wehrring. Grundsätzlich sind alle Männer bewaffnet, das gilt auch für die Geistlichkeit.[716]

Die Kirchenburgen werden auch später, als sie nicht mehr dem Schutz in Kriegszeiten dienen, sondern nur dem Gottesdienst, noch als Vorratskammer für Getreide, Speck und Räucherwaren genutzt. Diese alte Gepflogenheit hat sich früher besonders bei plötzlichen Überfällen bewährt. So findet man heute noch auf den Kirchenböden, in den „Specktürmen" und Wehrhäusern uralte Stollentruhen für Vorräte.[717]

In den Jahrhunderten nicht enden wollender Angriffe und Verwüstungen wird die Kirchenburg, die eine weitgehend abgeschlossene Welt darstellt, zur „Zelle des Überlebens": wenn auch auf sehr begrenztem Raum sichert sie doch alle elementaren menschlichen Bedürfnisse, physisch wie geistig.[718] Die oft kleinen

---

[714] Folberth, O. 1973, 22
[715] Zillich, H. 1941, 109
[716] Zillich, H. 1941, 110
[717] Zillich, H. 1941, 110
[718] Fabini, H. u. A. 1985, 8

Kirchenburgen – manch eine passt unter die Kuppel des Petersdoms in Rom – erinnern an eine „geschlossene Kapsel, in der alles wirklich Lebensnotwendige, angefangen von Brot und Wasser bis hin zum einfachen Kunstwerk und zum unsichtbaren Geistigen gerettet werden sollte".[719]

Die siebenbürgisch-sächsischen Kirchenburgen verkörpern den Geist des Mittelalters.[720] Sie sind Ausdruck eines mächtigen, glaubensstarken Selbstbehauptungswillens einer homogenen menschlichen Gemeinschaft in existentieller Bedrängnis. Sie stehen da, „einfach und eindringlich, wie ein Vaterunser in der Not" (Würth).[721] Sie spiegeln die religiöse Haltung ihrer Erbauer, ihre natürliche Verwurzelung und ihren Kampf um politischen Bestand. Denn das Kämpferische, offensiv oder defensiv – im Falle der Siebenbürger Sachsen ist es immer die Defensive gewesen – bleibt untrennbar verbunden mit dem Politischen.

Mit den Kirchenburgen erhält der politische Überlebenswille einer kulturellen Gemeinschaft eine neue symbolische Form. „Die Kirche wurde zur Burg, zum Verteidigungswerk des Lebens" (L. Blaga (1895-1961), rumänischer Dichter und Philosoph).[722] In der Kirchenburg verschmilzt das Symbol religiöser Norm (Kirche) mit dem politischen Behauptungswillens (Burg) zu einem Symbol kultureller Identität, ja menschlichen Lebens überhaupt.

---

[719] Fabini, H. u. A. 1985, 10
[720] Fabini, H. u. A. 1985, 10
[721] Myss, W. 1991, 10
[722] Myss, W. 1991, 28

Normative Revolution

Erinnern wir uns: „Wird ein lebendiges System in seinem stationären Nichtgleichgewichtszustand plötzlich von der Umgebung isoliert, so relaxiert es zum Gleichgewicht. In Übereinstimmung mit dem „Zweiten Hauptsatz der Thermodynamik" wird die Entropie dieses Systems solange ansteigen, bis der Gleichgewichtswert erreicht ist. Fixiert man die Energie des Systems, so hat unter allen möglichen Zuständen der Zustand des thermodynamischen Gleichgewichts die höchste Entropie. Dieser Zustand entspricht der größten molekularen Unordnung."[723] Das gilt für alle lebendigen Systeme, die als Nichtgleichgewichtssysteme immer ihre Offenheit gegenüber der informationsreichen Natur sichern müssen. Also auch für ein kulturelles System, dessen Zugang zur natürlichen Basis durch ein immer dichter werdendes symbolisches Netz erschwert wird. Wachsende technische Möglichkeiten und Medienflut verdrängen nicht nur mehr und mehr die Natur, sondern sie wirken auch indirekt und lassen dadurch natürliche Prinzipien obsolet erscheinen.

Wenn nun dem so ist, müsste das erkennbar sein, und zwar in der normativen Zentrale dieses kulturellen Systems, in seinem verfassungsgebenden Code. Und tatsächlich stoßen wir in der neuzeitlichen Geschichte des Menschen auf einen normativen Umbruch wie er radikaler nicht sein kann. Plötzlich verwirft der Mensch alles, was ihn jahrtausendelang bestimmt hat, er wendet sich um hundertachtzig Grad.

Nochmals mit anderen Worten: jedes lebendige System, das man von seiner Informationszufuhr abschneidet, stirbt. Das ursprüngliche gestaltreiche Nichtgleichgewichtssystem fällt dann in einen Gleichgewichtszustand zurück, der keine Differenzierung

---

[723] Ebeling, W.; Freund, J.; Schweitzer, F. 1998, 31

mehr zulässt. Und das bedeutet *Tod*. Das gilt für Menschen, Tiere, Pflanzen, für die Biosphäre insgesamt und auch für kulturelle Systeme. Wird ein kulturelles System durch Symbolflut von seinen natürlichen Grundlagen abgeschnitten, verändert es sich: der es bestimmende Algorithmus, seine Norm, wandelt sich in der Weise, dass eine nivellierende, alles einebnende, eine egalitaristische Entwicklung in Gang kommt. Ihr mächtiges gleichmacherisches Potential treibt das System dem tödlichen Gleichgewichtszustand entgegen. Mehr und mehr erliegt die lebendige kulturelle Gestalt der vernichtenden Gewalt der Entropie, die mit rasanter Geschwindigkeit Form um Form auslöscht.

Diese Entwicklung zeigt sich als Feindschaft gegenüber der natürlichen hochdifferenzierten Ordnung und ihren Prinzipien. Und so verhält es sich auch: Die Neuzeit konstituiert sich „expressis verbis" gegen die Natur, sie ist antimetaphysisch, antihierarchisch und antitraditionell, der Mensch dieser Zeit bindungslos, hedonistisch und voll ich-zentrierter Anspruchshaltung. Die Französische Revolution markiert den Zeitpunkt dieser radikalsten Umwertung, die der Mensch je erlebt hat. Das spiegelt sich auch im Denken dieser Zeit.

Das, was man unter *Ordnung* versteht, verändert sich seit dem 18. und 19. Jahrhundert von Grund auf. Zusammenfassend kann man sagen, dass aus der „Ordnung einer hierarchischen Gliederung und Rangfolge", also aus einer organismischen Ordnung, immer mehr eine „Ordnung der *Reihe* oder *Serie*" wird. „Ordnung wird außerdem zunehmend abhängig von einem *Subjekt*, das sie als Ordnung erkennt und erst setzt."[724] Da es keine naturgegebene Ordnung mehr gibt, übernimmt der Mensch die Aufgabe, Ordnung zu stiften, was zur unsicheren Sache wird. Denn was unter einer guten Ordnung zu verstehen ist, lässt sich schwer definieren. Ein massiver „neuzeitlicher

---

[724] Ritter, J.; Gründer, K. 1984 Bd.6, 1294

Ordnungsschwund" setzt nun ein.[725] So weicht „die alte Wohlgeordnetheit" einer Ordnung als formalem Arrangement (auch unter schlechten Regierungen existiert Ordnung).[726] Seitdem bedarf jede soziale Ordnung einer besonderen Begründung.

Die Neuzeit wendet sich auch ab von der aristotelischen Tradition des Herrschaftsdenkens und hin zum Ideal der *Herrschaftsfreiheit*. Herrschaft wird auf das schärfste abgewertet. Das *Individuum* ist nun die entscheidende soziale Instanz, vor der sich Herrschaft, ohne die es offensichtlich doch nicht geht, legitimieren muss. Wenn über Herrschaft, diesen „besttabuierten" Begriff [727]der Neuzeit, nachgedacht wird, dann nur, um ihre unterdrückenden und gewaltsamen Entartungsformen hervorzuheben und – sie als natürliches Prinzip negierend – ihren Stellenwert in der bloß vordergründigen, gesellschaftlich-funktionellen Rolle zu sehen. Man ist überzeugt, ein rational bestimmtes Zusammenleben mit Diskutieren, Argumentieren und Wettstreit könne eine Harmonie herstellen, die jede Herrschaft, die als überholt und schädlich angesehen wird, überflüssig macht.

Die Gesellschaftstheorien des 19. Jahrhunderts, Liberalismus und Marxismus, sind ausgesprochene Anti-Herrschaftsideologien. Nichtsdestotrotz kristallisieren sich neue Herrschaftsformen heraus. „Überhaupt wird deutlich, dass durch die Auflösung alter Über- und Unterordnung eine umso größere, weil politisch schwer in Schach zu haltende und vor allem anonyme Macht entstehen kann."[728]

Auch das *tradierte Wissen,* das immer als unantastbar gegolten hat, wird bekämpft. Man untersucht es auf Augenblicks-tauglichkeit und entrümpelt es. Damit gibt der Mensch nicht nur

---

[725] Blumenberg, H. 1962, 37-57
[726] Bentham, J. 1962, 3, 252
[727] Freyer, H. 1933, 23
[728] Plessner, H. 1962, 907-924

seinen kulturellen Informationsspeicher auf, sondern stellt schließlich auch – wir erleben es heute – seinen genetischen Speicher zur Disposition. Bis in die späte Neuzeit hinein hat dieser sich manipulativen Zugriffen entzogen, doch wird der Mensch im Rahmen seiner gentechnischen Möglichkeiten auch hier eingreifen, mit unabsehbaren Folgen.

Der geistesgeschichtliche Bruch mit der Tradition zeigt sich schon in der Reformation. Martin Luther (1483-1546) sieht in vielen Traditionen schädliche Erfindungen.[729] Besonders auch die sich weiterentwickelnden Naturwissenschaften der Neuzeit ziehen den Gehalt vorgefundener Traditionen in Zweifel.[730] Schon R. Descartes (1596-1650) stellt die philosophische und theologische Überlieferung überhaupt in Frage.[731]

Lessing (1729-1781) wünscht sich Erlösung „von dem Joche der Tradition",[732] ebenso Karl Marx (1818-1883): „Die Tradition aller toten Geschlechter lastet wie ein Alp auf dem Gehirne der Lebenden. Und wenn sie eben damit beschäftigt scheinen, sich und die Dinge umzuwälzen, noch nicht Dagewesenes zu schaffen, gerade in solchen Epochen revolutionärer Krise beschwören sie ängstlich Geister der Vergangenheit zu ihrem Dienste herauf, entlehnen ihnen Namen, Schlachtparole, Kostüm, um in dieser altehrwürdigen Verkleidung und mit dieser erborgten Sprache die neue Weltgeschichtsszene aufzuführen." Erst die kommunistische Revolution macht Schluss mit dieser „weltgeschichtlichen Totenbeschwörung"; sie „kann ihre Poesie nicht aus der Vergangenheit schöpfen, sondern nur aus der Zukunft", und streift „allen Aberglauben an die Vergangenheit" ab.[733]

---

729 Luther, M. 1884, 17
730 Ritter, J.; Gründer, K. 1998 Bd.10, 1317
731 Descartes, R. 1964ff, 6, 22f
732 Lessing, G.E.: Eine Parabel ... an den Herrn Pastor Goeze in Hamburg 1778
733 Marx, K. MEW 8 115, 117

Nietzsche (1844-1900) versucht noch abzuschätzen, wieviel Historie „für die Gesundheit eines Einzelnen, eines Volkes und einer Cultur" verkraftbar ist; ablehnen muss man die „Überwucherung des Lebens durch das Historische", durch antiquarischen „Urväter-Hausrath".[734] Doch sieht er auch, dass Tradition unverzichtbar ist bei der Schaffung historischer Gebilde, wie der des Imperium Romanum, die der „Niedergangs-Form" des „Demokratismus" entgegenstehen: dazu „muss es eine Art Wille, Instinkt, Imperativ geben, antiliberal bis zur Bosheit: den Willen zur Tradition, zur Autorität, zur Verantwortlichkeit auf Jahrhunderte hinaus, zur Solidarität von Geschlechter-Ketten vorwärts und rückwärts in infinitum."[735] „Der moderne Geist mit seiner Unruhe" aber, „entzügelt durch das Fieber der Revolution", verlangt einen „Abbruch der Tradition" in der europäischen Kultur.[736] Denn „was heute am tiefsten angegriffen ist, das ist der Instinkt und der Wille der Tradition: alle Institutionen, die diesem Instinkt ihre Herkunft verdanken, gehen dem modernen Geiste wider den Geschmack (...). Man nimmt die Tradition als Fatalität; man studirt sie, man erkennt sie an (als „Erblichkeit"), aber man will sie nicht."[737]

Nicht nur die Ächtung der Tradition, sondern auch die des Dienstbegriffes ist typisch für die Neuzeit. Sie wirkt sich verheerend aus. Max Scheler (1874-1928) beispielsweise hält *Opferbereitschaft* für überflüssig.[738] Auch Nietzsche (1844-1900) kritisiert vom Standpunkt einer „nüchternen Moral" aus, „welche Selbstbeherrschung, Strenge, Gehorsam fordert",[739] diejenige Form der „Moralität, welche sich nach der Aufopferung bemißt" und nennt sie „halbwilde Stufe".[740] Auch Marx (1818-1883)

---

[734] Nietzsche, F.: Unzeitgemäße Betrachtungen 2 1874

[735] Nietzsche, F.: Götzendämmerung §39 1889

[736] Nietzsche, F.: Menschliches, Allzumenschliches 1, §221 1878

[737] Nietzsche, F.: Der Wille zur Macht I, 2, § 65 1884-88

[738] Scheler, M. 1966, 235

[739] Nietzsche, F.: Morgenröthe 4, 215

[740] Nietzsche, F.: Morgenröthe 4, 221

würdigt das Opfer nur in engem ideologischen Zusammenhang. Er spricht beiläufig von der „Aufopferungsfähigkeit" der Pariser Kommunarden[741]– vom „Heroismus der Sowjetmenschen" als Opfer.[742] Ähnlich heißt es bei E. Bloch (1885-1977): „Der kommunistische Held (...) opfert sich ohne Hoffnung auf Auferstehung"; „dennoch aber stirbt dieser Materialist, als wäre die ganze Ewigkeit sein. Das macht: er hatte vorher schon aufgehört, sein Ich so wichtig zu nehmen, er hatte Klassenbewusstsein."[743]

Zukunftsorientierte Opferbereitschaft lässt sich nun nicht mehr vereinbaren mit dem wachsenden individuellen Anspruchsdenken des Einzelnen. Der neuzeitliche, ich-zentrierte Mensch hat verständlicherweise weniger die Zukunft im Blick als das Hier und Jetzt. Ein Verteter dieser Haltung, der Volkswirt John Maynard Keynes (1883-1946), der die Aufgabe des klassischen Goldstandards in der Zeit nach dem Ersten Weltkrieg und somit auch die Entwicklung des „fiat money" mitzuverantworten hat, gilt heute als einer der wichtigsten Ökonomen der Welt. Sein persönliches Credo, das seine hedonistische und gegenwartsorientierte Haltung spiegelt und den Geist des demokratischen Zeitalters charakterisiert, lautet: „Langfristig sind wir alle tot!"[744] Erwähnenswert vielleicht noch die Tatsache, dass ein Vorgänger von ihm, John Law, bei dem Versuch, eine ähnliche Geldreform (1711-1720) im allerdings monarchistischen Frankreich einzuführen, kläglich damit gescheitert und verarmt in Venedig gestorben ist.[745]

Mit der *Religion* verliert der Mensch endgültig seinen Halt in dieser Welt. Radikale Vertreter der Aufklärung verlangen, jede Religion auszumerzen. Sie sei voller Widersprüche, schade dem

---

[741] Marx, K.: MEW 33, 205
[742] Schischkin, A. F. 1965, 486
[743] Bloch, E. 1959, 1378, 1381; vgl. 1978, 311
[744] Hoppe, H.-H. 2004, 142
[745] Hoppe, H.-H. 2004, 142

Menschen und stünde seiner Tugend und seinem Glück im Wege. Ein höchstes Wesen sei bloße Illusion und lenke nur vom irdischen Leben ab.[746]

Für Karl Marx (1818-1883) ist Religion „Ideologie"[747]und Ausdruck gesellschaftlicher Missstände. Sie sei aus vordergründiger wirtschaftlicher Not geboren und „Opium des Volkes".[748] Ebenso Friedrich Nietzsche (1844-1900): Im Gegensatz zu Schopenhauer (1788-1860), der die positiven Seiten der Religion noch würdigt und sehen kann, dass sie dem Leben dient und – wenn auch „im Gewande der Lüge"[749]– Wahrheit vermittelt, meint er: „Religionen sind Pöbelaffären",[750] die in keinem Falle eine positive Funktion erfüllen. Ganz im Gegenteil: „(…) noch nie hat eine Religion, weder mittelbar noch unmittelbar, weder als Dogma noch als Gleichnis, eine Wahrheit enthalten."[751] Religionen seien Ausdruck von Lebensuntüchtigkeit und Krankheit.[752]

Und während die französischen Philosophen der Restauration und der Romantik noch erkennen, wie unentbehrlich die Religion für die Stabilität der politischen Ordnung ist und dies gegen Aufklärung und Revolution ins Feld führen, sieht der französische Frühsozialist P. J. Proudhon (1809-1865) die Religion als Feindin der Wissenschaft und des Fortschritts, die deshalb untergehen muss.[753]

Auch Sigmund Freud (1856-1939), der Begründer der Psychoanalyse, entwickelt eine Religions-Theorie,[754] die Religion

---

[746] Ritter, J.; Gründer, K. Bd.8 1992, 659, 660

[747] Marx, M./Engels, F. MEW 3, 26

[748] Marx, K. MEW, 1, 378

[749] Schopenhauer, A. 1972, 354

[750] Nietzsche, F.: Ecce homo 6/3, 363

[751] Nietzsche, F.: Mensch., Allzumenschl. 4/2, 110

[752] Ritter, J.; Gründer, K. Bd.8 1992, 689

[753] Proudhon, P.-J. 1927, 44ff, 54ff, 63ff

[754] Freud, S.: Totem und Tabu 1940-68, 9, 122

als „universelle Zwangsneurose" begreift. In ihr spiegele sich eine krankhafte Wirklichkeitsbewältigung auf der Grundlage verdrängter, ungelöster Triebkonflikte.[755] Im sogenannten „Ödipus-Komplex" träfen die „Anfänge der Religion, Sittlichkeit, Gesellschaft und Kunst" zusammen.[756] Alle Religionen „erweisen sich als Lösungsversuche desselben Problems",[757] das dieser Komplex im „Schuldbewusstsein des Menschen" erzeugt.[758]

Religion wird allmählich entbehrlich und ersetzt durch Wissenschaft. Der Atheist B. Russel (1872-1970), von einem rationalen Fortschrittsglauben beseelt, traut der Religion nicht zu, ewige und absolut sichere Wahrheiten zu erkennen. Nur mit Hilfe der Wissenschaft kann es dem Menschen gelingen, die auf Angst gebaute zivilisationsfeindliche Religion zu überwinden.[759]

Vielleicht aber muss die Wissenschaft und mit ihr die menschliche Ratio einen sehr langen Weg gehen, um so weit zu kommen, wie die vom menschlichen Instinkt geschaffene Religion schon vor tausenden von Jahren gewesen ist: nämlich zu erkennen, was den Menschen und seine Kultur am Leben erhält. Und vielleicht hat Religion an Dogma und Offenbarung auch deshalb so vehement festgehalten, um prinzipielle Grundvoraussetzungen kulturell-politischen Lebens menschlicher Dispositionsfreiheit zu entziehen – ohne dabei all die Grausamkeiten kleinreden zu wollen, die im Namen der dogmatischen Unfehlbarkeit geschehen sind.

Der Sturm, den Aufklärung und Revolution entfachen, fegt nicht nur die Religion, sondern auch die *Metaphysik* endgültig hinweg. Diese Entwicklung zeichnet sich schon viel früher ab. So nennt der Humanist J. L. Vives (um 1500) metaphysische Lehren

---

[755] Freud, S.: Zwangshandlungen und Religions-Übungen 1940-68, 7, 131f
[756] Freud, S.: Totem und Tabu. 1940-68, 188
[757] Freud, S.: Totem und Tabu. 1940-68, 175
[758] Ritter, J.; Gründer, K. 1992 Bd.8, 694
[759] Russel, B. 1935, (1960), 14

310

„Fiktionen und Altweiberfabeln", denn „mehr als diese Philosophen wissen Bauern und Zimmerleute von der Natur".[760] Vor allem an der Kopernikanischen Wende (Nikolaus Kopernikus (1473-1543)), die das aristotelische Weltbild untergehen lässt, zeigt sich, dass der Mensch seinen metaphysisch-kosmologisch gesicherten Platz in der Welt verloren hat. Auch wenn die Vorstellung einer heliozentrischen Weltauffassung viele Vorläufer hat, von Cusanus (1401-1464) und Giordano Bruno (1548-1600) bis hin zu Paracelsus (1493-1541) und Giovanni Pico della Mirandola (1463-1494), wird sie erst bei Galileo Galilei (1564-1642), der sich auf seine naturwissenschaftlichen Ergebnisse stützen kann, zur unerbittlichen Kampfansage an die Metaphysik.[761] Auch die Reformation greift die Metaphysik an. Doch ohne das „welthistorische Bündnis" mit den Naturwissenschaften (C. Schmitt), das sie zunächst nicht eingeht, fehlt ihr die Stoßkraft. Erst der spätere Calvinismus profitiert davon.[762]

In Deutschland verwirft der vorkritisch-skeptische Kant (1724-1804) die „Träume der Metaphysik", die „dem fieberhaften Gehirne betrogener Schwärmer" entspringen.[763] Im Gegensatz dazu erkennt Hamann (1730-1788), der wiederum Kant kritisiert, die symbolische Überfrachtung und Vieldeutigkeit, die der Metaphysik zum Verhängnis wird: „Dem Namen Metaphysik hängt" ein „Erbschade und Aussatz der Zweideutigkeit an", sie „mißbraucht (...) alle Wortzeichen (...) zu lauter Hieroglyphen" und bleibt „jene alte Mutter des Chaos und der Nacht in allen Wissenschaften", weil es am „allgemeinen Charakter einer philosophischen Sprache" mangelt.[764]

Den endgültigen Todesstoß allerdings erhält die Metaphysik

[760] Vives, J. L.1964, 6, 190f
[761] Galilei, G. 1968, 30
[762] Ritter, J.; Gründer, K. 1980, Bd.5, 1282
[763] Kant, I.: Träume... Akad.-A. 2, 348
[764] Hamann, J. G. 1951, 285, 287, 289

nach ihrer spekulativen Erneuerung durch Schelling (1775-1854) und Hegel (1770-1831)) von Karl Marx (1818-1883), der Bewusstseinsinhalte zu Ergebnissen gesellschaftlicher Produktionsverhältnisse erklärt.[765] Er hält Metaphysik für eine repressiv eingesetzte Ideologie.[766]

Mit ihrem metaphysischen Fundament aber verliert die *Philosophie* ihre Einheitlichkeit. Die Ablösung einzelner Disziplinen von der „Mutter der Wissenschaften" beschleunigt sich seit dem 19. Jahrhundert. Positive Wissenschaft erobert allmählich ihr Terrain. Die Philosophie reduziert sich auf Sprachkritik. Sie „teilt alle möglichen sinnvollen Sätze in zwei Gruppen: Sätze mit empirischen Inhalt, das heißt, synthetisch aposteriorische Sätze werden von den Naturwissenschaften bearbeitet, analytische von Logikern und Mathematikern."[767] Folglich bleiben der Philosophie und besonders der Metaphysik, ihrer Kardinaldisziplin, keine sinnvollen Sätze übrig.[768]

Der aufgeklärte Mensch braucht nun auch keinen *Gott* mehr. Die Neuzeit versucht die Entstehung des Gottes-Begriffs aus gestörten menschlichen Verhältnissen zu erklären.[769] Laut L. Feuerbach (1804-1872) lenkt Gott den Menschen nur von sich selbst ab. Wie die Religion ist auch Gott eine „grundverderbliche Illusion". Nur ohne ihn findet der Mensch zu sich zurück.[770] Marxismus und Anarchismus verschärfen den Kampf gegen Gott. Erst der „Atheismus als Aufhebung Gottes" macht den „theoretischen Humanismus" und die Verwirklichung des Wesens des Menschen möglich. Der „wissenschaftliche Materialismus" tritt an die Stelle des Gottes-Glaubens.[771] Für die Anarchisten ist

---

[765] Marx, K. 1953, 349

[766] Ritter, J.; Gründer, K. Bd.5 1980, 1286

[767] vgl. Carnap, R. 1931-32, 219-241

[768] Ritter, J.; Gründer, K. Bd.5 1980 1292

[769] Ritter, J. Bd.3 1974, 790

[770] Feuerbach, L. 1959-64, 6, 331; 2, 411

[771] Marx, K.: MEW Erg.-Bd. 1

Gott der Feind und eine „ungerechtfertigte Autorität über dem Menschen",[772] die ihn unfrei macht und bekämpft werden muss.[773] Theologie wird durch Soziologie ersetzt.[774]

Auch die moderne Wissenschaft ist mit Gott, der den Fortschritt behindert, nicht vereinbar.[775] So die materialistische Haltung, obwohl Charles Darwin (1809-1882) zunächst noch an einem Schöpfer-Gott festgehalten hat, über den er aber später nicht mehr glaubt, etwas aussagen zu können.[776]

Am schärfsten jedoch greift Nietzsche (1844-1900) den christlichen Gottes-Begriff an. Gott ist nicht allmächtig und gütig, sondern nur strafender Richter,[777] Feind des Lebens und der „wirklichen Werte".[778] Die Menschheit „hat endlich ihre Verzweiflung, ihr Unvermögen „Gott" genannt" und „alles Große und Starke vom Menschen als übermenschlich, als fremd konzipiert" und sich selbst „verkleinert": der „starke und erstaunliche" Teil ist Gott, der „erbärmliche und schwache" Mensch, folglich also „unmoralisch, an Gott zu glauben".[779] Gott ist nicht mehr Wahrheit, sondern Lüge. Dennoch bleibt die Suche nach der wahren Wahrheit, von der auch Nietzsche weiß, dass sie im christlichen Glauben „göttlich" ist.[780] Um sich selbst bejahen zu können, hat der Mensch seinen Gott umgebracht: „Gott ist tot"; „nun wollen wir, dass der Übermensch lebe."[781] Gottes Tod befreit die „freien Geister"; der „höhere Mensch" kann jetzt erstehen.[782]

Mit Gottes Tod reißt das geistige Band zwischen Mensch und

---

[772] Bakunin, M.: Gott und der Staat 1882

[773] Proudhon, P. J.: Système des contradicions économiques 1850, 1, 398. 90f 383f

[774] Comte, A.: Système de politique positive 1851-54, 1, 333f. 352ff. 356. 408ff, 448

[775] Büchner, L. 1855, 1874

[776] vgl. Stölzle, R. 1922

[777] Nietzsche, F. 1954-56, 1, 1071; 2, 134

[778] Nietzsche, F. 1954-56, 2, 968. 978. 1159. 1211f; 3, 568. 582

[779] Nietzsche, F. 1954-56, 3, 574, 600, 747f

[780] Nietzsche, F. 1954-56, 2, 208.891

[781] Nietzsche, F. 1954-56, 2, 127. 205. 280. 344. 523

[782] Nietzsche, F. 1954-56, 2, 206. 522

Natur. Der Mensch, rationaler, abstrakter geworden, entfernt sich nun immer weiter von seinen Wurzeln und orientiert sich nicht mehr an der Ordnung der Natur. In seiner Fehlbarkeit bleibt ihm nur noch das unsichere Fundament der eigenen Subjektivität. Trotzdem erklärt er sich zum Maß aller Dinge. Dabei wird es zunehmend schwerer für ihn, Konstruktives von Ruinösem zu unterscheiden, wobei langfristig Destruktives ihm kurzfristig durchaus als Gewinn erscheinen mag. Die kulturelle Bindung jedoch, die ständig neu geschaffen werden muss, gelingt ihm nicht mehr. Die *Entdifferenzierung* beginnt. Der Mensch verliert in der Moderne die Fähigkeit zur komplexen Gestaltbildung in Politik und Kunst. Die überschießende Herstellung lebloser technischer Produkte bildet keinen Ersatz für die zerfallenden überindividuellen Systeme, die allein die Entropie in Schach halten können. Wird der Mensch doch ausschließlich an der Bildung lebender kultureller Systeme gemessen, deren Informationsgehalt in keiner Weise mit dem eines symbolischen Produktes verglichen werden kann, sei es noch so komplex. Auch wenn der Mensch der Gegenwart ungeahnte poietische, also herstellende Möglichkeiten besitzt, in denen – das sei unbestritten – auch sehr viel Wissen, Können und Kreativität steckt, darf man nicht vergessen, dass es sich dabei um *tote* Dinge handelt, um bloße Werkzeuge, und dass der Mensch mit seiner konstruktiven Norm die Kraft zur Weiterführung *lebendiger* Ordnung verloren hat.

In der Neuzeit wird nun ein *Schrumpfungsprozess* des Ganzen deutlich. Überindividuelle Einheiten zerfallen zu den „Atomen" der Kulturen, den einzelnen Menschen. Dies ist ein evolutionäres Novum, denn der Mensch hat nie als ungebundenes Einzelwesen, sondern immer in Familien und Sippen gelebt. Das Primat des Ganzen reduziert sich nun auf die Selbstbehauptung des *Individuum*s. Damit verschwindet das, was für den Erhalt überindividueller Einheiten nötig gewesen ist: Politik und Ethik als Gemeinschaftsleistungen. Was bleibt, sind nur noch in ihrer

Begründung wenig tragfähige ethische Apelle, Esoterik, bürokratische Verrechtlichung und ökonomische Interessen von nur dem Selbsterhalt verpflichteten Individuen. Darum stellt das, was wir heute Politik nennen, die bloße Organisation von Mitteln dar, um einen bindungslosen Haufen Einzelner zusammenzuhalten. Sie nützt zwar Relikte politischer Vergangenheit, ohne sie jedoch mit neuem Leben zu erfüllen. Heute erleben wir, wie die letzte kulturelle Bastion fällt: die Familie. Mit den Bindungen verschwinden auch Grenzen. Dank technischer und finanzieller Möglichkeiten wird dieser Zustand multipliziert, es entsteht die moderne globale Massengesellschaft. Der Einzelne stellt nun selbst das Ganze dar, das es zu verteidigen gilt, denn größere Einheiten gibt es nicht mehr. Evolutionär aus der Pflicht genommen und sich auf sich selbst zurückziehend, folgt der Mensch nur noch den Forderungen des eigenen Organismus zum unmittelbaren Selbsterhalt. Verantwortungsvolle Bescheidenheit ist nicht mehr nötig. Das Gefühl, etwas schuldig zu sein, weicht einer hedonistischen Erwartungshaltung. Er geht den Weg des geringsten Widerstandes, was er zunächst als Befreiung und als Fortschritt empfindet.

Die *Umwertung* wird deutlich. Der Mensch gibt sich eine neue, eine *egalitaristische* Verfassung (Egalitarismus: Gleichheit im Ergebnis). Bar jeder Orientierung empfindet er Differenzen als Irrtum und gleicht sie aus. Komplexes wird abgewertet und Undifferenziertes aufgewertet, was *nivellierend* wirkt. Diese Ächtung jeder natürlichen Differenz führt in die *Uniformität* und schließlich in die *Formlosigkeit,* die mit Leben nicht vereinbar ist.

J.-J. Rousseau (1712-1823) wird zum Sprachrohr dieses Denkens. Auch wenn er die naturgegebene Ungleichheit unter Menschen nicht leugnet, wendet er sich gegen die „liaison essentielle", die notwendige Kopplung der politischen Ungleichheit an die natürliche. Mit anderen Worten: der Fähigere darf politisch nicht mehr Einfluss erhalten als der Unfähige. Diese

These Rousseaus besitzt „enorme revolutionäre Sprengkraft".[783] Sie stellt ein Indiz dafür dar, dass sich die Welt des Menschen von ihren natürlichen Grundlagen löst. Es handelt sich um den vertikalen Ablösungsprozess, von dem wir zu Beginn gesprochen haben. Der Mensch folgt nun nicht mehr natürlicher Wertung. Der Natur feindlich gegenüberstehend und ihr differenzierendes Potential ignorierend wird er es nicht dabei belassen, ihre Differenzen auszugleichen: er wird dazu übergehen, die Natur zu korrigieren, also all das, was ein kulturelles System schwächt, zu belohnen, und das, was es stärkt, zu bestrafen. Er sieht nicht, dass kein lebendiges System auf diesem Planeten sich solch eine Haltung angesichts der immer begrenzt zur Verfügung stehenden Information erlauben kann, wenn es weiterleben will.

---

[783] Maier, H.; Denzer, H. 2001 Bd.2, 64

Entdifferenzierende, egalitaristische (destruktive) Norm

In der späten Neuzeit verändert sich die kulturelle Welt des Menschen radikal. Grenzen fallen, natürlich gewachsene Systeme beginnen sich aufzulösen: Völker verlieren ihre Identität, Familien schrumpfen von Sippen zu kleinen Kernfamilien und verschwinden schließlich ganz. Auf breiter Front erleben wir die *Vereinzelung des Menschen*. Auch wenn diese Einzelwesen in Massen auftreten, darf uns das nicht darüber hinwegtäuschen, dass sich die kulturelle Ordnung des Menschen auf dem Rückzug befindet. Neuzeitliche Theorien stellen darum das Individuum in den Mittelpunkt.

Seit der Renaissance begegnet uns ein neues Menschenbild, titanisch in seiner unendlichen Dynamik, der „Deus in terris", wie es schon bei Ficinus (1433-1499) heißt. Das ist nicht mehr der Geist des Mittelalters, der den Menschen als Diener sieht einer transzendenten Seinsordnung, auch nicht der Geist der Antike, denn für die Antike gibt es Größeres als den Menschen. Diese neue Sicht finden wir in der Aufklärung wieder, wenn wir erfahren, dass der Mensch die Welt nicht erkennt, sondern sie erschafft; „dass der Weltprozess die Geschichte des menschliches Geistes" sei; „dass Gott tot sein müsse, damit der Mensch frei sein und leben könne."[784]

Dafür stehen die politischen Theorien der späten Neuzeit, die *der Menschenrechte*, der *Vertragstheorie*, des *Liberalismus*, der *Demokratie* und des *Sozialismus-Kommunismus*. Sie halten die aktuellen Strömungen fest, denn „keine philosophische Konzeption kann ihre Zeit überspringen".[785]

---

[784] Hirschberger, J. II. Teil o. J.,14
[785] Kersting, W. 1998, 304

Mit der „Trennung von Recht und Moral", die sich schließlich im 18. Jahrhundert nicht mehr miteinander vereinbaren lassen, wird dieser Umwälzungsprozess normativ fassbar. Einen solchen Widerspruch der „Maßstäbe richtigen Handelns" hat es bis dahin nicht gegeben.[786] An die Stelle der Moral, der „ungeschriebenen" Gesetze, treten mehr und mehr die „geschriebenen". Nicht mehr Blick und Geste, Handschlag und Ehrenwort, sondern aktuell erstellte Verträge und Vorschriften regeln die Beziehungen der Menschen untereinander. Denn die Moral steht ihrem natürlichen Fundament viel näher als das „geschriebene" Gesetz. Sie enthält alle akzeptierten und durch Überlieferung gefestigten Verhaltensnormen einer Gemeinschaft und ist darum umfassender als das positive Recht. Will dieses jedoch die Moral ersetzen, muss es sich kompensatorisch immer weiter aufblähen. Der seit Sophokles' Antigone (5. Jahrhundert v. Chr.) schwelende normative Konflikt zwischen natürlichem (Physis) und künstlich gemachtem (Nomos) Gesetz steigert sich nun zu einem Gegensatz.[787]

Die Aufklärung, von der Souveränität aller Menschen überzeugt, forciert diese Spaltung. Kant (1724-1804) weist dem sittlich autonomen Individuum einen inneren rechtsfreien Handlungsraum zu. Indem er zwischen Tugend- und Rechtspflichten unterscheidet, entzieht er diese innere, moralische, nur dem „Selbstzwang" unterworfene Sphäre (Tugendpflichten) der äußeren, rechtlichen Handlungsreglementierung (Rechtspflichten), die allein durchgesetzt werden kann.[788] Zwar handelt es sich auch bei den Tugendpflichten um Pflichten. Aber *niemand anders als das Individuum selbst,* auch ein Gott nicht, kann ihm hier irgendetwas vorschreiben. Es steht also dem Einzelnen frei, dem zu folgen, was Kant unter Pflicht versteht („eigene Vollkommenheit" und

---

[786] Hofmann, H. 2000, 8
[787] Hofmann, H. 2000, 80
[788] Kant, I.: MdS. Tugendlehre, Einl. I u. II

„fremde Glückseligkeit" und „nicht etwa – wie bei allen Menschheitsbeglückern – eigene Glückseligkeit durch fremde Vervollkommnung"[789]). Tugendpflichten können darum niemals von positiver Gesetzgebung erreicht werden, sie unterliegen nur dem „persönlichen, ethischen Gericht des Einzelnen".[790] „Die politische Bedeutung dieser Lehre liegt auf der Hand: sie statuiert die prinzipiell *gleiche Kompetenz aller in moralischen Fragen* und entzieht diesen Bereich" der gesetzten Norm.[791]

Das gesetzte Recht, das sich nun von seinen natürlichen Grundlagen löst, bleibt „formal" und reduziert sich auf bloß vordergründig „soziologische Funktionen".[792] Es hält sich nämlich nur an gemachte Gesetze, die praktisch aus dem Nichts beschlossen und verkündet werden und frei sind von allem, was irgendwie an Naturrecht oder gar Metaphysik erinnern könnte. Diese „Reine Rechtslehre" wird im 20. Jahrhundert von H. Kelsen (1881-1973) formuliert.[793]

Immer mehr werden Sitte, Moral und Konventionen als bloß individuelle Interessen abgewertet und verdrängt. Während es in der Thora noch heißt: „Brauch bricht Gesetz", „löst" Recht nun „die traditionellen, durch Gemeinsamkeiten, durch persönliche Verantwortungs- und Solidaritätsbeziehungen geprägten Gemeinschaften" durch diesen „desintegrativen Effekt" auf.[794] So entsteht eine „sich selbst betrachtende und analysierende Gesellschaft",[795] die alle Schichten umfassend horizontal gegliedert ist und nur ein Ziel verfolgt: das *egalisierte* oder völlig klassenlose Zusammenleben.

---

[789] Hofmann, H. 2000, 9

[790] Hofmann, H. 2000, 10

[791] Hofmann, H. 2000, 10

[792] Hollerbach, A. 1988, 692

[793] Hofmann, H. 2000, 14

[794] Seelmann, K. 1994, 71

[795] Conze, W. 1952, 648-657

Menschenrechtstheorie

Alle Menschen werden für gleich erklärt, auch wenn sie es nicht sind. Darauf beruht der *menschenrechtliche Egalitarismus* der Neuzeit. „Dass jeder Mensch allein darum, weil er ein Mensch ist, unveräußerliche Rechte besitzt", bildet die heutige Überzeugung und sie ist aus evolutionärer Sicht „*unüberbietbar radikal*". Dabei wird nicht nur die „Rechtsetzungskompetenz des Staates relativiert", sondern „es werden auch *alle zwischen den Menschen bestehenden empirischen, geschichtlichen und kulturellen Unterschiede neutralisiert*"; dadurch, dass schon „das biologische Menschsein ausreicht, um Menschenrechte zu beanspruchen", wird jede natürliche Differenz ignoriert.[796] Gleichzeitig tritt hier auch die Hybris des neuzeitlichen Menschen zu Tage, der in dieser Biosphäre und in diesem Kosmos garantierte Rechte einfordert! Auch wenn wir uns schon sehr an diese Vorstellung gewöhnt haben, müssen wir uns doch den Größenwahn bewusst machen, der dahintersteckt. Die aus dieser Haltung sich entwickelnde Ordnung menschlichen Zusammenlebens besitzt konsequenterweise eine „staatenübergreifende, kosmopolitische Gültigkeit", weil alle Differenzen und Grenzen, auch die zwischen Staaten bestehenden, ignoriert werden. In ihr wurzelt die Entwicklung hin zu einer unpolitischen globalisierten Welt ungebundener Einzelner ohne organismischen Staatsbegriff, zwangsläufig kulturlos,[797] Relikte früherer kultureller Vielfalt museal hütend (Museen sind nicht umsonst eine Leistung der späteren Neuzeit).

Der abgenabelte, freischwebende und orientierungslose Mensch erklärt nun den menschenrechtlichen Egalitarismus zur obersten Norm und letzten Instanz, auf die man sich beruft. Allerdings kann er selbst *nicht* begründet werden.[798] „Wie der

---

796 Kersting, W. 1998, 311
797 Kersting, W. 1998, 311
798 Kersting, W. 1998, 311, 312

kleinste gemeinsame Nenner bietet er sich in der modernen pluralistischen Gesellschaft als gemeinsamkeitssichernde Überzeugungsbasis an." „Aufgabe der modernen politischen Philosophie besteht darin, sie zu interpretieren und so allgemein zustimmungsfähige Grundsätze für die Institutionen eines gerechten Gemeinwesens zu entwickeln und damit die internationale Ordnung zu formen." Das Menschenrecht braucht den Rechtsstaat, also einen Staat, in dem die politische Macht allein durch das Recht bestimmt ist. „In seiner Idealform ist der Rechtsstaat die Selbstinstitutionalisierung des Menschenrechts."[799]

Dieses Recht nun, das sich endgültig von den natürlichen Grundlagen abkoppelt, erwartet vom Individuum keine Höherentwicklung mehr. Kein Gott verlangt persönlichen Verzicht im Dienst eines überindividuellen Ganzen. Normative Vervollkommnung wird so nicht nur ins Belieben des Einzelnen gestellt, sondern bleibt aufs Individuum beschränkt. Doch ohne die Vorstellung einer umfassenden, natürlich-normativen Ordnung, ohne das Streben nach Wahrheit kann die moralische Vervollkommnung, die Kant noch in seiner Tugendlehre gefordert hat, nicht geleistet werden.

Das vernunftbegabte Individuum ist sich zunächst in keiner Weise seiner bedrohlichen Lage bewusst. Es fühlt sich vielmehr als Nabel der Welt auf einem rundum verfügbaren Planeten. Machiavellis (1469-1527) Schriften zeigen schon das veränderte, nicht aristotelische, sehr neuzeitliche Menschenbild: „ungebunden" und „allein auf sich gestellt", „selbstzentriert und unsozial". Dieser Mensch ist kein „zoon politikon" mehr, sondern ein „unpolitischer", „unersättlich Güter, Macht und Einfluss an sich reißender vordergründiger" „homo oeconomicus", ein „radikaler Individualist", dessen maßlose Gier ihn zu einem „steten Ordnungsrisiko macht und nach seiner Domestikation

---

[799] Kersting, W. 1998, 312

durch repressive staatliche Institutionen verlangt".[800] In seinem „Principe" reagiert Machiavelli auf die politischen und ökonomischen Verhältnisse seiner Zeit. Dabei geht es nicht mehr um Tugendhaftigkeit und das Glück der Gemeinschaft, sondern um „individuelle Selbsterhaltung" und „Machtsteigerung", die „ökonomische Klugheit", „instrumentelle Vernunft und strategisches Denken" erfordern. Das politische Leben wird abgelöst von einer „moralisch ungehemmten", „raffinierten Machtkonkurrenz". Hier zeigt sich auch schon die Vorstellung einer sinn- und vernunftlosen Natur: nicht mit ihr, sondern ausschließlich *gegen* sie lässt sich eine Ordnung unter Menschen durchsetzen.[801]

---

[800] Kersting, W. 1996, 9, 10
[801] Kersting, W. 1996, 10

Vertragstheorie

Mit der egalitären *Vertragstheorie (Kontraktualismus)* versucht man, auf die veränderten Bedingungen zu reagieren. Sie soll die nicht mehr vorhandene kulturelle Bindung vertraglich ersetzen. Dass dies nur durch eine differenzierende Norm gelingen kann, sieht man nicht. Die Vertragstheorie steht für einen modernen „Rechts- und Moral-Universalismus" in einer zwar „rechtlich geordneten, aber politisch entkernten Welt ohne verbindlichen Sinn und allgemeine Mitte".[802]

Mit seinem Vertragstheorem versetzt Thomas Hobbes (1588-1679) dem alten Denken der Antike und des Mittelalters, dem politischen Aristotelismus und dem stoisch-christlichen Naturrecht, den endgültigen Todesstoß.[803] Sein Menschenbild ist das Machiavellis (1469-1527), frei von allen „metaphysischen und teleologischen Beigaben". Der *Vertrag*, durch und durch neuzeitlich und antiaristotelisch, steht nicht nur für eine zunehmende bindungsfeindliche „Verrechtlichung", sondern auch für die künstliche, rein rationale Organisation, die den Schwund organisch gewachsener Ordnung überindividueller Gestalten kompensieren muss.[804] Er soll politische Herrschaft und gesellschaftliche Ordnung wiederherstellen.

Der Vertragstheorie bleibt nur die Möglichkeit, das „Politische neu zu formulieren und auf das Individuum zuzuschneiden",[805] (eigentlich eine „contradictio in se", denn das Politische lebt von der überindividuellen Einheit, nicht von einer lockeren Assoziation Einzelner). Dieses „moralisch autonome Individuum" löst nun die „gesetzgebenden Autoritäten Gottes und der Natur" ab und bestimmt allein, welchen Gesetzen es sich beugen will; auf

---

[802] Kersting, W. 1996, 2
[803] Kersting, W. 1996, 1, 2, 9
[804] Kersting, W. 1996, 3
[805] Kersting, W. 1996, 4

sie einigt es sich mit allen anderen „im Rahmen fairer Verfahren und Diskurse und auf der Grundlage gleichberechtigter Teilnahme, also vertraglich."[806]

Da es nicht ohne Herrschaft geht, man ihr aber gleichzeitig feindlich gegenübersteht, bemüht man sich um *„Herrschaftsrechtfertigung"*. Die dafür nötige Grundlage liefert Hobbes (1588-1679) mit seinem Naturzustandstheorem,[807] das von einem *erfundenen* Urzustand völlig freier, gleicher, sich bis aufs Messer bekämpfender Individuen ausgeht. Um der totalen Vernichtung zu entgehen, müssen sie sich darum vertraglich einigen und auch Herrschaft zulassen. Es entsteht der „allmächtige Staat" („Leviathan"), der allerdings als künstliches Gebilde in keiner Weise zu vergleichen ist mit der gewachsenen politischen Ordnung früherer Einheiten.

Die Vertragstheorie ist auf das bindungslose Individuum zugeschnitten. Der „aus allen vorgegebenen Natur-, Kosmos- und Schöpfungsordnungen" herausgefallene Mensch ist aber trotzdem „absolut souverän". Die Vertragstheorie bildet nämlich den genauen Gegensatz zum politischen Aristotelismus, dessen *natürliche Gemeinschaft* nun abgelöst wird von einer *locker assoziierten Gesellschaft*.[808] Nicht umsonst hat der konservative Schweizer Schriftsteller und Staatsrechtslehrer Carl Ludwig von Haller (1768-1854), der das revolutionäre egalitaristische Potential des Hobbes'schen Entwurfs erkannt hat, Hobbes (1588-1679) den „Ahnvater aller Jacobiner" genannt.[809]

---

[806] Kersting, W. 1996, 17
[807] Kersting, W. 1996, 13, 14
[808] Kersting, W. 1996, 11
[809] Haller, C. L. v. 1820, 20

Liberalismus

Das vertragstheoretische Konzept spiegelt und prägt das gesamte neuzeitliche politisch-philosophische Denken, auch den zeitgenössischen *Liberalismus*. Die moderne bürgerliche Gesellschaft ist seitdem „universalistisch" und stützt sich auf „strikte menschenrechtliche Gleichheit". Sie verlangt nach egalitären politischen Organisationsformen. Auf dieser Grundlage kann es keine Politik geben, die im Dienst eines metaphysischen Entwicklungsziels steht, sondern nur ein Handeln, das individuelle Autonomie schützt.

Da es nicht mehr um überindividuelle Höherdifferenzierung geht, gibt es auch keine Erziehung mehr durch Gemeinschaft und Gesetze: entscheidend ist nur die „Sicherung der Koexistenz", „des inneren gesellschaftlichen Friedens", „der Handlungskoordination". Die markt- und rechtsförmigen Systeme machen Selbstdisziplinierung überflüssig; jedes Individuum kann seine Handlungsspielräume ohne ethische Rücksichten ausreizen; die Selbstverwirklichung tritt an die Stelle der Sorgen für das überindividuelle Ganze.[810] Demokratische Strukturen und ihre Mechanismen lösen nun die Autorität einer „Wissens-Elite" ab. An die Stelle des Wissens tritt ein „geregeltes System des Meinens", „das Einmütigkeitspostulaten und der Majoritätsregel folgt". Die „strikt egalitaristische Vertragsgemeinschaft der kontraktualistischen Naturzustandstheorie" bildet einen genauen Verfassungsgrundriss der bürgerlichen Gesellschaft, die heute die moderne Gesellschaft ausmacht.[811]

Eine vertragliche *Assoziation* gleicher Individuen aber kann in keiner Weise mit einer natürlich gewachsenen kulturellen *Bindung* verglichen werden, die sich auf hierarchisch geordnete tradierte Information stützt. Ein Vertrag liefert eine zu schmale, rein

---

[810] Kersting, W. 1996, 7
[811] Kersting, W. 1996, 7

symbolische Basis und verlangt auch keinen weitergehenden Verzicht als den ausgehandelten: er ist statisch. Damit ist weder Bindung noch Weiterdifferenzierung möglich. Muss aber der Verlust politisch-einender Haltung als Ausdruck der Vitalität menschlicher Individuen vertraglich und juristisch ausgeglichen werden, zeigt sich in den damit verbundenen unüberwindbaren Schwierigkeiten der Unterschied zwischen Organismus und Organisation: Die in Jahrmillionen gewachsene hochkomplexe Ordnung lebendiger Einheiten steht wenig differenziertem, der Entwicklung stets hinterherhinkendem, menschlichem Stückwerk gegenüber, das ohne Verankerung in der Natur vergeblich versucht, das fehlende Ganze zu ersetzen, so als könne der seine natürlichen Fundamente ignorierende Mensch in kürzester Zeit auf kultureller Ebene das Leben neu erfinden. Das zeigt sich auch in der nicht enden wollenden Aufblähung des Bürokratischen in diesen organisierten Gesellschaften. Dem Vertrag gelingt weder die Konstituierung einer Gemeinschaft noch kann er das Drohbild eines unechten, unernsthaften Lebens der „letzten Menschen" verhindern, die – wie es in der Vorrede zu Nietzsches Zarathustra heißt – „alles klein machen". Denn ohne das Politische kein Lebensernst![812] Fehlt nämlich die Einbettung des Menschen in vertraute gemeinschaftliche Lebenswelten, die Teil bleiben von umfassenderen Systemen der Natur und ihm Wert und Sinn, Schutz und Freiheit geben, wird er nicht überleben können. Darum ist es durchaus nicht das Gleiche, ob wir als Einzelwesen in einer Massengesellschaft leben oder als eingebundene Kulturwesen in politischen Systemen. Doch zunächst nutzt der Mensch die neuen institutionellen Möglichkeiten, seine individuellen Bedürfnisse und Wünsche zu verwirklichen, was er anfangs noch als Sieg empfindet. Der Staat wird so auch zum „nützlichen Instrument", mit dem die „klugen Egoisten" die „Koexistenzdefizite der ersten Natur" zu „kompensieren" versuchen.[813]

---

[812] Strauss, L. 1932, 119
[813] Kersting, W. 1996, 11

Die weitere Entwicklung zeigt, dass auch Versuche scheitern, politische Einheiten über gemeinsame, bloß *vordergründig* ökonomische Interessen (marxistisches Klassendenken) zu schaffen und zusammenzuhalten. Angesichts der aufgegebenen genetisch-kulturellen Gemeinsamkeiten wirken sie hilflos und lächerlich. Die ein politisches Ganzes konstituierende Bindung kommt nicht zustande, es bleibt bei einer Haufenbildung Einzelner.

Demokratie

Menschenrechtsthese und Vertragstheorie bilden die Grundlage für den *demokratischen* Entwurf, für die Vorstellung, dass die Herrschaft in einem rechtsförmig entstandenen Gemeinwesen nur vom vereinigten allgemeinen Willen ausgeübt werden kann.[814]

Wohlgemerkt: es soll hier nicht um die rechtliche Gleichheit gehen, die das Recht schon immer verlangt hat. Dass nämlich rechtlich gleiche Fälle gleich zu behandeln sind, zeigt sich im kulturen- und epochenübergreifenden Gebot der Unparteilichkeit. Streitfälle sollen danach ohne Ansehen der Person geschlichtet werden. Darum wird Justitia, die Göttin der Gerechtigkeit, auch immer mit einer Augenbinde dargestellt.[815] Wenn Gleiches gleich und Ungleiches ungleich gehandhabt wird, schließt das zwar Willkür aus, lässt aber zu, dass man rechtlich auf objektiv verschiedene Tatbestände und Personengruppen unterschiedlich eingeht. In diesem Zusammenhang muss auch die Gleichheit im Christentum verstanden werden, denn alle sind „Gottes Kinder" und „vor Gott gleich".

Entscheidend wird nun die *politische Gleichheit*, die jeden Staatsbürger in gleicher Weise an der politischen Willensbildung teilnehmen lässt, ungeachtet seiner Anlagen und seines Wissens. Wir kennen sie als Demokratie seit dem 4. vorchristlichen Jahrhundert, als sie für kurze Zeit die im Verfall befindliche Polis bestimmt hat. Wenn heute zuweilen begeistert von der „Demokratie" im alten Griechenland gesprochen wird, meint man eigentlich die aristokratische Verfassungsform der Herrschaft der Bürger, also einiger Wenigen, denen man das maßgebliche Wissen und Können, eine Gemeinschaft konstruktiv zu lenken, zugetraut hat. Auch wenn später der Jurist und Historiker Pufendorf (1632-1694) die Demokratie zu den drei rechtmäßigen Staatsformen

---

[814] Kersting, W. 1998, 313
[815] Höffe, O. 2001, 11

rechnet, beschränkt er die politische Entscheidung allerdings auch auf eine Minderheit, nämlich auf die Versammlung der Familienväter.[816] Denn nicht nur für Aristoteles (384-322 v. Chr.) ist die Demokratie eine politische Fehlform,[817] die die Gefahr der Ochlokratie (Pöbelherrschaft) in sich birgt,[818] sondern auch noch für Rousseau (1712-1823) und Kant (1724-1804), die sie überwiegend ablehnen, weil sie an ihrer Durchführbarkeit außerhalb kleinster politischer Gemeinschaften zweifeln. Kant nennt die Demokratie ein „Despotism," weil sie weder mit Freiheit noch mit einer repräsentativen Regierungsform vereinbar sei.[819] Doch wächst seit der europäischen Aufklärung des 18. Jahrhunderts die Überzeugung von der „natürlichen" Gleichheit der Menschen.

So gehen auch die politischen Theorien der Neuzeit, etwa von J. Locke (1632-1704) und von K. Marx (1818-1883) von einer ursprünglichen Gleichheit aller Menschen aus, die sich erst im Laufe der Geschichte zur gesellschaftlichen Ungleichheit entwickelt hat. Das Bürgertum fordert nun die *Gleichheitsidee der Aufklärung* politisch ein in seinem Kampf gegen den privilegierten Adel. Das zeigt sich in der Unabhängigkeits-erklärung der USA 1776 („...dass alle Menschen gleich geschaffen sind"), der „Erklärung der Menschen- und Bürgerrechte" durch die französische Nationalversammlung 1789 („Die Menschen werden frei und gleich an Rechten geboren und bleiben es") und im 1793 formulierten Motto der französischen Revolution „Freiheit, Gleichheit, Brüderlichkeit".

Der Mensch entwickelt nun ein interessantes *schizoides Denken*. In seinem ethischen und politischen Handeln wird er blind für natürliche Fakten, die er allerdings im Bereich der

---

[816] Pufendorf, S.: De officio hominis et civis juxta legem naturalem libri duo (1709) cap. 8, §3
[817] Aristoteles: Pol. 1279 b 6
[818] Ritter, J.Bd.2 1972, 51
[819] Kant, I.: Zum ewigen Frieden 1795

Forschung fleißig nutzt. Der Siegeszug der Naturwissenschaften hängt sicher auch damit zusammen, dass wir gelernt haben, der Natur immer genauer über die Schulter zu schauen. Auf wissenschaftlichem und technischem Gebiet scheinen wir ihren Gesetzen oder besser, dem, was wir Naturgesetze nennen, durchaus zu vertrauen, stiegen wir sonst in ein Flugzeug oder legten uns auf einen Operations-Tisch? Doch die Philosophie, die Politik, die Geisteswissenschaften überhaupt, bauen Mauern auf, die es dem Menschen nicht mehr erlauben, sich nach der Natur zu richten. Darauf gehen wir im erkenntnistheoretischen Kapitel und dem des „Naturalistischen Fehlschlusses" (s. Anhang) genauer ein.

Darum wollen wir nochmals betonen, dass es *Gleichheit im Bereich des Lebendigen nicht gibt*; das macht die facettenreiche, evolutionär notwendige Vielfalt der Biosphäre deutlich. Kein Mensch ist dem anderen gleich. Nach Untersuchungen der Humangenetiker liegt die Wahrscheinlichkeit, dass zwei Keimzellen des Menschen die gleiche Genausstattung haben bei $1 : 2^{6700}$. Menschsein bedeutet auch immer, eingebunden zu sein in eine Gemeinschaft, bedeutet immer auch kulturelle Spezifität und Identität, die unausweichlich zusätzliche Differenzen konstituiert. Auch die unpolitischen, ungebundenen Einzelwesen der Neuzeit, die nur noch ihre geistige und physische Haut besitzen, sind einander nicht gleich. Möglicherweise erscheinen sie, ihrer hierarchisch differenzierten Funktionen innerhalb einer überindividuellen Einheit beraubt, gleich, auch wenn sie es nicht sind. Versucht man nun in dem Bedürfnis, Differenzen entgegenzuwirken, eine Gleichheit der Menschen zu etablieren, ist dies nur möglich, wenn der kleinste gemeinsame Nenner im animalischen Ursprung gesehen wird, also Gleichheit auf niedrigstem Niveau. Damit wird eine der Weiterdifferenzierung *entgegengesetzte* Entwicklung deutlich. Während Weiter- bzw. Höherdifferenzierung nämlich nach immer feineren Unterscheidungsmerkmalen verlangt, bildet die Grundlage einer

Entdifferenzierung zwangsläufig die Suche nach immer allgemeineren Kriterien, was nivellierend wirkt. Solch eine Entwicklung bedeutet Struktur- und Systemabbau und endet unausweichlich in der Gestaltlosigkeit. Sie ist mit Leben nicht vereinbar.

Relative Gleichheit, trotz individueller Unterschiede, lässt sich nur innerhalb einer politischen Einheit verwirklichen, verstanden als historische Homogenität, als fundamentale Ähnlichkeit der natürlichen Form, die sich in einer gemeinsamen Herkunft und Kultur spiegelt. Hier wäre auch das möglich, was wir Demokratie nennen, also eine Volksherrschaft, die die Stimmen zählt und nicht wertet, also die jedem eine Stimme gibt, ungeachtet seines Standes, besonders seines Wissensstandes. Das allerdings ist nur in *kleinen*, in *natürlichen* Zusammenhängen lebenden, noch nicht symbolüberfluteten Gemeinschaften möglich mit einem insgesamt hohen Niveau der Menschen, die *alle* von der *konstruktiven Norm* überzeugt sind und ihr folgen (denn gleiches Stimmrecht bedeutet noch nicht notwendig egalitaristische Norm). Bewahren sie ihre Homogenität, kommt das Bindende aller tradierten Werte, die informationsökonomische Effizienz von Hierarchie und Opferbereitschaft zum Zug, bemühen sie sich um Wahrheit, werden alle diese Menschen sich als Teil eines Ganzen empfinden und die Identität ihres Systems dauerhaft zu sichern versuchen und demnach bereit sein, dem Fähigsten unter ihnen die Verantwortung anzuvertrauen und ihn dabei zu unterstützen. Darum ist auch Demokratie – nach Rousseaus bekanntem Ausspruch – als die Staatsform für Götter bezeichnet worden.[820] Nur unter diesen Voraussetzungen kann Demokratie fruchtbar sein. Zu den frühesten demokratischen Gemeinwesen in diesem Sinne gehören die der Schweiz, der Siebenbürger Sachsen und,

---

[820] Rousseau, J.-J.: Du contat social III, 4

wie wir aus den Tischreden Luthers (1483-1546) erfahren, auch von Dithmarschen.[821]

Denn man muss sich vor Augen führen, wie gefährlich angesichts der immer begrenzten Ressourcen bzw. Information der demokratische Gedanke für eine Gemeinschaft ist oder sein kann, die unter dem dauernden evolutionären Druck zur Weiterdifferenzierung steht. Denn zu jeder Gemeinschaft gehören auch immer Undifferenzierte ohne Weitblick, Unwillige und Uneinsichtige. Da Stimmen gezählt und nicht mehr gewertet werden, überstimmen zwei Unfähige einen Fähigen, das ist einfach so. Nietzsche (1844-1900) hat die Demokratie nicht umsonst „die historische Form vom Verfall des Staates" [822] genannt.

Nicht ratsam ist sie als Regierungsform in großen Flächenstaaten, erst recht nicht in einer individuierten, gegenwartsorientierten, pluralistisch- multikulturellen und mediendiktierten Massengesellschaft, die geschlossen einer egalitaristischen Norm folgt. Dann wird sie zum Motor ihres Untergangs. Das manipulative Potential der Medien und des „fiat money" können aus einer repräsentativen Demokratie eine *oligarchische plutokratische Diktatur* machen (Oligarchie: schlechte Herrschaft Weniger; Plutokratie: Herrschaft des Geldes). Man werfe nur einen Blick auf die USA.

Die demokratischen Repräsentanten, die auf die Stimmen der Mehrheit angewiesen sind, werden danach trachten, ihr einerseits zu Willen zu sein und sie durch zunehmende Wahlgeschenke zu kaufen und die staatsalimentierte Quote der Wähler hoch zu halten, was sie, da sie ja – aus pfründesicherndem Kalkül – wiedergewählt werden wollen, durch die Majorität erpressbar macht. Andererseits werden Wähler, die nicht dem

---

[821] Luther, M. WA 4 1916, 4342
[822] Nietzsche, F.: Musarion-Ausgabe 9, 321

egalitaristischen Geist der Zeit folgen wollen, mit Hilfe der Medien auf Linie gebracht.

Das hat Oswald Spengler (1880-1936) gut formuliert: „Was ist Wahrheit? Für die Menge das, was man ständig liest und hört. Mag ein armer Tropf irgendwo sitzen und Gründe sammeln, um „die Wahrheit" festzustellen – es bleibt seine Wahrheit. Die andere, die öffentliche des Augenblicks, auf die es in der Tatsachenwelt der Wirkungen und Erfolge allein ankommt, ist heute ein Produkt der Presse. Was sie will, ist wahr. Ihre Befehlshaber erzeugen, verwandeln, vertuschen Wahrheiten. Drei Wochen Pressearbeit und alle Welt hat die Wahrheit erkannt. Ihre Gründe sind so lange unwiderleglich als Geld vorhanden ist, um sie ununterbrochen zu wiederholen. Auch die antike Rhetorik war auf den Eindruck und nicht den Inhalt berechnet - (...) - aber sie beschränkte sich auf die Anwesenden und den Augenblick. Die Dynamik der Presse will dauernde Wirkungen. Sie muß die Geister dauernd unter Druck halten. Ihre Gründe sind widerlegt, sobald die größere Geldmacht sich bei den Gegengründen befindet und sie noch häufiger vor aller Ohren und Augen bringt. In demselben Augenblick dreht sich die Magnetnadel der öffentlichen Meinung nach dem stärkeren Pol. Jedermann überzeugt sich sofort von der neuen Wahrheit. Man ist plötzlich aus einem Irrtum erwacht."[823] Überhaupt macht auch das die Demokratie so interessant: dass man ihr nicht ansieht, wie gut sie über Geld und Medien *steuerbar* ist!

Dank der ständigen Indoktrination durch die mit einem Definitionsmonopol ausgestatteten Medien und dank der Komplexität der Zusammenhänge ist es für den Einzelnen schwer, die Situation zu durchschauen. Es ist noch nicht lange her, da hat man die Zahl der Lügen der Bush-Regierung in den USA veröffentlicht: 935 mal ist in einem Zeitraum von zwei Jahren gelogen worden (Süddeutsche Zeitung 17.05.2010). Ähnliches

---

[823] Spengler, UA, 2.Bd. 1923, 33-47

erlebt jede Demokratie, die mit allen Mitteln um die Gunst der Massen wirbt.

Man muss sich außerdem klar machen, wie weit sich in einer medienbestimmten „repräsentativen" Demokratie die Regierenden, die nur noch ihren Parteieninteressen dienen, von der Wählern entfernt haben. Diese demokratischen Strukturen sind nicht mehr vergleichbar mit den ursprünglichen Formen direkter Demokratie, die noch in manchen Gemeinden der Schweiz zu finden sind, wo sich alle Bürger versammeln, um mit Handzeichen abzustimmen. Wie viel die Stimme des Volkes dann tatsächlich wert ist, zeigt sich beispielweise an dem Minarett-Verbot, das eine Volksbefragung in der Schweiz ergeben hat. Passt das Ergebnis nämlich nicht ins beabsichtigte egalitaristische Schema der Regierungen wird es als Auswuchs eines dumpfen Populismus abgetan, dem mit Medienkampagnen erzieherisch entgegengewirkt werden muss.

Sozialismus-Kommunismus

Seit der französischen Revolution wird der Begriff der Gleichheit ideologisch ausgeweitet. Demokratie erscheint nicht mehr als eine mögliche Verfassungsform, sondern zunehmend als erstrebenswertes Ziel. In den liberalen Rechtsstaaten des 19. und beginnenden 20. Jahrhunderts gibt es so zwar rechtliche und – mit der Einführung des allgemeinen Wahlrechts – politische, nicht aber auch soziale Gleichheit. Diese wollen *Sozialismus* und *Kommunismus* verwirklichen über die Umgestaltung der Eigentumsverhältnisse (Privateigentum insbesondere an Produktionsmitteln und Erbrecht als Hauptursache sozialer Ungleichheit). Sozialismus und Kommunismus unterscheiden sich nicht inhaltlich voneinander, sondern nur in der Art und Weise, wie sie ihre Ziele verfolgen: durch schrittweise Reformen der Sozialismus, auf revolutionärem Wege der Kommunismus. Für die vom Wissen um größere philosophische und naturwissenschaftliche Zusammenhänge unbelastete marxistische Ideologie wird Ungleichheit erst durch die Herrschaft von Menschen über Menschen, also innerhalb einer staatlichen Ordnung geschaffen. Gleichheit ist darum erst in einer zukünftigen, kommunistischen Gesellschaftsordnung möglich. In ihr sind dann auch alle materiellen und geistigen Güter im Überfluss vorhanden (und das in einer Welt begrenzter Ressourcen, man höre und staune!) und das Eigentum nicht mehr im privaten, sondern in gesamtgesellschaftlichen Besitz, also sozialisiert. Der die Ungleichheit konstituierende Staat als Herrschaftsinstrument einer Klasse existiert nicht mehr.

Nun geht es also um *materielle und soziale Gleichheit*. Das bedeutet, dass in einer demokratisch-sozialistischen Gesellschaft politische Stimmengleichheit und egalitaristische Norm zusammenwirken und sich in ihrer evolutionär unökonomischen Wirkung auf allen Ebenen potenzieren. Damit brechen die letzten Dämme. Das kulturelle System, das sich dem *Egalitarismus*

(Gleichheit im Ergebnis, also schon nicht mehr Gleichheit am Start) verschreibt, wird in rasantem Tempo alle seine Reserven aufbrauchen und seine Zukunft verspielen. Es ist nicht mehr lebensfähig.

Sozialismus und Kommunismus formieren sich im 19. Jahrhundert neben dem Kontraktualismus - Liberalismus (Kapitalismus), der die mittelalterliche traditionelle Arbeits- und Eigentumsordnung abgelöst hat. Das Gemeinsame liberaler wie auch sozialistisch-kommunistischer Gesellschaften liegt in der Vereinzelung ihrer Menschen. Beide sind Ausdruck einer Schrumpfung kultureller Ordnung. Beide sind nicht in der Lage, überindividuelle Systeme zu schaffen. Beide haben es mit einer Flut an Geld und Technik (und Medien) zu tun, die, aus dem Ruder laufend, manipulierbar werden und die Differenzen innerhalb einer Gesellschaft verzerren und übersteigern können. Die einfache Klassengesellschaft löst damit die maßvollen, vielfältig differenzierten Schattierungen mittelalterlicher Strukturen ab.

Die Zeit der Industrialisierung beseitigt die traditionellen rechtlichen Bindungen (Gewerbefreiheit, Freihandel). Die Produktivität nimmt zu. Technologische Dynamik und Entfaltung des Kapitalmarktes schaffen die Großbetriebe, z.T. auch Monopole. Weitere Rationalisierung verschärft die industrielle Revolution und zieht soziale Missstände nach sich, mit Kinderarbeit und schlechten Arbeitsbedingungen. Die früheren Volkswirtschaften konfluieren schnell zu einer Weltwirtschaft, wobei zu Beginn der Gold-Standard noch stabilisierend wirkt. Mit der Eroberung auch überseeischer Absatz- und Beschaffungsmärkte (Rohstoffe) expandiert die Weltwirtschaft weiter.

Doch im Gegensatz zur sozialistischen Gesellschaft tastet die liberale, die wirtschaftliche Differenzen noch zulässt, das Eigentum und die Freiheit des Einzelnen nicht an. In einem vordergründigen Sinn ist sie ökonomisch konstruktiv. Eine liberale Gesellschaft kann bei privatem Engagement auch eine Weile gut leben, solange es ihr gelingt, vor allem die Manipulierbarkeit von Geld zu verhindern. In einer noch relativ homogenen, leistungsorientierten Gesellschaft wird eine liberale Wirtschaftsordnung solange bestehen können bis archaische Ressourcen, die keine neue Nahrung erhalten, aufgebraucht sind: z.B. eine Gold-verankerte Währung, Relikte kultureller Bindungen wie familiäre Strukturen, vielleicht sogar noch Spuren nationaler Verantwortung und eine religiös konstruktive Haltung früherer Zeiten, die den Einzelnen veranlasst zu helfen. Dem Vater der sozialen Marktwirtschaft, Ludwig Erhard (1897-1977), ist es noch um mehr gegangen als um Wirtschaft. Er hat eine liberale und sozial verpflichtende Gesellschaftsordnung zum Ziel gehabt, geprägt von Eigenverantwortung und Freiheit für den Einzelnen.

Doch mit der endgültigen Verselbstständigung von Geld und Medien in einer kulturellen Welt, die sich vollständig von ihrem begrenzenden Fundament gelöst hat, wird Maßlosigkeit bestimmend. Begehrlichkeiten lassen den Leistungsgedanken in den Hintergrund treten, die Gesellschaft wird immer gegenwartsbezogener auf Kosten ihrer Zukunft. Mit zunächst ausufernden Differenzen zwischen arm und reich wird auch der Ruf nach Ausgleich immer lauter. Der Mensch, orientierungslos und blind für größere Zusammenhänge, kann sich dem egalitaristischen Sog nicht entziehen.

Es gibt keine brutalere Kriegserklärung an die alte kulturelle Ordnung als die kommunistische. Im Sozialismus/Kommunismus erfährt die entdifferenzierende Entwicklung ihre letzte Steigerung. Nicht von ungefähr konzentriert sie sich vor allem auf die Ausmerzung des Prinzips der Tradierung in all ihren Erscheinungsformen: als Nation, als Familie, als Eigentum und Erbe, als Religion und Moral. Damit werden die letzten, Differenzen schaffenden natürlichen Bindungen des Menschen zerschlagen. Und mit ihnen wird er auch seine Freiheit verlieren.

Denn eine staatlich verordnete und gesicherte völlige soziale Gleichheit nicht nur der Chancen, sondern auch der Ergebnisse (Egalitarismus) macht die freie Entfaltung der Persönlichkeit, deren Ergebnis stets Ungleichheit ist, unmöglich. Eine unbeschränkte persönliche Freiheit verstärkt und befestigt den genetisch bedingten Zustand der Ungleichheit. Dem versucht K. Marx (1818-1883) durch den Ausgleich „natürlicher Privilegien" zu begegnen.[824] Hinter dem kommunistischen Diktum: Gleichheit, Gerechtigkeit und Solidarität verbirgt sich nämlich nicht nur der Gleichheitsgedanke. Wir haben gesehen, dass jede Zeit den Gerechtigkeitsbegriff anders definiert. Zu Platons Zeiten bedeutet „gerecht" nicht automatisch „gleich" wie in der Neuzeit, denn man hat damals, im Interesse des Ganzen, das begünstigt, was natürlicherweise einem politischen System und damit allen nutzt. Auch die kommunistische Gerechtigkeit rückt ab von der strikten Gleichheit, sie wird die egalitäre Entwicklung verschärfen und den hierarchischen Verteilungsmodus früherer Zeiten *umkehren*. Um die Entwicklung hin zum Egalitarismus zu forcieren, genügt es nämlich nicht mehr, die Menschen gleich zu bewerten. Da es immer noch Fähige und weniger Fähige gibt, geht man dazu über, gute Anlagen der Menschen (Leistungs- und Opferbereitschaft, Können, Wissen, Fleiß etc.), die jedes lebendige System als konstruktive Ressource begrüßen und fördern müsste, als „natürliche Privilegien" zu bestrafen und Unfähigkeiten zu belohnen. Hat man bisher die Unterschiede schaffende Natur bloß ignoriert, schwingt sich der Sozialist/Kommunist in seiner Hybris nun dazu auf, die ihm feindliche Natur für fehlbar zu erklären und sie zu *korrigieren*. Hier zeigt sich die vollständige *Umwertung der Werte*. All das, was natürlicherweise ein kulturelles System stärkt und lebensfähig macht, wird bekämpft und bestraft, all das, was es zerstört, gefördert und genährt. Eine hierarchische Allokationsstruktur ist wieder erreicht, nur dass sie sich genau entgegengesetzt zur

---

[824] Becher, G.; Treptow, E. 2000, 239

natürlichen etabliert. Damit wird in den Massendemokratien der Gegenwart nicht nur Gleichheit auf Kosten der Freiheit verwirklicht, sondern insgesamt das favorisiert, was dem Ganzen schadet.

Ein dilettantisches Naturverständnis ist typisch für die sozialistische Ideologie, die die Vielfalt und Komplexität der Natur nicht wahrnimmt. Sie reduziert auch die Anthropologie auf aktuelle, bloß unmittelbare, ökonomische Verhältnisse. Der Sozialist ist blind für evolutionäre Zeitabläufe, blind für die umfassenden Gesetzmäßigkeiten des Lebens, blind für das, was dem Kulturwesen Mensch Bestand und Zukunft gibt. Das ist auch nicht sein Ziel. Sein Ziel ist es, alle Differenzen einzuebnen und die vollständige Nivellierung zu erreichen. Damit wird er zum Totengräber menschlicher Kultur.

Man erinnere sich nur an den Kalender, der versucht die kosmische Chronologie seit der Entstehung des Universums (in seiner gegenwärtigen Existenz) vor fünfzehn Milliarden Jahren auf den Zeitraum eines einzigen Jahres zu komprimieren.[825] Ausgehend vom Urknall am 1. Januar entstünde die Erde demnach am 14. Januar und das Leben auf der Erde am 25. September des Jahres. Die ersten Menschen gäbe es erst am 31. Dezember, 22.30 Uhr. Die Neuzeit des Menschen, sagen wir seit der Renaissance, fiele dann mit der letzten Sekunde des Jahres zusammen. Nun stelle man sich die Anmaßung und Blindheit vor, mit der dieser späte Mensch mit einem Mal und zwar in der letzten Sekunde des Jahres alle Prinzipien für einen Irrtum erklärt, die das ganze Jahr über gegolten und die alles Bestehende, auch ihn selbst, hervorgebracht haben!

Die Solidarität, die sich der Sozialismus/Kommunismus zusätzlich auf die Fahnen schreibt, ist eine Selbstverständlichkeit in Zeiten kultureller Einbindung der Menschen in eine

---

[825] nach Sagan, C. 1978

gewachsene familiäre bzw. nationale Ordnung. Doch muss sie vom bindungslosen Individuum der Neuzeit ausdrücklich gefordert werden, da das, was durchgesetzt werden soll, widernatürlich ist. Darum wird Solidarität zur Zwangssolidarität. Denn der Kampf, alle menschlichen Ungleichheiten auszumerzen, wendet sich konsequenterweise nicht nur gegen die Natur und ihre Vielfalt schaffenden Prinzipien, sondern auch gegen die Natur des Menschen. Die genetische Überlieferung, die jedes Individuum anders ausstattet und jeden mit einem eigenen, in einer langen Generationenfolge erworbenen Schatz an Wissen in die Welt treten lässt, konstituiert notwendig Unterschiede, die allerdings innerhalb einer Gemeinschaft mit gleicher Geschichte nicht so groß sind, ein Umstand, der für ihr homogenes Bild verantwortlich ist. Die Überlieferung kulturellen Wissens verstärkt zusätzlich die Spezifität ihres Profils. Folglich muss der Sozialismus *nationale, familiäre und persönliche Identität,* die immer Differenzen konstituieren, zum Verschwinden bringen.

Da in einer Demokratie Gesetze, die sich nicht mehr nach naturgegebenen, gewachsenen Vorgaben richten müssen, nach Belieben gemacht werden können, bilden sie das Instrument einer Nivellierung, die alles einebnet, was das sozialistische Idealbild stört. Mit Hilfe eines *Antidiskriminierungsgesetzes* beispielsweise kann jede differenzierte Wertung strafrechtlich verfolgt werden. Man darf nicht mehr unterscheiden zwischen Leistung und Nichtleistung, zwischen fleißig und faul, willig und unwillig, klug und dumm, nicht zwischen Eigenem und Fremden, zwischen gut und schlecht, gesund und krank. Dass damit Handeln inadäquat und ineffektiv werden muss, interessiert keinen. Daraus erwächst eine Ordnung, die die natürliche auf den Kopf stellt. Herrschaft, die es weiterhin gibt, wird anonymer und absoluter und wirkt entgegengesetzt zu ihrer natürlichen Ausrichtung. Undifferenzierte Menschen werden regieführend, man sehe sich die gesellschaftlich Maßgeblichen von heute einmal genauer an. Das verbliebene Pflichtgefühl der Menschen, das noch nicht einem hedonistischen Anspruchsdenken gewichen ist, wird in dem unüberschaubaren Dschungel gesellschaftlicher Alimentationswege (Umlageverfahren) ausgenutzt, um das zu favorisieren, was die Egalisierung vorantreibt.

Weil Leistung und Nichtleistung gleichgesetzt werden, sieht der Staat seine Hauptaufgabe in der *Umverteilung* von den konstruktiven Mitgliedern der Gesellschaft, besonders des Mittelstandes, hin zu denen, die nicht arbeiten können oder wollen bzw. nicht dürfen. Das alles geht über eine palliative Hilfe, die noch Anreize zu eigenem Einsatz belässt, weit hinaus, sie wird zum dauerhaften Ruhekissen.

Die Subsidiarität, die dem Staat nur die Hilfe zur Selbsthilfe kleiner Gemeinschaften bzw. Gruppen zugestehen will und nicht eine, jede Eigeninitiative lähmende Rundumversorgung, ist in Deutschland in den siebziger Jahren des letzten Jahrhunderts aufgegeben worden. Seit Willy Brandt (1913-1992) richten sich die Ausgaben des unaufhaltsam wachsenden Sozialstaates – und das ist nun tatsächlich kein Witz – nicht mehr nach den Einnahmen, sondern nur noch nach den zunehmenden Begehrlichkeiten![826] Die Umverteilung wird immer aggressiver. Nach Verbrauch aller Reserven reicht das aktuell Erarbeitete dafür aber bei weitem nicht aus. Die Verschuldung erreicht heute mit europäischer Transferunion und unkontrollierter Einwanderung einsame Rekorde. Die steigende Alimentation einer immer größeren Zahl an Leistungsempfängern auf Kosten der schrumpfenden Zahl der Leistungsträger kann nicht mehr bewältigt werden. Der deutsche Sozialstaat, wohl einer der am weitesten ausgebauten weltweit, gibt gigantische Summen für Soziales aus. Sein Handlungsspielraum wird immer kleiner.[827]

Denn es ist ein fundamentales Prinzip der Ökonomie, dass das,

---

[826] Biedenkopf, K. 2007, 76, 77
[827] Steltzner, H. 2010, 1

was staatlich subventioniert wird, später im Überfluss vorhanden sein wird, ganz gleich, was es nun ist. So zieht man immer mehr Hilfsbedürftigkeit heran und Empfänger sozialstaatlicher Versorgung.[828] Die sozialistische Förderung all dessen, was ein System schwächt, wird schließlich ein unersättliches Meer an Unfähigkeit und Leistungsfeindlichkeit, an Anspruchsdenken, Krankheit und Verschwendung heranziehen. Gleichzeitig werden Fleiß, Opferbereitschaft, Gesundheit und ökonomisches Haushalten bestraft und darum auf Grund fehlender Motivation immer seltener. Auf diesem Wege, also über finanzielle Anreize, wird gesteuert. So lässt sich beispielsweise auch die Familie bekämpfen, durch starke steuerliche Belastung von Familien bei gleichzeitiger Förderung von Alleinerziehenden, deren Zahl darum hierzulande schneller wächst als in anderen Industrieländern.[829]

Da es auch die Unterscheidung zwischen Eigenem und Fremden nicht mehr gibt – was übrigens mit zum Destruktivsten des Gleichheits-Algorithmus gehört – und weder Fremdes noch undifferenziertes, unfähiges und bedürftiges Fremdes ausgegrenzt werden darf, wird die *multikulturelle Gesellschaft*, der die nationale Identität entgegensteht, zum erklärten Ziel. Folglich muss die *Einwanderung* gefördert werden. Eine neue Qualität bildet schließlich die Einbürgerung, die jeden beliebigen Fremden, gleich welcher kulturellen Zugehörigkeit, gleich welchen Wissensstandes, gleich welcher Differenziertheit und Leistungsfähigkeit im eigenen Land politisch mitentscheiden lässt und ihm eine Versorgung gesetzlich zusichert. Dass allein schon aus ökonomischen Gründen ein Sozialstaat, der nebenbei bemerkt im Falle Deutschlands ausschließlich auf den Ressourcen der geistigen und physischen Leistungsfähigkeit seiner Menschen beruht, nicht gleichzeitig ein Einwanderungsland sein kann, wird ignoriert. Außerdem ist es einsichtig, dass die Einladung eines

---

[828] Hoppe, H.-H. 2003, 206
[829] Steltzner, H. 2010, 1

342

versorgenden Sozialstaates auch und vor allem jene Einwanderer anspricht – das liegt in der Natur der Sache – die ihre wirtschaftliche Situation mit so wenig Aufwand wie möglich verbessern wollen. Von dreieinhalb Millionen Einwanderern („Bevölkerung mit Migrationshintergrund"), die beispielsweise in dem Zeitraum von 1996 bis 2008 nach Deutschland gekommen sind, zählen 83 Prozent zu den Einkommensschwachen, die vom Sozialstaat aufgefangen werden müssen. Zu diesem Ergebnis kommt das Bonner Institut für Wirtschaft und Gesellschaft (IWG) in seiner Studie (2008). In der gleichen Zeit hat sich die deutschstämmige Bevölkerung um 2,8 Millionen vermindert. Die mit Sorge beobachtete Ausdünnung der leistungstragenden Mittelschicht, die ja das Rückgrat jeder Kultur darstellt, ist nicht nur der schwindenden deutschen Bevölkerung anzulasten, sondern vor allem eine Folge der Migration.[830] Die folgenden Angaben sind Veröffentlichungen des Statistischen Bundsamtes entnommen: 2005 haben 15,3 Millionen Menschen „mit Migrationshintergrund" in der BRD gelebt, 96 Prozent davon im früheren Bundesgebiet und Berlin: 10 Prozent von ihnen ohne allgemeinen Schulabschluss, 51 Prozent ohne beruflichen Abschluss und 25 Prozent, die dem Arbeitsmarkt überhaupt nicht zur Verfügung stehen. Am höchsten ist der Anteil der Personen mit Migrationshintergrund in den Großstädten: in manchen beträgt er schon über 50 Prozent. Zwar steigen die Einwanderungszahlen laufend, die Zahl der arbeitenden, also sozialversicherungspflichtigen Ausländer bleibt aber gleich. [831] Dass sich diese Entwicklung fünfzehn Jahre später in Deutschland dank millionenfacher unkontrollierter Einwanderung dramatisch verschlimmert hat, bedarf keiner Erwähnung.

Denn Einwanderung in einen Sozialstaat, besonders wenn es sich um hilfebedürftige Immigranten handelt, kommt das aufnehmende Land teuer zu stehen: im Jahr 2019 kostet die

---

[830] FAZ 2008, 13
[831] Steltzner, H. 2010, 1

Versorgung der Migranten Deutschland über 50 Milliarden Euro. Und immer wieder wird die wissenschaftliche Tatsache ignoriert, dass der Mensch seiner Natur nach kooperativ, liebe- und entsagungsvoll fast ausschließlich zu den Mitgliedern jener Gruppe ist, der er sich zugehörig fühlt.[832] Der Einzelne wird demnach nur innerhalb der eigenen Kultur bereit sein, Opfer für die Gemeinschaft auf sich zu nehmen. Was man den eigenen Hilfebedürftigen gewährt, gewährt man nicht jedem beliebigen Fremden, der sich so ohne weiteres in die soziale Hängematte des eigenen Landes legt.

Man braucht nicht erst die Städte brennen zu sehen, um die fehlgeschlagene Integrationspolitik zu erkennen, die Zuwanderungsghettos und die auf ständige Hilfe angewiesenen, oft lernunfähigen Familien, deren Kinder weder Ausbildung noch Arbeit haben und sich auch kulturell heimatlos fühlen.[833]

Gleichzeitig greift man die Grundlage der Kultur von einer anderen Seite an: man schleift ihre letzte Bastion, die *Familie*. Das Kreuzfeuer, in dem die Familie heute steht, wird immer offensichtlicher. Wie kein anderes System verkörpert sie kulturelle Identität: sie steht für die kulturelle Bindung schlechthin, für das tradierte spezifische Profil der Gemeinschaft, sie verwirklicht Hierarchie und Altruismus in effizientester Weise und bildet damit die Keimzelle einer Nation und ihrer Kultur.

Bei Karl Marx (1818-1883) klingt das allerdings so: „(...) die Aufhebung der Familie (...). Die Familie der Bourgeois fällt natürlich weg (...). Wir heben die trautesten Verhältnisse auf, in dem wir anstelle der häuslichen Erziehung die gesellschaftliche setzen (...). Die Arbeiter haben kein Vaterland (...). Der

---

[832] De Waal, F. 2006, 141
[833] Romer, K. 2008, 37

Kommunismus schafft die ewigen Wahrheiten ab, er schafft die Religion ab, die Moral (…).“[834]

Darum muss die Familie gnadenlos bekämpft werden. Man betrachte nur die deutsche Familienpolitik der letzten Jahre. Maßgebliche grüne Politiker betonen, dass die Familie keinen Wert an sich darstellt[835]. Übrigens ist den Wenigsten bewusst, dass die Partei der „Grünen” in Deutschland ihr egalitaristisch sozialistisches Programm, das die vorbehaltlose Einbürgerung in großem Stil („Ausländer, lasst uns mit den Deutschen nicht allein”) und familienfeindliche Maßnahmen zu verantworten hat, nur mit dem grünen Etikett eines dilettantischen Naturverständnisses bemänteln. Denn von der Natur und ihren Gesetzen wissen sie nichts! Dieser Umstand hat ihren ehemaligen Vorsitzenden, Joschka Fischer, zu der Aussage veranlasst, „Grün” sei eine „gute Geschäftsidee”. So schlagen sie Kapital aus dem instinktiven Wissen der Menschen ob ihrer Abhängigkeit von der Natur.

Wo immer der deutsche Staat sich der Familie annimmt, geschieht das zu ihren Lasten, sozial- und steuerpolitisch sowieso, aber auch gesetzgeberisch. Sei es das Scheidungsrecht, das Unterhalts- oder Sorgerecht: Überall wird deutlich, dass sie den Zusammenhalt lockern, infrage stellen, zerstören. Den folgenschwersten Anschlag auf die Familie hat die Regierung allerdings mit einer Abgabenpolitik unternommen, die den Reichtum an Kindern zur sichersten Quelle von Armut gemacht hat. Sie hat das Recht auf Arbeit oft genug in einen Zwang verwandelt, weil immer mehr Familien ohne das zweite Erwerbseinkommen gegenüber Kinderlosen noch weiter benachteiligt wären.[836] Der Gewinn, den Kinder für die Gesellschaft darstellen, wird dann allerdings sozialisiert, kommt

---

[834] Manifest der Kommunistischen Partei 1969, 66f
[835] Roßmann, R. 2007
[836] Adam, K. 2007

also allen anderen zugute. Das führt zu einer materiellen Privilegierung der Kinderlosigkeit.

Politisch nicht gewollt ist auch der Unterschiede fördernde Entschluss der Eltern, ihre Kinder zu Hause zu erziehen, was immer mehr mit massiven, langfristig ruinösen Nachteilen verbunden ist.[837] Weil man die uniforme Unterbringung bevorzugt, werden Krippen gebaut. Damit schlägt man zwei Fliegen mit einer Klappe: zum einen schafft man eine egalisierende Kindererziehung, andererseits steigert man die – für die Umverteilung so dringend benötigten – Sozialabgaben durch die Arbeit der Mutter. Deren Einsatz kommt nun weniger ihren eigenen Kindern und damit einer konstruktiven Zukunft zugute als dem unersättlich ressourcenverschlingenden, egalisierenden, staatlichen Moloch.

Gleichzeitig sollte man sich bewusst machen, was die Krippenbetreuung von Kindern unter drei Jahren außerdem bedeutet. Kein Entwicklungsabschnitt im Leben prägt die Persönlichkeit eines Menschen seelisch und intellektuell nachhaltiger als seine ersten drei Lebensjahre. Darüber sind sich Psychiater, Gehirn- und Stressforscher einig. Schon kurz nach der Geburt zieht das Kind seine leibliche Mutter anderen Menschen vor, denn bereits als Ungeborenes ist es mit Stimme und Herzschlag seiner Mutter vertraut. Beim Stillen wird das Glücksgefühl auslösende Oxytocin bei Mutter und Kind ausgeschüttet; es initiiert einen Bindungsprozess, der mit Hilfe des Geruchssinns gefestigt und bis ins zweite Lebensjahr hinein verankert wird. Auch im zweiten und dritten Jahr der cerebralen Entfaltung wird die leibliche Nähe des „Flugzeugträgers" Mutter genutzt, um in vielfältigen Lernprozessen bis hinein in die Sprache die Synapsen sprießen zu lassen. Das und nichts anderes bedeutet „qualifizierte Betreuung" eines Kleinkindes. Auf tägliche Trennungen von der Mutter reagiert das Kind in dieser Phase mit

---

[837] Adam K. 2007

erhöhter Ausschüttung von Stresshormonen, Adrenalin und Cortisol, was sich in Speicheltests nachweisen lässt. Häufen sich diese ängstigenden Erlebnisse, bleibt der Cortisolspiegel schließlich dauerhaft erhöht. Chronische Ruhelosigkeit und notorische Bewegungsstörungen sind die Folge. Die Entwicklung einer depressiven Charakterstruktur mit einer geminderten Belastbarkeit, mit eingeschränkter sozialer Kompetenz und fragiler Bindungsfähigkeit wirft seine Schatten voraus. Nicht umsonst ist die neurotische Depression in den Industrienationen die zweithäufigste aller Krankheiten.[838]

Auch die weltweit größte und anerkannteste Langzeitstudie zur Fremdbetreuung von Kleinkindern, die NICHD-Studie aus den USA, bestätigt dies (2007). Seit 1991 beobachtet sie mehr als 1300 Kinder von Geburt an während ihrer familiären, außerfamiliären und schulischen Betreuung. Alle sozialen Schichten sind vertreten. Die Studie zeigt, dass Kinder, die in den drei ersten Lebensjahren in Kinderkrippen versorgt worden sind, bis zum zwölften Lebensjahr in der Schule durch ihr problematisches Verhalten auffallen. Sie sind viel aggressiver als Kinder, die zu Hause von Eltern, Tagesmüttern oder Kinderfrauen betreut worden sind. Und zwar unabhängig von der Qualität der besuchten Kinderkrippe, vom Bildungsgrad oder vom Einkommen der Eltern. Damit ist klar, Krippenerziehung ist Risikoerziehung. Auch das Argument, der Ausbau der Krippen erhöhe die Geburtenrate, ist eine Mär: Sachsen-Anhalt, das Bundesland, das schon vor Jahren Deutschlands höchste Krippendichte aufgewiesen hat, hat damals, was die innerdeutsche Geburtenrate angeht, den allerletzten Platz eingenommen.

Die „Eltern-Kind-Bindung" aber bildet die Grundlage für kulturelle Weiterentwicklung. Sie hat in der Evolution für die rasante Steigerung der geistigen, emotionalen und sozialen

---

[838] Meves, Ch., Psychotherapeutin für Kinder und Jugendliche, Ülzen

Fähigkeiten derjenigen Sippen gesorgt, bei denen diese Bindung am weitesten hat entwickelt werden können.[839]

Doch immer weniger können sich auch Familien dem destruktiven Potential der Medien und der Politik entziehen; sei es in Form einer individuierten Selbstverwirklichung, eines personalen Anspruchs auf freie Entfaltung, der die häusliche Tätigkeit abwertet; sei es in Form einer autoritätsfeindlichen Erziehung, die Disziplin und Leistung als elitär verwirft; sei es in Form einer Betreuung, die zum großen Teil von den Medien (Fernsehen, PC) übernommen wird. Mit den Folgen müssen sich vor allem Lehrer abmühen: Hauptschullehrer berichten, dass es in Klassen vollkommen unmöglich sei, auch nur eine zehnminütige Einzelarbeitsphase durchzuführen. Das von Disziplinlosigkeit und Leistungsverweigerung geprägte antisoziale Verhalten umfasst praktisch alle Verhaltensweisen, die gegen fundamentale Regeln menschlichen Zusammenlebens verstoßen. Der Bedarf an schulpsychologischer Beratung und Erziehungshilfe bei Jugendämtern wächst rasant. An dieser Situation können weder Trainingscamps für auffällige Jugendliche noch erlebnis-pädagogische Angebote etwas ändern. Auch die in manchen Schulen eingerichteten sogenannten „Aggressionsräume", in denen auffällige Schüler abreagieren können, was für ihre aggressive Energie gehalten wird, haben sich als kontraproduktiv herausgestellt; es ist deutlich geworden, dass diese Maßnahmen die agitierte Feindseligkeit eher noch steigern.[840]

Auch dadurch, dass staatliche und gesellschaftliche Institutionen familiäre Aufgaben in immer größerem Umfang übernehmen, ohne sie jemals ersetzen zu können, erfährt die Familie einen Funktionsverlust, der sie als kulturtragende Zelle instabiler werden lässt.

---

[839] Hüther, G. 2005, 57
[840] Landscheidt, K., Kinder- und Jugendlichen-Psychotherapeut 2007

Gleichzeitig bröckelt die Ehe als Kern der Familie, nicht zuletzt unter den Angriffen individualisierender feministischer Ideen. In diesen Zusammenhang gehört auch die faktische Gleichstellung homosexueller und anderer Gemeinschaften mit der Ehe. Sie versagen der Ehe ihre Sonderstellung und entwerten damit ihre Funktion.

Wer nun glaubt, dass zumindest der biologische Unterschied zwischen Mann und Frau unumstößliche Tatsache sei, irrt sich. Das schizoide Denken kommt auch hier zum Tragen: einerseits weiß die Wissenschaft um den evolutionär durchaus sinnvollen, fundamentalen Unterschied zwischen Mann und Frau, doch dieses Wissen wird auf kultureller Ebene einfach ignoriert. Denn auch wenn die Vorstellung, Geschlechtlichkeit sei ausschließlich gesellschaftsbedingt und durch entsprechende Erziehung aufhebbar, an Lächerlichkeit nicht zu überbieten ist, forciert man die Kampagne „gender mainstreaming", die sich ganz bewusst schon auf die Kleinsten konzentriert. So wird der Junge in „geschlechtssensiblen" Kindergärten aufgefordert, sich mit Hilfe eines Kosmetikkorbes schön zu machen, Prinzessinnenkleider anzuziehen oder sich die Nägel zu lackieren, während Mädchen ihnen die Autos wegnehmen und sich überhaupt mehr der Technik zuwenden sollen.[841] Aber inzwischen geht es auch nicht mehr nur darum, Jungen mit weiblichen Mustern, wie Stricken und Häkeln zu konfrontieren und Mädchen in Männerberufe zu drücken. Und so als ließe sich das egalitaristische Ziel sich verflüssigender „prozessualer Identitäten"[842] nicht schnell genug erreichen, werden Mädchen auch schon in Schule, Ausbildung und Beruf derart bevorzugt, dass man heute von männlichen Bildungsverlierern sprechen kann. Bereits im Kindergarten wird ihnen nämlich klargemacht, dass sie sich bei Konflikten nicht wehren dürfen, während man Mädchen in der gleichen Situation

---

[841] Rosenkranz, B. 2008, 122
[842] Rosenkranz, B. 2008, 126

rät, zu zwicken, andere zu verdrängen und zu schreien.[843] Man gibt offen zu, dass man mit diesen Maßnahmen nicht einen „anderen Jungen" schaffen will, sondern „gar keinen Jungen".[844] Es geht nämlich auch hier nicht nur darum, traditionelle Rollen des Mannes und mit ihnen Hierarchien und Täterschaft zu bekämpfen, sondern letztlich um den gleichen Auflösungsprozess der Identitäten, der kulturell beginnt, dann die Familie erfasst und nun auch vor der Person des Einzelnen nicht Halt macht, nicht vor dem Mann, aber auch nicht vor der Frau. Unsere Phantasie reicht nicht aus, sich vorzustellen, wie solch eine Welt in ihren immer uniformeren Graden aussehen könnte.

Der negative Trend verschärft sich durch die Erfordernisse, die Globalisierung und Mobilisierung der Weltgesellschaft an deren Mitglieder stellen; sie lassen sich immer weniger mit den traditionellen Gebräuchen der Familien vereinen.

Was wir heute als Familie, die Lebensgemeinschaft der Eltern mit ihren Kindern kennen, ist schon das Ergebnis einer Schrumpfung von Mehr-Generationen-Familien, Sippen oder Clans, die es in allen vorindustriellen Epochen gegeben hat. Dass angesichts dieser Verhältnisse die Kinder ausbleiben, darf keinen wundern. Wir haben schon seit Jahren in Deutschland die höchste Zahl an Ein- und Zweipersonenhaushalten unserer Geschichte. Dass diese Atomisierung der Gesellschaft auch unökonomisch ist, zeigt die Tatsache, dass es keine aufwendigere Form des Lebens gibt als die von Kleinsthaushalten.[845] Wer in diesem Zusammenhang an die Kasernierung von Alten, Kindern etc. denkt, muss wissen, dass dieses entwürdigende Bild nichts mehr mit den tradierten Bindungen innerhalb gemischter Großfamilien zu tun hat. Noch im 19. und 20. Jahrhundert hat man das Aussterben einer Familie als „Elementarereignis des Tragischen"

---

[843] Rosenkranz, B. 2008, 122
[844] Rosenkranz, B. 2008, 126
[845] Biedenkopf, K. 2007, 204

empfunden. Man denke an Edgar Allan Poes „Untergang des Hauses Usher" oder an Thomas Manns „Familie Buddenbrook".[846]

Die dreizehn Millionen Kinder, die beispielsweise schon zwischen 1970 und 2007 in Deutschland nicht geboren worden sind,[847] lassen eine überalterte Bevölkerung zurück. Dass das nicht nur einen Verlust an Vitalität bedeutet, sondern auch an Kreativität, hat Gottfried Benn (1886-1956) noch gewusst: „Eine neue Generation ist ein neues Gehirn." Heute beklagt man die sinkenden Geburtenraten auch nicht, weil mit ihnen die Zukunft einer Gemeinschaft wegbricht und damit die spezifische Identität einer jahrhundertealten Kultur, sondern weil die Kinder als zukünftige Rentenzahler fehlen. Nationales Sterben ist nämlich politisch durchaus gewollt. Mit dem Problem der Schrumpfung und Überalterung der Bevölkerung sehen sich heute fast alle Industrieländer und ganz besonders die europäischen Länder konfrontiert. Dass sie durch ihr Handeln kulturelles Leben beenden und damit am Niedergang evolutionärer Vielfalt, den sie gleichzeitig bejammern, arbeiten, dieser Widerspruch scheint niemandem aufzufallen. Für Deutschland beispielsweise gilt außerdem, dass bereits zwischen 2015 und 2020 eine zukunftsorientierte Politik schon deshalb nicht mehr möglich ist, weil die demokratische Mehrheit bei den Alten und Ältesten liegt, auf deren gegenwartsbezogene und ich-zentrierte Bedürfnisse jede Regierung Rücksicht nimmt.

Hand in Hand mit dem Zusammenbruch der Familie geht auch das Schwinden des *Eigentums*. Das kommt nicht von ungefähr: das Wort „Familie" wird bis ins 18. Jahrhundert gleichbedeutend gebraucht mit „Haus", den dazugehörigen Personen und Sachen. Denn auch Eigentum wird verantwortlich gemacht für Unterschiede, die eingeebnet werden müssen. Sozialistische

---

[846] Schirrmacher, F. 2006, 53, 54
[847] Biedenkopf, K. 2007, 215, 216

Theorien reduzieren die menschlichen Beziehungen in Familie und Ehe bekanntlich auf bloße vordergründige ökonomische Interessen. Weil Eigentum als Diebstahl empfunden wird, sollte auf jeden Fall die Vererbung von Eigentum an folgende Generationen verhindert werden. Das hat man noch im 19. Jahrhundert ganz anders gesehen. Stefan Zweig (1881-1942) trauert in seinen 1939 bis 1941 im Exil geschriebenen Erinnerungen einem Eigentum nach, das noch zukunftsstiftend gewesen ist.[848]

Wir haben schon deutlich gemacht, dass ohne Eigentum, also ohne einen persönlichen, familiären bzw. kulturellen Informationsspeicher – das schließt das Erbe als kulturellen Informationstransfer mit ein – menschliches Leben nicht möglich ist. Eigentum hilft die Autonomie und Zukunft eines Systems zu sichern, das auf ständigen Informationsinput angewiesen ist. Es bildet die „Brücke zwischen den Generationen" und die „materielle Grundlage für Kontinuität", Tradition und vorausschauendes Handeln, die heute viel bemühte „Nachhaltigkeit". Ohne Eigentum keine Weiterdifferenzierung innerhalb einer Kultur, ohne Eigentum keine Freiheit und – das sollten wir uns ebenfalls klarmachen – ohne Eigentum auch keine Kunst.[849] Man muss auch wissen, dass mit der Familie und dem Eigentum nicht nur die Privatsphäre des Menschen verloren geht, sondern sein letzter identitätssichernder Raum, der ihn vor den „Gefahren organisierter Anonymität und unmittelbarer staatlicher Macht" schützen könnte.[850]

Die nicht mehr sichere Generationenfolge glaubt man durch eine verstärkte Einwanderung wettmachen zu können; zwar wird sie als „Fachkräftebedarf" kaschiert, doch soll sie auch helfen, das demographische Problem der europäischen Völker zu lösen. Das

---

[848] Schmid, Th. 2007
[849] Schmid, Th. 2007
[850] Biedenkopf, K. 2007, 207, 209

ist sehr einfach gedacht. Man stelle sich vor, in einem bestimmten Buch, sagen wir in einem Physikbuch fehlten viele Seiten, die man dann einfach mit Seiten aus einem Kochbuch aufzufüllen versuchte. Man bedenkt weder die gewachsenen Unterschiede der Völker noch die Tatsache, dass Kultur als Gemeinschaftsleistung nicht von verstreuten Einzelvertretern aufrechterhalten werden kann. Multikulturelle Gesellschaften bieten darum nur zu Beginn und bloß vorübergehend ein buntes Bild. Da alle durchmischten Kulturen in wenigen Generationen ihre Eigenart verlieren werden, bildet die multikulturelle Gesellschaft das *Ende jeder Kultur*, sie führt in die nivellierte Uniformität. Man werfe nur einen Blick auf den amerikanischen „melting pot".

Bei einer Einwanderung kommt es nämlich auf zwei Faktoren an: auf die Zahl und auf die Kultur der Einwanderer. Auch größere Mengen einer verwandten Kultur lassen sich ohne weiteres integrieren; nicht jedoch Einwanderer, deren Mentalität und Kultur fremd sind. Besitzen letztere auch noch größere Vitalität und werden darüber hinaus den eigenen Staatsbürgern gleichgestellt bzw., wie es schon vorkommt, vorgezogen, wird bald nichts mehr von der eigenen Identität übrigbleiben. Durch das egalitaristische Verbot, Eigenes von Fremdem zu unterscheiden und dieses auszugrenzen, kommt es indirekt zu einem Rassismus gegen das eigene Volk. Hektisch organisierte Gegenmaßnahmen des Staates, die angesichts der schwindenden Kinderzahl die Familien mit Kindern finanziell unterstützen sollen, kommen nun zum sehr großen Teil den geburtenstarken Einwandererfamilien zugute, deren Kinder in Deutschland, besonders in Städten, oft den größeren Teil der Kindergarten- und Schulklassen ausmachen; bei den unter Fünfjährigen liegt der Anteil derer mit Migrationshintergrund in einigen bundesrepublikanischen Großstädten bereits bei über 70 Prozent.

Wie steht es nun mit der *individuellen Freiheit* des Einzelnen? Wo staatliche Macht Solidarität und Gleichheit erzwingt, ist

Freiheit gefährdet.[851] Das gilt vor allem für den Sozialstaat, der die ausbeutende Umverteilung altruistisch begründet und auch durchaus kein Interesse daran haben kann, das bürokratisierte Dickicht finanzieller Umlagen offenzulegen.[852] Nicht nur der Politiker und Historiker J. Burckhardt (1891-1974) ist sich der Bedrohung der „Unabhängigkeit des Einzelnen" durch Demokratie bewusst. Darum nennt er die Demokratie auch eine „Weltanschauung", in der „die Macht des Staates über den Einzelnen nie groß genug sein kann, so dass sie die Grenzen zwischen Staat und Gesellschaft verwischt".[853]

Diese Situation verschärft sich in einer sozialistischen Gesellschaft, die möglichst alle in Zwangsobhut nehmen will. Denn wir sollten uns bewusst machen, was heute unter einem Staat zu verstehen ist: der Staat selbst besitzt gar nichts, er kann nichts versprechen und nichts verschenken, was er nicht vorher seinen arbeitenden Bürgern weggenommen hat. Darum bedeutet heute ein starker, sozialistischer Staat, der für die widernatürliche Verteilung des Geleisteten verantwortlich ist, nichts anderes als ein potentes, zerstörerisches Mahlwerk, ein kulturverschlingender Moloch, der auch vor der persönlichen Freiheit des Einzelnen nicht Halt macht.

Denn das Gesetz, dem der Mensch sich freiwillig fügt, ist dann gut und konstruktiv, wenn es ihm seine *Entscheidungsfreiheit* erhält, seinen *Handlungsspielraum* erweitert und *vorausschauendes* Verhalten möglich macht. Dazu gehört, dass es ihn in die Lage versetzt, so weit wie möglich *autark*, wirtschaftlich unabhängig zu werden, was Eigentum einschließt. Ohne diese individuelle Freiheit kann der Mensch sein Menschsein, seine *Zukunft* und damit sein Überleben nicht sichern. Und Zukunftsfähigkeit ist und bleibt *das* Kriterium von Vitalität. Mit

---

[851] Biedenkopf, K. 2007, 195
[852] Biedenkopf, K. 2007, 197, 198
[853] Ritter, J. Bd.2 1972, 54

einem Gesetz, das der natürlichen Norm gehorcht, wird dies am ehesten möglich. Die egalitaristische Norm jedoch, die dem sozialistischen Gesetz zugrunde liegt, leistet das Gegenteil.

Ihr widernatürlicher Codex zerstört alles, was den Menschen ausmacht, seine individuelle Freiheit genauso wie seine Kultur- und Zukunftsfähigkeit. Da die Menschen grundsätzlich verschieden sind, muss ihre Selbstentfaltung, die weitere Differenzen schafft, immer mehr beschnitten werden. Wettbewerb, dieser evolutionär konstruktive Motor, muss ebenso eingedämmt werden, wie Eigeninitiative, Selbstverantwortlichkeit und Risikobereitschaft. Die sozialistische Ideologie muss – dem egalitaristischen Diktat folgend – jeden konstruktiven Eliteverdächtigen und Leistungsbereiten knebeln und gleichzeitig versklaven, denn einerseits darf niemand das allgemeine Niveau überragen, andererseits muss irgendjemand ja das erwirtschaften, was umverteilt werden soll. Im Gewande des Gutmenschentums gibt man vor, hilfreich zu sein, wenn man kurzsichtig jede – zum großen Teil selbst verursachte – Undifferenziertheit und hedonistische Anspruchshaltung auf Kosten der Leistungsträger und des Ganzen fördert und dabei alle Ressourcen aufbraucht, die dann allen fehlen. Dabei geht es schon lange nicht mehr um notwendige Hilfe zum Überleben für die Schwächsten der Gesellschaft, die immer geleistet worden ist und die letztlich nur in der Atmosphäre einer intakten Kultur dauerhaft verwirklicht werden kann. Denn nur, wenn ökonomisch klug und effektiv gehandelt wird, ist man in der Lage, etwas zu verschenken. Nebenbei bemerkt, wird auch der Leistungsempfänger entmündigt und indirekt seiner individuellen Entscheidungs-, Handlungsfreiheit und seiner Entwicklungsmöglichkeiten beraubt. Immer mehr Verantwortung wird abgegeben: nicht nur an den Staat, auch an Institutionen wie Gewerkschaften, Ärzte, Psychologen, Lehrer etc. Eine *Infantilisierung* der Gesellschaft ist nicht zu übersehen.

Und weil die Begehrlichkeiten des entwurzelten und darum immer ängstlicheren und bedürftigeren Menschen unendlich sind, und sein aus dem Nichts geschaffenes Geld immer bereitsteht, und weil der egalisierende Umverteilungsprozess in höchstem Maße unökonomisch ist, vernichtet Sozialismus die wirtschaftlichen Grundlagen einer Gesellschaft auf radikalste Weise. Darum bedeutet Sozialismus *Misswirtschaft* in all ihren Facetten und in großem Stil. Das führt dazu, dass der Handlungsspielraum nicht nur des Staates, sondern auch des Einzelnen immer enger wird. Der sozialistische Egalitarismus, der der Natur in jeder Hinsicht zuwiderläuft, besonders ihrer ökonomischen Belohnungsstruktur, presst den Menschen in ein Korsett, für das er nicht gemacht ist. Will man also eine „Politik" gegen die Natur, gegen die Biologie, durchsetzen, geht das nicht ohne Zwang. Bevormundung des Einzelnen und immer genauere Überwachung führen schließlich in die vollständige Entmündigung. Die wachsende Flut an Vorschriften, Verboten und immer anonymer werdenden Kontrollinstanzen kann keiner mehr überblicken.

Besonders die schrumpfende Zahl der Leistungsträger, die man durch immer höhere Abgaben enteignet, müssen, solange sie noch nicht in weniger sozialistische Länder geflohen sind, genau im Auge behalten werden. Denn woher soll das kommen, was in solch gigantischem Ausmaß verbraucht wird? Mit Vorliebe wird es auch in Form von *Schulden* den zukünftigen Generationen aufgebürdet, denn diese können sich nicht wehren. Solch eine Entwicklung erstickt auch noch den letzten Rest moralischer Haltung und bahnt Korruption den Weg.

In der gigantischen Schuldenlast, die *jedes* sozialistische Wirken charakterisiert, spiegelt sich alles, was Sozialismus anrichtet; nicht nur der Verlust der eigenen Kultur, der persönlichen Handlungsfreiheit, der ökonomischen Reserven, sondern auch der der Zukunft. Denn der immer kleiner werdende gesamtgesellschaftliche Aktionsradius lässt Investitionen in

Jugend und Bildung nicht zu. Was kann man auch von einer hedonistischen, gegenwartsbezogenen Gesellschaft anderes erwarten, deren hohe Zeitpräferenzrate zeigt, wie hemmungslos sie über ihre Verhältnisse lebt auf Kosten zukünftiger Generationen?

Aufrichtige, fähige, mit den Fakten vertraute Menschen werden in diesem gesellschaftlichen System nicht veranlasst, sich politisch zu betätigen, vernünftige, Verzicht predigende wären auch gar nicht mehrheitsfähig. Und weil das ganze System von persönlicher Verantwortungslosigkeit lebt, wird man weitermachen. Vielleicht hat der Staat bisher noch von normativen Kräften früherer Zeiten zehren können, von kleineren kulturellen Einheiten, von Familien, dem Mittelstand, die noch leistungsgewohnt ihre Pflicht tun. Doch die Mitte *schrumpft*, die Last der Umverteilung muss von einer ständig kleiner werdenden Zahl geschultert werden. In den heutigen Wirtschaftskrisen erleben wir außerdem das flächendeckende Sterben von Betrieben und Firmen, was den Mittelstand zusätzlich zermürbt und ausdünnt.

Wenn wir uns Deutschland ansehen, zeigt sich, dass immer mehr Menschen, denen die Kosten sozialistischer Misswirtschaft und eine schleichende Versklavung und Verarmung zugemutet werden, das Land verlassen. Seit Jahren beobachten wir einen „brain drain"[854] junger, gutausgebildeter und tatkräftiger Menschen, die nicht bereit sind, die herrschenden Bedingungen und die uferlosen Lasten der Zukunft zu tragen. Wie die britische Tageszeitung vermerkt, sei der Verlust an hochqualifizierten Personen so groß wie nie seit den ersten Jahren nach 1945. Auch die politische Verweigerung verdeutlicht die Krise der sozialistischen Demokratie, denn bei einer Wahlbeteiligung von

---

[854] die britische Tageszeitung "The Independent" vom 1.6.2007

gerade fünfzig Prozent und weniger kann nicht von demokratischen Strukturen gesprochen werden.

Die *aktuellen Wirtschaftskrisen* verschärfen die Situation auf dramatische Weise. Die „politischen" Entscheidungsträger, die sich – weltweit – als Retter aufführen, haben diese Entwicklung selbst zu verantworten. Denn sie haben nicht nur die Abschaffung der domestizierenden Goldbindung des Geldes zu verantworten, sondern auch die sozialistische Norm, die man immer und vor allem an einem „Über-die-Verhältnisse-leben" erkennt. Was heute nicht gerne erwähnt wird, ist, dass vor allem die Gier des unersättlichen Sozialstaates und seiner Regierungen nach überhöhten Gewinnen dafür gesorgt hat, dass vor allem die staatlichen Banken Opfer ihrer Spekulationen geworden sind. Im Kern sind diese Krisen letztlich Folge einer Flut an „fiat money" in Verbindung mit realitätsfernem, sozialistischem, gegenwartsbezogenem Anspruchsdenken. Mit einer Goldbindung des Geldes, mit ökonomischer Disziplin und konservativer Bescheidenheit wären solche Zusammenbrüche nicht möglich. Auch A. Greenspan, der ehemalige Chef der amerikanischen Notenbank „Fed", weiß, dass erst der Verlust des Gold-Standards inflationäre Geldschwemme zulässt und damit auch endlose Staatsverschuldung im Dienst sozialistischer Umverteilung. Er schreibt: „Die Abschaffung des Goldstandards ermöglichte es den Verfechtern des Wohlfahrtsstaates das Bankensystem für eine unbegrenzte Kreditexpansion zu missbrauchen." Er weiß, dass darum nicht nur Schulden typisch sind für den modernen Staat, sondern auch die Geldentwertung überhaupt:[855] „Ohne Goldstandard haben Privatpersonen keine Möglichkeit, Ersparnisse vor der Konfiszierung durch Inflation zu schützen. Es gibt dann kein sicheres Wertaufbewahrungsmittel. Wenn es eines gäbe, müsste die Regierung den Privatbesitz – wie bei Gold – verbieten. Wenn zum Beispiel jedermann seine Bankeinlagen in

---

[855] Plickert, Ph. 2009

358

Silber (...) umtauschen und dann Bankschecks nicht mehr akzeptieren würde, wären Bankeinlagen wertlos. Die Politik des Sozialstaats macht es erforderlich, dass es keinen Weg für die Besitzer von Vermögen gibt, ihr Vermögen zu schützen.”[856] Allerdings ist es dann schwer zu verstehen, wieso Greenspan diese Politik des schnellen Geldes selbst betrieben hat. Denn auch schon 1966 hat er in seinem Aufsatz „Gold und wirtschaftliche Freiheit” ihre dramatischen Folgen beschrieben. In diesem Aufsatz betont er, dass es zur Zeit des Gold-Standards, vor der Gründung der „Fed” 1913 und ihrer bewusst herbeigeführten expansiven Geldpolitik, höchstens milde Rezessionen gegeben habe. Doch die „Fed” habe dann durch eine Liquiditätsschwemme eine Blase erzeugt und durch verspätete Abbremsung 1929 den Absturz verursacht.[857] Parallelen zu heutigen Finanzkrisen sind nicht zu übersehen, denn entfesselte Geldflut lässt immer Finanzkrisen entstehen.[858]

Überhaupt muss man sich vergegenwärtigen, wohin eine Demokratie führen kann. Denn schließlich ist es die rühmliche Leistung der amerikanischen Demokratie, sich und die amerikanische Gesellschaft samt ihren Medien in die Hände einer Privatbank begeben zu haben, die mit der Kontrolle über eine manipulierbare Währung und der Lizenz zum Gelddrucken alles, auch die übrigen Staaten der Welt, steuern kann. Und es ist eine ebenfalls bemerkenswerte Leistung der restlichen Demokratien der Welt, dass sie sich diese Kontrolle haben aufnötigen lassen. Damit aber ist eine *Welt-Diktatur* entstanden, die in der Geschichte der Menschheit nicht ihresgleichen hat und deren Inhaber durch ihr „fiat money” selbst gigantische Gewinne einstreichen und gleichzeitig dafür sorgen, dass die Verluste sozialisiert werden. Denn das weiß man, dass die Staaten diese bewusst herbeigeführten Zusammenbrüche des Systems mit

---

[856] Greenspan, A. 1986
[857] Plickert, Ph. 2009
[858] Plickert, Ph. 2009

Steuermitteln dieser und zukünftiger Generationen abfangen. Dies bedeutet nicht nur eine ungeheure Arbeits- und Wertevernichtung für die meisten Menschen dieser Welt, sondern auch eine riesige Umleitung des von ihnen geschaffenen Informationspotentials hin zu der diesen ganzen Prozess steuernden Hochfinanz. Und auch wenn in diesem Falle kein Blutstropfen fließt, handelt es sich hier letztlich um einen mächtigen, raffinierten, einen zersetzenden und versklavenden Krieg in unserer ach so pazifistischen, herrschaftsfeindlichen Welt! Auf die unzähligen übrigen Kriege unserer Zeit, in denen dann tatsächlich Blut fließt, wollen wir nicht näher eingehen.

Dilettantisch versucht der Staat auf diese Probleme mit Hilfe eines künstlichen Wirtschaftswachstums durch regelmäßige Einspeisungen aus öffentlichen Mitteln zu antworten, was die Schuldenlast weiter erhöht. Hier wird ein Schein-Wachstum gefördert, wo eigentlich Weiterdifferenzierung der Menschen nötig wäre: Investitionen in Familien und Kinder, in Bildung und Ausbildung, Hochschulen und Forschung, um auf die immer größer werdenden Herausforderungen kreativ antworten zu können. Doch dafür ist kein Geld vorhanden, auch schon darum nicht, weil diese Maßnahmen Differenzen verstärken und Eliten schaffen könnten, die mehr Freiheit, Eigenverantwortung und Selbstbestimmung beanspruchen, was einem kollektivistischen, vormundschaftlichen Denken entgegensteht. Die für nötig gehaltenen egalitaristischen Umverteilungsprozesse müssen sich deshalb in ruinöser Weise an Vorhandenem und an Zukünftigem bedienen.[859]

Darum sollten wir uns vor Augen führen, dass Sozialismus uns nicht nur um unsere Freiheit bringen wird, weil eben Gleichheit nur *auf Kosten der Freiheit* verwirklicht werden kann, sondern auch um unser Leben. Denn sozialistisch wird ein kulturelles System dann, wenn es – seiner natürlichen

---

[859] Biedenkopf, K. 2007, 186-190

360

Verankerung beraubt – dem Untergang geweiht ist. Wie ein Leichengift löst der egalitaristische Codex die den Menschen schützenden Strukturen auf, verbraucht alle seine Ressourcen und lässt ihn haltlos, nackt und unfrei zurück. Denn das müssen wir begreifen, dass es hier um einen mächtigen, einen gewaltigen, strukturellen Abbau menschlicher Ordnung geht. Darum trägt Sozialismus den Modergeruch des Todes, er ist ein Zeichen dafür, dass das von ihm befallene kulturelle System im *Sterben* liegt. Evolutionär bedeutet Sozialismus eine Informationsvernichtung gigantischen Ausmaßes, eine Auflösung von Formen, die in unendlich langen Zeiträumen gewachsen sind.

Natürlich bietet die Welt heute ein heterogenes Bild, was die Haltung dem Egalitarismus gegenüber angeht. Es gibt Staaten, die ihre Identität noch mit allen Mitteln zu verteidigen suchen. Wenn sie als Einwanderer in ein egalitaristisches Land kommen, werden sie seinen Bewohnern an Vitalität und Selbstbehauptungswillen überlegen sein und von der „Toleranz" des aufnehmenden Staates profitieren. Aber auf Dauer kann kein Land, das sich neuzeitlichen Errungenschaften öffnet und öffnen muss, dem nivellierenden Verfall, der schließlich ein globaler sein wird, entgehen.

Wie schon angedeutet, erleben wir heute mit der *Globalisierung* nur scheinbar das Zusammenwachsen des gesamten Globus. Die Einheit der Welt ist eine uralte Sehnsucht des Menschen.[860] Zu allen Zeiten haben Völker an Weltherrschaft oder Weltreligion gedacht.[861] Doch den letzten politischen Systemen, die noch eine Einheit verkörpert haben (das römische Imperium, das mittelalterliche abendländische Reich und ‚auch noch für kurze Zeit, die Nationalstaaten) folgt in der Neuzeit eine Weltgesellschaft, die weder Grenzen noch kulturelle Bindung mehr kennt. Und weil sich Auflösung immer in dem Verlust von Grenzen zeigt, die ja nur die Kehrseite einer Bindung sind und

---

[860] Bodmer, W. 1952; Jünger, E. 1960
[861] Schwarzenberg, K. 1958

damit einer systemisch strukturierten Ordnung, stellt unsere globale Weltgesellschaft kein einheitliches Ganzes mehr dar, sondern einen gewaltigen Zerfallsprozess.

Die globale Welt kündigt sich an als eine weltweite Organisation, deren völkerrechtliche Klammer von den Relikten alter Ordnung zehrt. Völkerbund und Vereinte Nationen stehen für die Rechtsordnung einer Gemeinschaft gleichberechtigter, souveräner Staaten. So der Wortlaut; die Realität jedoch sieht anders aus. Triebfeder dieser rechtlichen Globalisierung bildet der technische Fortschritt,[862] der die wirtschaftliche Globalisierung nach sich zieht. Sie lebt von der *Entgrenzung*, nicht nur des Kapitals und der Technik, sondern auch der Arbeit. Die sich auflösenden nationalen Strukturen müssen sich nun einem weltweiten Wettbewerb stellen. Die Deckungsgleichheit von nationaler Wirtschaft und nationaler Sozialpolitik geht verloren.[863] Globales Wirtschaften nimmt nämlich keine Rücksicht auf nationale bzw. staatliche Interessen. Während sich Märkte auf viele Gesellschaften ausdehnen können, bleibt die Handlungsfähigkeit von Regierungen an staatliches Territorium gebunden. Durch die weltweite Konkurrenz und Mobilität wird der umverteilende nationale Interventionsstaat zunehmend bestraft, denn Ressourcen können abwandern. Gleichzeitig wachsen die Anreize für marktorientierte Liberalisierungen, weil damit ein größerer Zufluss von Wirtschaftsfaktoren verbunden ist. Im Bestreben, die Wachstumsimpulse globaler Märkte zu nutzen – auch dieses Wachstum ein bloß symbolisches, keines für den Menschen wirklich konstruktives – geraten Staaten unter Druck. Sie werden veranlasst, sich mehr nach den wettbewerbsorientierten Bedingungen grenzüberschreitenden, privaten Wirtschaftens zu richten, das Kapital und Produktion abziehen und dort einsetzen kann, wo die attraktivsten Gewinnaussichten winken. Umverteilende Sozialstaaten können ihre Wohltaten auf

---

[862] Schoenborn, W. 1955, 77
[863] Biedenkopf, K. 2007, 137

Pump nicht halten. Überhaupt werden sich die Interessen innerstaatlich relevanter Gruppen immer weniger am nationalen Binnenraum orientieren.[864]

Damit wird der Einzelne mehr und mehr auf sich gestellt und das in einer unüberschaubaren Welt zunächst unnatürlich verzerrter Differenzen. Wie auch immer geartete Instanzen werden den damit verbundenen Schwierigkeiten (Revolten, Konflikten, Migrationen) mit zunehmender diktatorischer Reglementierung und Kontrolle begegnen. Die technischen Möglichkeiten, die dafür zur Verfügung stehen, kann man sich wahrscheinlich nicht ausmalen. So wäre auch eine, den größten Teil der Menschen versklavende Welt-Diktatur denkbar. Doch auf lange Sicht kann keine menschliche Gesellschaft, die das natürliche Kontinuum verlassen hat, überleben.

Was wir zunächst als Globalisierung der Märkte erleben, bildet den Beginn eines umfassenderen globalen Auflösungsprozesses, der keine überindividuellen natürlichen Systeme, weder Vielvölkereinheiten, Nationen noch Familien mehr kennt, sondern nur noch das Phänomen, des in Massen auftretenden ungebundenen Einzelmenschen bzw. Weltbürgers. Der New Yorker Philosoph Michael Walzer sieht in der westlichen Welt „eine postmoderne Gesellschaft von Fremden" heranwachsen, Kinder der Globalisierung, Menschen „ohne fest umrissene, exklusive Identitäten".[865] Geistig und körperlich heimatlos, ohne Schutz und blind für die Natur und ihre Lehren, wird sich der Mensch immer anonymeren Institutionen anvertrauen, deren komplex vernetzte Aktionen er nicht durchschauen kann. Da der immer weiter voranschreitende Rückgang lebendiger Ordnung vor der persönlichen Identität und dem Organismus des Einzelnen nicht Halt macht, werden wir erleben, wie die erst am Anfang stehende Entwicklung mit Gentechnologie, inkorporierter

---

[864] Opitz, P. J. 2001, 204, 205
[865] Spiegel 9. 4. 2001, 112

Nanotechnologie und implantierten Chips usw. den Menschen immer mehr vereinnahmen, bestimmen und verändern wird.

Der Rückzug des Lebens, den wir auf kultureller Ebene erleben, begegnet uns noch viel augenfälliger im Verlust der *biologischen Vielfalt*. Sie macht den dramatischen Wandel an den Wurzeln allen Lebens deutlich. Denn Vielfalt beginnt schon auf molekularer Ebene. Ohne sie gäbe es kein Leben auf diesem Planeten. Darum müssten wir den Verlust *jeder* Pflanze, *jedes* Tieres, *jedes* Volkes und *jeder* Kultur als größte Bedrohung unseres biosphärischen Gleichgewichts begreifen! Das *Artensterben* folgt aus der Maßlosigkeit einer entgrenzten, zerfallenden, alles überflutenden menschlichen Welt, deren unstillbarer Hunger nach Raum und Ressourcen anderen Arten das Wasser abgräbt. Die weiterwachsende Symbolflut tut ein Übriges.

Denn die unzähligen, räumlich und zeitlich geordneten und aufeinander abgestimmten Wechselwirkungen in den evolutionären Schichten der Biosphäre brauchen die Vielfalt auf allen Ebenen, um flexibel auf den ständigen Wandel reagieren zu können. Denn nur komplexeste Vielfalt und die daraus resultierenden schwachen Interaktionen mit funktionalen Redundanzen können das System stabil halten.[866] Biologisches Überleben, auch des Menschen, setzt diese Vielfalt auf allen Ebenen voraus, die der Gene, der Arten und deren Habitate (Lebensräume).[867]

Auch die so notwendige *kulturelle Vielfalt* (Völker, Sprachen, etc.) bringt der Mensch gerade mit seiner egalitaristischen Norm zu Fall. Mit ihr wird auch seine genetische Vielfalt zugrunde gehen. Ideologen, die eine „genetische Gleichschaltung" des Menschen forcieren, können nicht sehen, dass mit der Vielfalt unserer Spezies unsere Anpassungs- und Entwicklungsfähigkeit

---

[866] Linsenmair, K. E. 2007, 155; Mc Cann K.S. 2000; 405: 228-232
[867] Barkmann, J.; Marggraf, R. 2007, 182

verloren gehen.[868] Eine genetisch und kulturell gleichgeschaltete Welt wird sich nicht auf neue Herausforderungen in der Zukunft einstellen können. „Planieren, roden, trockenlegen, rationalisieren, assimilieren, angleichen – das sind Stichworte und zugleich gefährliche Symptome für eine Zivilisation, die den Wert der Vielfalt (der Arten, Individuen, Völker, Kulturen) nicht erkannt hat und sich auf dem Weg zum biologischen und kulturellen Kältetod befindet."[869] Damit wäre der letale Prozess abgeschlossen in unserer Welt, die wir „entzaubert" haben (Max Weber).

Wir haben uns weit von unseren Wurzeln entfernt. Die Natur, der wir alles, unser Leben und unsere Kultur verdanken, ist uns fremd geworden. Sie ächzt unter unseren Tritten. Dem Sterben der lebendigen Ordnung auf allen Ebenen haben wir scheinbar nichts mehr entgegenzusetzen. Damit gäben wir uns der wachsenden Entropie geschlagen.

Die Natur hat den Menschen und seine Rationalität, die ihn zum evolutionären Grenzgänger macht, hervorgebracht und mit ihm seine ausufernde symbolische Welt, die sich immer mehr wie ein Panzer um ihn legt und ihn entwurzelt. Vielleicht wird mit der Bildung mächtiger kultureller Systeme ein Komplexitätsgrad erreicht, der nicht mehr gesteigert werden kann? Vielleicht begegnet uns im menschlichen Geist, der Krücken (Symbole) braucht und das Gesetz der Natur, dem jedes Lebewesen so selbstverständlich folgt, erst ergründen muss, alt und schwach gewordenes Leben? Denn der Symbole schaffende Verstand ist nicht nur für das Zurückdrängen der Natur und ihrer Vielfalt verantwortlich, sondern auch für die nun regieführende lebensfeindliche Norm, mit der der Mensch gerade dabei ist, Selbstmord zu begehen. Da auch Gehirn und Geist natürliche Phänomene sind, kann man annehmen, dass die lebendige Natur

---

[868] Carson, H. L. 1993, 33-45
[869] Wuketits, F. M. 2003, 197

in ihrem menschlichen Zweig ins Wanken gerät. Und sollte die Natur tatsächlich im Menschen kippen, ließe sich im gestaltschaffenden Menschen ihre letzte Blüte erkennen und im bindungs- und kulturlosen Massenwesen ihr beginnender Verfall.

Doch kann man es auch anders sehen. Wir dürfen nämlich nicht vergessen, dass der menschliche Geist der vielleicht am weitesten ausgestreckte Arm des Lebens ist, der in seiner exponierten Lage nur einige Werkzeuge (Symbole) braucht, um seine Macht und das Leben weitertragen zu können. Lassen wir uns die Verbindung zu unserem Fundament durch sie nicht versperren! Setzen wir sie sinnvoll und lebensfördernd ein. Jeder Einzelne von uns kann sich den Zugang zur Natur erhalten, direkt wie auch indirekt, indem er ihre Ordnung und ihre Gesetze begreifen lernt.

Gelänge es uns, trotz unserer Blindheit für die Natur und ihren Rat, unsere gesamte kulturelle Welt – rechtlich, ethisch, wirtschaftlich und politisch, auch künstlerisch – wieder an sie zu binden und in ihr zu verankern, könnten wir diese gefährliche Entwicklung aufhalten.

Covid-Krise

In dieser Krise verschärft sich der beschriebene lebensfeindliche Prozess auf dramatische Weise. Die Isolation des Menschen von der Natur nimmt in bisher noch nie dagewesenem Maße zu. Wir erleben global eine symbolische Übermacht, die gebündelt auftritt und alle gleichzeitig erreicht, was desaströs wirkt. Um es kurz zu wiederholen: die ganze Crux der Symbole, die der Mensch produzieren muss, liegt darin, dass sie sich im Gegensatz zu lebendigen Systemen nicht selbst limitieren können und darum anhäufen, was den Menschen von der natürlichen Informationszufuhr abschneidet und gefährdet. Der Einzelne steht nun im Kreuzfeuer; dem medialen Dauerbeschuss, der aggressiven digitalen Vereinnahmung und der Beraubung durch die Liquiditätsflut eines aus dem Nichts geschaffenen „fiat money" ist er schutzlos ausgeliefert. Die Reste kultureller, auch familiärer Bindungen, die nicht nur Pflicht, sondern immer auch Schutz bedeutet haben, werden zerschlagen. Wir erleben aber nicht nur die Vereinzelung des Menschen weltweit, seine subtile Überwachung und Durchleuchtung, seine unbarmherzige Isolationshaft und gnadenlose Enteignung, sondern auch eine anonyme, kafkaeske Weltdiktatur, wie es sie in der Menschheitsgeschichte noch nie gegeben hat. Diese primitive Herrschaftsform etabliert sich vorübergehend nach dem Verfall lebendiger Ordnung, bevor auch sie der vollständigen Nivellierung anheimfällt. Doch diese Herrschaftsform sollte nicht in einem Atemzug genannt werden mit der hochdifferenzierten, fein gestuften Hierarchie, der „heiligen Herrschaft" organischer Systeme, die wir genau beschrieben haben; diese Herrschaft lebt von der Integrität aller Subsysteme, von einer rückkoppelnden Relativierung jeder Entscheidung und kennt nur einen Souverän, nämlich den Erhalt des Ganzen. Wie im Zeitraffer beobachten wir innerhalb weniger Monate eine gigantische Umverteilung des Vermögens der meisten Menschen dieser Erde hin zu einigen

Wenigen. Hand in Hand mit dieser unnatürlichen, karikaturhaft verzerrten, alle physiologischen Grenzen sprengenden Machtakkumulation geht die Gleichschaltung der meisten Staaten dieser Erde und aller Menschen einher. Auch hier bewahrheitet sich der „Zweite Hauptsatz der Thermodynamik", der jedes lebendige System, das seine Verbindung zur informationsreichen Natur verloren hat, dem entropischen Abgrund zutreibt. Und dieser Abgrund beginnt mit einer entdifferenzierenden Entwicklung und endet in einer alles einebnenden, formlosen Gleichheit, die mit Leben nicht vereinbar ist und Tod bedeutet. Die letzte Hürde wird die Entropie auch noch nehmen, denn sie macht vor dem bindungslosen, besitzlosen und unfreien Individuum mitnichten Halt. In Form digitaler Nanotechnologie kann sie beispielsweise die Zentrale jeder Zelle unseres Körpers kapern und ihren Code verändern. Diese Invasion mit Genmanipulation, biologische Kriegsführung und implantierten Chips zeichnet sich schon ab. Was aber hat diese uns schon bekannte lebensfeindliche Entwicklung in so gewaltiger, in exponentieller Art und Weise forciert?

Ende des Jahres 2019 taucht in China ein neues Virus auf, das sich schnell weltweit ausbreitet und zu einer alle Menschen bedrohenden, tödlichen Pandemie führt. Die Regierungen der Staaten, die den Schutz ihrer Bürger übernehmen, verordnen darum drastische Maßnahmen und erwarten strikten Gehorsam. Jeder Ungehorsam wird aufs Schärfste bestraft, weil ja die Wohlfahrt aller auf dem Spiel steht. So der offizielle Wortlaut.

Den „ewigen Zusammenhang von Schutz und Gehorsam" kennen wir bereits. Doch wenn sich die Prämissen als falsch erweisen, Ungereimtheiten auftreten und inadäquate Maßnahmen verordnet werden, sollte man skeptisch sein. Denn in einer Welt manipulierbarer Symbolik, die ihre Verwurzelung in objektiven Zusammenhängen verloren hat, ist blindes Vertrauen fehl am Platze. Wir wissen, dass Medien nicht mehr der Wahrheit verpflichtend berichten müssen, folglich ist nicht zwingend wahr, was Medien und politisch Maßgebliche uns verkünden. Denn es sollte auch deutlich geworden sein, dass immer Herrschaft ausgeübt wird, auch dann, wenn sie demokratisch bemäntelt oder anonym auftritt. Wir müssen auch immer bedenken, dass Menschen nicht gleich differenziert sind; das bedeutet, dass Herrschaft in den Händen Undifferenzierter bzw. Machtgieriger gefährlich sein kann. Denn in einem Milieu manipulierbarer Technik und einem ständig zur Verfügung stehenden „fiat money" lassen sich auch die destruktivsten Ideen verwirklichen. Das, was die Natur einem Undifferenzierten ohne diese entfesselte Symbolik versagen würde, kann er heute mit großer Schlagkraft und Reichweite umsetzen. Dieses Milieu der Manipulation schafft auch ein Milieu der Käuflichkeit. Mit Hilfe gekaufter Journalisten, Politiker, Richter und Wissenschaftler lässt sich jeder Herrschaftsanspruch durchsetzen.

Diese Zusammenhänge sind den meisten Menschen nicht bewusst. Die technische Entwicklung ist sehr jung und trifft auf evolutionär in langen Zeiträumen gewachsene menschliche Strukturen. So ist es innerhalb einer Population durchaus sinnvoll gewesen, seinem Anführer zu vertrauen und die Ordnung der Gruppe nicht in Frage zu stellen. Es ist im Interesse aller gewesen, sich um Wahrheit zu bemühen und nicht zu lügen. Doch heute in einer symbolüberfluteten Welt ist das anders; auch dann, wenn alle das Gleiche tun, sollte man kritisch bleiben. Es gibt keine Wahrheitsfindung durch Mehrheitsbeschluss. Blinde Gefolgschaft ist unangebracht, wir müssen uns selbst informieren.

Auf die unzähligen Falschmeldungen, Widersprüchlichkeiten und inadäquaten Maßnahmen, die jeder medizinischen und epidemiologischen Grundlage entbehren, wollen wir nicht weiter eingehen, seien es nun normale Sterberaten trotz „Pandemie" oder untaugliche Testverfahren, die weder Infizierte noch Erkrankte erkennen können usw. Jeder, der sich etwas genauer mit der

Materie beschäftigt, wird feststellen, wie wenig tragfähig die Daten sind, die Politik und Medien uns verkünden und wie unverhältnismäßig die darauf beruhenden Diktate, die bei weitem mehr Schaden anrichten als die Erkrankung selbst. Es gibt viele renommierte und erfahrene Wissenschaftler, Ärzte, Journalisten und Juristen, auch Künstler, die unabhängig sind und Kritik üben. Sie lassen sich weder das eigene Denken noch den Mund verbieten, müssen aber mit massiven Anfeindungen und Sanktionen rechnen, denn auch unsere Zeit hat ihre Pranger und ihre Scheiterhaufen. Dass jeder wissenschaftliche Diskurs verboten, ja bestraft wird, sollte uns ebenfalls sehr zu denken geben. Wer bisher noch davon ausgegangen ist, dass zumindest die Wissenschaft gegen manipulative Eingriffe gefeit sei, sieht sich getäuscht. Neben vielen wertvollen Beiträgen in den alternativen, keinen Partikularinteressen dienenden Medien empfehlen wir in diesem Zusammenhang besonders zwei Bücher von ebenfalls unabhängigen Experten: Dr. Karina Reis, Dr. Sucharit Bhakdi: Corona Fehlalarm? Zahlen, Daten und Hintergründe; und von Stefan W. Hockertz: Generation Maske. Corona: Angst und Herausforderung.

Was sollen wir nun tun? Wir werden nämlich gezwungen, und zwar weltweit mit wenigen Ausnahmen, einem global gültigen Diktat von Maßnahmen zu folgen unter dem Vorwand, uns damit schützen zu wollen. Dass diese Befehle aber, angeblich zu unserem Besten, in höchstem Maße und in jeder Hinsicht ruinös sind, dass sie uns krank, einsam und arm machen oder uns sogar sofort töten können, unsere Wirtschaft und Kultur zerstören, sollte uns alarmieren. Das Korsett, das uns verordnet wird, stellt eigentlich einen genauen Algorithmus dar, wie man biologisches und kulturelles Leben am schnellsten und am nachhaltigsten zerstört. Genauso wenig, wie man beispielsweise als Arzt einem Patienten verbieten kann, zu atmen, um sich ja nicht anzustecken, kann man eine Volkswirtschaft abwürgen. Denn die Wirtschaft eines Landes ist nichts anderes als der „Stoffwechsel" dieser menschlichen Population; ihn lahmzulegen bedeutet nicht nur radikale Enteignung und Verarmung, sondern auch Selbstmord. Gleichzeitig wird der Kontakt zur Natur verboten und zu anderen Menschen. Freie Bewegung an frischer Luft bei Sonnenlicht wird rationiert. Sogar die adäquate Sauerstoffzufuhr wird durch Maskenzwang unterbunden. Es fehlt nur noch die Lebensmittelverknappung, schlicht das Hungern, um uns den Garaus zu machen.

Diese Diktate, die z.T. auch schon mit brutaler körperlicher Gewalt durchgedrückt werden, entbehren jeder der Wahrheit verpflichteten, wissenschaftlichen Grundlage. Wollte man tatsächlich die Menschen und ihr Immunsystem angesichts einer viralen Bedrohung stärken, müsste man das genaue Gegenteil dessen tun, was befohlen wird.

Doch es geht noch weiter: die auf diesem unsicheren Fundament beruhende Impfung, die weltweit verpflichtend sein soll, ist ebenfalls weder zwingend indiziert noch in ihrer Unbedenklichkeit ausgereift. Genaugenommen handelt es sich auch nicht um eine Impfung im üblichen Sinn, sondern um eine Gentherapie, die unseren Gencode verändert mit unabsehbaren Folgen. Dennoch wird unsere weitere freie Entfaltung, persönlich wie kulturell, davon abhängig gemacht. Unterwerfen wir uns nicht auch hier, droht uns körperliche Gewalt. Wir erleben die absolute Herrschaft einer Weltdiktatur, die uns nicht nur unsere Freiheit raubt, sondern auch vor unserem Leib und Leben nicht Halt macht. Das bedeutet nichts anderes als Sklaventum und Leibeigenschaft und das in unserer angeblich so demokratischen und herrschaftsfreien Welt.

Freiheit aber ist eine anthropologische Konstante, sie gehört zum Menschsein; nicht nur als geistige und körperliche Entscheidungs- und Handlungsfreiheit, sondern auch als Selbstverantwortlichkeit. Sie braucht verlässliche und berechenbare Strukturen, um sich informieren und eigenständig handeln zu können. Sind diese nicht mehr gegeben, weil eine manipulierbare Welt auf Wahrheit verzichtet und Herrschaft missbraucht, ist der Mensch gefährdet; erst recht, wenn er, nur mit Technik interagierend, immer undifferenzierter geworden ist. Neurowissenschaftler sprechen schon von der „digitalen Demenz" (M. Spitzer) des heutigen Menschen. Denn man sollte nicht den Fehler machen, die bestehende digitale Vernetzung mit einer natürlichen, einer analogen Vernetzung gleichzusetzen, die mit lebendiger Nähe die Menschen verbunden und gestärkt hat. Als ausschließlich digital vernetztes Wesen verhungert der Mensch. Leben gibt es nur analog.

Die unkritische Herrschaftshörigkeit, instinktlose Naivität, lethargische Desinteressiertheit und bereitwillige Unterwerfung der meisten Menschen dieser Welt lassen ein hohes Maß an Undifferenziertheit und einen Verlust an Vitalität vermuten. Man muss an Max Weber (1864-1920) denken, der eine Totalisierung durch zunehmende Technisierung vorausgesehen hat, die „das Gehäuse jener Hörigkeit der Zukunft" herstellt, „in welche vielleicht dereinst die Menschen sich, wie die Fellachen im altägyptischen Staat, ohnmächtig zu fügen gezwungen sein werden". Wir beginnen Leibeigene zu werden von Menschen, die diese invasive Technisierung, das „fiat money" und die Medien steuern, Leibeigene eines digital-finanziellen Kartells mit noch nie dagewesener Macht. Genaugenommen erleben wir in dieser Krise die Demaskierung einer Weltdiktatur, die in bisher für die meisten Menschen nicht sichtbaren, aber dennoch präformierten Strukturen schon bestanden haben muss. Doch mittlerweile ist sie so mächtig geworden, dass sie nicht mehr unterschwellig arbeiten muss, sie kann ihre Züge und Absichten offen zeigen. Ungeniert erteilt sie uns und der ganzen Welt Befehle. Auf Knopfdruck lässt sie die meisten Staaten dieser Welt wie Marionetten tanzen. Alle parieren, alle stehen stramm. Einzelne Politiker, die kritische Fragen stellen, werden entweder mundtot gemacht oder sterben eines plötzlichen Todes. Diese Diktatur, in ihrer Willkür despotisch, setzt uns gefangen in den eigenen vier Wänden, verbietet uns, frei zu atmen, sie entreißt uns unseren Besitz, sie trennt uns von unseren Freunden, sogar von unserer Familie und unseren Kindern und erfasst jetzt auch noch unseren Körper. Mediale Indoktrination erleben wir dank digitaler Möglichkeiten seit Jahrzehnten. Auch wenn sie schleichend erfolgt, ist sie immer eingreifend, sedimentiert in uns und bereitet den Humus für weitere Propaganda. Diese Diktatur wiegelt die Menschen gegeneinander auf und fördert Denunziantentum, sie zerschlägt die letzten Bindungen unter den Menschen durch Säen von Angst und Hass. Wie selbstverständlich nimmt sie auch noch die letzte Hürde: nach Verlust unserer Privatsphäre beginnt sie jetzt auch unseren Körper zu verändern und zu zerstören.

Leben aber, vor allem menschliches Leben, ist eine Gratwanderung und ein unermüdlicher Kampf gegen die immer wachsende Entropie, also gegen den Tod. Darum gibt es die Entscheidung zwischen gut und schlecht, zwischen richtig und falsch. Was aber ist gut? Leben ist gut, Sein ist gut und alles, was dem Leben dient. Falsch und schlecht ist all das, was Leben auslöscht. Ausruhen können wir uns nicht.

Wir Menschen stehen heute vor einer gigantischen Herausforderung. Der entropische Sog ist stärker denn je, weil der symbolische Panzer, den wir um uns gelegt haben und der uns von der Natur abschneidet, fast undurchdringbar geworden ist. Die Entropie steigt exponentiell an. Die Egalisierung greift um sich. Marionetten gleich reagieren fast alle Staaten dieser Welt in uniformer Weise. Alles befindet sich im Gleichschritt. Jede differenzierte Sicht und Handlung wird eingeebnet.

Jeder von uns ist jetzt aufgerufen, mutig gegen den Strom zu schwimmen und nur noch Lebensförderndes zu tun, vor allem unsere Kinder zu schützen. Was aber ist lebensfördernd? Das sagt uns der „Zweite Hauptsatz der Thermodynamik", der den reibungslosen Informationstransfer in all seinen Facetten von der hochdifferenzierten Natur hin zu uns verlangt. Außer der vordergründigen Nähe zur Natur, zu unseren natürlichen Ressourcen und zu anderen Menschen müssten wir auch einem konstruktiven Gesetz in Politik, Wirtschaft, Recht und Ethik folgen, das uns stärkt und zukunftsfähig macht. Denn die Freiheit des Menschen verlangt nach diesem Gesetz. Wir Menschen brauchen einen handlungsleitenden Kompass, der uns hilft, im Kontinuum der Biosphäre zu bleiben, ein „Lebensgesetz", das unsere Entropie stark vermindert und in Schach hält. Darum kann nicht oft genug betont werden, dass die sozialistische Ideologie, die heute unser ganzes Handeln bestimmt, in höchstem Maße lebensfeindlich ist. Sie entfernt uns immer weiter von der konstruktiven Natur und treibt uns in rasantem Tempo dem entropischen Abgrund entgegen. Denn Sozialismus ist destruktiv in all seinen Erscheinungsformen, politisch, wirtschaftlich, rechtlich und ethisch-moralisch. Ein Sozialist weiß nichts von der differenzierten Aufbauleistung der lebendigen Natur, nichts von dem evolutionären Motor ihrer biosphärischen Vielfalt, nichts vom höchst ökonomischen Turmgebäude des extrem disziplinierten Lebens. All das schlägt sich auch in seinen entropischen Gesetzen nieder und wirkt sich verheerend aus. Sozialistisch wird ein kulturelles System nämlich dann, wenn es dem Untergang geweiht ist. Das Leben aber ist durch und durch antisozialistisch: es ist religiös, metaphysisch und hierarchisch, es baut auf Tradiertem auf und ist opferbereit, es besitzt die geniale Fähigkeit und Kraft, sich selbst zu beschränken. Das Leben verkörpert all das, was unsere sozialistische Zeit nicht ist. Denn nichts bekämpft ein Sozialist vehementer als Religion, Metaphysik, als Hierarchie und Tradition. Er kennt den Opfer-Begriff nicht, er besitzt die denkbar höchste Zeitpräferenz und ist hedonistisch bis ins Mark, er lebt *immer* auf Kosten anderer. Schamlos zehrt er alles auf, was er zu fassen bekommt, nicht nur aktuelle und überlieferte Ressourcen, sondern auch zukünftige. Er folgt dem denkbar destruktivsten, widernatürlichsten

Algorithmus. Darum ist das entropische, sozialistische Gesetz, dem wir heute folgen, nicht nur natur- und lebensfeindlich, sondern auch tödlich.

Gelänge uns die große Bewusstseinserweiterung, unsere gesamte kulturelle Welt trotz unserer Blindheit für die Natur und ihren Rat wieder an sie und ihr Lebensgesetz zu binden, könnten wir diese Herausforderung bestehen.

Anhang

Rückgang der Vielfalt

Die Ursachen liegen in der technisch organisierten Jagd, der chemischen Verschmutzung von Luft und Böden durch Schwefeldioxid und Stickoxide bzw. in der direkten toxischen Wirkung beispielsweise durch Schädlingsbekämpfungsmittel. Auch die Einfuhr fremder Arten, vor allem auf Inseln, beschert den dort ansässigen, meist endemischen Arten Konkurrenz, neue Krankheitserreger und Fressfeinde und verändert das gesamte Ökosystem. Doch hat vor allem der zunehmende Besiedlungsdruck infolge des Bevölkerungswachstums sowie der Ausbau der Land- und Forstwirtschaft gravierende Folgen. Die damit verbundene rasante Zerstörung der tropischen Regenwälder reißt zahlreiche Arten, die nur in diesem Ökosystem vorkommen mit in den Tod. Die immergrünen tropischen Feuchtwälder beherbergen nämlich bis zu neunzig Prozent der an Land vorkommenden Spezies. Nur noch tropische Korallenriffe weisen eine ähnlich hohe Artenvielfalt auf; in ihnen leben weltweit ungefähr eine Million Arten, von denen viertausend Fisch- und achthundert Korallenarten bisher beschrieben worden sind. Die Korallenriffe werden ebenfalls bedroht durch Überfischung, Tourismus oder Verschmutzung.[870]

Das Sprachensterben geht mit dem Artensterben oft Hand in Hand, da dort, wo die größte Zahl von Arten zerstört wird – in den tropischen Wäldern – auch viele Völker leben. So finden wir die größten Sprachenfriedhöfe in Nord- und Südamerika sowie in Australien.[871] Schätzungen, wonach in knapp hundert Jahren neunzig Prozent der heute noch gesprochenen Sprachen ausgestorben sein werden, mögen unrealistisch klingen, sollten

---

[870] Opitz, P. J. 2001, 144
[871] Wuketits, F. M. 2003, 173

jedoch ernst genommen werden. Sicher gilt dies für die zweitausend Kleinsprachen, die nur eine sehr geringe Chance haben, die nächsten hundert Jahre zu überleben.[872] Jede Sprache enthält wertvolle Überlebensstrategien. Keine kann losgelöst von den Lebensbedingungen ihrer Sprecher und deren Entwicklungsgeschichte verstanden werden. Immer ist sie ein Wissensspeicher voller Lebens- und Überlebensweisheiten, erworben in unterschiedlichsten Regionen von feuchtheißen Tropen, kargen Wüsten und trockenen Steppen bis hin zu arktischen Eiswüsten, Gebirgstälern und fruchtbaren Flussauen.[873]

---

[872] vgl.Haarmann, H. 2002
[873] Wuketits, F. M. 2003, 190

Paradigmenwechsel der Wissenschaft

Auch wenn sich die Anfänge der Naturwissenschaft schon in Ägypten vor fast 4500 Jahren zeigen, ist die eigentliche Naturwissenschaft eine späte Errungenschaft des Menschen. Die „Ehe von Philosophie und Mathematik", deren „jüngstes Kind die Naturwissenschaft ist", wird im ersten vorchristlichen Jahrhundert in Griechenland geschlossen.[874]

Eine kleine Gemeinschaft, eine Sippe, ein Stamm in einer Jäger- und Sammlerkultur lässt sich leichter ordnen als eine *große* Gemeinschaft. Um eine Stadt zu sichern und zu ernähren, erst recht ein Imperium stabil zu halten, braucht man mehr Wissen. Objektive, gar mathematisch-experimentelle Erkenntnis von der Natur gibt dem Menschen, besonders den Verantwortlichen dieses Wissen und dadurch die Macht, vorausschauend zu handeln und das Bestehende zu erhalten.[875] Denn letztlich geht es der Naturwissenschaft, die das Alphabet der Natur buchstabiert, immer um die empirische Aussage. Allerdings läuft sie Gefahr als Sache des Verstandes und Experimentierens den Blick auf das Ganze aus den Augen zu verlieren.

Die neuzeitlichen Naturwissenschaften werden im 17. Jahrhundert durch Kepler (1571-1630), Galilei (1564-1642) und Newton (1643-1727) begründet. Anfänglich prägt sie noch mittelalterliches Denken, das in der Natur die Schöpfung Gottes sieht. Den Menschen jener Zeit wäre es sinnlos erschienen nach der materiellen Welt unabhängig von Gott zu fragen. Das verdeutlicht Kepler (1571-1630) im letzten Band seiner „Kosmischen Harmonie": „Dir sage ich Dank, Herrgott unser Schöpfer, dass Du mich die Schönheit schauen lässt in Deinem Schöpfungswerk, und mit den Werken Deiner Hände frohlocke ich. Siehe, hier habe ich das Werk vollendet, zu dem ich mich

---

874 Weizsäcker, C. F. v., 1989, 18
875 Weizsäcker, C. F. v., 1989, 19

berufen fühlte; ich habe mit dem Talent gewuchert, das Du mir gegeben hast; ich habe die Herrlichkeit Deiner Werke den Menschen verkündet, welche diese Beweisgänge lesen werden, soviel ich in der Beschränktheit meines Geistes davon fassen konnte."[876]

Aber schon bald verändert sich die Haltung des neuzeitlichen Menschen der Natur gegenüber ganz wesentlich. Für Newton (1643-1727) ist die Welt darum auch nicht mehr das Werk Gottes, das nur als Einheit zu verstehen ist. Sie wird weder als unantastbar noch als unteilbar empfunden. Newton erkennt die Uferlosigkeit naturwissenschaftlicher Forschung, sieht aber auch, dass einzelne Prozesse aus dem Zusammenhang herausgelöst, mathematisch formuliert und damit „erklärt" werden können, um Gesetze zu finden, die im ganzen Kosmos uneingeschränkt gelten. Diese für damalige Begriffe gottlose Haltung des Forschers – der deutsche Philosoph Kamlah (1905-1976) hat von der spezifisch christlichen Gottlosigkeit gesprochen – wird verständlich, wenn man bedenkt, wie hoch der christliche Gott damals der Erde und der Natur entrückt gewesen ist. Das hat es möglich gemacht, die Erde auch unabhängig von ihm zu betrachten. Insofern lässt sich verstehen, wieso eine ähnliche Entwicklung in anderen Kulturkreisen ausgeblieben ist.[877]

Die Natur erscheint noch im 19. Jahrhundert als ein gesetzmäßiger raum-zeitlicher Prozess, der im Prinzip auch unabhängig vom Menschen abläuft und dessen Beobachtung ihn unbeeinflusst lässt. Materie kann durch Kräfte bewegt werden, ihre Bausteine, die Atome, gelten als das Unveränderliche und Verlässliche im Wandel der Erscheinungen. Dies allzu einfache Weltbild des Materialismus prägt das 19. und das beginnende 20. Jahrhundert.[878]

---

[876] Heisenberg, W. 1996, 243
[877] Heisenberg, W. 1996, 243, 244
[878] Heisenberg, W. 1996, 245, 247

Doch dann verändert sich das atomphysikalische Verständnis von Grund auf. „Jene erhoffte objektive Realität der Elementarteilchen stellt sich als eine zu grobe Vereinfachung des wirklichen Sachverhalts heraus und weicht viel abstrakteren Vorstellungen." Wenn wir die Elementarteilchen betrachten, können wir grundsätzlich nicht mehr von den physikalischen Prozessen absehen, durch die wir sie wahrnehmen. Während bei Gegenständen unserer täglichen Erfahrung der physikalische Prozess, der die Beobachtung vermittelt, keine große Rolle spielt, bedeutet jede Beobachtung der kleinsten Bausteine der Materie eine wesentliche Störung. Man kann gar nicht mehr vom Verhalten des Teilchens losgelöst vom Beobachtungsvorgang sprechen.[879] Selbst eine so zarte Mess-Sonde, wie beispielsweise ein Lichtstrahl, auf einen Verband von Atomen gerichtet, wird diese durch Wärmezufuhr in einen energetisch anderen Zustand versetzen als vor dem Experiment. Ähnlich wirken energiereiche Elementarteilchen. Dies führt dazu, dass die Naturgesetze, die wir in der Quantentheorie mathematisch formulieren, nicht mehr von den Elementarteilchen an sich handeln, sondern von unserer Kenntnis der Elementarteilchen. Die Frage, ob diese Teilchen „an sich" in Raum und Zeit existieren, kann in dieser Form also nicht mehr gestellt werden, da wir stets nur über die Vorgänge sprechen können, die sich abspielen, wenn durch die Wechselwirkung des Elementarteilchens mit anderen physikalischen Systeme das Verhalten des Teilchens erschlossen werden soll. „Die Vorstellung von der objektiven Realität der Elementarteilchen hat sich aus quantenmechanischer Sicht also in einer merkwürdigen Weise verflüchtigt, nicht in den Nebel irgendeiner neuen, unklaren oder noch unverstandenen Wirklichkeitsvorstellung, sondern in die durchsichtige Klarheit einer Mathematik, die nicht mehr das Verhalten des Elementarteilchens, sondern unsere Kenntnis dieses Verhaltens darstellt."[880]

---

[879] Heisenberg, W. 1996, 247
[880] Heisenberg, W. 1996, 247, 248

Hier zeigt sich eine Parallele zum Kant´schen Diktum, wonach uns die Natur „an sich" verborgen bleibt. Gleichzeitig wird auch die für die Neuzeit typische Hinwendung zum Subjekt deutlich. „Wir müssen uns", wie der dänische Physiker Nils Bohr (1885-1962) es ausgedrückt hat, klar machen, „dass wir nicht nur Zuschauer, sondern stets auch Mitspielende im Schauspiel des Lebens sind."[881]

Die Heisenbergsche Unbestimmtheits- oder Unschärferelation, die keine gleichzeitige exakte Messung von Ort und Geschwindigkeit (Impuls) eines Elementarteilchens zulässt, kann einen realistischen Indeterminismus stützen; d.h. die Welt gibt es zwar wirklich, sie ist aber nicht genau berechenbar. Das würde nicht nur eine durch den Eingriff des Messinstrumentes in das atomare Geschehen verursachte Unsicherheit bedeuten, sondern eine allgemeine und grundsätzliche, also vom Experiment völlig unabhängige Eigenschaft der atomaren Wirklichkeit, was allerdings Vermutungswissen bleibt. Aus quantenmechanischer Sicht dürften wir demnach nicht mehr davon ausgehen, dass eine genaue Kenntnis des augenblicklichen Zustandes der Welt in Verbindung mit einer exakten Kenntnis der Naturgesetze zu einer scharfen Bestimmung aller zukünftigen Ereignisse führt. Eine noch so genaue Beobachtung aller Fakten in der Gegenwart reicht dann prinzipiell nicht aus, um zukünftige Prozesse vorherzusagen, sondern eröffnet nur ein bestimmtes Feld von Möglichkeiten, für deren Realisierung sich bestimmte Wahrscheinlichkeiten angeben lassen.[882] Was zukünftig geschieht, ist also nicht mehr determiniert, nicht mehr festgelegt, sondern es bleibt in gewisser Weise offen. Der Naturprozess läuft demnach nicht wie ein mechanisches Uhrwerk ab, sondern besitzt den Charakter

---

[881] Heisenberg, W. 1996, 248
[882] Dürr, H.-P. 1989, 35

fortwährender Entfaltung. Die Schöpfung ist nicht abgeschlossen, sie ereignet sich in jedem Augenblick neu.[883]

Allerdings sollte man sich bei der Frage der Zufälligkeit von Quanteneffekten immer vergegenwärtigen, dass es sich bei der quantentheoretischen Unschärfe um ein empfängerbezogenes Nichtwissen handelt, wenn auch um ein unvermeidliches. Man muss sehen, „dass auch Zufallszahlen deterministisch hergestellt werden können mit Verfahren, die in der Programmiertechnik bereits Routine sind". „Quanteneffekte hätte die Natur also gar nicht zwingend nötig, wenn es ihr nur um Zufallseffekte ginge."[884]

So ist die Quantenmechanik nicht nur mit einem realistischen Indeterminismus (eine wirkliche, aber unberechenbare Welt), sondern auch mit einem bloß kognitiven Indeterminismus (nur wir können sie nicht berechnen) vereinbar. Im Unterschied zum realistischen Indeterminismus, der von real kausal unbestimmten und daher nur mit Wahrscheinlichkeit vorhersagbaren Ereignissen ausgeht, ist der kognitive Indeterminismus bereit, einen objektiven Determinismus hinter den uns bekannten Phänomenen, also verborgene Parameter anzunehmen; die bloße Wahrscheinlichkeit der Prognose ist dann nur Ausdruck unseres Nichtwissens.[885]

Doch die beunruhigende Unschärfe des mikrokosmischen Bereiches wird mit wachsender Masse immer kleiner und kann in unseren alltäglichen mesokosmischen und makrokosmischen Dimensionen als unendlich klein vernachlässigt werden. Darum sind die uns geläufigen Vorstellungen einer objektivierbaren Materie und ihres mechanistisch-deterministischen Verhaltens nicht unbrauchbar geworden. Diese deterministischen Strukturen erscheinen unserer Wirklichkeit gewissermaßen wie ein Skelett eingeprägt. Trotz Quantenmechanik steigen wir in ein Auto oder

---

[883] Dürr, H.-P., 1989, 35
[884] Ballmer, Th.T.; Weizsäcker E. v. 1974, 234
[885] Weizsäcker, C. F. v. 1992, 346, 347

Flugzeug in der festen und auch berechtigten Überzeugung, dass diese Transportmittel in ihrem Bewegungsverhalten ausreichend determiniert sind und deshalb auch durch den Piloten beherrscht werden können. Dieses deterministische Verhalten der Materie ergibt sich nämlich für die meisten Objekte unseres Alltags trotz quantenmechanischer Grundstruktur als gute Näherung. Für diese im Vergleich zu Atomdimensionen riesengroßen Systeme, mit denen wir umgehen, filtert sich nämlich das unbestimmte Verhalten der einzelnen Atome aufgrund ihrer großen Anzahl fast gänzlich heraus.[886] Die prinzipiell zeitlich offene Struktur der Naturgesetzlichkeiten reicht demnach nicht in unseren mittleren alltäglichen Bereich hinein. Von der Unbestimmtheit des mikrokosmischen „Würfelspiels"[887] bleibt unser Alltag – durch die fast vollständige statistische Ausmittelung – im Wesentlichen verschont. Nur unter speziellen Bedingungen kann es auch zu einem „Aufschaukeln der elementaren Vorgänge und damit zu einer makroskopischen Abbildung" dieser Unberechenbarkeit kommen.[888]

---

[886] Dürr, H.-P., 1989, 43
[887] Eigen, M.; Winkler, R. 1975, 35
[888] Eigen, M.; Winkler, R. 1975, 35

Naturalistischer Fehlschluss

Eines sollte man in der Philosophie tunlichst vermeiden: sich dem Vorwurf aussetzen, man beginge einen naturalistischen Fehlschluss. Denn es gibt das sogenannte „unlösbare philosophische Problem der Begründung normativer Aussagen", was bedeutet, dass wir eigentlich nicht in der Lage sind, unsere Gebote und Verbote zu begründen und genau zu sagen, warum wir etwas tun sollen oder auch nicht und was gut ist und was nicht. Wir dürfen uns nämlich nicht nach bestimmten natürlichen Mustern richten dank des logischen Verbots, das uns nicht erlaubt, von einem Sein auf ein Sollen zu schließen. Damit wäre uns der geistige Zugang zur Natur verwehrt und die kulturelle Welt des Menschen hinge ohne Orientierungsgröße buchstäblich in der Luft bzw. müsste ihr Fundament im Menschen selbst finden. Gleichzeitig ist uns jedoch bewusst, wie sehr wir die Natur brauchen, physisch wie geistig. Um die Lösung dieses Problems verständlich zu machen, kommen wir nicht umhin, manches Gesagte nochmals zusammenzufassen.

Das *Normative* bestimmt alles Leben. Und wie jede vitale Ordnung stellt auch die kulturelle Ordnung einen normativen Prozess dar, der eine ständige *Korrektur* auf ein *Soll* hin verlangt. Diese Austarierung erfolgt beim Menschen nur physisch von selbst (durch genetische Steuerung), geistig benötigt er dafür auch die Hilfe der Umwelt in Form einer handlungsleitenden Norm, die er nur in der Natur finden kann. Seine kulturelle Existenz und die damit verbundene Bildung überindividueller politischer Systeme hängen davon ab.

Jahrtausendelang stellt die *Religion* diese Norm. Ihr Konzept macht deutlich, wie sehr der Mensch geistig noch in der Natur verankert ist. Ein späteres reflektiertes menschliches Bewusstsein, das sich immer weiter von der Natur entfernt, lässt schließlich *positives Recht* und *Ethik* entstehen, deren normative Aussagen nicht mehr so unmittelbar in der Natur wurzeln wie die der Religion. In der Neuzeit lösen sie sich ganz von ihr.

Alle Prinzipien, die menschliches Leben sichern – Hierarchie, Tradierung und Selbstbeschränkung als Ausdruck einer evolutionsökonomischen Haltung, die die innersystemische Bindung und das Systemganze schützen und erst möglich machen – sind in den Sollenssätzen der religiösen Norm enthalten. Sie formen das für eine kulturelle Gemeinschaft typische Handlungsmuster, sie ermöglichen die kulturelle Strukturierung und geben ihr Bestand. Religion bildet jahrtausendelang das Fundament, auf dem Kultur wächst. Denn in jeder normativen Disziplin, nicht nur in der Religion, sondern auch in Recht, Ethik und Politik sollte sich immer das ordnende *Interesse des Ganzen* spiegeln.

Der dem Menschen innewohnende Drang, im Sinne einer Höherdifferenzierung zu werten *(metaphysisches Bedürfnis)*, dient so dem Erhalt seiner Existenz. Und dieser Komplexitätszuwachs gelingt ihm nur in der Einheit mit der Natur. Dieser Drang entspringt grundlegenden Gesetzmäßigkeiten, dem „Zweiten Hauptsatz der Thermodynamik". Die Gratwanderung aller lebendigen Systeme und die Notwendigkeit, sich immer weiter differenzierend zu erhalten im ewigen Kampf gegen die Entropie, verlangen die Entscheidung zwischen wahr und falsch. Sie fällt das Urteil über Sein und Nichtsein. Ihr erwachsen die ethischen Begriffe gut und schlecht, schön und hässlich, Freund und Feind. Denn wir können uns, auch wenn wir noch nicht wissen, was gut für uns ist und was nicht, doch auf folgendes einigen: *Sein ist gut.* Basalste Aufgabe jeder kulturellen Disziplin liegt im Aufbau des Seins.

Der *ursprüngliche* mythische Zustand, der noch Religion, Recht und Moral vereinigt im Rahmen einer umfassenden natürlichen Ordnung, die den Menschen einschließt, beginnt nach dem 5. vorchristlichen Jahrhundert zu bröckeln. Der *alte Nomos-*

Begriff, der keinen abstrakten Maßstab, sondern die konkrete Wirklichkeit der gelebten göttlichen Ordnung in Natur und Menschenwelt bezeichnet, zerfällt. *Physis* (Natur) trennt sich nun von *Nomos* (Gesetz), der künstlichen menschlichen Satzung. Antigone beruft sich auf die alten „ungeschriebenen Gottgebote, die wandellosen, die nicht von heute oder gestern stammen" und wendet sich gegen das von Kreon gesetzte Recht.

Seitdem wird nach der Gültigkeit menschlicher Gesetze gefragt, die sich in der Folge auf eine verwirrende Vielfalt von Natur- und Rechtsbegriffen stützen. Denn das Naturrecht hat im Laufe der Geschichte immer die Aufgabe, die jeweilige Sozialordnung zu legitimieren, und so entstehen zum Teil divergierende Naturrechtstheorien, die bald im Gegensatz zum fehlbaren positiven Recht, bald als dessen Grundlage verstanden werden. Während das „antike Naturrecht" noch in der „Lehre von der kosmischen Ordnung" (Anaximander (610-546 v. Chr.)) und dem „göttlichen Gesetz" (Heraklit (550-480 v. Chr.)) wurzelt, „das über alles herrscht" (Pindar (522/18- ca. 446 v. Chr.)), obwohl es „ungeschrieben" ist (Sophokles (497/96-407/06 v. Chr.),[889] verengt sich seine Funktion in der Neuzeit auf das Individuum. Recht wird nun als Anspruch (subjektives Recht) gesehen und „Naturrecht so zum Inbegriff angeborener Rechte" oder als „Persönlichkeitsrecht gegenüber dem Staat".[890] Im Zuge der Aufklärung und der Auswirkungen der Französischen Revolution steht es darum für die „unantastbaren politischen Rechte des Bürgers gegen den Staat."[891]

Die *Religion* nun stellt im Kern ein fundamentales, umfassendes und höchst ökonomisches und darum konstruktives Gesetz dar, die lebenserhaltende Norm, die der Natur folgt und die Rückverbundenheit des geistigen Wesens Mensch an sie

---

[889] Ritter, J.; Gründer, K. Bd.6 1984, 561
[890] Ritter, J.; Gründer, K. Bd.6 1984, 560
[891] Ritter, J.; Gründer, K. Bd.6 1984, 562

repräsentiert. Sie schafft aus einer geschlossenen Weltsicht heraus eine verbindliche, auf normative Vervollkommnung ausgerichtete bildhafte Lehre, die in Form eines in der Natur waltenden wahren Gottes eine menschliche Gemeinschaft nach natürlichen Richtlinien lenkt. Mythos bildet dabei den illustrierenden Aspekt religiöser Lebensgesetzlichkeit als „fundierende, legitimierende" „Erzählung",[892] die die moralische Ordnung schützt und vertieft.[893] Rituelle Handlungen einen die Gemeinschaft durch ständige Vergewisserung ihrer metaphysischen, natürlichen Urgründe. Daraus schöpfen die Mitglieder neue Kraft und erfahren sich selbst als *ein* Wille. Sie fühlen sich gerüstet für kommende Herausforderungen. Religiöse Riten erfüllen so die Aufgabe der Sinn- und Gemeinschaftsstiftung, bieten Halt gegen die tägliche Erfahrung von Kontingenz, bannen die Furcht vor der eigenen Machtlosigkeit und Vergänglichkeit.[894]

Religion bleibt jahrtausendelang untrennbar mit allen Bereichen menschlicher Kultur verbunden, sie durchdringt und bestimmt das Leben einer Gemeinschaft, ihr Denken und Handeln. Sie bedeutet Theorie und Praxis, sie fördert und stabilisiert soziale Ordnung und die Einheit der Gruppe, sie „erhält" und „erneuert" die Ordnung des Lebens.[895] Als religiöses Gesetz wirkt die konstruktive, normative Kraft der Natur bis in die kulturelle Welt hinein und gibt ihr Struktur, Gestalt und Dauer.

Die wachsende Reflexionsfähigkeit des Menschen – eine Entwicklung, die er dem engen Kontakt zur Natur und der Weiterentwicklung seines Gehirns verdankt – geht mit zunehmender Kulturleistung einher, die auch von Symbolen lebt und den Informationsfluss aus der Natur *mittelbarer* macht. Nichtsdestotrotz strömt er ungehemmt weiter in Form von

---

[892] Assmann, A.; Assmann, J. 1998, 179-200
[893] Quack, A. 2004, 23
[894] vgl. Quack, A. 2004, 22 - 32
[895] Quack, A. 2004, 33, 44

Information ersten und zweiten Grades (Norm), da Symbole in Zahl und Abstraktheit noch überschaubar bleiben. Es kommt zu einer differenzierenden Aufsplitterung der Gedankenwelt des Menschen. Seine Vorstellungen werden rationaler. Das normative Gebäude wird immer komplizierter und unübersichtlicher. Neben Religion entstehen andere normative Disziplinen, die sich immer weiter von der Natur entfernen; doch erst in der späten Neuzeit lösen sie sich ganz von ihr.

Eine *Moral* als Inbegriff jener Normen, denen eine Gemeinschaft folgt, hat sich in sehr langen Zeiträumen entwickelt. Sie ist immer charakteristisch für die jeweilige Kultur.[896] Jedes Volk als Sprach- und Denkgemeinschaft verlangt von seinen Angehörigen die Verwirklichung bestimmter Werte, die dann die gute Sitte ausmachen, die geltende Moral. Auch die Moral geht von der Freiheit des Menschen aus, denn seine Unterwerfung unter die Gebote der Natur, dämonischer Mächte, Gottes, erfolgt freiwillig.

Metaphysik kann als das rational-philosophische Kind der Religion angesehen werden, mit dem gleichen Ziel, eine geschlossene Weltanschauung zu entwerfen als Grundlage einer gültigen, auf normative Vervollkommnung ausgerichteten Theorie. Dabei versucht sie, bleibende Gesetze zu finden, die dem Menschen Orientierung und Sicherheit geben können.

Die *Ethik* entsteht in Griechenland zu einer Zeit, als die gewachsene Volksmoral sich aufzulösen beginnt. Im Unterschied zu einer einfachen Sittenlehre rückt sie den Einzelnen mit seiner Fähigkeit zu handeln und sittlich zu urteilen in den Mittelpunkt. Im Laufe der Zeit entwickelt sich ein immer komplexeres theoretisches Geflecht. Als philosophische Theorie der Moral prüft sie, inwieweit menschliche Handlungen verpflichtend sind. Dieser Anspruch kann regional begrenzt gelten und im

---

[896] Pieper, A.1998, 79

388

Moralkodex einer bestimmten Gemeinschaft ihren Niederschlag finden. Doch können ethische Forderungen auch an die gesamte Menschheit gerichtet sein.[897] Als normative Disziplin muss sie Handlungen bewerten und verlangen, dass ihr Bewertungsmaßstab befolgt wird. Sie geht aus von der kardinalen Grunddifferenz von Gut und Böse, einem Vorverständnis, das in jedem Menschen in Form seines Gewissens angelegt ist. Da moralisch relevantes Handeln immer als freiwillig gilt, begreift auch die Ethik menschliche Handlung als Ergebnis freier Entscheidung und rechnet es dem Handelnden zu.[898] Damit man sich eine Vorstellung machen kann, wie unübersichtlich das heute herrschende normative Dickicht geworden ist, werden wir es kurz umreißen.

Die *deskriptive* Ethik, die die Herkunft der Moral zu erklären sucht, gesteht ihr zwar eine „evolutionäre Wurzel" zu, und glaubt sie mit den Lebensbedingungen des archaischen Menschen in Zusammenhang bringen zu können, vertritt jedoch die These, dass aus der Biologie das Normative kultureller Gemeinschaften nicht abgeleitet werden kann.[899]

Als *normative* Ethik (eigentlich eine Tautologie) kontrolliert sie die Moral auf einer höheren Ebene. Sie sucht nach einem „rational begründeten formalen Moralprinzip", das als „moralische Supernorm" eine Art „Kompassfunktion" übernehmen kann. Doch das ist ihr nicht gelungen. Es gibt verschiedene Ansätze und Methoden und entsprechend viele Kompasse (Moralprinzipien). Ihre Aufgabe ist es auch, diese Moralprinzipien auf die „allgemeinen Bedingungen menschlichen Lebens und Zusammenlebens"[900] anzuwenden.

Eine menschliche Gemeinschaft formuliert das regieführende,

---

[897] Pieper, A.1998, 72
[898] Anzenbacher, A. 1992, 16
[899] Wuketits, F.1990, 157
[900] Höffe, O. 1981, 16f

allem Handeln zugrundeliegende *Moralprinzip* immer selbst, nur dass sie es in der Neuzeit ohne engen Kontakt und Hilfe der Natur zu tun versucht. Zwar wird in der Ethik von einer „fremdgesetzlichen" („Gott gibt das Sittengesetz") und einer „eigengesetzlichen" („der Mensch gibt sich das Sittengesetz") Gesetzgebung gesprochen, doch das ist irreführend. In der Ethik der Neuzeit denkt man vor allem über zwei Moralprinzipien nach: „Freiheitsprinzip" und „Nutzenprinzip". Doch erfährt auch die frühe antike Ethik eine Renaissance. Sie hat sich ab dem 5. Jahrhundert v. Chr. neben der tradierten Moral entwickelt und wendet das „Gerechtigkeitsprinzip" an.[901] Was diese drei Typen von normativer Ethik miteinander verbindet, ist die „Frage nach dem Glück, nach dem guten Leben, und wie es zu erreichen ist". Der Vollständigkeit halber wollen wir sie kurz vorstellen.

Immanuel Kant (1724 - 1804), der wichtigste Vertreter des *Freiheitsprinzips*, weiß, dass es einen „Konflikt" geben kann zwischen dem „natürlichen Wunsch nach persönlichem Glück" und dem „Sittengesetz". Für dieses Gesetz sollen wir uns entscheiden, wenn wir etwas als unsere Pflicht erkannt haben. „Seine Pflicht tun, heißt: keine Rücksicht darauf zu nehmen, ob uns die Handlung glücklich macht oder nicht. Dass sie „gesollt" ist, genügt, um sie zu tun." Denn Freiheit bedeutet nicht Willkür und Beliebigkeit, sondern das „Selbstbestimmungsrecht jedes Menschen zu achten". „Damit wird Freiheit als höchstes praktisches Prinzip gesetzt, durch welches die praktische Vernunft als normengenerierende Instanz verfügt, Freiheit um der Freiheit willen aller unbedingt zu respektieren. Dabei lässt sie das Streben nach Glück in dem Ausmaß zu, als dadurch das Freiheitsgebot nicht verletzt wird." Kant meint mit Freiheit keine „regellose, sondern eine regelsetzende Tätigkeit". So ist auch der Begriff „Autonomie" zu verstehen, „der die Selbstbindung der Freiheit an das eigene Gesetz beschreibt: niemand kann für sich selbst

---

[901] Pieper, A. 1998, 80

Freiheit beanspruchen, wenn er sie nicht gleichermaßen jedem anderen Handelnden vorbehaltlos zuspricht."[902] Folglich handelt ein Mensch dann moralisch, wenn sich seine Handlungen auf das Freiheitsprinzip zurückführen lassen, was er mit Hilfe des „kategorischen Imperativs" überprüfen kann: „handle nur nach derjenigen Maxime, durch die du zugleich wollen kannst, dass sie ein allgemeines Gesetz werde."[903] Diese Regel verlangt, die privaten Prinzipien („Maximen"), die den eigenen Handlungen zugrunde liegen, am Moralprinzip der Freiheit auszurichten. Damit wäre all das verboten, was, wenn alle es täten, Unfreiheit nach sich ziehen würde. Die Würde des Menschen liegt, nach Kant, in seiner Pflichterfüllung, die das versäumte Glück aufzuwiegen vermag.[904]

Das *Nutzenprinzip* gilt als Moralprinzip der utilitaristischen Ethik. John Stuart Mill (1806 - 1873) setzt dabei Glück und Nutzen gleich. „Glück, das jeder erstrebt und von möglichst vielen verwirklicht werden soll, wird messbar über den Nutzen der Folgen der Handlungen." Entscheidend dabei ist nicht allein die gute Absicht oder der gute Wille des Handelnden wie bei Kant, sondern nur das Resultat seiner Handlung. Der „kategorische Imperativ wird durch den Nutzenkalkül ersetzt, der die einzelne Handlung nach ihren Folgen bewertet", „soweit sie nach bestem Wissen und Gewissen voraussehbar sind" (Handlungsutilitarismus). Er kann auch die „Regel prüfen, unter welche die Handlung fällt" (z.B. sein Versprechen zu halten), und ihre zu erwartenden guten oder schlechten Folgen untersuchen (Regelutilitarismus).[905] Man spricht dann von einer „moralischen Handlung", „wenn sie zu mehr Freuden als Leiden führt, bzw. Leiden durch sie vermindert werden."

---

[902] Pieper, A. 1998, 81
[903] Kant, I. 1983, Bd.4, 51
[904] Pieper, A. 1998, 82
[905] Pieper, A. 1998, 82, 83

Das antike *Gerechtigkeitsprinzip* als Moralprinzip stellt das „Glück der Gemeinschaft" über das individuelle Glück. Nach Platon (427-347 v. Chr.) erwächst „Moralität aus Gerechtigkeit, und die setzt Tugendhaftigkeit voraus". Das gilt für den einzelnen wie für den Staat. Ein Mensch ist dann gerecht, wenn es ihm gelingt, seinen Seelenhaushalt auszuloten und „die ausgewogenen Verhältnisse eines gerechten Staates in seiner Person zu repräsentieren."[906] Er wird das „Begehrliche, das Eifernde und das Vernünftige seiner Seele maßvoll ordnen und im richtigen Verhältnis zum Zuge kommen lassen und durch diese gerechte Einstellung zu Besonnenheit, Mut und Weisheit gelangen." Entsprechend erweist sich auch ein gerechter Staat als moralische Gemeinschaft, wenn es seinen Menschen möglich ist, das ihre zu tun: „die Bauern und Handwerker für den Lebensunterhalt, die Krieger für den Schutz der Polis und die Archonten für Recht und Gesetz (zu) sorgen."[907] Ganz entscheidend bei Platon ist, dass seine Ethik dem politischen Zusammenhalt dient und seine Gerechtigkeit nicht notwendig etwas mit Gleichheit zu tun hat. Sein Modell vom Drei-Stände-Staat verwirklicht zwar grundsätzlich Chancengleichheit, lässt aber Ungleichheiten zu.[908]

In der Gegenwart versucht *John Rawls* in seinem vertragstheoretischen Ansatz, „Gleichheits- und Differenzprinzip" miteinander zu verbinden. Er zeigt, dass sich die Menschen in einem fiktiven Urzustand für das Staatsmodell entscheiden würden, das ihnen auch dann, wenn sie zu den am schlechtesten Gestellten gehören sollten, Vorteile bringt. John Rawls hat dies in seinem vertragstheoretischen Ansatz ausgeführt, indem er das Gleichheitsprinzip mit dem Differenzprinzip verbindet.

Er stützt sich auf zwei Grundsätze der Gerechtigkeit: erstens

---

[906] Pieper, A.1998, 83
[907] vgl. Platon: Politeia 436 a – 444 a
[908] Pieper, A. 1998, 83

habe jede in Handlungen involvierte Person das gleiche Recht auf die größte Freiheit, „sofern sie mit der gleichen Freiheit für alle vereinbar ist; zweitens sind Ungleichheiten willkürlich, es sei denn, man kann vernünftigerweise erwarten, dass sie sich zu jedermanns Vorteil entwickeln, und vorausgesetzt, dass die Positionen und Ämter, mit denen sie verbunden sind oder aus denen sie sich gewinnen lassen, allen offenstehen."[909] Rawls folgt einem „Ethos der Fairness", das eine mittlere Haltung zwischen dem hohen Pflichtethos Kants und dem utilitaristischen Nutzenkalkül vertritt. So muss das Glück weder der Pflicht geopfert werden, noch verschwindet es hinter einer mathematischen Gleichung.[910]

Wir stellen fest, dass neuzeitliche Ethik kein festes Fundament besitzt. Sie ist individuelle Ethik. Der Einzelne muss die moralische Kompetenz aufbringen, allein oder im moralischen Diskurs mit anderen Menschen Maximen oder Moralprinzipien zu formulieren. Die „moralische Integrität" einer Person wird durch jene Kompetenz begründet, die *„praktische Urteilskraft"* heißt und sich sowohl auf „Verstand und Vernunft als auch auf Gefühle (wie Mitleid, Einfühlung, Anteilnahme") beruft, um Normen in die Tat umzusetzen. „Praktische Urteilskraft ist die entscheidende Fähigkeit im „moralischen Diskurs", da sie die „höchst Leistungen von Vernunft (Moralprinzip), Verstand (Ziel-Mittel-Reflexionen) und Sinnlichkeit (Empfindungen) so miteinander vernetzt, dass sich eine Handlung herauskristallisiert, die sowohl aus individueller als auch aus allgemeiner Perspektive gerechtfertigt und damit gesollt ist".[911] Doch auch über grundsätzliche Fragen – wie lässt sich die Verbindlichkeit von Normen begründen, warum muss der Mensch überhaupt

---

[909] Rawls, J. 1977, 37
[910] Pieper, A. 1998, 84
[911] Pieper, A. 1998, 89

moralisch handeln? – versucht der orientierungslose Mensch im moralischen Diskurs Klarheit zu gewinnen.

Der *moralische Diskurs* lebt vom Frage-Antwort-Spiel zwischen den Beteiligten. Wir finden ihn schon bei Sokrates (470 – 399 v. Chr.), der nach der ersten Erschütterung der alten Menschenordnung im 5. Jahrhundert v. Chr. nach einem neuen Fundament für die menschliche Kultur gesucht hat. In den frühen „Tugenddialogen" und in dem „Stufenmodell der Politeia" wird deutlich, wie die Gesprächspartner ihre Thesen formulieren und damit auf eine gemeinsame Fragestellung antworten: „Ist Tugend lehrbar? (Protagoras)", „was ist Besonnenheit (Charmides)", „Tapferkeit (Laches)", „Frömmigkeit (Euthyphron)", „das Gerechte (Gorgias, Politeia)"?[912] Aus dem sich entwickelnden Reservoire von Gründen und Gegengründen kann der Einzelne die für ihn adäquate Antwort herausfinden. Im „dialektischen Prozess" des Argumentierens werden die Behauptungen, die sich auf empirische Sachverhalte beziehen, solange in Frage gestellt, „bis die „Idee" klar hervortritt, die ihr als normatives Prinzip zugrunde liegt, und den zuvor erhobenen Anspruch rechtfertigt oder verwirft."[913] Allerdings muss man sich bewusst machen, dass die alte tradierte Moral zu Sokrates' Zeit, die sich in einem nicht bloß rationalen Dialog mit der Natur in sehr langen Zeiträumen gebildet hat, trotz ihrer Erschütterung noch präsenter gewesen ist als heute. Im Gegensatz dazu bleibt dem neuzeitlichen Menschen tatsächlich nur der zwischenmenschliche Dialog.

Auf dieses Verfahren stützt sich die Diskursethik der späten Neuzeit von Jürgen Habermas „als Instrument zur Durchführung vernünftiger Willensbildungsprozesse und rationaler Konfliktlösungsstrategien".[914] Alle individuellen Interessen und Bedürfnisse der Runde sollen gleichberechtigt formuliert werden.

---

[912] Pieper, A. 1998, 86
[913] Pieper, A. 1998, 86
[914] Pieper, A. 1998, 86, 87

Habermas stützt seine „herrschaftsfreien" praktischen Diskurse auf eine unterstellte „ideale Sprechsituation", die „Wahrhaftigkeit der Sprecher, Redefreiheit, Chancengerechtigkeit und Regelakzeptanz" voraussetzt, um „nicht nur einen zufälligen Konsens, sondern allgemein gültige Ergebnisse hervorzubringen."[915] In diesem Verfahren, das Normen überprüft, gelten die Argumente als konsensfähig, die alle „mit moralischer Kompetenz" ausgestatteten potentiellen Diskursteilnehmer von der „Universalisierbarkeit der von ihnen erhobenen Geltungsansprüche" überzeugen kann.[916]

In der sogenannten *angewandten Ethik* wird das Moralprinzip, also eine bestimmte Supernorm, auf bestimmte typische oder singuläre Fälle angewendet. Man kann darum auch von spezieller normativer Ethik sprechen. Angewandte Ethik bezieht sich daher auch auf die „Vielzahl der angewandt-ethischen Normenkataloge", die sich mit bestimmten Themen auseinandersetzen: Bioethik, Medizinethik, Friedensethik etc. Das Ergebnis der angewandt-ethischen Anstrengungen ist „ein spezialisiertes Normen- und Regelpanorama für exemplarische Themenfelder".[917] Dieser „Normenkatalog" „umfasst" „Grundregeln für bestimmte Themen- und Aktionsfelder, Spezialregeln für einzelne Falltypen und Einzelregeln für besondere Fälle."[918] „Sie machen die wiederholte anstrengende Anwendung des Moralprinzips überflüssig, eine Frage der Zeitökonomie."[919]

Wenn wir angewandt-ethische Regeln entwerfen, erinnert dieser Vorgang an den von Kant (1724-1804) in seinen „Bestimmung der Maximen" behandelten.[920] Für Kant entspricht

---

[915] Habermas, J. 1971, 139
[916] Pieper, A. 1998, 87
[917] Krämer, H. 1992, 373
[918] Krämer, H. 1992, 265
[919] Thurnherr, U. 1998, 96
[920] vgl. Kant, I.: Reflexionen zur Anthropologie AAXV/2, 873 (1518)

die *reflektierende Urteilskraft* dem gesunden Menschenverstand, dem praktischen Verstand, der im Rahmen einer Reflexion, die sich gänzlich „im Dunkeln des Gemüths"[921] abspielt, subjektive Zweckmäßigkeit herstellt. „Bei diesem Vorgang der Reflexion werden die Gegebenheiten und Anforderungen der Außenwelt, die Ansprüche und Wünsche der eigenen Neigungen sowie die Forderung des Gewissens bzw. das praktische Wissen bezüglich der moralischen Regeln und ethischen Prinzipien wie beim künstlerischen Schaffen einer Collage so lange aufeinander bezogen und miteinander vermittelt, bis eine stimmige Einheit, die subjektive Zweckmäßigkeit eines Handlungsentwurfes entstanden ist, den der Verstand am Ende in Form einer Maxime auszudrücken vermag."[922] Da die tradierte Moral in der späten Neuzeit als ordnende Kraft kaum mehr vorhanden ist und sie angesichts neuartiger technischer Horizonte (Atomkraft, Datenverarbeitung, Medien, Kommunikationsmittel jeder Art, Genomanalyse bzw. Genmanipulation) auch Lösungen nur sehr indirekt anbieten könnte, hat „angewandte Ethik" „Hochkonjunktur". „Sie soll das moralische Vakuum ausfüllen." Hinzu kommt, dass sich in den Industriestaaten eine „individualisierende Entwicklung" abzeichnet, „die von den die Gemeinschaft betreffenden, Sollens-ethischen Fragen zunehmend hin zu Strebens-ethischen (bloß individuelle Glückssuche) führt." In „Ethikkommissionen" werden die „reflektierenden Urteilskräfte" der einzelnen Mitglieder „zusammengelegt", um eine „gemeinsame reflektierende Urteilskraft zu bilden" und dann spezielle ethische Kataloge zu entwerfen. Es wird dabei immer betont, dass der Ratsuchende allein darüber entscheidet, ob er die Vorschläge annimmt und danach handelt oder nicht.[923]

Die Ethik hält das Wertsystem für „nicht empirisch" und für „apriori gegeben". Darum muss der Mensch, der keine

---

[921] Kant, I. AA VI, 140
[922] Thurnherr, U. 1998, 100, 101
[923] Thurnherr, U. 1998, 103

transhumane Instanz mehr anerkennt, seine Normen selbst ohne Hilfe der Natur finden. „Naturwissenschaftliche Ergebnisse innerhalb der Ethik haben allein deskriptive und explanative Funktion, während das Setzen von Normen als nicht empirischer Akt nur ethisch geschultem Denken vorbehalten bleibt." Nichtsdestotrotz zieht man auch „Grundwerte alter tradierter Normen zur Orientierung heran: den Wert des Lebens, der Klugheit, Gerechtigkeit, Tapferkeit, Mäßigung."

Insgesamt wird deutlich, auf welch unsicherem Fundament die heutige Ethik ruht, wie vage und subjektiv ihre Begründung und wie fragwürdig ihre Tragfähigkeit. Eine dem archaischen Menschen fremde *Naturfeindlichkeit* und *Vereinzelung* tritt zutage. In einer immer unübersichtlicheren Welt muss das Individuum die Riesenanstrengung leisten, sich allein eine Verfassung zu geben, und das unter Rückzug auf die eigene schmale subjektive Basis und in ausdrücklicher Opposition zur Natur. Bei diesem Verfahren, in dem es immer um einen rational begründeten Konsens unter Menschen geht, erhält das *Wort*, im frühzeitlichen menschlichen Dialog mit der Natur überflüssig, ausschließliche Bedeutung.

Wir dürfen nochmals zusammenfassen: auch wenn die Anfänge des Menschen im Dunkeln liegen, so weist ihn doch seine Freiheit aus, die dringend einer geistigen Norm, eines „du sollst" bzw. „du sollst nicht", bedarf. Instinktiv begreift der Mensch, dass er sich mit der gewaltigen Natur verbünden muss, wenn er dauerhaft bestehen will. Dass es ihm dabei gelungen ist, sich mit seiner Religion die Essenz natürlicher Lebensgesetzlichkeit als Richtschnur anzueignen, erscheint als genialer Quantensprung der evolutionären Entwicklung und als *der* entscheidende Wendepunkt hin zur Kultur. Religion wird so zur anthropologischen Konstanten. Dieser Prozess, der den Kern natürlich lebendiger Ordnung zur kulturellen Richtschnur werden lässt, muss das Urbewusstsein des frühen Menschen traumwandlerisch sicher vollzogen haben. Leben wird weitergereicht an die geistig-kulturelle Welt des Menschen und zeigt sich hier in neuer Gestalt.

Jahrtausendelang gelingt es nun dem Menschen, trotz seiner Geistigkeit die natürliche Ordnung, die er als Norm zum Überleben braucht, sicher zu formulieren und sich nach ihr zu richten. Seine große, unverstellte, der Worte nicht bedürftige Nähe zur Natur hat es ihm möglich gemacht, sich den Kern ihrer Ordnung als Codex zueigen zu machen und sich damit auch geistig in ihr zu verankern. Jahrtausendelang wird dieses schöpferische Gesetz von Generation zu Generation weitergegeben, „nicht aus bloßer Gewohnheit, sondern wegen der Bedeutung, die es für den Menschen als entscheidende, Halt und Orientierung bietende, neue, immer differenziertere Ordnung stiftende und bewahrende Kraft besitzt": „als wichtigste Quelle zur Überwindung von Angst und Unsicherheit, zur Meisterung der enormen Leistung der Höherdifferenzierung". „Und je besser es einer Gemeinschaft gelungen ist, diese Ressource zu nutzen und zu festigen, desto mutiger haben sich ihre Menschen allen Schwierigkeiten gestellt, desto unbekümmerter sind sie in der Lage gewesen, nach schöpferischen Lösungen für immer neue Prüfungen zu suchen."[924]

Über sehr lange Zeiträume hinweg „weiß" der Mensch um diese seine Abhängigkeit von der Welt, die jahrtausendelang mit Natur hat gleichgesetzt werden können. Doch die zunehmende Reflexionsfähigkeit und Symbolbildung entfernt den Menschen immer weiter von seinem Fundament, und bei gleichzeitig schwindendem Einfluss religiöser Orientierung wächst seine Unsicherheit. Mit dem Siegeszug einer kausalwissenschaftlich fundierten Rationalität werden moralische Inhalte fragwürdig.

Die *Neuzeit* charakterisiert nun ein Normenwechsel, wie er

---

[924] vgl. Hüther, G. 2006

radikaler nicht sein kann. Dieser Vorstellungswandel hat sich in der westlichen Welt seit der Aufklärung und dem Beginn des Industriezeitalters unglaublich schnell innerhalb weniger Generationen vollzogen. Die alte, Halt bietende, natürlich-konstruktive, jahrtausendealte Satzung ist in der Gegenwart nur noch in Resten und wenn, dann meist nicht mehr auf maßgeblicher politischer Ebene vorhanden. Der mächtig gewordene Mensch bringt sein ganzes tradiertes Wissen auf den Prüfstand. Er wirft sich selbst zum Maß aller Dinge auf. Die Natur verliert ihre regieführende Kraft. Sich und seine kulturelle Welt „expressis verbis" *gegen die Natur* konstituierend, hält sich Homo sapiens allein für den Garanten der Wahrheit. Für die Neuzeit typisch ist die *Hinwendung zum Subjekt*, das, ausgestattet mit autonomem Verstand und autonomem Gewissen, das Gesollte erkennt und tut. Allein, ohne historische Vorbilder und ohne den Rat der großen Natur muss er richtig handeln. Das in den Anfängen geltende tradierte autoritäre Gewissen als „Stimme einer nach innen verlegten äußeren Autorität", also der von einer Lebensgemeinschaft vertretenen natürlichen Norm, der Norm der Eltern, der Kirche, des Staates, wird als „Moral der konventionellen Rollenkonformität" verlassen. Nun traut man dem autonomen Gewissen selbstständige normative Kompetenz zu und spricht von der „Moral der selbst-akzeptierten moralischen Prinzipien".[925]

Es ist David Hume (1711-1776), der die Wahrheit dem Menschen ausgeliefert hat. Hume und später George Edward Moore (1873-1958) formulieren zwei Schwierigkeiten: das Hume'sche Gesetz und den naturalistischen Fehlschluss bzw. die Undefinierbarkeit von Gut.[926]

Laut Humes (1711-1776) These dürfen aus reinen beschreibenden Ist-Aussagen keine Soll-Aussagen abgeleitet

---

[925] Thurnherr, U. 1998, 98
[926] Quante, M. 2006, 123

werden.[927] „Wenn man von einer Menge von rein deskriptiven Ist-Aussagen auf eine Wert- oder Soll-Aussage übergehen will, benötigt man stets mindestens eine Aussage, die nicht rein deskriptiv ist.“[928] In diesem Sinne ist *Humes Gesetz* im Rahmen der Logik gültig, die eine Ableitung von Normen aus Aussagen und umgekehrt von Aussagen aus Normen nicht zulässt. „Keine Folgerungsregel darf von rein deskriptiven Prämissen zu normativen Schlusssätzen führen; keine darf aus rein präskriptiven Prämissen deskriptive Konsequenzen liefern.“[929] „Aus dem Sein folgt kein Sollen und aus dem Sollen folgt kein Sein.“ Einen Schluss, der gegen diese Regel verstößt, nennt man *naturalistischen Fehlschluss.*[930]

Anders als bei Hume (1711-1776) beruht der naturalistische Fehlschluss nach *Moore* (1873-1958), den er jeder naturalistischen Ethik vorhält, auf speziellen Voraussetzungen. Deshalb ist die Konzeption von Moore auch nicht so weitreichend wie das Hume′sche Gesetz. „Moore geht davon aus, dass „gut“ der einzige Grundbegriff der Ethik ist und eine genuine Eigenschaft bezeichnet. Diese Eigenschaft ist einfach, so dass sie sich nicht in basalere Bestandteile zerlegen, das heißt, im Moore′schen Sinne definieren lässt.“[931] Neben der These der *Undefinierbarkeit von „gut“* behauptet er, dass es zugleich „vollkommen evident sei, dass „gut“ keine natürliche Eigenschaft bezeichne, sondern eine nicht-natürliche, ethische Eigenschaft. Den naturalistischen Fehlschluss begeht man nach Moore dann, wenn man versucht, das Prädikat „gut“ auf naturwissenschaftliche Begriffe zu reduzieren, was nach Moore identisch ist mit dem

---

[927] Hume, D. 1978, 211 f

[928] Quante, M. 2006, 122

[929] Weinberger, O. Bd.2 1976, 99

[930] Zoglauer, Th. 1999, 23

[931] Quante, M. 2006, 123

Versuch, die Eigenschaft des (ethischen) Gutseins zu identifizieren mit einer naturalen Eigenschaft."[932]

Damit erscheint der Mensch mit seinen Entscheidungen abgeschnitten von der Welt da draußen, genauer von der Natur. Jede Norm wird unabhängig von der außersubjektiven Wirklichkeit vom Subjekt allein durch einen Willensakt erzeugt. Normen können weder wahr noch falsch sein, sind weder verifizierbar noch falsifizierbar. So ruht die Moral der Neuzeit auf unsicherem Fundament.

Doch muss die Eigenständigkeit des Ethischen, dessen Wertsystem samt der Unterscheidung von Gut und Böse für nicht empirisch gehalten wird, angesichts des besprochenen naturwissenschaftlichen Theorierahmens bestritten werden. Allerdings ist auch den Ethikern klar, dass sie paradoxerweise doch auf moralexterne und für das Leben gleichwohl „wertvolle" Fakten zurückgreifen müssen, wollen sie das moralische Wertsystem bzw. die einzelnen Normen inhaltlich konkretisieren.[933] Weder ethische Praxis noch ethische Werte stehen zusammenhangslos neben unserer empirischen Wirklichkeit, die wir als „Offene Systeme" mit einem zentralisierten Nervensystem in Form eines Informationsflusses aufnehmen müssen: als vordergründige Wahrnehmung in Gestalt einer Information ersten Grades, also deskriptiv, und als algorithmische Information zweiten Grades, als Norm, die wir aus der Information ersten Grades extrahieren. Während wir diese Norm, die wir also auch der außersubjektiven Natur verdanken, aufnehmen, verlassen wir die deskriptive Ebene, wir sprechen nicht von einzelnen realen Systemen, also zum Beispiel vom Hund, dem Baum, dem Menschen und von ihren Beziehungen zueinander, also nicht von Dingen, die sind und die wir sehen und greifen können, sondern wir bewegen uns auf einer *Metaebene* als

---

[932] Moore, G.E.1970, 39ff
[933] Lütterfelds, W. 1993, 15

Ergebnis einer Reflexion: wir sprechen von Hierarchie, Tradierung, Selbstbeschränkung und Höherdifferenzierung. Auf dieser Ebene kann nicht gegen den naturalistischen Fehlschluss verstoßen werden. Es geht hier in keiner Weise um eine Nachahmung der vordergründigen Natur. Denn bei der kulturellen Ordnung, die auf der Grundlage dieser natürlichen Prinzipien entsteht, wird nichts mehr an die natürliche Ordnung erinnern, außer ihre Gestalthaftigkeit. Was sonst hätte ein Volk, ein Gedicht oder eine Symphonie mit einem Käfer oder einem Baum gemeinsam als den Begriff der organischen Gestalt, die immer und ausschließlich durch die Verwirklichung dieser natürlichen Prinzipien entsteht?

Wenn wir uns das aktuelle kulturelle Normensystem ansehen, bildet es wie jedes Normensystem eine hierarchische Wertpyramide. Freiheit, Nutzen, Gerechtigkeit sind allerdings nur mittlere Prinzipien und noch nicht Letztprinzip, das allen niedrigeren die entscheidende Ausrichtung gibt. Erst dieses wird zum maßgeblichen Kompass für eine menschliche Gemeinschaft. Die Neuzeit folgt der Supernorm der *Gleichheit*, ihr ordnet sich alles unter, sie entscheidet über Freiheit, Nutzen und Gerechtigkeit.

Wir haben auch das *Normensystem der Natur* kennengelernt: Hierarchie, Tradierung und Selbstbeschränkung bzw. Disziplin sind ebenfalls mittlere Prinzipien. Da der Mensch sie in Form seiner normativen Matrix aus der Natur aufgenommen hat, sind sie auch kulturell regieführend gewesen bis hin zur Neuzeit. Aus ihnen lässt sich die natürliche Leitnorm extrahieren: in der Natur herrscht nämlich nicht das Letztprinzip der Gleichheit, sondern das der *identitätsstiftenden Differenz*. Auch sie hat der Mensch aufgenommen, sozusagen als Information dritten Grades. Bis hin zur Neuzeit hat sie ihn bestimmt. Dank dieser Supernorm ist tradierte und aktuelle Information auf höchst ökonomische Weise geordnet und weiter gesteigert worden, so dass immer neue kulturelle Gestalten haben entstehen können. Ihr verdankt der Mensch seine Kultur, sein Leben. Dieser Codex ist kompatibel mit den heute gültigen mittleren Prinzipien Freiheit, Nutzen, Gerechtigkeit, nicht jedoch mit der neuzeitlichen Leitnorm der Gleichheit.

Es ist deutlich geworden, dass der Mensch seine Umwelt braucht. Sein Gehirn *muss* die Information von draußen aufnehmen, es kann gar nicht anders. Entsprechend dieser Information gestaltet sich auch seine Norm. In allem, was der Mensch tut, spiegelt sich auch seine Umwelt. Sie formt sein Handeln mit. Diese seine Abhängigkeit von einem Draußen kann dann gefährlich werden, wenn sich die Welt verändert, wenn die Natur, auf die es letztlich ankommt, einer künstlichen Ordnung weichen muss. Vor diesem Hintergrund wird auch das Problem des naturalistischen Fehlschlusses lösbar. Willkürlich konstruierte Gesetze und künstlich errichtete Gefängnisse halten das menschliche Gehirn nicht davon ab, so zu funktionieren, wie es eben funktioniert. Das Gehirn nimmt die Außenwelt auf, ob es das „darf" oder nicht. So bestimmt die Außenwelt des Menschen immer sein Denken und Handeln mit.

Hinzu kommt, dass wir lediglich davon ausgehen, dass ein kulturelles Sollen auf einer reflektierten Metaebene den *Bedingungen* natürlichen Seins – nicht dem Sein der Natur selbst – zu folgen hat. Das bedeutet, dass unsere Gesetze nicht die Natur nachahmen, sondern ihren höheren Ordnungsprinzipien folgen sollten. So müssten Hierarchie, Tradierung, Selbstbeschränkung und Höherdifferenzierung auch auf kultureller Ebene erhalten bleiben, soll der Mensch und die von ihm gemachte Welt dauerhaft weiter*leben*. Und diese Prinzipien extrahiert das menschliche Gehirn als Norm aus der Natur, wenn sie ihm unverstellt zur Verfügung steht, ganz unabhängig von philosophisch errichteten Hürden.

Außerdem muss die Undefinierbarkeit von „gut"

zurückgewiesen werden. Wir dürfen wiederholen: Ethik verlangt richtiges Handeln, um das Gute zu erreichen. Da jedes Ethos regional gewachsen ist, begegnet es uns aufgrund unterschiedlicher geographischer und ethnischer Ausprägung in vielfältiger Gestalt.[934] Doch *immer* bedeutet das Streben nach dem Guten, dass auf ganz spezifische Art und Weise die Existenz der jeweiligen überindividuellen Gemeinschaft, ihr Sein, gesichert werden soll.[935] Denn *„Sein ist gut"*.[936] Das kann nicht oft genug betont werden. Und wenn Sein gut ist, dann sind es auch die *Bedingungen menschlichen Seins*, die Voraussetzungen, die menschliche Existenz erst möglich machen. Dabei soll es in diesen Zusammenhängen nicht um ein spezifisches Sein gehen, sondern um die Fundamente menschlichen Seins überhaupt. Wir haben gesehen, dass menschliches Sein untrennbar an Gestalt gebunden ist, die durch Prinzipien der *Hierarchie, Tradierung und Selbstbeschränkung* bzw. Bedingungen der *Höherdifferenzierung* charakterisiert wird. So liegt die fundamentalste Aufgabe einer normativen Theorie darin, die hierarchische und auf tradierter Information aufbauende innersystemische Struktur zu ermöglichen, ihren Bestand zu sichern und wenn möglich zu steigern und damit auch die halboffene konservierende Grenze als Grundlage des Systemganzen zu erhalten. Auch die Ethik muss diese Prinzipien lebendiger Systeme schützen.

Aus diesen Prinzipien ergibt sich als letztes Leitprinzip und evolutionär ordnende Größe *Differenz/Identität*. Es handelt sich hierbei um eine differenzierende Norm, d.h. eine konstruktive, Gestalt generierende, identitätsstiftende und Differenzen konstituierende Norm, die es dem Menschen ermöglicht, sich im anspruchsvollen Kontinuum des Lebens zu halten. Denn höchster Wert bleibt der Wert des *Lebens*, das allerdings nur dann erhalten

---

[934] Pieper, A. 1998, 79
[935] Leinfellner, W. 1993, 57
[936] Weizsäcker, C. F. v. 1994, 186

werden kann, wenn man die ihm zugrundeliegende Ordnung achtet.

Möglicherweise manifestiert sich im Streben nach der Wahrheit der dem Menschen immanente Drang nach immer weiterer Differenzierung. Diese verlangt ständige und umfassende Informationszufuhr aus der objektiven Natur, die den Menschen immer komplexer formt und ihn in immer vollständigeren Einklang mit ihr bringt. Das wird vor allem durch eine Praxis deutlich, die emergente überindividuelle Systeme, politische Gestalten, entstehen lässt; der Mensch wird fähig, die Ordnung, der er seine Existenz verdankt, auf spezifisch menschliche Weise weiterzutragen. In seiner komplexen Struktur speichert der Mensch Wissen über die Welt und je umfassender das Wissen, desto weiter seine Perspektive und desto geringer die Subjektbezogenheit. So bedeutet Differenzierung auch Objektivierung. Sie bildet die Grundlage kultureller Bindung und politisch kulturellen Handelns. Differenzierung führt zu weiterem Gestaltwachstum. Auch bei Aristoteles (384-322 v. Chr.) muss der Mensch als „zoon politicon" erst über das Private hinauswachsen, um zum guten Leben zu gelangen. Entsprechend der antiken Vorstellung sieht auch diese Arbeit die Ethik als Teil der Politik. Teil zu sein eines größeren Ganzen bedeutet für den Menschen nicht nur Relativierung des Einzelnen, sondern auch Schutz. Angemessenes Verhalten erhöht so die Sicherheit und Ruhe, Ruhe im Sinne von Bewegungslosigkeit, die dem Menschen immer nur als Raum- und Zeitlosigkeit zugänglich bleibt. Unendlichkeit und Ewigkeit, als göttliche Attribute, lassen sich in allen Religionen wiederfinden. Gleichwohl ist das menschliche Streben nach Wahrheit mit einem Streben nach Gott verglichen worden.[937]

Damit ließe sich der neuzeitliche Verzicht auf die Natur und auf Wahrheit als Symptom für die Entdifferenzierung und damit Schwächung des Menschen deuten, was notwendig mit Verlust

---

[937] Ferber, R. 1999, 115

von Bindung und Grenzen im kulturell-politischen Bereich einhergeht.

Wahrheit als vollständige Übereinstimmung mit einer Wirklichkeit an sich ist ein unerreichbares Ideal, das es aber anzustreben gilt. An ihm muss – im Sinne eines moralischen Ideals – festgehalten werden als Antrieb zur existenzsichernden Weiterdifferenzierung, die die wachsende Entropie vom Menschen fordert. Gleichzeitig brächte Erkenntnis eines umfassend gültigen Prinzips der danach handelnden Gemeinschaft größtmögliche Sicherheit.

Es soll nochmals betont werden, dass es darum geht, einen nicht reduzierbaren Kern von Moral zu formulieren, gegen den nicht verstoßen werden darf, will man menschliches Sein nicht gefährden. Und entscheidend dabei ist, dass diese Formulierung auf einer Metaebene erfolgt und notwendig allgemein bleibt. Wir haben festgestellt, dass durch Selbstversenkung allein weder Erkenntnis noch wahre Urteile möglich sind, denn dafür brauchen wir auch die Welt da draußen. Erkenntnis eines umfassend gültigen Prinzips liefert aber die Objektivität, die auch Normen als Fundament brauchen. Nur Wahrheit gewährt Sicherheit und so geraten Normen zu regionalen Illustrationen grundlegender Ordnung, die uns nur die Natur lehren kann. Metakritische Selbstreflexion stellt weder ein Privileg der Ethiker dar noch kommt sie ohne Fakten bzw. Informationen aus. Insofern folgen Normen *auch* aus Fakten. Ohne Verankerung in invarianten Zusammenhängen kann Moral ihre kulturerhaltende Funktion nicht erfüllen, denn es besteht die Gefahr willkürlicher Gebote und Verbote, die vordergründigen Interessen dienstbar gemacht werden auf Kosten der Gemeinschaft. Damit hätte Moral ihren Sinn verloren.

Keine Disziplin kann Normen *absolut* rechtfertigen, auch Traditionen oder Konventionen können dies nicht. Die beste *relative* Rechtfertigung von Moral scheint allerdings in der *Überlebensdauer* der sie praktizierenden Gemeinschaft zu liegen.

Erkenntnistheorie

Geschichtliche Entwicklung

Ziel jedes Erkenntnisprozesses ist die Wahrheit, ist Wissen über die Welt. Die elementare, affektive Wahrnehmung des Tieres hat der Mensch im Laufe seiner Entwicklung weit hinter sich gelassen. Der Weg, zu Wissen über die Welt zu gelangen, wird mit wachsender Rationalität immer mittelbarer und bruchstückhafter und scheint ihm nun in der Neuzeit – trotz weit fortgeschrittener Analyse – schließlich ganz versperrt. Der Mensch hat im Laufe seiner Geschichte verschiedene Möglichkeiten genutzt, die Welt, die jahrtausendelang mit Natur gleichzusetzen gewesen ist, zu erkennen.

Der *mystisch-magische* Erkenntnisweg der frühen bzw. mittelalterlichen Epochen hat an Bedeutung verloren. Hier versucht der Mensch über die sogenannte „unio mystica" auf spirituellem Wege mit dem Erkenntnisgegenstand eins zu werden und ihn durch meditative Selbstversenkung zu erkennen, um dann dieses Wissen mit magischen, d.h. mit wissenschaftlich nicht erforschten bzw. erforschbaren geistigen Kräften in die Praxis umzusetzen.[938]

Die Mystik lässt sich in allen höheren Kulturen finden, im chinesischen Taoismus, in der Natur-Mystik Indiens genauso wie in der abstrakten und vergeistigten Mystik des Buddhismus und des späten Brahmaismus. Der Islam kennt sie als Sufismus. Im alten Griechenland bestehen Mysterienkulte von der Zeit der Sieben Weisen an bis zum Neuplatonismus.

Der Unmittelbarkeit dieses averbalen Sinnenrausches früherer Zeiten folgt zunehmend eine Distanz schaffende, reflektierende *Rationalität*, die schließlich in der Neuzeit eine Erkenntnis nur im

---

[938] Eberhard, K. 1987, 23

kritischen Rückgang auf menschliches Denken für möglich hält. *Sprache* wird insofern Bedingung der *Reflexion*, „als aus dem „Ozean der Empfindungen" durch ein „Merkwort" ein Moment fixiert werden muss, damit der Verstand sich an ihm als einer dem flüchtigen Augenblick überhobenen Abstraktion reflektieren kann".[939]

Seit Heraklit (544-483 v. Chr.) und Parmenides (540-480 v. Chr.) nun fragt der Mensch nach dem Wahrheitsanspruch einer Erkenntnis. Seit dieser Zeit zerfällt das Wissen „in ein Wissen, das seine Begründung beibringen kann, und in ein Wissen, das die Begründung nicht beibringen kann; in ein Wissen, welches das Mannigfaltige durch einen Vermittlungsprozess auf ein Eines zurückführen kann und in ein Wissen, das im Mannigfaltigen verbleibt."[940]

Ab dem 5. Jahrhundert v. Chr. versucht man, in einem Gespräch zu Wissen zu gelangen (Sokrates 469-399 v. Chr.). „Sophia" ist „Wissen, Kenntnis, Fertigkeiten im Handwerk oder die Vertrautheit mit einer Sache", aber freilich auch „Klugheit, Urteilskraft und praktische Umsicht in den wesentlichen Lebensangelegenheiten, vor allem im politischen Bereich".[941] Erziehung soll zur „Arete", zu „Tüchtigkeit", führen. Bisher den Adeligen vorbehalten wird sie nun mehr und mehr „zu einem öffentlichen, das heißt die Polis in ihrem Wesen betreffenden Anliegen". Jeder freie Bürger soll zur „politischen Arete" erzogen werden. „Öffentlich auftretende Lehrer, Sophisten genannt, vermitteln allgemeines und spezielles Wissen, ihre Sophia."[942] Die *Philosophie* ist geboren. Im sokratischen Selbstverständnis bedeutet „Philosophieren", sich um das Wissen der Wahrheit bemühen. Im „Lysis" Platons (427-347 v. Chr.) heißt es, der

---

[939] Herder, J. G. 1891, 34
[940] Ritter, J. 1972, Bd. 2, 645
[941] Ritter, J.; Gründer, K. 1989 Bd.7, 573
[942] Ritter, J.; Gründer, K. 1989 Bd.7, 574

Weise, also der das Wissen habe, philosophiere nicht mehr.[943] Nach Platon (427-347 v. Chr.) braucht der Mensch das Wissen, um richtig zu *handeln*.[944] „Facere docet philosophia, non dicere" (die Philosophie lehrt handeln, nicht reden) (Seneca). Richtiges Handeln wiederum führt zu einem „gelungenen Leben" und zu „menschlichem Glück".[945] Philosophie als rationale Form der Erkenntnissuche und Lebensbewältigung dient *immer* dem *Leben*, dem Sein. Die aristotelische Zweckfreiheit philosophischen Denkens muss darum bestritten werden.

Im frühgriechischen Epos wird schon betont, dass man auch sicheres und verlässliches Wissen haben will. Wirkliches Wissen verlangt einen direkten, täuschungsfreien Zugang zur Wirklichkeit. Doch auch hier wird man sich der Irrtumsgefahr und damit der Fragwürdigkeit menschlicher Erkenntnisansprüche bewusst.[946] „Die Überzeugung wächst, dass der Mensch über den Status der Vermutung, der Hypothese, nicht hinausgelangt." An die Stelle der „Wahrheitsgewissheit" tritt das „Suchen".[947] Die Sophisten verzichten sogar ganz auf die so wichtige Unterscheidung zwischen falsch und richtig und zwischen Meinen und Wissen.[948] Für den Sophisten Protagoras (481 – ca. 411 v. Chr.) geht es nicht mehr um die sokratische Suche nach Wissen, sondern nur um „Rhetorik", die auf bloße Wirkung aus ist.[949] Er sieht die Wahrheit als auf den Wahrnehmenden und Meinenden hin relativiert. Dies soll wohl auch in seinem „Homo-mensura-Satz" deutlich werden, demgemäß der „Mensch das Maß aller Dinge" sei.[950]

---

[943] Platon: Lysis 218 a
[944] Platon: Laches 185 af; Gorg. 467 a-e. 472 cf. 500 c; Symp. 205 a
[945] Platon: Charm. 171 e 7-172 a 3. 173 d 1-9. 174 b 12
[946] vgl. Heitsch, E., 1979, 44ff
[947] Ritter, J.; Gründer, K.; Gabriel, G. Bd.12 2004, 858
[948] Platon: Theaet. 161 e
[949] Platon: Theaet. 167 b-d
[950] Protagoras: VS 74, B1

410

In der Renaissance wird der Glaube an die Erkennbarkeit der Wahrheit erneut erschüttert. Dank der Widersprüchlichkeiten der spätscholastischen Philosophie und Theologie traut man der Institution der katholischen Kirche, die für die Sicherheit der Wahrheit gestanden hat, dies nicht mehr zu.[951]

Der neuzeitliche Mensch schließlich erlebt sich als ein klar von der Außenwelt getrenntes Subjekt, das nicht einmal mehr weiß, ob es diese Welt überhaupt gibt. Der Mensch ist allein. Da ihm keine Sicherheit außerhalb seiner selbst mehr bleibt, akzeptiert er nur noch sich selbst als Instanz. Damit wird das „ich denke"[952] die Grundlage jeder wissenschaftlichen Erkenntnis. Weil alles objektive Wissen angezweifelt werden muss, also jede Erkenntnis von Gegenständen („Objekten") nur sicher sein kann, wenn ihre Gewissheit vom intuitiv sicheren „ich denke" her „deduziert" wird,[953] entsteht zwischen dem Erkennen und seinem Gegenstand „eine sie schlechthin scheidende Grenze."[954] Das bedeutet, dass man sich vor dem Erkennen erst über seine erkennenden Werkzeuge klar werden muss.[955] Philosophie wird mehr und mehr von Erkenntnistheorie überwuchert und erschöpft sich zunehmend in der Reflexion über den Vorgang der Reflexion. Die Wahrheit als sichere orientierende Grundlage für menschliches Handeln rückt in immer weitere Ferne. Der moderne Mensch ist von der Vorläufigkeit allen Wissens überzeugt: „Wie Schiffer sind wir, die ihr Schiff auf offener See umbauen müssen, ohne es jemals in einem Dock zerlegen und aus besten Bestandteilen neu errichten zu können."[956] In diesem Zusammenhang lässt sich auch Sartres

---

[951] Ritter, J.; Gründer, K.; Gabriel, G., 2004, Bd. 12, 72
[952] Descartes, R..: Meditationes II, 3; Discours IV, 1
[953] vgl. Descartes, R.: Regulae III
[954] Hegel, G.W.F.: Phänomenol. des Geistes
[955] vgl. Descartes, R.: bes. Regulae VIII
[956] Neurath, O. 1981, Bd. 2, 579

(1905-1980) „zur Freiheit verdammt" als Ausdruck äußerster Not verstehen.[957]

Das wesentliche Problem der Erkenntnistheorie liegt zum einen in der Frage, ob die Welt, die wir wahrnehmen, nur eine Leistung unseres Bewusstseins ist oder ob sie auch unabhängig von uns existiert. Zum anderen – sollte es diese subjektunabhängige Welt geben – ob und wie sie zu erkennen sei.

---

[957] Hofmeister, H. 1997, 266

Instrumentalismus-Realismus
oder
Gibt es diese Welt wirklich?

Es ist von entscheidender erkenntnistheoretischer Bedeutung, ob ontologisch eine realistische Position eingenommen wird oder nicht.

Realisten gehen von einer realen, beobachterunabhängigen Welt aus, der sie selbst auch angehören. Sie vertrauen darauf, mit Hilfe ihres Denkens das Reale immer tiefer und vollständiger erkennen zu können. In realistischen Theorien beziehen sich wissenschaftliche Begriffe auf reale Objekte. Sie „beschreiben und rekonstruieren (versuchsweise) Züge, Muster, Strukturen der realen Welt", die dem Menschen nur mittelbar zugänglich sind und demnach „unvollständig, ungenau, vorläufig, hypothetisch, fehlbar" und oft „falsch" wahrgenommen werden. „Ziel", jedoch, bleibt „objektive", d.h. subjektunabhängige „Erkenntnis, kühn vermutet, streng geprüft, ernsthaft kritisiert und, wenn möglich, segensreich angewandt."[958]

„*Instrumentalisten* dagegen verzichten völlig auf ontologische und erkenntnistheoretische Begriffe und Voraussetzungen." Die Welt scheint im Wesentlichen nur ein Produkt des menschlichen oder wenigstens irgendeines Geistes zu sein. Als *Positivismus* (auch Behaviorismus, Konstruktivismus) beschränkt sich der Instrumentalismus auf bloße Sinneseindrücke und auf das, was logisch daraus abgeleitet werden kann. „Die Welt ist nichts als Oberfläche." Ob Begriffe sich auf irgendetwas außerhalb beziehen, interessiert nicht.[959] Daraus folgt, dass wissenschaftliche Theorien nichts weiter sind als „ökonomische Zusammenfassungen vergangener Beobachtungen und

---

[958] Vollmer, G. 1993, 162-164
[959] Vollmer, G. 1993, 162, 163

gleichzeitig Instrumente, um zukünftige Ereignisse vorherzusagen, zu beherrschen und möglicherweise zu verhindern".[960] Laut Gilbert Ryle[961] oder Stephen Toulmin [962] beschreiben Gesetzesaussagen nicht die Welt, sondern sind bloße „Schlussfahrkarten, Dauerkarten, die den Übergang von vergangenen Beobachtungen zu zukünftigen dauerhaft regeln".[963] Instrumentalisten kommen ohne den Begriff der *Wahrheit* aus – im besten Fall sehen sie ihn pragmatisch im Sinne eines kurzfristigen Erfolgs.[964] Doch weil Wahrheit als umfassende Gültigkeit nicht interessiert, kann diese Position auf Dauer menschliche Existenz nicht erhalten. Was kurzfristig richtig ist, kann langfristig durchaus falsch sein. Entscheidend ist die raum-zeitliche Dimension. „Humes (1711-1776) Entdeckung, dass es keine logischen Schlüsse und auch keine anderen systematischen" „wahrheitsbewahrenden" und zugleich „gehalterweiternden" „Verfahren gibt", könnte z.B. in einen „retrodiktiven Instrumentalismus" münden, der auf Prognostik völlig verzichtet und durch „Ad-hoc-Strategien" für immer kurzfristigeren Erfolg Wissenszuwachs und dauerhaftes menschliches Sein unmöglich macht.[965] Zwar ist der Instrumentalismus logisch unangreifbar, also zirkel- und widerspruchsfrei, doch kann er seine Erfolge und Misserfolge nicht *erklären* und sie weder ontologisch noch erkenntnistheoretisch interpretieren. Der Realist tut dies auf metatheoretischer Ebene.[966]

Unter *Konvergenz* verstehen wir die Tatsache, dass viele physikalische Größen, vor allem die fundamentalen Naturkonstanten, mit verschiedenen, theoretisch voneinander unabhängigen Methoden gemessen werden können. Alle diese

---

[960] Vollmer, G. 1993, 164
[961] Ryle, G. 1969, 160
[962] Toulmin, S., 1953, 96, 105f
[963] Vollmer, G. 1993, 162, 164
[964] Vollmer, G. 1993, 165
[965] Vollmer, G. 1993, 165
[966] Vollmer, G. 1993, 170, 171

414

Methoden liefern – im Rahmen der Messgenauigkeit – die gleichen Werte. Diese Konvergenz wissenschaftlicher Methoden, Messergebnisse und Theorien und die *Invarianten* (Konstanten der Bewegung-Energie, Impuls, Drehimpuls – und andere Erhaltungsgrößen, die sich unter umfangreichen Transformationsgruppen als invariant erweisen) finden nur in realistischen Theorien eine Erklärung. Konvergenz in der Wissenschaft deutet auf eine einzige beschreibbare Welt hin und ließe auf eine „Konvergenz zur Wahrheit" schließen. „Wenn es eine strukturierte Realität da draußen gibt, die wenigstens teilweise erkannt werden kann", so lassen sich durch Wechselwirkung immer nur „Teilaspekte" erhalten, aus denen die Wissenschaft versucht, jene realen Objekte zu rekonstruieren. „In mathematischer Sprechweise" bilden alle „Wechselwirkungen, die schließlich zu irgendwelchen Sinneseindrücken führen, Projektionen", und jede Änderung „der jeweiligen Perspektive ist eine Transformation". „Diese Transformationen bilden Gruppen, und reale Objekte sind nichts weiter als die Invarianten solcher Gruppen. Dies gilt für Wahrnehmung und Alltagserfahrung genauso wie für Wissenschaft."[967] Das Streben nach Wahrheit als immer umfassenderem Wissen über die Welt, setzt Verständnis für Grundlagenforschung voraus.

Die *Heuristik*, die Erfindung von Neuem, beschränkt sich beim Instrumentalisten z.B. auf negative Strategien, die den Zufall nicht integrieren können. „Er sieht einige Dinge als real an, etwa seinen Körper, seine Vergangenheit, andere menschliche Wesen, eben die Dinge, die er mit seinen eigenen Augen (oder mit seinen fünf Sinnen) erfasst. Seine Entscheidung, was als real zu akzeptieren sei und was nicht, ist *willkürlich*."[968] Auch vor dem Hintergrund, dass jede Wahrnehmung bereits eine Interpretation, eine hypothetische Rekonstruktion ist und dass überhaupt nichts einfach nur „gegeben" ist, kann man Realist sein. Denn es geht

---

[967] Vollmer, G. 1993, 173
[968] Vollmer, G. 1993, 179

hier nicht um einen erkenntnistheoretischen Realismus, der glaubt, man könne die objektiv vorhandene Außenwelt erkennen, so wie sie an sich ist, und nicht nur so, wie sie uns erscheint. Hier ist ein „kritischer, wissenschaftlicher, konvergenter, *hypothetischer Realismus* gemeint, der unsere Sicht der Welt für vorläufig, fehlbar und hypothetisch" hält. Er stellt „die härteste und anspruchsvollste Haltung dar, die mit unserem Wissen gerade noch vereinbar ist."[969]

---

[969] Vollmer, G. 1993, 179, 180, 181; vgl. Roth, G. 1996

Wahrheitstheorien

Die klassische Wahrheitsdefinition, die letztlich von Aristoteles (384-322 v. Chr.) stammt, sieht in der Erkenntnis die Adäquation des Bewusstseins an die Tatsachen oder eine Übereinstimmung zwischen Proposition (Satz, Urteil, Behauptung) und Tatsachen.[970] An ihr müssen sich alle Wahrheitskriterien messen lassen. Eine objektsprachliche Proposition mag kohärent (konsistent, widerspruchsfrei), evident, konsensfähig, befriedigend sein und die endgültige Zustimmung aller Forscher gefunden haben; wenn sie nicht mit der Wirklichkeit übereinstimmt, ist sie nicht wahr. Wird die Wahrheit auf Subjektives (Kohärenz, Evidenz, Nützlichkeit oder Konsens) reduziert, verliert sie die Objektivität, die untrennbar zu ihr gehört.[971]Gegen diese klassische Definition lassen sich drei Einwände formulieren.

„Das Begründungspostulat, nach dem alle Behauptungen *bewiesen* werden sollen, führt in eine dreifache Sackgasse", „das Münchhausen-Trilemma". Man kann wählen zwischen einem logischen Zirkel (man stützt sich auf noch begründungsbedürftige Aussagen), einem infiniten Regress (auf der Suche nach Gründen geht man immer weiter zurück) und einem Abbruch des Verfahrens (an einem Punkt, den man selbst bestimmt).[972] Um die klassische Definition trotz dieser drei Einwände als Kriterium der Wahrheit behaupten zu können, müssen wir sie einschränken:

Bei jedem Versuch, philosophische Grundbegriffe zu definieren, entsteht die *Zirkularität* der Wahrheitsdefinition. Philosophische Grundbegriffe lassen sich nämlich nicht definieren, ohne sie schon vorauszusetzen. Dies gilt im Prinzip für jede andere Definition von Wahrheit. Darum dürfen wir sie nicht

---

[970] Ferber, R. 1999, 90
[971] Ferber, R. 1999, 108
[972] Vollmer, G. 1994, 25

mehr als eine explizite, sondern als eine implizite Definition, eine Erläuterung, verstehen. „Eine *Erläuterung* aber ist eine Begriffsbestimmung, die die Kenntnis des Begriffs, den sie bestimmen will, schon ausdrücklich oder unausdrücklich voraussetzt."[973]

Das zweite Problem betrifft die klassische Wahrheitserläuterung, die sich auf einen erkenntnistheoretischen Realismus stützt, d.h. sie geht von einer objektiv existierenden Außenwelt aus, die wir erkennen können, wie sie an sich ist. Dieser erkenntnistheoretische Realismus lässt sich vermeiden, wenn wir die klassische Erläuterung der Wahrheit auf einen *hypothetischen* Realismus einschränken. „Wir behaupten also nicht, dass eine Proposition mit einer Tatsache übereinstimmt, „wie sie wirklich ist", sondern nur, „wie sie uns erscheint"."[974] Wir müssen die Tatsachen nur insoweit kennen, als wir sie beispielsweise auf Grund unserer Beobachtungen sprachlich formuliert haben. Dabei sollte unter Beobachtungen das *ganze Spektrum* der dem Menschen *möglichen* Beobachtungen verstanden werden. Wir müssen nicht den Gesichtspunkt einer göttlichen Allwissenheit von uns verlangen, obwohl wir ihn anstreben sollten. Aus einer menschlichen Perspektive gesehen, ist Wahrheit nicht mehr eine Beziehung zwischen Proposition und Tatsache an sich, sondern eine Beziehung zwischen Proposition und hypothetischer Tatsache.[975] Das ist die zweite Einschränkung.

Der *unendliche Regress* kann auch vermieden werden, weil die Realität ja hypothetisch bleibt. Zwar müssen wir, um beurteilen zu können, ob eine Proposition P1 mit einer Tatsache übereinstimmt, schon die Tatsache implizit oder explizit in einer Proposition P2 formuliert haben. Dann erst können wir beurteilen, ob P1 mit P2 übereinstimmt oder nicht. Die Frage aber, woher wir wissen, dass

---

[973] Ferber, R. 1999, 108, 109
[974] Ferber, R. 1999, 110
[975] Ferber, R, 1999, 110, 111

P2 mit der Tatsache an sich übereinstimmt oder nicht, stellen wir nicht mehr, da wir bei P2 anhalten. Dieses vorläufige Anhalten bei einer Proposition, die nur eine hypothetische Tatsache wiedergibt, ist die dritte Einschränkung.[976]

Dennoch sollte man auch bei empirischen Theorien, die sich von der unmittelbaren Sinneserfahrung entfernen, an der klassischen Wahrheitserläuterung auch im Sinne eines Kriteriums festhalten. „Wenn eine Theorie über die empirische Wirklichkeit allen anderen Kriterien genügt (kohärent, evident, konsensfähig, fruchtbar ist und die endgültige Zustimmung aller Forscher erhält), aber nicht mit der empirischen Wirklichkeit übereinstimmt, dann ist sie nicht wahr." Der hypothetische Realismus und die Vorläufigkeit der Wahrheit jeder Proposition scheinen jedoch diese natürliche Forderung unerreichbar zu machen. Um an ihr trotzdem festhalten zu können, müssen wir die klassische Wahrheitserläuterung von der Ebene der Wirklichkeit auf die Ebene eines Ideals heben.[977] Wahrheit als Übereinstimmung mit einer Wirklichkeit an sich, als Objektivität im Sinne von Unparteilichkeit, ist als Ideal nur näherungsweise erreichbar. Erreichbar ist lediglich eine Übereinstimmung mit einer hypothetischen Wirklichkeit. Doch verlangt dieses Ideal ein gewisses Absehen vom persönlichen Blickwinkel und Interesse und besitzt so die Funktion eines moralischen Ideals. Natürlich geht der Mensch jeweils von seiner Perspektive aus. Wahrheit im Sinne einer Übereinstimmung mit einer Wirklichkeit an sich wäre die Summe aller möglichen Perspektiven, der der Mensch sich nur nähern kann durch Vergleich der eigenen Propositionen mit den hypothetischen Tatsachen, die jene gegebenenfalls widerlegen. Ebenso gilt es, die eigenen Perspektiven der Kritik auszusetzen und u.U. durch die Perspektiven anderer widerlegen zu lassen. Die Objektivität der Erkenntnis ergibt sich als Konvergenzverhalten der verschiedenen empirischen Zugänge zu den realen Systemen,

---

[976] Ferber, R. 1999, 111
[977] Ferber, R. 1999, 113, 114

deren wahre Natur nie endgültig, sondern nur in diesem Prozess gegeben ist. Der Suchprozess kann im Prinzip endlos weitergehen. Was zuletzt tatsächlich erreicht wird, wird auch nur eine Hypothese sein. Doch lässt sich ein solcher hypothetischer Realismus mit einem „naiven" An-sich-Realismus dann vereinbaren, wenn wir den zweiten als Ideal verstehen.[978]

Dieses Ideal hat den hypothetischen Realismus der empirischen Forschung und theoretischen Vernunft zu leiten. Diesem Ideal können wir uns annähern, auch wenn wir es nicht erreichen. „Mittels der normativen Umorientierung lässt sich so an der klassischen Wahrheitserläuterung und ihrem Bedeutungs-überschuss festhalten, wenn auch nicht auf der faktischen, sondern nur auf der normativen Ebene." Insofern sich unser Fürwahrhalten diesem Ideal annähern kann, „hat zwar nicht die objektive Wahrheit, wohl aber unser Fürwahrhalten Grade". Zwar kann keine Hypothese das erwähnte Ideal erreichen; doch kann die eine Hypothese dem Ideal dann näherkommen als eine andere, wenn sie deren Fehler vermeidet. „Zwar lässt sich der Grad der Wahrheitsnähe unseres Fürwahrhaltens von P nicht positiv definieren." „Doch lässt er sich als Grad der relativen Irrtumsferne fassen. So kann das Denken – immer jedoch als subjektive Parallele zur objektiven – der Welt immer mehr entsprechen."[979]

---

[978] Ferber, R. 1999, 115
[979] Ferber, R. 1999, 116, 117

Begründungspostulat

Es gibt keine Feststellungen über die Wirklichkeit, die ihre Rechtfertigung „in sich selbst" tragen. Wie schon erwähnt, ist man jahrhundertelang davon überzeugt gewesen, dass es sie als Selbstevidenz gebe. Gleichzeitig haben Metaphysik und religiöse Offenbarung sicheres Wissen versprochen. Doch Kant (1724-1804) hat die Hoffnungen auf beweisbare, metaphysische Wahrheiten zerstört. Immerhin hat er geglaubt, „in den synthetischen Urteilen „a priori" wenigstens für die Erfahrungswirklichkeit unwiderleglich wahre Aussagen gefunden zu haben. Aber weder seine Beispiele noch seine Kriterien noch seine Begründung halten der kritischen Prüfung durch Wissenschaft und Wissenschaftstheorie stand." Denn *wissenschaftliche* Hypothesen und Theorien können nicht voraussetzungslos bewiesen werden. Man kann nur von unbewiesenen Prämissen ausgehen und prüfen, was aus ihnen folgt, wenn man bestimmte Schlussregeln anwendet. Diese unbewiesenen Prämissen nennt die Mathematik „*Axiome*", aber auch „Postulate", „Prinzipien", „Maximen", „primitive propositions". Ein Axiom ist also – auch in der Mathematik – kein unbeweisbarer oder selbstevidenter Satz, sondern ein Satz, auf dessen Beweis man verzichtet, weil man irgendwo anfangen muss. „Ein Axiomen-System stellt zwar den archimedischen Punkt einer Theorie, nicht jedoch der Wirklichkeitserkenntnis dar."[980]

Ganz ähnlich ist es bei der Einführung von Begriffen. Jede Theorie enthält Begriffe, die undefiniert bleiben müssen. Man nennt sie „*Grundbegriffe*" oder „Einzelbegriffe", „primitives" oder „basic concepts". „Auch sie sind weder prinzipiell undefinierbar noch in ihrer Bedeutung intuitiv klar, sondern man verzichtet auf ihre Definition, weil man irgendwo anfangen muss." „Diesen Parallelismus zwischen Axiomatik und

---

[980] Vollmer, G. 1994, 26

Definitionstheorie hat Pascal (1623-1662) als erster gesehen." Demnach unterliegt man einer Täuschung, wenn man glaubt, Mathematik oder Naturwissenschaften könnten sichere Erkenntnis über die Welt liefern.[981]

Man versucht nun auf andere Art zu unbezweifelbaren Aussagen zu kommen, und zwar mit Hilfe „privater Empfindungen". Sie werden als „reine Erfahrungssätze", „sog. Protokollsätze (O. Neurath)" formuliert, als „Elementarsätze" (L. Wittgenstein), „Konstatierungen" (M. Schlick), als „Beobachtungssätze" (R. Carnap) oder „Basissätze" (K. Popper). Sie sollen die Grundlage der Erkenntnis liefern und entweder das „Ausgangsmaterial für eine induktive Logik" (R. Carnap) stellen oder „die letzte Instanz zur Überprüfung von Theorien" (K. Popper) bilden. Diesen ganzen Fragenkreis nennt man „das Basisproblem der erfahrungswissenschaftlichen Erkenntnis".[982] Doch es hat sich herausgestellt, „dass auch *Basissätze* nicht absolut gewiss sind". Auch sie besitzen „privaten oder konventionellen oder hypothetischen Charakter, sind aber weder bezweifelbar noch evident".[983]

Ein weiterer Versuch das Begründungspostulat zu retten, stellt die „*Alltags- oder Umgangssssprache*" dar, die wir „immer schon" sprechen. Man will sie zum Aufbau einer Wissenschaftssprache und einer Wissenschaft verwenden, die dann „vertrauensvoll inmitten" eines „Vorverständnisses" für Wörter und Sätze beginnt – „in der Mathematik als Konstruktivismus", „in den Geisteswissenschaften als Hermeneutik". „Doch eine Wissenschaft, die ein hypothetisch-deduktives Stadium erreicht hat, geht gerade nicht von Alltagsbegriffen oder -erkenntnissen aus, sondern von solchen, die mit der Alltagserfahrung besonders wenig zu tun haben, wie

---

[981] Vollmer, G. 1994, 26
[982] Vollmer, G. 1994, 26
[983] Stegmüller, W. 1969 a, 345 – 373

Hilbertraum (Quantenmechanik), ideale Population (Populationsgenetik), Nervenimpuls (Neurophysiologie), distinktives Merkmal (Phonologie). Es ist gar nicht daran zu denken, die axiomatische Quantenfeldtheorie oder die allgemeine Relativitätstheorie aus irgendeiner Erfahrung „abzuleiten".[984] Es ist vielmehr so, dass alle Wissenschaften Hypothesen aufstellen und dann ihre Schlüsse an der Erfahrung überprüfen. Man kann „deshalb in der *Sache* nicht von einem irgendwie gearteten Vorverständnis ausgehen, auch wenn man das in der *Darstellung* bedenkenlos tut".[985]

Wir müssen uns nochmal vergegenwärtigen, dass die Aufgabe der Erkenntnistheorie nicht darin besteht, „absolute Beweise für Erkenntnis- oder Wahrheitsansprüche, also absolute *Gewissheit"* zu liefern. Dies ist grundsätzlich unmöglich und nicht nur bei empirischen Theorien.[986] „Darum wird die Illusion perfekten Wissens durch die Idee der kritischen *Prüfung* ersetzt." Da wissenschaftliche Theorien nicht bewiesen werden können, sollten Wissenschaftler eher versuchen, sie zu widerlegen, zu falsifizieren. Wenn es gelingt, mehr und mehr Fehler zu erkennen und auszuräumen, könnte man sich so der Wahrheit nähern.[987] Diese Methode von Versuch und Irrtumsbeseitigung liegt auch dem kritischen Rationalismus zugrunde. „Erkenntnistheorie ist danach nur eine – wenn auch sehr spezielle – hypothetisch-deduktive Disziplin und durchaus berechtigt, empirische Fakten zu berücksichtigen." Erkenntnistheorie und faktisches Wissen befinden sich in einem fortwährenden Wechselspiel. Sie bilden „ein fruchtbares, selbstkorrigierendes Rückkopplungssystem, dessen Entwicklung in der Zeit mit einer Spirale verglichen werden kann", einem „virtuosen Zirkel".[988]

---

[984] Vollmer, G. 1994, 27
[985] Vollmer, G. 1994, 27
[986] Vollmer, G. 1988, 233
[987] vgl. Vollmer, G. 2007, 360, 361, 363
[988] Vollmer, G. 1988, 177

Theorienbildung

In der Philosophie geht es letztlich darum, das erworbene Wissen über die Welt in Theorien zu ordnen. Je mehr diese sich der Wirklichkeit angleichen, desto höher ist ihr Erklärungspotential und desto weiter reicht ihre prognostische Kraft. Das macht es dem Menschen möglich, dauerhaft zu bestehen. Die Methode des *rationalen* Erkenntnisweges, der den mystisch-magischen der Frühzeit ablöst, beinhaltet das *Induktionsproblem*.

Die Ganzheit des Menschen missachtend werden Sinnes- und Verstandeserkenntnis auseinandergerissen und der fragwürdige Gegensatz zwischen Empirismus und Rationalismus konstruiert: also zwischen der „Auffassung, die in der Erfahrung und das heißt fast stets Sinneserfahrung, Empirie, die alleinige Quelle der Erkenntnis sieht, und der entgegengesetzten, die nur die Vernunft (Ratio) als Wurzel verlässlicher Erkenntnis gelten lassen will".[989]

„Rationalisten" unter den Philosophen behaupten, die Realität ließe sich allein durch Denken erkennen, wobei die „logische Ordnung der Welt" es ihnen ermöglicht, sie „deduktiv" zu erfassen. Vorbild ist die Methode der Mathematik, aus wenigen, sicheren Axiomen zu schließen (Descartes, Spinoza, Leibniz). Descartes (1596-1650), der Gründer der neuzeitlichen Philosophie, ist wohl der ausgeprägteste Rationalist der Philosophiegeschichte. In seinen „Meditationen über die erste Philosophie" (1641) macht er deutlich, dass er im Grunde genommen an allem zweifeln kann, an der Existenz der Welt, an der Existenz anderer Menschen, an der Existenz seines eigenen Körpers, an allem – außer an der Tatsache, *dass* er zweifelt. So lässt ihm auch sein radikaler Zweifel doch noch eine Gewissheit: er weiß, dass er zweifelt. Wer aber zweifelt, der denkt; und wer

---

[989] Keller, A. 1990, 47

denkt, der muss eben als Denkender auch existieren. „Cogito, ergo sum", schließt Descartes, „ich denke, also bin ich".[990] Auf diesen Schluss stützt er seine ganze Philosophie. „Er untersucht sein Bewusstsein und entdeckt darin verschiedene Ideen." „Angeboren" seien die „obersten logischen und mathematischen Ideen" und die „Idee von Gott" als eines vollkommenen Wesens. „Die Existenz der Idee von Gott verbürge auch dessen Existenz." „Und seine Wahrhaftigkeit garantiere schließlich, dass alles, was uns vollkommen klar und deutlich vor Augen tritt, auch existiere oder wahr sei." So kann Descartes (1596-1650) doch wieder die Körperwelt anerkennen, die er anfangs angezweifelt hat. Dieses Wissen verdankt er allein seiner Vernunft.[991]

„Empiristen", von Francis Bacon (1561-1626) über Hobbes (1588-1679), Locke (1632-1704) bis hin zu Hume (1711-1776), sehen die Grundlage der Erkenntnis in der „alleinigen (Sinnes-)Erfahrung". Wirklich sind dabei nur einzelne Gegenstände und Phänomene. Der richtige Vernunftgebrauch kann diese ordnen und induktive Schlüsse aus ihnen ziehen. Locke (1632-1704) bestreitet angeborene Ideen, wie sie Descartes (1596-1650) und seine Anhänger vertreten: „No innate ideas!" lautet seine Überzeugung. Für ihn ist die Seele bei Geburt eines Menschen „weißes Papier, ohne alle Schriftzeichen, frei von allen Ideen",[992] „eine tabula rasa, in die Sinneseindrücke eingegraben werden wie in Wachs". Er bemüht sich, zu zeigen, wie die Ideen – da sie ja nicht angeboren sind – nach der Geburt in den Geist des Menschen gelangen und verteidigt den empiristischen Grundsatz: „Nihil est in intellectu, quod non prius fuerit in sensu" („Nichts ist in dem Verstand, was nicht vorher in den Sinnen gewesen wäre").[993] Die

---

[990] Vollmer, G. 1988, 12
[991] Vollmer, G. 1988, 12
[992] Locke, J.: Essay concerning human understanding. 2. Buch, I 2
[993] Vollmer, G. Bd.1, 1988, 15

Wirksamkeit dieses Ansatzes liegt vor allem in der Entstehung der Naturwissenschaft.

Aus dem Gegensatz zwischen Rationalismus und Empirismus ergeben sich unterschiedliche Erkenntniswege, die eine ebenso fragwürdige Alternative zwischen Deduktion und Induktion konstruieren.

Die *„Deduktion"* ist ein „formal-logisches Schlussverfahren", das mit Hilfe bestimmter Regeln den Wahrheitsgehalt von allgemeinen Aussagen auf spezielle Aussagen überträgt. Als klassisch gilt folgender deduktiver Schluss: „1) Alle Menschen sind sterblich. 2) Sokrates ist ein Mensch. 3) also: Sokrates ist sterblich." Wobei die Sätze 1) und 2) die Prämissen darstellen, Satz 3) die Konklusion. Eine Kette von Schlüssen ist ein Beweis.

Sein Gegenstück ist die *„Induktion"*. In der Erkenntnistheorie spricht man immer dann von einem induktiven Schluss, wenn „vom Speziellen auf das Allgemeine" geschlossen wird; wenn man beispielsweise behauptet, weil einzelne Schwäne, die einem begegnen, weiß sind, seien alle Schwäne weiß. Weil dieser Schluss mehr aussagt (alle Schwäne), als er eigentlich anhand der Prämissen (wenige Schwäne) aussagen dürfte, ist der induktive Schluss kein logischer Schluss, der ja nicht über den Rahmen seiner Prämissen hinausgeht, sondern ein „heuristischer Prozess" (Heuristik: Erfindung von Neuem). Alle Naturgesetze werden induktiv gewonnen. Überprüft werden sie mittels Deduktion. „Der induktive Schluss ist nicht erfahrungserweiternd, sondern erwartungserweiternd."[994]

Der *„deduktiv-dogmatische* Erkenntnisweg" nun, bei dem das Besondere aus dem Allgemeinen folgt, geht von einer bestimmten Theorie aus, von der logisch abgeleitet wird. Die Theorie bzw. das Dogma ist der Ausgangspunkt, von dem abgeleitet wird. Die Deduktion ist „informationserhaltend", „aber sie erweitert unser

---

[994] Riedl, R., 1980, 212

Wissen nicht". Die Konklusion beinhaltet nichts, was nicht schon in den Prämissen enthalten wäre. Unter logischem Aspekt kann die Deduktion nur deutlich machen, was in den Prämissen schon enthalten ist, mehr nicht. Deduktive Schlüsse sind logisch zwingend; sie gelten mit strikter Notwendigkeit und absoluter Gewissheit. „Doch die Gültigkeit eines deduktiven Schlusses beruht nicht auf der Wahrheit seiner gedanklichen Inhalte, sondern einzig und allein auf der formalen Struktur des Schlusses." Deduktive Schlüsse sagen uns nichts über die Welt, denn sie gehen von Prämissen aus, die entweder unbewiesene Axiome oder unbewiesene Annahmen sind. Die Mathematik arbeitet ausschließlich deduktiv, sie schließt aus Axiomen. Auch die dogmatische Theologie und das dogmatische Recht gehen von Dogmen aus, den Texten der Bibel einerseits und den Gesetzesvorschriften andererseits und leiten Vorschriften daraus ab. Auch das Zitieren von Autoritäten ist oft deduktiv-dogmatisch.[995] Die Stärke dieses Weges liegt sicher in der ihn bestimmenden informationsbewahrenden Deduktions-Logik, die nach wie vor das zentrale Fundament rationaler Denkkultur darstellt. Der wichtigste Nachteil dieses Erkenntnisweges liegt in der Fixierung auf Weltanschauungen und Theorien in einer sich ständig wandelnden Welt. Denn Logik allein kann uns nichts über die Welt lehren.

Der „*induktiv-empiristische* Erkenntnisweg" stellt den Versuch dar, aus den einzelnen besonderen Erfahrungstatsachen allgemeine Theorien zu konstruieren. Zwar sind induktive Schlüsse informationserweiternd, doch handelt es sich nur um Wahrscheinlichkeitsschlüsse. Sie bilden die logische Basis der Wahrscheinlichkeitstheorie und Statistik, die ihrerseits das wichtigste methodologische Fundament der Erfahrungs-wissenschaften darstellen. Induktionslogische Generalisierungen sind nicht logisch zwingend, gelten nicht mit absoluter Gewissheit

---

[995] Eberhard, K., 1987, 30

wie deduktive Schlüsse. Sie haben immer hypothetischen Charakter und bedürfen der empirischen Überprüfung. Dieser Weg befreit das Denken von anachronistischen Dogmen und ermöglicht durch seine Orientierung an der Erfahrung eine flexiblere Einstellung auf die jeweils veränderte Realität. Ihm ist der Aufschwung der modernen Naturwissenschaften zu verdanken.

Wissenschaftliche Theorienbildung bedient sich sowohl der deduktiven als auch der induktiven Methode. Am Anfang steht der kreative Entwurf logisch konsistenter wissenschaftlicher Theorien. Diese mehr oder weniger bewusste synthetische Leistung kommt nicht ohne Empirie und Induktion zustande. „Andererseits sind schon alle Beobachtungen theoriegeprägt: es gibt keine reine, uninteressierte, theoriefreie Beobachtung.“[996] „Eine neue revolutionäre Theorie funktioniert genau wie ein neues mächtiges Sinnesorgan.“[997]

Aus Theorien werden logisch gesetzesartige Aussagen in Form von Hypothesen abgeleitet, die man dann durch Beobachtungen, also empirisch, korrigiert. Hypothesen, die falsifiziert und verworfen werden, führen zusammen mit bestätigten Hypothesen zu einer vorläufigen Definition der Wirklichkeit. Die induktiv gewonnenen Hypothesen werden durch deduktiv-logische Ableitung bestätigt. Die Induktion schafft das Problem, dass sie nur innerhalb einer „subjektiven Wahrscheinlichkeitstheorie ohne Schlusscharakter“ gilt. Dieses Problem geht auf D. Hume (1711-1776) zurück, der induktive Schlüsse überhaupt ablehnt. Seitdem ist umstritten, ob die Natur induktiv erklärt werden kann. Allerdings kann man statistischen Gesetzmäßigkeiten objektive Gültigkeit auch nicht absprechen.[998]

Aller Wissensgewinn beruht aber auf einem „Kreisprozess“

---

[996] Popper, K. 1975, 78, 79
[997] Popper, K. 1975, 75
[998] Wuchterl, K. 1987, 37, 38

zwischen „Erwartung und Erfahrung". Der Hang zur Erwartung ist angeboren, die Erfahrung wird hinzugewonnen und wenn sie sich bewährt, genetisch und kulturell vererbt. Dieser Kreisprozess liegt jeder Problemlösung zugrunde. Er ist ein Erfahrungsprodukt der Evolution und erblich. „Erwartung und Erfahrung" bedeuten „Voraussage und Begründung", „Heuristik und Logik", „Induktion und Deduktion".[999]

„Die Moderne hat die Erfindungskunst vergessen." Im Bedürfnis nach absoluter Gewissheit vernachlässigt sie die ungenaue Heuristik und überschätzt die Logik. Das klassische *„Induktionsproblem"* entsteht durch die „fundamentale Verwechslung des Induktionsverfahrens mit erkenntniserweiternden Schlüssen der Aussagenlogik".[1000] Zwar hat schon Aristoteles die Induktion als das Gegenteil eines deduktiven, zwingenden Schlusses verstanden. Darauf stützt sich auch Whewell etwa zeitgleich mit Humes Argumentation.[1001] Doch die konstruktive, induktive Leistung ist analytisch nicht zu erbringen. Absolute Gewissheit oder Wahrheit, von welcher aus alles andere zwingend ableitbar wäre, kann das endliche Wesen Mensch anstreben, doch niemals voraussetzen. Nur göttliche Allwissenheit käme allein mit Logik aus. „Man hat, geblendet von der gedachten Gewissheit, die uns im künstlich isolierten Bereich der deduzierenden Reflexion möglich wird, vergessen, dass dieser Bereich erst durch die Induktion Inhalt und Leben erhält."[1002] Ein Induktionsverbot käme einem Selbstmord gleich.[1003] „Es gibt keine logische, sondern eine faktische Rechtfertigung für den induktiven Sprung."[1004]

„Induktion entwickelt sich aus der Invarianten-, Klassen- und

---

[999] Riedl, R. 1980, 66
[1000] Oeser, E. 1976, 68
[1001] Riedl, R. 1980, 67
[1002] Riedl, R. 1980, 70
[1003] Ferber, R. 1999, 69, 71
[1004] Vollmer, G. 1994, 161

Begriffsbildung durch die lebenserhaltenden Antriebe von Neugier und explorativem Verhalten zur Bildung von Erwartungen, Hypothesen, Prognosen und Theorien, denn zutreffende Prognostik bedeutet Lebenserfolg." „Die deduktiven Kontrollen einer Struktur oder Leistung, Erwartung oder Prognose, werden rigoros vorgenommen: durch das Milieu an den Genen, durch die Umwelt am Verhalten und durch die außersubjektive Wirklichkeit an unseren Prognosen, und zwar stets tausendfältig an allen Individuen der Generationen, an allen Wiederholungen im Spiel und allen physischen und letztlich intellektuellen Übungen, solange es ernstlich um Überleben geht. Versuch hat ohne Kontrolle keinen Erfolg, ebenso wenig wie Kontrolle ohne etwas zu versuchen."[1005]

Nun gibt es verschiedene *Erkenntnisstufen*: Wahrnehmungs-, Erfahrungs- und theoretische bzw. wissenschaftliche Erkenntnis und schließlich die Gesamtschau wissenschaftlicher Erkenntnisse im Rahmen der philosophischen Reflexion. Die Wahrnehmung ist anschaulich und erfolgt unbewusst und unkritisch. Die Alltagserkenntnis ist zwar bewusst, aber ebenfalls unkritisch, die theoretische Erkenntnis dagegen schon bewusst und kritisch, obwohl möglicherweise unanschaulich. Diese kognitiven Stufen sind nicht gleich zuverlässig und besitzen unterschiedliche Reichweite. „Die Erfahrung, die Gedächtnis, Begriffe, elementare Schlüsse und natürliche Sprache einbezieht, reicht weiter als die reine Wahrnehmung; die Wissenschaft, die theoretische Begriffe, formale Systeme, abstrakte Modelle, mathematische Theorien, symbolische Logik, künstliche Informationsspeicher, Computer, systematische Beobachtungen, gezielte Experimente, verfeinerte Werkzeuge, argumentative Sprachen usw. benützt, reicht dagegen weiter als die Haushaltserfahrung. Wahrnehmungen können anderen Wahrnehmungen widersprechen, sie aber nicht

---

[1005] vgl. Riedl, R. 1980

korrigieren; das kann die Erfahrung. Erfahrung ihrerseits kann nicht die Erfahrung korrigieren; das kann die Wissenschaft."[1006]

„Ziel der Gesamtwissenschaft Philosophie ist *objektives*, das heißt, wirklichkeitsbezogenes Wissen und das nach Prinzipien geordnete Ganze der Erkenntnis. Die Objektivität einer Aussage kann sich auf verschiedene Kriterien stützen, die notwendig, aber höchstens in ihrer Konjunktion hinreichend sind: die Aussage muss intersubjektiv verständlich und nachprüfbar sein, unabhängig vom Bezugssystem und der Methode; außerdem darf die Richtigkeit einer Aussage nicht auf einem Willkürakt, zum Beispiel Konvention beruhen."[1007]

Eine Theorie über die Welt enthält fundamentale Prinzipien, empirische Daten, subjektiv modifiziert. In einem mühevollen *Objektivierungsprozess* wird das Subjektive immer mehr relativiert, um die grundlegende Ordnung erkennen zu können. Die Sicht auf die Welt wird dabei immer mehr *erweitert* unter Ausschöpfung aller zur Verfügung stehender Mittel wie Reflexion, Technik, zeitlicher Informationsspeicher. Sie helfen dabei, mehr Fakten in größerem raum-zeitlichen Kontext aufzunehmen. Urteile, die nur für das Subjekt im Hier und Jetzt gelten, besitzen einen geringeren Wahrheitsgehalt als Urteile, die für alle Subjekte, an allen Orten und zu allen Zeiten Gültigkeit haben. Die Beschäftigung mit umfassenden Zusammenhängen hilft bei der Suche nach *Invarianzen*, die sowohl für den Menschen als auch für die Natur gelten. Das präformierte Raster des Menschen zeigt erst in der Konfrontation mit der Welt seine Gestalt. Ohne Empirie ließe sich Subjektives weder erkennen noch relativieren.[1008]

Wissenschaft führt so zur *Entanthropomorphisierung*. Unser sinnlicher Zugang zur Welt wird durch Technik künstlich erweitert

---

[1006] Vollmer, G. Bd.1, 1988, 208
[1007] Vollmer, G. 1994, 31, 32
[1008] vgl. Vollmer, G. 1994, 170

und präzisiert. Das Vordringen in fundamentalere mikrokosmische Bereiche verlangt eine wissenschaftliche Sprache (Physik) und abstrakte Methoden (formale Logik, Mathematik). Eine richtige Theorie muss nicht mehr anschaulich sein. „Dieser perspektivische Wandel, den die Suche nach beobachterunabhängigen Strukturen mit sich bringt, entthront den Menschen kosmisch und biologisch. Die Erkenntnistheorie der Neuzeit stellt ihn jedoch in den Mittelpunkt und deutet die Natur in ihrer „Passung" auf den Menschen und nicht umgekehrt."[1009]

Angesichts aller wissenschaftlicher Tatsachen, die den endlichen Menschen immer weiter relativicrcn vor dem Hintergrund einer umfassenderen Natur, wird das Dilemma des neuzeitlichen Menschen deutlich: ihm, dem fehlbaren, beschränkten Subjekt wird die erkenntnistheoretische Herkulesarbeit aufgebürdet, unter Verzicht auf die objektive Natur wahr zu sprechen und Normen zu setzen, was deutlich wird in Kants Definition (1783) der Epoche der Aufklärung: „Aufklärung ist der Ausgang des Menschen aus einer selbst verschuldeten Unmündigkeit. Unmündigkeit ist das Unvermögen, sich seines Verstandes ohne Leitung eines anderen zu bedienen."[1010] Diese künstliche Isolation birgt die Gefahr der Paralyse oder einer epistemischen Beliebigkeit in sich. Die Subjektbezogenheit aller Erkenntnis lässt sich ohne objektivierende Natur weder erkennen noch relativieren. „Descartes (1596-1650) hilft sich dabei mit einem ehrlichen Gott, Leibniz (1646-1716) mit einer prästabilierten Harmonie, Kant (1724-1804) mit apriorischen Erkenntnisformen und der transzendentalen Apperzeption, Hegel (1770-1831) mit einem Primat des Geistes." „Erst die Evolutionäre Erkenntnistheorie deutet umgekehrt das Erkenntnisvermögen des Menschen (wie Verhaltensforschung sein Verhalten) in seiner Passung auf die Welt und vollzieht in

---

[1009] Vollmer, G. 1994 169, 172; 1988, 192, 202
[1010] Kunzmann, P.; Burkard, F.-P.; Wiedmann, F. 1991, 103

diesem Bereich die kopernikanische Wende."[1011] Denn *keine* Erkenntnistheorie kommt ohne empirische Fakten aus.

Auch wenn Theorien nicht beweisbar sind, so gibt es doch *Kriterien*, nach denen sie geprüft und beurteilt werden können. Eine formale Theorie muss notwendig interne Konsistenz aufweisen, also innere Widerspruchsfreiheit. Wichtig sind ihre Genauigkeit, ihr Umfang und unabhängige und vollständige Axiome. Im Bereich der Wirklichkeitswissenschaften gehören auch externe Konsistenz, Prüfbarkeit, Erklärungswert und Problemlösungspotential notwendig dazu. Hier ist besonders die Prüfbarkeit wichtig, denn es muss möglich sein, die Postulate dieser Theorie mit unserer Erfahrung zu vergleichen. Hier spielt nun unser elementares Wahrnehmungsvermögen auch auf wissenschaftlicher Ebene eine entscheidende Rolle. „So klein oder entfernt, schnell oder seltsam die von der Wissenschaft postulierten Objekte auch sein mögen, sie müssen irgendwie mit unseren Sinnesorganen in Verbindung gebracht werden, und sei es auf noch so indirekte Art und Weise."[1012] „Nützliche, wenn auch nicht unabdingbare Eigenschaften, sind aber auch Offenheit gegenüber neuen Erkenntnissen, begriffliche und systematische Einheitlichkeit, Ökonomie der Grundbegriffe und Axiome, Formalisierbarkeit, heuristische und prognostische Kraft, Einfachheit und Fruchtbarkeit."[1013] Die Wissenschaft zielt auf umfassende Theorien universeller Geltung, allgemeine Gesetze und einheitliche Beschreibungen.

Heute fällt die Wahrnehmung des Ganzen zunehmend einer zersplitternden Analyse zum Opfer, das gilt auch für die Philosophie. Doch ursprünglich bedeutet Philosophie umfassendes Wissen, Weisheit. Das griechische Wort „sophia", das in Philosophie enthalten ist, meint zunächst jede auf

---

[1011] Vollmer, G. 1994, 172
[1012] Vollmer, G. Bd.1, 1988, 172
[1013] vgl. Vollmer, G., Bd.1, 1988; 1994

Sachkunde und Wissen beruhende Tüchtigkeit, und jede tiefere Einsicht in den Zusammenhang der Dinge und die Aufgaben des Lebens.

Heute wird *Philosophie* entweder auf Wissenschaftstheorie reduziert oder beschränkt sich auf die logische und linguistische Analyse des normalen oder der idealen Sprache. Wissenschaftstheorie beschäftigt sich mit dem Erkenntnisprozess und den Prinzipien der Einzelwissenschaften, deren Grundbegriffe und Ergebnisse sie klären und in einen systematischen Zusammenhang bringen will. Im Unterschied zur Philosophie der normalen Sprache, untersucht die Philosophie der idealen Sprache konstruierte, idealsprachlich formulierte Modelle des Erkennens, Handelns und anderer menschlicher Äußerungen.[1014]

Doch sie kann sich auch um die Begründung und den Ausbau eines Weltbildes bemühen mit Hilfe der Ergebnisse der Einzelwissenschaften.[1015] Wobei nicht vergessen werden soll, dass Philosophie seit Sokrates (470-399 v. Chr.) bedeutet, sich und all denen, welche meinen, etwas zu wissen, wieder einmal die Frage zu stellen, ob eigentlich gewusst wird, was man zu wissen meint. Und zwar darf man das nur dann, wenn man – wie Sokrates – bekennt, es selbst nicht zu wissen (Weizsäcker, C. F. v.).

[1014] Regenbogen, A. 1998, 498
[1015] Hirschberger, J. 2003, 545

Quellenregister

(Hervorhebungen im Text von den Autoren)

Adam, K.: Es fehlt der dritte Schritt. Kolumne, Welt 19.02. 2007

Albertus Magnus: De caelo et mundo I, 4,1. Opera omn., hg. B.Geyer u.a. (1951ff) 5/1, 79, 47; in : Ritter, J.; Gründer, K.(Hrsg.): Historisches Wörterbuch der Philosophie. Bd.8. Lizenzausgabe Wissenschaftliche

Buchgesellschaft Darmstadt. Schwabe § Co. AG Basel 1992, 637

Alt, A.: Der Gott der Väter; in: Kleine Schr. zur Geschichte des Volkes Israel 1 (1968) 1-78; in: Ritter, J.(Hrsg.): Historisches Wörterbuch der Philosophie Bd.3. Lizenzausgabe Wissenschaftliche Buchgesellschaft Darmstadt. Schwabe § Co. AG Basel 1974, 725

Anzenbacher, A.: Einführung in die Ethik. Patmos Verlag Düsseldorf 1992

Archytas von Tarent: Frg. 47, B a. VS 1, 432, 5; in: Diels, H.; Kranz, W.(Hg.): Die Fragmente der Vorsokratiker, griechisch und deutsch 1-3 (1968); in: Ritter, J.; Gründer, K.(Hrsg.): Historisches Wörterbuch der Philosophie. Bd.10. Lizenzausgabe Wissenschaftliche Buchgesellschaft Darmstadt Schwabe § Co. AG Basel 1998, 1315

Aristoteles: Eth. Nic. 1105 b 2-5; in: Ritter, J.; Gründer, K.(Hrsg.): Historisches Wörterbuch der Philosophie. Bd.7. Lizenzausgabe Wissenschaftliche Buchgesellschaft Darmstadt. Schwabe § Co. AG Basel 1989, 1024

Aristoteles: Eth. Nic. 1111 a 29ff; in: Ritter, J. (Hrsg): Historisches Wörterbuch der Philosophie. Bd. 2. Lizenzausgabe Wissenschaftliche Buchgesellschaft Darmstadt. Schwabe § Co. AG Basel 1972, 1068

Aristoteles: Eth. Nic. IX, 8, 1168 b 32; in: Ritter, J.; Gründer, K.(Hrsg.): Historisches Wörterbuch der Philosophie. Bd.10. Lizenzausgabe Wissenschaftliche Buchgesellschaft Darmstadt. Schwabe § Co. AG Basel 1998, 824

Aristoteles: Eth. Nic.1160 a 20f; in: Ritter, J.; Gründer, K.(Hrsg.): Historisches Wörterbuch der Philosophie. Bd.6. Lizenzausgabe Wissenschaftliche Buchgesellschaft Darmstadt. Schwabe § Co. AG Basel 1984, 1224

Aristoteles: Nikom. Ethik, V 7; Werke in deutscher Übersetzung, hg. v. Hellmut Flashar, Darmstadt 1977ff, darin Bd.6., übers. u. komm. v. Franz Dirlmeier (1991); in: Hofmann, H.: Einführung in die Rechts- und Staatsphilosophie. Wissenschaftliche Buchgesellschaft Darmstadt 2000, 104

Aristoteles: Met. 1026 a 13; zitiert in: Ritter, J.(Hrsg.): Historisches Wörterbuch der Philosophie. Bd.3. Lizenzausgabe Wissenschaftliche Buchgesellschaft Darmstadt. Schwabe § Co. AG Basel 1974, 723

Aristoteles: Met. 1075 a 16ff; in: Ritter, J.(Hrsg): Historisches Wörterbuch der Philosophie. Bd. 2. Lizenzausgabe Wissenschaftliche Buchgesellschaft Darmstadt. Schwabe § Co.Ag Basel 1972, 1069

Aristoteles: Met. 1071 b 3ff; in: Ritter, J.(Hrsg.): Historisches Wörterbuch der Philosophie. Bd.3. Lizenzausgabe Wissenschaftliche Buchgesellschaft Darmstadt. Schwabe § Co. AG Basel 1974, 723

Aristoteles: Pol. 1256 b −1258 a; Nikomachische Ethik. Übers.von E. Rolfes (Bekker.Paginierung). Hamburg 1981; in: Fischer, P.: Technikphilosophie; in: Pieper, A.(Hrsg.): Philosophische Disziplinen. Ein Handbuch. Reclam Verlag Leipzig 1998, 417

Aristoteles: Pol. 1333 a; Nikomachische Ethik. Übers. von E. Rolfes (Bekker.Paginierung). Hamburg 1981; in: Fischer, P.: Technikphilosophie; in: Pieper, A.(Hrsg.): Philosophische Disziplinen. Ein Handbuch. Reclam Verlag Leipzig 1998, 417

Aristoteles: Pol. III, 15, 1286 a 7ff; in: Ritter, J. (Hrsg.): Historisches Wörterbuch der Philosophie. Bd.1. Lizenzausgabe Wissenschaftliche Buchgesellschaft Darmstadt. Schwabe § Co. AG Basel 1971, 939

Aristoteles: Pol. III 9ff., VI 2, 4, Werke in dt. Übers. hg.v. Hellmut Flashar, Darmstadt 1977 ff., darin Bd.9 Politik, Bücher I-III (2 Bde.), übers. u. Erl. v. Eckart Schütrumpf (1991); in: Hofmann, H.: Einführung in die Rechts- und Staatsphilosophie. Wissenschaftliche Buchgesellschaft Darmstadt 2000, 99

Aristoteles: Pol. 1252 b 29; in: Kersting, W.: Die politische Philosophie des Gesellschaftsvertrags. Primus Verlag Darmstadt 1996, 2

Aristoteles: Pol. 1253 a 2; zitiert in: Kersting, W.: Die politische Philosophie des Gesellschaftsvertrags. Primus Verlag Darmstadt 1996, 2

Aristoteles: Pol. 1279 b 6, in: Ritter, J. (Hrsg.): Historisches Wörterbuch der Philosophie. Bd.2. Lizenzausgabe Wissenschaftliche Buchgesellschaft

436

Darmstadt. Schwabe § Co. AG Basel 1972, 51

Aristoteles: Pol. 12880 a 1; zitiert in: Kersting, W.: Die politische Philosophie des Gesellschaftsvertrags. Primus Verlag Darmstadt 1996, 5

Assmann, J.: Ma´at. Gerechtigkeit und Unsterblichkeit im Alten Ägypten. München 1995, 9; zitiert in: Höffe, O.: Gerechtigkeit. Verlag C.H.Beck München 2001, 14

Assmann, A.; Assmann, J.: Mythos; in: Cancik, H. et al. (Hrsg.): Handbuch religionswissenschaftlicher Grundbegriffe. Bd.4. Verlag W. Kohlhammer Stuttgart 1998, 179-200; zitiert in: Quack, A.: Heiler, Hexer und Schamanen. Die Religion der Stammeskulturen. Wissenschaftliche Buchgesellschaft Darmstadt 2004, 23

Assmann, A.; Assmann, J.; Hardmeier, Ch. (Hrsg.): Schrift und Gedächtnis (1983) 280; zitiert in: Ritter, J.; Gründer, K.(Hrsg.): Historisches Wörterbuch der Philosophie. Bd.8. Lizenzausgabe Wissenschaftliche Buchgesellschaft Darmstadt. Schwabe § Co. AG Basel 1992, 1425

Aster, E.v.: Geschichte der Philosophie. Kröners Taschenbuch Verlag, Bd.108. Stuttgart 1954, 97; in: Schriefers, H.: Was ist Leben? F.K.Schattauer Verlag Stuttgart New York 1982, 132

Augustinus: De civ. Dei 12, 25; 8, 4f; in: Ritter, J.(Hrsg.): Historisches Wörterbuch der Philosophie. Bd.3. Lizenzausgabe Wissenschaftliche Buchgesellschaft Darmstadt. Schwabe § Co. AG Basel 1974, 740

Baader, R.: Geld, Gold und Gottspieler. Am Vorabend der nächsten Weltwirtschaftskrise. Resch Verlag Gräfelfing 2007

Bachofen, J.J.: Der Mythus als Quelle geschichtlicher Erkenntnis; in: Kerenyi, K.: Die Eröffnung des Zugangs zum Mythos. Ein Lesebuch. Wissenschaftliche Buchgesellschaft Darmstadt 1996, 121-123

Bacon, F.: Instauratio magna, De dignitate er augmentis scient. VI, c.1 (1623). The works, hg. J.Spedding u.a. (London 1857-74) 1, 651, 654; zitiert in: Ritter, J.; Gründer, K.(Hrsg.): Historisches Wörterbuch der Philosophie. Bd.9. Lizenzausgabe der Wissenschaftlichen Buchgesellschaft Darmstadt. Schwabe § Co. AG Basel 1995, 1468, 1469

Bacon, F.: Instauratio magna, Novum org. I Aph.10, 13; 59, 171; 60, 171; zitiert in: Ritter, J.; Gründer, K.(Hrsg.): Historisches Wörterbuch der Philosophie. Bd.9. Lizenzausgabe der Wissenschaftlichen Buchgesellschaft

Darmstadt. Schwabe § Co. AG Basel 1995, 1469

Bakunin, M.: Gott und der Staat (1882); zitiert in: Ritter, J.(Hrsg.): Historisches Wörterbuch der Philosophie. Bd.3. Lizenzausgabe Wissenschaftliche Buchgesellschaft Darmstadt. Schwabe § Co. AG Basel 1974, 791

Ballmer, Th.T.; Weizsäcker E.v.: Biogenese und Selbstorganisation; in: Weizsäcker, E.v.(Hrsg.): Offene Systeme I. Beiträge zur Zeitstruktur von Information, Entropie und Evolution. Ernst Klett Verlag Stuttgart 1974, 229-264

Barkmann, J.; Marggraf, R.: Weil wir Geld nicht essen können; in: Sandhoff, K.; Donner, W. u.a. (Hrsg.): Vom Urknall zum Bewußtsein – Selbstorganisation der Materie. Georg Thieme Verlag KG Stuttgart 2007, 182

Barthes, R.: Literatur oder Geschichte (1969) 126; zitiert in: Ritter, J.; Gründer, K.(Hrsg.): Historisches Wörterbuch der Philosophie. Bd.8. Lizenzausgabe Wissenschaftliche Buchgesellschaft Darmstadt. Schwabe § Co. AG Basel 1992, 1425

Bateson 1972, 453: Zitat nach Qvortrup 1993, 10; dt. 1985, 582. zitiert in: Capurro, R.: Einführung in den Informationsbegriff. Der Informationsbegriff in anderen Disziplinen. 2000, 8

Bauer, J.: Das Gedächtnis des Körpers. Eichborn AG Frankfurt am Main, August 2002

Becher; G.; Treptow, E. (Hrsg.): Die gerechte Ordnung der Gesellschaft. Campus Verlag Frankfurt New York 2000

Beck H. W.: Weltformel contra Schöpfungsglauben. Theologie und emprirische Wissenschaft von einer neuen Wirklichkeitsdeutung. Theologischer Verlag, Zürich 1972; in: Schriefers, H.: Was ist Leben? F.K.Schattauer Verlag Stuttgart New York 1982, 73, 74

Bell, D.: Die kulturellen Widersprüche des Kapitalismus. Frankfurt am Main New York 1991

Bender, E. (Hrsg.): Deutsches Lesebuch für Gymnasien. Bd.7. Verlag G. Braun Karlsruhe 1966/1967

Benjamin, W.: Das Kunstwerk im Zeitalter seiner technischen Repoduzierbarkeit (1936). Ges. Schr., hg. R.Tiedemann/H. Schweppenhäuser (1972ff) 1/2, 444; zitiert in: Ritter, J.; Gründer, K. (Hrsg.): Historisches

438

Wörterbuch der Philosophie. Bd.10. Lizenzausgabe Wissenschaftliche Buchgesellschaft Darmstadt. Schwabe & Co Basel 1998, 948

Benjamin, W.: Ursprung des dtsch. Trauerspiels (1924/25). Ges. Schriften, hg. R.Tiedemann/H. Schweppenhäuser I/1 (1974) 388; in: Ritter, J.; Gründer, K. (Hrsg.): Historisches Wörterbuch der Philosophie. Bd.8. Lizenzausgabe Wissenschaftliche Buchgesellschaft Darmstadt. Schwabe & Co Basel 1992, 1427

Bentham, J.: The works. hg. J. Bowring (New York 1838-43, ND 1962) 3, 252; zitiert in: Ritter, J.;Gründer, K.(Hrsg.): Historisches Wörterbuch der Philosophie. Bd.6. Lizenzausgabe Wissenschaftliche Buchgesellschaft Darmstadt. Schwabe § Co. AG Basel 1984, 1295

Berger, R.: Warum der Mensch spricht. Eine Naturgeschichte der Sprache. Eichborn Verlag Frankfurt am Main 2008

Beverfoerde, H. Frf..v.: Wollt ihr die totale Krippengesellschaft? Gastkommentar, Welt 21. April 2007

Biedenkopf, K.: Die Ausbeutung der Enkel. List Taschenbuch Berlin 2007, 204

Biser, E.: Die Bibel als Medium. Zur medienkrit. Schlüsselposition der Theol. Sber. Akad. Wiss. Heidelberg (1990); zitiert in: Ritter, J.; Gründer, K.(Hrsg.): Historisches Wörterbuch der Philosophie. Bd.8. Lizenzausgabe Wissenschaftliche Buchgesellschaft Darmstadt. Schwabe § Co. AG Basel 1992, 1426

Blaga, L., zitiert aus: Fabini, H.; Fabini, A.: Kirchenburgen in Siebenbürgen. Koehler und Amelang Leipzig 1985; in: Schröcke, H.: Siebenbürgen. Mahnert-Lueg bei Langen Müller München 1987, 8

Bloch, E.: Das Prinzip Hoffnung. Ges.-A. 5 (1959) 1378, 1381; vgl. Tendenz, Latenz, Utopie. Ges.-A., Erg.-Bd. (1978) 311; zitiert in: Ritter, J.; Gründer, K.(Hrsg.): Historisches Wörterbuch der Philosophie. Bd.6. Lizenzausgabe Wissenschaftliche Buchgesellschaft Darmstadt. Schwabe § Co. AG Basel 1984, 1236

Blumenberg, H.: Ordnungsschwund und Selbstbehauptung; in: Das Problem der Ordnung. hg. H. Kuhn; F. Wiedmann; 6.dtsch. Kongreß für Philosophie. (1962) 37-57; zitiert in: Ritter, J.; Gründer, K.(Hrsg.): Historisches Wörterbuch der Philosophie. Bd.6. Lizenzausgabe Wissenschaftliche Buchgesellschaft Darmstadt. Schwabe § Co. AG Basel 1984, 1296

Bodmer, W.: Das Postulat des Weltstaates (1952); in: Ritter, J.(Hrsg.): Historisches Wörterbuch der Philosophie. Bd.3. Lizenzausgabe Wissenschaftliche Buchgesellschaft Darmstadt. Schwabe § Co. AG Basel 1974, 675

Bovier de Fontenelle, B. le: Vorrede über den Nutzen der Mathematik und der Naturwissenschaften; in: Ders.: Philosophische Neuigkeiten für Leute von Welt und für Gelehrte. Ausgewählte Schriften. Übers. von Kunzmann, U. Leipzig 1989, 285; zitiert in: Fischer, P.: Technikphilosophie; in: Pieper, A.(Hrsg.): Philosophische Disziplinen. Ein Handbuch. Reclam Verlag Leipzig 1998, 424

Braun, E.; Heine, F.; Opolka, U.: Politische Philosophie. Rowohlt Taschenbuch Verlag Reinbek bei Hamburg 1996, 23

Brillouin, L. 1956, 1; in: Capurro, R.: Einführung in den Informationsbegriff. Der Informationsbegriff in anderen Disziplinen. 2000

Brunner, H.: Altägyptische Erziehung (1957)179 (Qu. XLIV); zitiert in: Ritter, J.; Gründer, K.(Hrsg.): Historisches Wörterbuch der Philosophie. Bd.8. Lizenzausgabe Wissenschaftliche Buchgesellschaft Darmstadt. Schwabe § Co. AG Basel 1992, 1425

Bueb, B.: Lob der Disziplin.Eine Streitschrift. List Berlin 2006

Büchner, L.: Kraft und Stoff (1855); Der Gott-Begriff und dessen Bedeutung in der Gegenwart (1874); in: Ritter, J.(Hrsg.): Historisches Wörterbuch der Philosophie. Bd.3. Lizenzausgabe Wissenschaftliche Buchgesellschaft Darmstadt. Schwabe § Co. AG Basel 1974, 792

Burckhardt, J.: Werke, hg. Dürr, 7, 152; zitiert in: Ritter, J.(Hrsg.): Historisches Wörterbuch der Philosophie. Bd.2. Lizenzausgabe Wissenschaftliche Buchgesellschaft Darmstadt. Schwabe § Co. AG Basel 1972, 54

Capurro, R.: Einführung in den Informationsbegriff. Der Informationsbegriff in anderen Disziplinen. 2000

Carnap, R.: Überwindung der Metaphysik durch logische Analyse der Sprache. Erkenntnis 2 (1931-32) 219-241; in: Ritter, J.: Gründer, K.(Hrsg.): Historisches Wörterbuch der Philosophie. Bd.5. Lizenzausgabe Wissenschaftliche Buchgesellschaft Darmstadt. Schwabe § Co. AG Basel 1980, 1292

Carson, H.L.: Human Genetic Diversity, a Critical Resource for Man´s Future. Biology und Philosophy 8, 1993 33-45; in: Wuketits, F. M.: Ausgerottet - ausgestorben. Über den Untergang von Arten, Völkern und Sprachen. Hirzel Verlag Stuttgart Leipzig 2003, 197

Cassirer, E.: Was ist der Mensch? Versuch einer Philosophie der menschlichen Kultur. W.Kohlhammer Verlag Stuttgart 1960

Chartier, R.: Lesewelten. Buch und Lektüre in der frühen Neuzeit (1990); zitiert in: Ritter, J.: Gründer, K.(Hrsg.): Historisches Wörterbuch der Philosophie. Bd.8. Lizenzausgabe Wissenschaftliche Buchgesellschaft Darmstadt. Schwabe § Co. AG Basel 1992, 1425

Cicero: Acad. rel. I, 41; II, 140: in: Ritter, J.: Gründer, K.(Hrsg.): Historisches Wörterbuch der Philosophie. Bd.6. Lizenzausgabe Wissenschaftliche Buchgesellschaft Darmstadt. Schwabe § Co. AG Basel 1984, 906

Cicero: De re publica III, 22 (33); zitiert in: Kersting, W.: Die politische Philosophie des Gesellschaftsvertrags. Primus Verlag Darmstadt 1996, 8, 9

Cicero: Rhet. (De inv.) II, 53; zitiert in: Ritter, J.; Gründer, K.(Hrsg.): Historisches Wörterbuch der Philosophie. Bd.8. Lizenzausgabe Wissenschaftliche Buchgesellschaft Darmstadt. Schwabe § Co. AG Basel 1992, 634, 635

Cicero: Tusc. disp. II, 5; zitiert in: Ritter, J.; Gründer, K. (Hrsg.): Historisches Wörterbuch der Philosophie. Bd. 4. Lizenzausgabe Wissenschaftliche Buchgemeinschaft Darmstadt. Schwabe § Co Basel 1976, 1309

Cipolla, C.M.: Before the Industrial Revolution: European Society and Economy, 1000-1700. New York: W.W.Norton, 1980, 48; in: Hoppe, H.-H.: Demokratie. Der Gott, der keiner ist.Manuscriptum Verlag Waltrop Leipzig 2004, 75

Collins, T.J.: Toward sustainable chemistry. Bd.291, S.48, 5.1.2001; in: Spektrum der Wissenschaft Juli 2006

Comte, A.: Système de politique positive (Paris 1851-54) 1, 333f. 352ff. 356. 408ff, 448; Catéchisme positiviste, hg. A.Pécaud (Paris 1909) 1, 58f; vgl. E.Littré: Conversation, révolution et positivisme (Paris 1852, ND 1971) 37. 122; in: Ritter, J.(Hrsg.): Historisches Wörterbuch der Philosophie. Bd.3. Lizenzausgabe Wissenschaftliche Buchgesellschaft Darmstadt. Schwabe § Co.

AG Basel 1974, 791

Condillac, É.B.de: La logique, ou Les prem. developpem. de l`art de penser (1780). Oeuvr. Philos., hg. G.Le Roy 2 (Paris 1948) 396, 397; in: Ritter, J.; Gründer, K. (Hrsg.): Historisches Wörterbuch der Philosophie. Bd.9. Lizenzausgabe Wissenschaftliche Buchgesellschaft Darmstadt. Schwabe & Co Basel 1995, Band 9, 1476

Conze, W.: Die Stellung der Sozialgeschichte in Forschung und Unterricht. Gesch. Wiss. Unterr. 11 1952, 648-657

Demandt, A.: Metaphern für Geschichte (1978) 203; in: Ritter, J.; Gründer, K.(Hrsg.): Historisches Wörterbuch der Philosophie. Bd.10. Lizenzausgabe Wissenschaftliche Buchgesellschaft Darmstadt. Schwabe § Co. AG Basel 1998, 1315

Demandt, A.: Staatsform und Feindbild bei Carl Schmitt. Der Staat. 27. Band Duncker § Humblot Berlin 1988

Demokrit: VS 68, B 145 (Plutarch); in: Diels, H.; Kranz, W.(Hg.): Die Fragmente der Vorsokratiker, griechisch und deutsch 1-3 (1968); zitiert in: Ritter, J.; Gründer, K.(Hrsg.): Historisches Wörterbuch der Philosophie. Bd.9. Lizenzausgabe der Wissenschaftlichen Buchgesellschaft Darmstadt. Schwabe § Co. AG Basel 1995, 1440

Derrida, J.: Grammatologie. Suhrkamp Verlag Frankfurt am Main 1983

Descartes, R.: Disc. de la méthode (1637). Oevr., hg. Ch. Adam/ P. Tannery (Paris 1897 ff, 1964ff) 6, 22f; in: Ritter, J.; Gründer, K.(Hrsg.): Historisches Wörterbuch der Philosophie. Bd.10. Lizenzausgabe Wissenschaftliche Buchgesellschaft Darmstadt. Schwabe § Co. AG Basel 1998, 1318

Descartes, R.: Discours IV, 1; in: Ritter, J.(Hrsg): Historisches Wörterbuch der Philosophie. Bd.2. Lizenzausgabe Wissenschaftliche Buchgesellschaft Darmstadt. Schwabe & Co Basel 1972, 684

Descartes, R..: Meditationes II, 3; in: Ritter, J.(Hrsg): Historisches Wörterbuch der Philosophie. Bd.2. Lizenzausgabe Wissenschaftliche Buchgesellschaft Darmstadt. Schwabe & Co Basel 1972, 684

Descartes, R.: Regulae III; in: Ritter, J.(Hrsg): Historisches Wörterbuch der Philosophie. Bd.2. Lizenzausgabe Wissenschaftliche Buchgesellschaft Darmstadt. Schwabe & Co Basel 1972, 684

Descartes, R.: Reg. ad dir. ingenii 13 (1628/29). Oeuvr., hg. Ch. Adam, P.

442

Tannery (1897-1913) 10, 434; zitiert in: Ritter, J.; Gründer, K.(Hrsg.): Historisches Wörterbuch der Philosophie. Bd.9. Lizenzausgabe der Wissenschaftlichen Buchgesellschaft Darmstadt. Schwabe § Co. AG Basel 1995, 1470

Descartes, R.: bes. Regulae VIII; in: Ritter, J.(Hrsg): Historisches Wörterbuch der Philosophie. Bd.2. Lizenzausgabe Wissenschaftliche Buchgesellschaft Darmstadt. Schwabe & Co Basel 1972, 684

Dessauer, F.: Philosophie der Technik. Das Problem der Realisierung. Bonn 1927, 38f; in: Fischer, P.: Technikphilosophie; in: Pieper, A.(Hrsg.): Philosophische Disziplinen. Ein Handbuch. Reclam Verlag Leipzig 1998, 425

De Waal, F.: Hippie oder Killeraffe? Spiegel-Gespräch. Der Spiegel. 34/2006, 141

Dornseiff, F.: Das Alphabet in Mystik und Magie (1925, ND 1985; in: Ritter, J.; Gründer, K. (Hrsg.): Historisches Wörterbuch der Philosophie. Bd.8. Lizenzausgabe Wissenschaftliche Buchgesellschaft Darmstadt. Schwabe & Co Basel 1992, 1427

Duden: Fremdwörterbuch. Bd.5 Bibliographisches Institut Mannheim Wien Zürich Dudenverlag 1974

Duden: Herkunftswörterbuch. Bibliographisches Institut Mannheim Wien Zürich Dudenverlag 1989

Dürr, H.-P: Wissenschaft und Wirklichkeit. Über die Beziehung zwischen dem Weltbild der Physik und der eigentlichen Wirklichkeit; in: Dürr, H.-P; Zimmerli W.Ch.: Geist und Natur. Scherz Verlag Bern München Wien 1989, 28-46

Dürr, H.-P.: Was können wir wissen? Vortrag im Deutschen Museum München Oktober 1996

Durant, W.: Geschichte der Zivilisation. I.Band: Das Vermächtnis des Ostens, Bern o.J., 41; zitiert in: Störig, H.-J.: Kleine Weltgeschichte der Wissenschaft. W.Kohlhammer Verlag Stuttgart 1954, 41

Ebeling, W.; Freund, J.; Schweitzer, F.; Komplexe Strukturen: Entropie und Information. B.G.Teubner Verlag Stuttgart Leipzig 1998, 30

Eberhard, K.: Einführung in die Erkenntnis- und Wissenschaftstheorie. Geschichte und Praxis der konkurrierenden Erkenntniswege. W. Kohlhammer Verlag Stuttgart Berlin Köln Mainz 1987

Ehrhardt, A.: Art. „Tradition"; in: Paulys Real-Encyclopädie der classischen Altertumswissenschaft. Neubearb. hg. von G.Wissowa, W. Kroll u.a. II, 12 (1937) 1875-1892; in: Ritter, J.; Gründer, K.(Hrsg.): Historisches Wörterbuch der Philosophie. Bd.10. Lizenzausgabe Wissenschaftliche Buchgesellschaft Darmstadt. Schwabe § Co. AG Basel 1998, 1315

Eibl-Eibelfeldt, I.: Die Biologie des menschlichen Verhaltens. Grundriß der Humanethologie. Seehamer Verlag Weyarn 1997

Eichler, H.: Ökosystem Erde. Der Störfall Mensch – eine Schadens- und Vernetzungsanalyse. B.I.-Taschenbuchverlag. Mannheim Leipzig Wien Zürich 1993

Eigen, M.: Selforganization of Matter and the Evolution of Biological Macromolecules", in: Die Naturwissenschaften, 58, 1971, 465-523; zitiert in: Wehrt, H.: Über Irreversibilität, Naturprozesse und Zeitstruktur; in: Weizsäcker, E.v.: Offene Systeme I. Beiträge zur Zeitstruktur von Information, Entropie und Evolution. Ernst Klett Verlag Stuttgart 1974, 172

Eigen, M.; Winkler, R.: Das Spiel. Naturgesetze steuern den Zufall. R.Piper & Co. Verlag München Zürich 1975

Eisenstein, E.: The Printing Press as an Agent of Change: Communications, and Cultural Transformations in Early Modern Europe, 2 Bde. Cambridge 1979; zitiert in: Wenzel, H.: Mediengeschichte vor und nach Gutenberg. Wissenschaftliche Buchgesellschaft Darmstadt 2007, 20

Eldredge, N.: Life in the Balance. Humanity und the Biodiversity Crisis. Pinceton University Press Princeton 1998, zitiert in: Wuketits, F.M.: Ausgerottet – ausgestorben. Über den Untergang von Arten, Völkern und Sprachen. Hirzel Verlag Stuttgart Leipzig 2003, 188

Elias, N.: Über den Prozeß der Zivilisation. Suhrkamp Verlag Frankfurt/M 1968; zitiert in: Hoppe, H.-H.: Demokratie. Der Gott, der keiner ist. Maniscriptum Waltrop und Leipzig 2004, 54, 55

Engelhardt, W.: Das Ende der Artenvielfalt, Darmstadt 1997, 21; zitiert in: Opitz, P.J. (Hrsg.): Weltprobleme im 21. Jahrhundert.Wilhelm Fink Verlag München, 2001, 143

Epiktet: Diss. III, 24. 64ff; in: Ritter, J. (Hrsg): Historisches Wörterbuch der Philosophie. Bd.2. Lizenzausgabe Wissenschaftliche Buchgesellschaft Darmstadt. Schwabe & Co Basel 1972, 1067

444

Ex. 19, 16-20 bzw. 24, 9-11; dazu zuletzt L.Perlitt: Bundestheol. im AT (1969); in: Ritter, J. (Hrsg.): Historisches Wörterbuch der Philosophie. Bd.3. Lizenzausgabe Wissenschaftliche Buchgesellschaft Darmstadt. Schwabe § Co. AG Basel 1974, 725

Eyth, M.v.: Lebendige Kräfte. Sieben Vorträge aus dem Gebiet der Technik. Berlin 1919, 1ff; in: Fischer, P.: Technikphilosophie; in: Pieper, A.(Hrsg.): Philosophische Disziplinen. Ein Handbuch. Reclam Verlag Leipzig 1998, 425

Fabini, H.u.A.: Kirchenburgen in Siebenbürger. Koehler und Amelang Leipzig 1985

Fay, B.: Contemporary Philosophy of Social Science. Oxford 1996

Frankfurter Allgemeine Zeitung (FAZ), vom 23.6.2008, Nr. 144, 13: Fehlende Integration verkleinert Mittelschicht.

Ferber, R.: Philosophische Grundbegriffe.C.H.Beck Verlag München 1999, 90

Ferrence, J.C.; Chip, W.: Kleine künstliche Schadstoffkiller.Spektrum der Wissenschaft. Juli 2006, 86-93

Feuerbach, L.: Werke, hg. Bolin/Jodl (1959-64) 6, 331; 2, 411; zitiert in: Ritter, J.(Hrsg.): Historisches Wörterbuch der Philosophie. Bd.3. Lizenzausgabe Wissenschaftliche Buchgesellschaft Darmstadt. Schwabe § Co. AG Basel 1974, 790

Fichte, J.G.: Das System der Sittenlehre. Akad.-A., hg. R.Lauth; H.Gliwitzky I/5 (1977) 181; zitiert in: Ritter, J.; Gründer, K.(Hrsg.): Historisches Wörterbuch der Philosophie. Bd.6. Lizenzausgabe Wissenschaftliche Buchgesellschaft Darmstadt. Schwabe § Co. AG Basel 1984, 1235

Figl, J.(Hrsg.): Handbuch. Religionswissenschaft. Lizenzausgabe Wissenschaftliche Buchgesellschaft Darmstadt. Verlagsanstalt Tyrolia Innsbruck 2003

Finley, M.I.: Die Welt des Odysseus. Übers. von A.-E.Gerve-Glannung, J. Ackermann, und H. Kobbe, München 1979; in: Braun, E.; Heine, F.; Opolka, U.: Politische Philosophie. Rowohlt Taschenbuch Verlag Reinbek bei Hamburg 1996, 19

Fischer, P.: Technikphilosophie; in: Pieper, A.(Hrsg.): Philosophische Disziplinen. Ein Handbuch. Reclam Verlag Leipzig 1998, 416

Fischer, E.P.: Die andere Bildung. Was man von den Naturwissenschaften wissen sollte.Ullstein Verlag München 2002

Folberth, O.: Gotik in Siebenbürgen. Verlag Anton Schroll & Co Wien und München 1973

Fong, P.: Thermodynamic und Statistical Theory of Life: An Outline; in: Locker, A. (Hrsg.): Biogenesis, Evolution, Homeostasis. Berlin Heidelberg New York 1973, 93-106; in: Ballmer, Th.T.; Weizsäcker, E.v.: Biogenese und Selbstorganisation; in: Weizsäcker, E.v.: Offene Systeme I. Beiträge zur Zeitstruktur von Information, Entropie und Evolution. Ernst Klett Verlag Stuttgart 1974, 247

Fong, P.: Thermodynamic und Statistical Theory of Life: An Outline, in: Locker, A. (Hrsg.): Biogenesis, Evolution, Homeostasis, Berlin Heidelberg New York 1973, 93-106

Freud, S.: Totem und Tabu. Ges. Werke (1940-68) 9, 122 ; in: Ritter, J.: Gründer, K.(Hrsg.): Historisches Wörterbuch der Philosophie. Bd.8. Lizenzausgabe Wissenschaftliche Buchgesellschaft Darmstadt. Schwabe § Co. AG Basel 1992, 693

Freud, S.: Totem und Tabu. Ges. Werke (1940-68) 9, 188, 175; zitiert in: Ritter, J.: Gründer, K.(Hrsg.): Historisches Wörterbuch der Philosophie. Bd.8. Lizenzausgabe Wissenschaftliche Buchgesellschaft Darmstadt. Schwabe § Co. AG Basel 1992, 694

Freud, S.: Zwangshandlungen und Religions-Übungen, Ges.Werke (1940-68) 7, 131f; in: Ritter, J.: Gründer, K.(Hrsg.): Historisches Wörterbuch der Philosophie. Bd.8. Lizenzausgabe Wissenschaftliche Buchgesellschaft Darmstadt. Schwabe § Co. AG Basel 1992, 693

Freyer, H.: Gedanken zur Industriegesellschaft. Hg. Von A.Gehlen, Mainz 1970, 158; in: Fischer, P.: Technikphilosophie; zitiert in: Pieper, A.(Hrsg.): Philosophische Disziplinen. Ein Handbuch. Reclam Verlag Leipzig 1998, 428

Freyer, H.: Herrschaft und Planung (1933), 23; zitiert in: Ritter, J.(Hrsg.): Historisches Wörterbuch der Philosophie. Bd.3. Lizenzausgabe Wissenschaftliche Buchgesellschaft Darmstadt. Schwabe § Co. AG Basel 1974, 1086

Freyer, H.: Theorie des gegenwärtigen Zeitalters. Stuttgart 1955, 11; zitiert in: Fischer, P.: Technikphilosophie; zitiert in: Pieper, A.(Hrsg.): Philosophische Disziplinen. Ein Handbuch. Reclam Verlag Leipzig 1998, 428

Freyer, H.: Über das Dominantwerden technischer Kategorien in der Lebenswelt der industriellen Gesellschaft; in: Abhandlungen der geistes- und sozialwissenschaftlichen Klasse der Akademie der Wissenschaften und der Literatur in Mainz 1960, Nr. 7, 539 ff; in: Fischer, P.: Technikphilosophie; zitiert in: Pieper, A.(Hrsg.): Philosophische Disziplinen. Ein Handbuch. Reclam Verlag Leipzig 1998, 427

Fritzsch, H.: Vom Urknall zum Zerfall. Deutscher Taschenbuch Verlag München 1994)

Galilei, G.: Opere 7 (Florenz 1968) 30; in: Ritter, J.; Gründer, K.(Hrsg.): Historisches Wörterbuch der Philosophie. Bd.5. Lizenzausgabe Wissenschaftliche Buchgesellschaft Darmstadt. Schwabe § Co. AG Basel 1980, 1281

Gehlen, A.: Das Bild des Menschen im Lichte der modernen Anthropologie n, A.(1952), in: Anthropolog. Forschung (1961) 64, 59. Ges. ausg. 4 (1983) 138/ 132; in: Ritter, J.; Gründer, K.(Hrsg.): Historisches Wörterbuch der Philosophie. Bd.10. Lizenzausgabe Wissenschaftliche Buchgesellschaft Darmstadt. Schwabe § Co. AG Basel 1998, 1323, 1324

Gehlen, A.: Der Mensch. Seine Natur und seine Stellung in der Welt. Bonn 1950; zitiert in: Ritter, J.; Gründer, K. (Hrsg.): Historisches Wörterbuch der Philosophie. Bd.4. Lizenzausgabe Wissenschaftliche Buchgesellschaft Darmstadt. Schwabe § Co. AG Basel 1976, 1321, 1322

Gehlen, A.: Die Seele im technischen Zeitalter. Sozialpsychologische Probleme in der industriellen Gesellschaft. Hamburg 1957, 23 ff, 33ff, 70ff; in: Fischer, P.: Technikphilosophie; in: Pieper, A.(Hrsg.): Philosophische Disziplinen. Ein Handbuch. Reclam Verlag Leipzig 1998, 427

Geiss, I.:Geschichte griffbereit. Bd.4. Begriffe. Wissen Media Verlag Gütersloh München 2002

Giesecke, M.: Der Buchdruck in der frühen Neuzeit. Eine historische Fallstudie über die Durchsetzung neuer Informations- und Kommunikationstechnologien. Frankfurt a.M. 1991; zitiert in: Wenzel, H.: Mediengeschichte vor und nach Gutenberg. Wissenschaftliche Buchgesellschaft Darmstadt 2007, 20

Görres, J.: Teutschland und die Revolution (1819), hg. Duch (1921) 129; in: Ritter, J. (Hrsg.): Historisches Wörterbuch der Philosophie. Bd.3. Lizenzausgabe Wissenschaftliche Buchgesellschaft Darmstadt. Schwabe § Co. AG Basel 1974, 1125

Goethe, J.W.v.: Dichtung und Wahrheit 10 (1812). Soph. Ausg. 27 (1889) 373; zitiert in: Ritter, J.: Gründer, K.(Hrsg.): Historisches Wörterbuch der Philosophie. Bd.8. Lizenzausgabe Wissenschaftliche Buchgesellschaft Darmstadt. Schwabe § Co. AG Basel 1992, 1425

Goethe, J.W.v.: Jahreszeiten Dist. 76/77; zitiert in: Ritter, J.(Hrsg.): Historisches Wörterbuch der Philosophie. Bd.3. Lizenzausgabe Wissenschaftliche Buchgesellschaft Darmstadt. Schwabe § Co. AG Basel 1974, 1035

Gracián, B.: Hand-Orakel und Kunst der Weltklugheit (1647). Deutsch von Arthur Schopenhauer Alfred Kröner Verlag Stuttgart 1992

Greenspan, A.: Gold and Economic Freedom, Capitalism: The Unknown Ideal, Hrsg. Ayn Rand, New York, New American Library 1967; zitiert in: Lips, F.: Kriege, Gold und Währungskrisen. Vortrag an der Universität St. Gallen, im Rahmen der Vortragsreihe „International Finance § Security", 24.06.2004

Haag, H.: Die Buchwerdung des Wortes Gottes in der Hl. Sch. Mysterium Salutis I (1965) 289-428; zitiert in: Ritter, J.; Gründer, K.(Hrsg.): Historisches Wörterbuch der Philosophie. Bd.8. Lizenzausgabe Wissenschaftliche Buchgesellschaft Darmstadt. Schwabe § Co. AG Basel 1992, 1426)

Haarmann, H.: Geschichte der Schrift. C.H.Beck Verlag München 2002

Habermas, J.: Vorbereitende Bemerkungen zu einer Theorie der kommunikativen Kompetenz; in: Habermas, J.; Luhmann, N.: Theorie der Gesellschaft oder Sozialtechnologie. Frankfurt am Main 1971, 139; zitiert in: Pieper, A.: Ethik. In: Pieper, A.(Hrsg.): Philosophische Disziplinen. Reclam Verlag Leipzig 1998, 87

Haefner, K.: Wo ist die Information, Herr Janich? In: Ethik und Sozialwissenschaften 9 (1998) Heft 2, 212; in: Capurro, R.: Einführung in den Informationsbegriff. Der Informationsbegriff in anderen Disziplinen. 2000, 25

Haken, H.: Erfolgsgeheimnissse der Natur. Synergetik: Die Lehre vom Zusammenwirken. Rowohlt Taschenbuch Verlag GmbH Reinbek bei Hamburg 1995

Hall, D.O.: Solar Energy Use through Biology – Past und Future. Vortrag vor der World Conference an Future Sources of Organic Raw Materials. Toronto Juli 1978; in: Jantsch, E.: Die Selbstorganisation des Universums. Vom Urknall zum menschlichen Geist. Carl Hanser Verlag München Wien 1979, 371

Haller, C. L.v.: Restauration der Staats-Wissenschaft oder Theorie des natürlich-geselligen Zustands, der Chimäre des künstlich-bürgerlichen entgegengesetzt, Bd.1, 2. Aufl. Winterthur 1820, 20; zitiert in: Kersting, W.: Die politische Philosophie des Gesellschaftsvertrags. Primus Verlag Darmstadt 1996, 15

Hamann, J.G.: Bibl. Betrachtungen (1758). Sämtl. Werke, hg. J.Nadler 1-6 (Wien 1949-57) 1, 8; zitiert in: Ritter, J.; Gründer, K.(Hrsg.): Historisches Wörterbuch der Philosophie. Bd.8. Lizenzausgabe Wissenschaftliche Buchgesellschaft Darmstadt. Schwabe § Co. AG Basel 1992, 673

Hamann, J.G.: Brocken (1758). Sämtl. Werke, hg. J.Nadler 1-6 (Wien 1949-57) 1, 303; zitiert in: Ritter, J.; Gründer, K.(Hrsg.): Historisches Wörterbuch der Philosophie. Bd.8. Lizenzausgabe Wissenschaftliche Buchgesellschaft Darmstadt. Schwabe § Co. AG Basel 1992, 673

Hamann, J.G.: Hist.- krit. Ausgabe, hg. J. Nadler 3 (1951) 285, 287, 289; zitiert in: Ritter, J.; Gründer, K.(Hrsg.): Historisches Wörterbuch der Philosophie. Bd.5. Lizenzausgabe Wissenschaftliche Buchgesellschaft Darmstadt. Schwabe § Co. AG Basel 1980, 1286

Hamann, J.G.: Zweifel und Einfälle (1776). Sämtl. Werke, hg. J.Nadler 1-6 (Wien 1949-57), 3, 191; in: Ritter, J.; Gründer, K.(Hrsg.): Historisches Wörterbuch der Philosophie. Bd.8. Lizenzausgabe Wissenschaftliche Buchgesellschaft Darmstadt. Schwabe § Co. AG Basel 1992, 673

Hamer, E.: Der Welt-Geldbetrug; in: Hamer, Eberhard § Eike (Hrsg.): Der Welt-Geldbetrug. Aton Verlag Unna 2005

Hegel, G.W.F.: Werke in zwanzig Bänden. Bd.6. Frankfurt am Main 1969ff

Hegel, G.W.F.: Die Verfassung des Deutschen Reiches, hg. Mollat (1935) 7f. 24 ff; in: Ritter, J.(Hrsg.): Historisches Wörterbuch der Philosophie. Bd.3. Lizenzausgabe Wissenschaftliche Buchgesellschaft Darmstadt. Schwabe § Co. AG Basel 1974, 1124, 1125

Hegel, G.W.F.: Grundlinien der Philos.des Rechts, hg. J.Hoffmeister (1955) 398; Randbemerkung zu §132. 414: §142; in: Ritter, J.(Hrsg.): Historisches Wörterbuch der Philosophie. Bd.3. Lizenzausgabe Wissenschaftliche Buchgesellschaft Darmstadt. Schwabe § Co. AG Basel 1974, 1035

Hegel, G.W.F.: Grundl.der Philosophie des Rechts § 45; in: Ritter, J.

(Hrsg.): Historisches Wörterbuch der Philosophie. Bd.1. Lizenzausgabe Wissenschaftliche Buchgesellschaft Darmstadt. Schwabe & Co. AG Basel 1971, 847

Hegel, G.W.F.: Phänomenol. des Geistes, Einl. Werke, hg. Glockner 2, 67; in: Ritter, J.(Hrsg): Historisches Wörterbuch der Philosophie. Bd.2. Lizenzausgabe Wissenschaftliche Buchgesellschaft Darmstadt. Schwabe & Co Basel 1972, 684

Hegel, G.W.F.: Philos. Propädeutik § 77. Werke, hg. Glockner 3, 98; zitiert in: Ritter, J.(Hrsg.): Historisches Wörterbuch der Philosophie. Bd.3. Lizenzausgabe Wissenschaftliche Buchgesellschaft Darmstadt. Schwabe § Co. AG Basel 1974, 1035

Hegel, G.W.F.: Vorles. über die Philosophie der Geschichte. 2. Jub.-Ausg., hg. H.Glockner (1961), 11, 83; zitiert in: Ritter, J.; Gründer, K.(Hrsg.): Historisches Wörterbuch der Philosophie. Bd.6. Lizenzausgabe Wissenschaftliche Buchgesellschaft Darmstadt. Schwabe § Co. AG Basel 1984, 1233

Hegel, G.W.F.: Vorles. über die Philsophie der Geschichte. Jub.-A. 11 (1961) 47; zitiert in: Ritter, J.; Gründer, K.(Hrsg.): Historisches Wörterbuch der Philosophie. Bd.6. Lizenzausgabe Wissenschaftliche Buchgesellschaft Darmstadt. Schwabe § Co. AG Basel 1984, 1236

Hegel, G.W.F.: Vorles. über die Philosophie der Religion. 2. Jub.-A., hg. H.Glockner (1961) 16, 137; zitiert in: Ritter, J.; Gründer, K.(Hrsg.): Historisches Wörterbuch der Philosophie. Bd.6. Lizenzausgabe Wissenschaftliche Buchgesellschaft Darmstadt. Schwabe § Co. AG Basel 1984, 1232

Heidegger, M.: Sein und Zeit (1927) § 34. Ges.ausg. I/2 (1976) 219; zitiert in: Ritter, J.; Gründer, K. (Hrsg.): Historisches Wörterbuch der Philosophie. Bd. 9. Lizenzausgabe der Wissenschaftlichen Buchgesellschaft Darmstadt. Schwabe § Co. AG Basel 1995, 1492

Heidegger, M.: Sein und Zeit (1927) § 35. Ges.ausg. I/2 (1976) 223, 224; zitiert in: Ritter, J.; Gründer, K. (Hrsg.): Historisches Wörterbuch der Philosophie. Bd. 9. Lizenzausgabe der Wissenschaftlichen Buchgesellschaft Darmstadt. Schwabe § Co. AG Basel 1995, 1492

Heisenberg, W.: Das Naturbild der heutigen Physik. Vortrag (1953); in: Schiemann, G.: Was ist Natur, Deutscher Taschenbuch Verlag München 1996

Heitsch, E.: Parmenides und die Anfänge der Erkenntnsikritik und Logik (1979) 44ff ; in: Ritter, J.(Hrsg): Historisches Wörterbuch der Philosophie. Bd.12. Lizenzausgabe Wissenschaftliche Buchgesellschaft Darmstadt. Schwabe & Co Basel 1972, 857

Heraklit: DK 1, 162: B 53; in: Ritter, J.(Hrsg): Historisches Wörterbuch der Philosophie. Bd.2. Lizenzausgabe Wissenschaftliche Buchgesellschaft Darmstadt. Schwabe & Co. AG Basel 1972, 1065

Herder, J.G.: Funfzehn Provinzialblätter. An Prediger (1774). Sämmtl. Werke, hg. B.Suphan (1877-1913) 7, 265; zitiert in: Ritter, J.; Gründer, K.(Hrsg.): Historisches Wörterbuch der Philosophie. Bd.8. Lizenzausgabe Wissenschaftliche Buchgesellschaft Darmstadt. Schwabe § Co. AG Basel 1992, 673

Herder, J.G.: Ideen zu einer Philos. der Gesch. der Menschheit IX, 5 (1785). Sämmtl. Werke, hg. B.Suphan (1877-1913) 13, 387; 391f; 458f. 162; zitiert in: Ritter, J.; Gründer, K.(Hrsg.): Historisches Wörterbuch der Philosophie. Bd.8. Lizenzausgabe Wissenschaftliche Buchgesellschaft Darmstadt. Schwabe § Co. AG Basel 1992, 673

Herder, J.G.: Über den Ursprung der Sprache (1772). Werke, hg. B. Suphan 5 (1891) 34; zitiert in: Ritter, J. (Hrsg): Historisches Wörterbuch der Philosophie. Bd.8. Lizenzausgabe Wissenschaftliche Buchgesellschaft Darmstadt. Schwabe & Co. AG Basel 1972, 397

Hesiod: Erga 11-26; zitiert in: Ritter, J.; Gründer, K.(Hrsg.): Historisches Wörterbuch der Philosophie. Bd.9. Lizenzausgabe der Wissenschaftlichen Buchgesellschaft Darmstadt. Schwabe § Co. AG Basel 1995, 1439

Hesiod: Erga 173-200; zitiert in: Ritter, J.; Gründer, K.(Hrsg.): Historisches Wörterbuch der Philosophie. Bd.9. Lizenzausgabe der Wissenschaftlichen Buchgesellschaft Darmstadt. Schwabe § Co. AG Basel 1995, 1439

Hesiod: Theogonie 70ff; in: Ritter, J.(Hrsg.): Historisches Wörterbuch der Philosophie. Bd.3. Lizenzausgabe Wissenschaftliche Buchgesellschaft Darmstadt. Schwabe § Co. AG Basel 1974, 721

Hiebel, H.H.: Tabelle zur Geschichte der Medien-Technik; in: Elm, Th.; Hiebel, H. (Hrsg.): Medien und Maschinen. Literatur im technischen Zeitalter. Freiburg 1991, 186-224; zitiert in: Wenzel, H.: Mediengeschichte vor und nach Gutenberg. Wissenschaftliche Buchgesellschaft Darmstadt 2007, 21

Hirschberger, J.: Geschichte der Philosophie. Lizenzausgabe für die

Wissenschaftliche Buchgesellschaft. Verlag Herder Freiburg im Breisgau, vermittelt durch die Komet Verlag GmbH Köln o.J.

Hobbes, Th.: Elem. philos.I: De corpore (1655) I: Logic, ch. III §1. The Engl. Works, hg. W. Molesworth (London 1839-45) 30; zitiert in: Ritter, J.; Gründer, K.(Hrsg.): Historisches Wörterbuch der Philosophie. Bd.9. Lizenzausgabe der Wissenschaftlichen Buchgesellschaft Darmstadt. Schwabe § Co. AG Basel 1995, 1469, 1470

Höffe, O.: Gerechtigkeit. Verlag C.H.Beck München 2001

Höffe, O.: Sittlich-politische Diskurse. Frankfurt am Main 1981, 16f; zitiert in: Thurnherr, U.: Angewandte Ethik; in Pieper, A.(Hrsg.): Philosophische Disziplinen. Reclam Verlag Leipzig 1998, 93

Höffe, O.: Vom Nutzen des Nutzlosen, Frankfurter Allgemeine Zeitung Nr.7 9. Januar.2006

Hofmann, H.: Einführung in die Rechts- und Staatsphilosophie. Wissenschaftliche Buchgesellschaft Darmstadt 2000

Hofmeister, H.: Philosophisch denken. Vandenhoeck & Ruprecht Göttingen 1997

Hollerbach, A.: Art. Rechtsethik; in: Staatslexikon der Görres-Gesellschaft IV, 1988, 692; in : Hofmann, H.: Einführung in die Rechts- und Staatsphilosophie. Wissenschaftliche Buchgesellschaft Darmstadt 2000, 35

Hoppe, H.-H.: Demokratie. Der Gott, der keiner ist. Manuscriptum Verlag Waltrop Leipzig 2004, 128

Homer: Ilias 6, 455; 11, 831; 6, 528; in: Ritter, J. (Hrsg): Historisches Wörterbuch der Philosophie. Bd.2. Lizenzausgabe Wissenschaftliche Buchgesellschaft Darmstadt. Schwabe & Co. AG Basel 1972, 1065

Homer: Ilias, II, 410ff; in: Ritter, J.; Gründer, K.(Hrsg.): Historisches Wörterbuch der Philosophie. Bd.6. Lizenzausgabe Wissenschaftliche Buchgesellschaft Darmstadt. Schwabe § Co. AG Basel 1984, 1223, 1224

Horkheimer, M.; Adorno, Th. W.: Dial. der Aufkl. (Amsterdam 1947) 71, 73f; zitiert in: Ritter, J.; Gründer, K.(Hrsg.): Historisches Wörterbuch der Philosophie. Bd.6. Lizenzausgabe Wissenschaftliche Buchgesellschaft Darmstadt. Schwabe § Co. AG Basel 1984, 1236

Hrabanus Maurus: De inst. III, c. 7-15; in: J.P. Migne (E d.): Patrologiae

452

cursus completus, Series II: Ecclesia latina 1-221(218-221 Indices) hier: 107, 384f. 389 Paris 1841-1864; zitiert in: Ritter, J.; Gründer, K.(Hrsg.): Historisches Wörterbuch der Philosophie. Bd.9. Lizenzausgabe der Wissenschaftlichen Buchgesellschaft Darmstadt. Schwabe § Co. AG Basel 1995, 1455

Hubbert, M.King: The Energy Resources of the Earth. Scientific American, Sept.1971; in: Jantsch, E.: Die Selbstorganisation des Universums. Vom Urknall zum menschlichen Geist. Carl Hanser Verlag München Wien 1979, 371

Hüther, G.: Bedienungsanleitung für ein menschliches Gehirn. Vandenhoeck § Ruprecht Göttingen 2005

Hüther, G.: Die Macht der inneren Bilder. Vandenhoeck & Ruprecht Verlag Göttingen 2006

Huizinga, J.: Im Schatten von morgen. Eine Diagnose des kulturellen Lebens unserer Zeit. 2. Auflage 1936; zitiert in: Bender, E.(Hrsg.): Deutsches Lesebuch für Gymnasien. Bd. 7. G.Braun Verlag Karlsruhe 1966/1967, 16

Hume, D.: Ein Traktat über die menschliche Natur, Zwei Bände, Meiner Verlag Hamburg 1978, 211 f ; zitiert in: Quante, M.: Einführung in die Allgemeine Ethik. Wissenschaftliche Buchgesellschaft Darmstadt 2006, 122

Hutter, A.: Das Unbewusste der modernen Technisierung; in: Kuhlmann, A. (Hrsg.): Philosophische Ansichten der Kultur der Moderne. Fischer Verlag Frankfurt am Main 1994, 162

Jäger, H.E.H.: La norme d'après la doctrine des humanistes et des auteurs du droit naturel, in: La norma en el Derecho Canonico. Actas del III congr. intern. de Derechno Canonico (Pamplona 1979) I, 312; in: Ritter, J.; Gründer, K.(Hrsg.): Historisches Wörterbuch der Philosophie. Bd.6. Lizenzausgabe Wissenschaftliche Buchgesellschaft Darmstadt. Schwabe § Co. AG Basel 1984, 907

Jantsch, E.: Die Selbstorganisation des Universums. Vom Urknall zum menschlichen Geist. Carl Hanser Verlag München Wien 1979

Jouvenel, B. de: Sovereignty, bes. Kap. 10 und 11, 172-173; zitiert in: Hoppe, H.-H.: Demokratie. Der Gott, der keiner ist. Manuscriptum Verlag Waltrop Leipzig 2004, 76

Jünger, E.: Der Weltstaat. Klett-Cotta Verlag Stuttgart 1960

Jünger, F.G.: Wort und Zeichen; in: Sprache und Wirklichkeit. Essays.

Deutscher Taschenbuch Verlag München 1967

Kalko, E.K.V.: Lebensqualität für den Menschen. Die Bedeutung von Artenvielfalt für die Funktion von Ökosystemen; in: Sandhoff, K.; Donner, W. u.a. (Hrsg.): Vom Urknall zum Bewußtsein – Selbstorganisataion der Materie. Georg Thieme Verlag KG Stuttgart 2007, 165

Kanitscheider, B.: Im Innern der Natur. Wissenschaftliche Buchgesellschaft Darmstadt 1996, 21

Kant, I.: AA VII , 140; in: Gesammelte Schriften. Akademie-Ausgabe. Bde.I-IX und XV-XXVIII (hier Bd.VII, 140) Berlin 1968 und 1923 ff; zitiert in: Thurnherr, U.: Angewandte Ethik; in: Pieper, A.: Ethik. In: Pieper, A.(Hrsg.): Philosophische Disziplinen. Reclam Verlag Leipzig 1998, 100, 101

Kant, I.: Anthropol. in pragmat. Hinsicht (1798). Akad.-A. 8, 79; 8, 80. Gesammelte Schriften, hg. (Königl.) Preuß. Akad. Wiss. (ab Bd.23 hg. Dtsch. Akad. Wiss. zu Berlin), Bd.8; zitiert in: Ritter, J.; Gründer, K.(Hrsg.): Historisches Wörterbuch der Philosophie. Bd.9. Lizenzausgabe der Wissenschaftlichen Buchgesellschaft Darmstadt. Schwabe § Co. AG Basel 1995, 1483

Kant, I.: Die Religion innerhalb der Grenzen der bloßen Vernunft. Akad.-A. 6, 193, 168f. Gesammelte Schriften, hg. (Königl.) Preuß. Akad. Wiss. (ab Bd.23 hg. Dtsch. Akad. Wiss. zu Berlin), Bd.6; in: Ritter, J.; Gründer, K.(Hrsg.): Historisches Wörterbuch der Philosophie. Bd.8. Lizenzausgabe Wissenschaftliche Buchgesellschaft Darmstadt. Schwabe § Co. AG Basel **1992, 674**

Kant, I.: KpV 233 (Kritik der praktischen Vernunft (1788), 233). Akad.-A. 5, 129, 481. Gesammelte Schriften, hg. (Königl.) Preuß. Akad. Wiss. (ab Bd.23 hg. Dtsch. Akad. Wiss. zu Berlin), Bd.5; in: Ritter, J.; Gründer, K.(Hrsg.): Historisches Wörterbuch der Philosophie. Bd.8. Lizenzausgabe Wissenschaftliche Buchgesellschaft Darmstadt. Schwabe § Co. AG Basel 1992, 674

Kant, I.; KrV A 735 (Kritik der reinen Vernunft 1781, 735); zitiert in: Ritter, J.; Gründer, K.(Hrsg.): Historisches Wörterbuch der Philosophie. Bd.9. Lizenzausgabe der Wissenschaftlichen Buchgesellschaft Darmstadt. Schwabe § Co. AG Basel 1995, 1483

Kant, I.: KU 477 (Kritik der Urteilskraft (1790, 1793), 477). Akad.-A. 5, 129, 481. Gesammelte Schriften, hg. (Königl.) Preuß. Akad. Wiss. (ab Bd.23 hg. Dtsch. Akad. Wiss. zu Berlin), Bd.5; in: Ritter, J.; Gründer, K.(Hrsg.):

Historisches Wörterbuch der Philosophie. Bd.8. Lizenzausgabe Wissenschaftliche Buchgesellschaft Darmstadt. Schwabe § Co. AG Basel 1992, 674

Kant, I.: Metaphysik der Sitten I, § 1; in: Ritter, J.(Hrsg.): Historisches Wörterbuch der Philosophie. Bd.1. Lizenzausgabe Wissenschaftliche Buchgesellschaft Darmstadt. Schwabe & Co. AG Basel 1971, 847

Kant, I.: MdS: Tugendlehre, Einl. I u. II, Werke, hg.v.der Preußischen Akademie der Wissenschaften, Berlin 1902 ff (Nachdr. Berlin 1968), darin: Die Metaphysik der Sitten, Bd.VI, S. 203-493; in: Hofmann, H.: Einführung in die Rechts- und Staatsphilosophie. Wissenschaftliche Buchgesellschaft Darmstadt 2000, 9

Kant, I.: Mutmaßlicher Anfang der Menschengeschichte (1786) 325, I. Kants Sämtliche Werke, hrsg. von G. Hartenstein, Bd IV. Leipzig 1867; zitiert in: Dahrendorf, R.: Über den Ursprung der Ungleichheit unter den Menschen. Recht und Staat (232). J.C.B.Mohr (Paul Siebeck) Tübingen 1966, 5, 6

Kant, I.: Proleg. Akad.-A. 4, 365. Gesammelte Schriften, hg. (Königl.) Preuß. Akad. Wiss. (ab Bd.23 hg. Dtsch. Akad. Wiss. zu Berlin), Bd.4; zitiert in: Ritter, J.; Gründer, K.(Hrsg.): Historisches Wörterbuch der Philosophie. Bd.5. Lizenzausgabe Wissenschaftliche Buchgesellschaft Darmstadt. Schwabe § Co. AG Basel 1980, 1253

Kant, I.: Reflexionen zur Anthropologie; in: Gesammelte Schriften. Akademie-Ausgabe. Bde.I-IX und XV-XXVIII (hier Bd.XV/2, 873 (1518) Berlin 1068 und 1923 ff; vgl. dazu Thurnherr, U.: Die Ästhetik der Existenz. Über den Begriff der Maxime und die Bildung von Maximen bei Kant. Tübingen Basel 1994, 121-131; zitiert in: Thurnherr, U.: Angewandte Ethik; in: Pieper, A.: Ethik. In: Pieper, A.(Hrsg.): Philosophische Disziplinen. Reclam Verlag Leipzig 1998, 100

Kant, I.: Träume... Akad.-A. 2, 348. Gesammelte Schriften, hg. (Königl.) Preuß. Akad. Wiss. (ab Bd.23 hg. Dtsch. Akad. Wiss. zu Berlin), Bd. 2; zitiert in: Ritter, J.; Gründer, K.(Hrsg.): Historisches Wörterbuch der Philosophie. Bd.5. Lizenzausgabe Wissenschaftliche Buchgesellschaft Darmstadt. Schwabe § Co. AG Basel 1980, 1286

Kant, I: Unters. über die Deutlichkeit der Grundsätze der natürl. Theologie und der Moral (1764). Akad.-A. 2, 284; zitiert in: Ritter, J.; Gründer, K.(Hrsg.): Historisches Wörterbuch der Philosophie. Bd.9. Lizenzausgabe der Wissenschaftlichen Buchgesellschaft Darmstadt. Schwabe § Co. AG Basel 1995, 1483

Kant, I.: Werke in sechs Bänden. Hg. von Weischedel, W. Darmstadt 1983. Schriften zur Ethik und Religionsphilosophie Bd. 4. 51; zitiert in: Pieper, A.: Ethik. In: Pieper, A.(Hrsg.): Philosophische Disziplinen. Reclam Verlag Leipzig 1998, 81

Kant, I.: Zum ewigen Frieden (1795). 1. Definitivart.; zitiert in: Ritter, J. (Hrsg.): Historisches Wörterbuch der Philosophie. Bd.2. Lizenzausgabe Wissenschaftliche Buchgesellschaft Darmstadt. Schwabe § Co. AG Basel 1972, 52

Kaplan, E.A.: Rocking around the Clock. Music Television, Postmodernism, And Consumer Culture. New York London 1987; in : Kuhlmann, A (Hrsg.): Philosophische Ansichten der Moderne. Fischer TB Verlag Frankfurt am Main 1994

Keller, A.: Allgemeine Erkenntnistheorie. Kohlhammer Stuttgart Berlin Köln 1990

Kepler, J.: Br. an J. Tanckius (12.5.1608). Op. omn., hg. M.Frisch 1937 ff, 16, 378; zitiert in: Ritter, J.; Gründer, K. (Hrg.): Historisches Wörterbuch der Philosophie. Bd.10. Lizenzausgabe Wissenschaftliche Buchgemeinschaft Darmstadt. Schwabe § Co Basel 1998, 718

Kerényi, K. (Hrsg.): Die Eröffnung des Zugangs zum Mythos. Wissenschaftliche Buchgesellschaft Darmstadt 1996

Kernig, C.D.: Die Welt nach dem Jahr 2000 – das Ende der Urbanisierung; in: Umwelt-Management (Hrsg.): FAW, Forschungsinstitut für Anwendungsorientierte Wissensverarbeitung. Universitätsverlag Ulm GmbH 1994, 97-149

Kersting, W.: Die politische Philosophie des Gesellschaftsvertrags. Primus Verlag Darmstadt 1996

Kersting, W.: Politische Philosophie; in: Pieper, A.(Hrsg.): Philosophische Disziplinen. Reclam Verlag Leipzig 1998, 304-325

Kittler, F.: Buchstaben – Zahlen – Codes; in: Wenzel, H.: Luthers Briefe im Medienwechsel von der Manuskriptkultur zum Buchdruck; in: Wenzel, H.; Seipel, W.; Wunberg, G.: Audiovisualität vor und nach Gutenberg. Zur Kulturgeschichte der medialen Umbrüche. (Schriften des Kunsthistorischen Museums 6) Wien 2001, 185-201; zitiert in: Wenzel, H.: Mediengeschichte vor und nach Gutenberg. Wissenschaftliche Buchgesellschaft Darmstadt 2007, 24, 25

456

Knapp, G.F.: Staatliche Theorie des Geldes (1923) 1; in: Ritter, J. (Hrsg.): Historische Wörterbuch der Philosophie. Bd.3. Lizenzausgabe der Wissenschaftlichen Buchgesellschaft Darmstadt. Schwabe § Co. AG Basel 1974, 225

Knigge, A. Frh.v.: Über den Umgang mit Menschen. Globus Verlag Berlin o.J.; zitiert in: Wenzel, H.: Mediengeschichte vor und nach Gutenberg. Wissenschaftliche Buchgesellschaft Darmstadt 2007, 26

Koelle, A.: System der Technik, Berlin 1822, 25f; zitiert in: Fischer, P.: Technikphilosophie; in: Pieper, A.(Hrsg.): Philosophische Disziplinen. Ein Handbuch. Reclam Verlag Leipzig 1998, 423, 424

Kolakowski, L.: Vom Sinn der Tradition. Merkur 26 (1969) 1085

Krämer, H.: Integrative Ethik. Frankfurt a. Main 1992, 265; zitiert in: Thurnherr, U.: Angewandte Ethik; in: Pieper, A.: Ethik; in: Pieper, A.(Hrsg.): Philosophische Disziplinen. Reclam Verlag Leipzig 1998, 96

Krieger, D.J.: Einführung in die allgemeine Systemtheorie. Wilhelm Fink Verlag München 1998

Kunzmann, P.; Burkard, F.-P.; Wiedmann F.: dtv-Atlas zur Philosophie. Deutscher Taschenbuch Verlag München 1991

Landes, D.S.: Wohlstand und Armut der Nationen. Warum die einen reich und die anderen arm sind. Wissenschaftliche Buchgesellschaft Darmstadt 1999

Langenscheidt, K.: Gemeinschaft muss man lernen. Süddeutsche Zeitung Nr. 205 5. September 2007

Lanius, K.: Natur im Wandel. Spektrum Akademischer Verlag Heidelberg 1994; zitiert in: Ebeling, W.; Freund, J.; Schweitzer, F.; Komplexe Strukturen: Entropie und Information. B.G.Teubner Verlag Stuttgart Leipzig 1998, 45

Laum, B.: Über die soziale Funktion der Münze. Finanzarch. NF 13 (1951/52) 120ff; zitiert in: Ritter, J. (Hrsg.): Historische Wörterbuch der Philosophie. Bd.3.

Lizenzausgabe der Wissenschaftlichen Buchgesellschaft Darmstadt. Schwabe § Co. AG Basel 1974, 225

Leibniz, G.W.: Abh. über die chines. Philos. Antaios 8/2 (1966) 183; in: Ritter, J.; Gründer, K.(Hrsg.): Historisches Wörterbuch der Philosophie. Bd.6. Lizenzausgabe Wissenschaftliche Buchgesellschaft Darmstadt. Schwabe § Co.

AG Basel 1984, 1231

Leibniz, G.W.: Nouv. Essais IV, 16, §4 (1704/05). Akad.-A. VI/6 (1962) 462; in: Ritter, J.: Gründer, K.(Hrsg.): Historisches Wörterbuch der Philosophie. Bd.8. Lizenzausgabe Wissenschaftliche Buchgesellschaft Darmstadt. Schwabe § Co. AG Basel 1992, 651

Leibniz, G.W.: Théod. (1710). Die philos. Schr., hg. C.I. Gerhardt 6 (1885) passim, bes. 49. 53ff; 38f. 273f; in: Ritter, J.; Gründer, K.(Hrsg.): Historisches Wörterbuch der Philosophie. Bd.8. Lizenzausgabe Wissenschaftliche Buchgesellschaft Darmstadt. Schwabe § Co. AG Basel 1992, 651

Leibniz, G.W.: Unvorgreiffliche gedancken, betr. die ausübung und verbesserung der teutschen sprache (ca.1697) §1. Dtsch.Schr., hg.G.E.Guhrauer 1 (1838, ND 1966) 440-486; Nouv. Essais sur l'entend. humain III, ch. 7, § 6 (1704)(1765). Akad.-A. VI/6 (1962) 333; zitiert in: Ritter, J.; Gründer, K.(Hrsg.): Historisches Wörterbuch der Philosophie. Bd.9. Lizenzausgabe der Wissenschaftlichen Buchgesellschaft Darmstadt. Schwabe § Co. AG Basel 1995, 1474

Leibniz, G.W.: Unvorgreiffliche gedancken, betr. die ausübung und verbesserung der teutschen sprache (ca.1697) §1. Dtsch.Schr., hg.G.E.Guhrauer 1 (1838, ND 1966) 440-486; Nouv. Essais sur l'entend. humain III, ch. 5, § 10, (1704)(1765). Akad.-A. VI/6 (1962) 303; zitiert in: Ritter, J.; Gründer, K.(Hrsg.): Historisches Wörterbuch der Philosophie. Bd.9. Lizenzausgabe der Wissenschaftlichen Buchgesellschaft Darmstadt. Schwabe § Co. AG Basel 1995, 1474

Leibniz, G.W.: Unvorgreiffliche gedancken betr. die ausübung und verbesserung der teutschen sprache (ca. 1697) § 15, 454. Dtsch. Schr., hg. G.E.Guhrauer 1 (1838, ND 1966) 440-486; zitiert in: Ritter, J.; Gründer, K.(Hrsg.): Historisches Wörterbuch der Philosophie. Bd.9. Lizenzausgabe der Wissenschaftlichen Buchgesellschaft Darmstadt. Schwabe § Co. AG Basel 1995, 1474

Leibniz, G.W.: Unvorgreiffliche gedancken betr. die ausübung und verbesserung der teutschen sprache (ca. 1697) § 57. Dtsch. Schr., hg. G.E.Guhrauer 1 (1838, ND 1966) 440-486; zitiert in: Ritter, J.; Gründer, K.(Hrsg.): Historisches Wörterbuch der Philosophie. Bd.9. Lizenzausgabe der Wissenschaftlichen Buchgesellschaft Darmstadt. Schwabe § Co. AG Basel 1995, 1474

Leibniz, G.W.: Unvorgreiffliche gedancken betr. die ausübung und verbesserung der teutschen sprache (ca. 1697) § 60, 470. Dtsch. Schr., hg.

458

G.E.Guhrauer 1 (1838, ND 1966) 440-486; zitiert in: Ritter, J.; Gründer, K.(Hrsg.): Historisches Wörterbuch der Philosophie. Bd.9. Lizenzausgabe der Wissenschaftlichen Buchgesellschaft Darmstadt. Schwabe § Co. AG Basel 1995, 1474

Leinfellner, W.: Ein Plädoyer für die Evolutionäre und die Sozialethik; in: Lütterfelds, W.(Hrsg.) unter Mitarbeit von Mohrs, Th.: Evolutionäre Ethik zwischen Naturalismus und Idealismus. Wissenschaftliche Buchgesellschaft Darmstadt 1993, 57

Lessing, G.E.: Eine Parabel ... an den Herrn Pastor Goeze, in Hamburg (1778). Werke , hg. H. G. Göpfert (1976) 8, 126; zitiert in: Ritter, J.; Gründer, K.(Hrsg.): Historisches Wörterbuch der Philosophie. Bd.10. Lizenzausgabe Wissenschaftliche Buchgesellschaft Darmstadt. Schwabe § Co. AG Basel 1998, 1317

Lévy-Bruhl, L.: Les fonctions mentales dans les sociétés infériores (Paris 1910); in: Ritter, J. (Hrsg.): Historisches Wörterbuch der Philosophie. Bd.1. Lizenzausgabe Wissenschaftliche Buchgesellschaft Darmstadt. Schwabe & Co. AG Basel 1972, 846

Linsenmair, K.E.: Brauchen wir biologische Vielfalt? In: Sandhoff, K.; Donner, W. u.a. (Hrsg.): Vom Urknall zum Bewußtsein – Selbstorganisation der Materie. Gerorg Thieme Verlag KG Stuttgart 2007, 155

Lips, F.: Kriege, Gold und Währungskrisen. Vortrag an der Universität St. Gallen, im Rahmen der Vortragsreihe: International Finance § Security. 24.06.2004

Lips, F.: Gold Wars – The Battle Against Sound Money as Seen From a Swiss Perspective. New York Foundation for the Advancement of Monetary Eduacation FAME, 2002

Locke, J.: An essay conc. human underst. III, ch. 10, §22 (1690). The works 2 (London 1823, ND 1963) 283; zitiert in: Ritter, J.; Gründer, K.(Hrsg.): Historisches Wörterbuch der Philosophie. Bd.9. Lizenzausgabe der Wissenschaftlichen Buchgesellschaft Darmstadt. Schwabe § Co. AG Basel 1995, 1472

Locke, J.: Essay concerning human understanding. 2.Buch, I 2; in: Vollmer, G.: Was können wir wissen? Band1. Die Natur der Erkenntnis. Hirzel Verlag Stuttgart 1988, 14, 15

Lorenz, K.: Die Rückseite des Spiegels. Deutscher Taschenbuch Verlag

München 1993

Lorenz, K.: Der Abbau des Menschlichen. Piper Verlag München Zürich 1983

Lorenz, K.: Die Naturwissenschaft vom Menschen. Piper Verlag München **1992**

Lorenz, K.: Knowledge, beliefs and freedom; in: Weiss, P. (Ed.): Hierarchically organized systems in theory and practice. Hafner New York; in: Riedl, R.: Biologie der Erkenntnis. Die stammesgeschichtlichen Grundlagen der Vernuft. Verlag Paul Parey Berlin Hamburg 1980, 26

Ludwig, R.: Kant für Anfänger. Die Kritik der reinen Vernunft. Deutscher Taschenbuch Verlag München 1996

Lübbe, H.: Dezisionismus – eine kompromittierte polit. Theorie, in: W. Oelmüller u.a. (Hg.): Diskurs Politik (1977) 289f; zitiert in: Ritter, J.; Gründer, K.(Hrsg.): Historisches Wörterbuch der Philosophie. Bd.10. Lizenzausgabe Wissenschaftliche Buchgesellschaft Darmstadt. Schwabe § Co. AG Basel 1998, 1325

Lütterfelds, W.: Ist Evolutionäre Ethik moralisch neutral und ethisch irrelevant? In: Lütterfelds, W.(Hrsg.) unter Mitarbeit von Mohrs, Th.: Evolutionäre Ethik zwischen Naturalismus und Idealismus. Wissenschaftliche Buchgesellschaft Darmstadt 1993, 15

Luther, M.: Acta Augustana (1518). Weimarer Ausgabe (WA) 2 (1884) 17; zitiert in: Ritter, J.; Gründer, K.(Hrsg.): Historisches Wörterbuch der Philosophie. Bd.10. Lizenzausgabe Wissenschaftliche Buchgesellschaft Darmstadt. Schwabe § Co. AG Basel 1998, 1317

Luther, M.: Weimarer Ausgabe (WA) 4 (1916) 4342; in: Ritter, J.(Hrsg.): Historisches Wörterbuch der Philosophie. Bd.2. Lizenzausgabe Wissenschaftliche Buchgesellschaft Darmstadt. Schwabe § Co. AG Basel 1972, 52

Luther, M.: Weimarer Ausgabe (WA) 30/1, 132f; zitiert in: Ritter, J.(Hrsg.): Historisches Wörterbuch der Philosophie. Bd.3. Lizenzausgabe Wissenschaftliche Buchgesellschaft Darmstadt. Schwabe § Co. AG Basel 1974, 751

Luther, M.: Weimarer Ausgabe (WA) 40/2, 327; 36, 425; zitiert in: Ritter, J.(Hrsg.): Historisches Wörterbuch der Philosophie. Bd.3. Lizenzausgabe

Wissenschaftliche Buchgesellschaft Darmstadt. Schwabe § Co. AG Basel 1974, 752

Magass, W.: Tradition. Zur Herkunft eines rechtl. und lit. Begriffs. Kairos 24 (1982) 110; in: Ritter, J.; Gründer, K.(Hrsg.): Historisches Wörterbuch der Philosophie. Bd.10. Lizenzausgabe Wissenschaftliche Buchgesellschaft Darmstadt. Schwabe § Co. AG Basel 1998, 1315

Maier, H.; Denzer, H. (Hg.): Klassiker des politischen Denkens. Bd.2. Verlag C.H.Beck München 2001

Mainzer, K.: Was ist Leben? Denkanstöße 93. 1992, 43; zitiert in: Ebeling, W.; Freund, J.; Schweitzer, F.; Komplexe Strukturen: Entropie und Information. B.G.Teubner Verlag Stuttgart Leipzig 1998, 19

Marschall, W. (Hrsg.): Klassiker der Kulturanthropologie. Von Montaigne bis Margret Mead. Verlag C.H.Beck München 1990

Marx, K.: Das Kapital. Kritik der politischen Ökonomie; in: Marx-Engels-Werke (MEW). Berlin 1956 ff., Bde. 23-25; zitiert in: Fischer, P.: Technikphilosophie; in: Pieper, A.(Hrsg.): Philosophische Disziplinen. Ein Handbuch. Reclam Verlag Leipzig 1998, 425

Marx, K.: Der 18. Brumaire des Louis Bonaparte (1852). Marx-Engels-Werke (MEW) 8, 115, 117. Berlin-Ost 1956-1968; zitiert in: Ritter, J.; Gründer, K.(Hrsg.): Historisches Wörterbuch der Philosophie. Bd.10. Lizenzausgabe Wissenschaftliche Buchgesellschaft Darmstadt. Schwabe § Co. AG Basel 1998, 1321

Marx, K.: Manifest der Kommunistischen Partei. München 1969, 66f

Marx, K.: Programm der Sozialdemokratischen Partei Deutschlands (1891); in: Der Weg des Sozialismus, hg. K.Farner/Th.Pinkus (1964) 16; zitiert in: Ritter, J.(Hrsg.): Historisches Wörterbuch der Philosophie. Bd.1. Lizenzausgabe Wissenschaftliche Buchgesellschaft Darmstadt. Schwabe & Co. AG Basel 1971, 847

Marx, M./Engels, F.: Die deutsche Ideologie. Marx-Engels-Werke (MEW) 3, 26. Berlin-Ost 1956-1968; zitiert in: Ritter, J.; Gründer, K.(Hrsg.): Historisches Wörterbuch der Philosophie. Bd.8. Lizenzausgabe Wissenschaftliche Buchgesellschaft Darmstadt. Schwabe § Co. AG Basel 1992, 687

Marx, K.: Die Frühschr., hg. Landshut (1953) 349; in: Ritter, J.; Gründer,

K.(Hrsg.): Historisches Wörterbuch der Philosophie. Bd.5. Lizenzausgabe Wissenschaftliche Buchgesellschaft Darmstadt. Schwabe § Co. AG Basel 1980, 1286

Marx, K.: MEW Erg.-Bd.1, 583f. Werke 1-39 Berlin-Ost 1956-1968; zitiert in: Ritter, J.(Hrsg.): Historisches Wörterbuch der Philosophie. Bd.3. Lizenzausgabe Wissenschaftliche Buchgesellschaft Darmstadt. Schwabe § Co. AG Basel 1974, 790

Marx, K.; Engels, F.: MEW 33, 205. Marx-Engels-Werke 1-39 Berlin-Ost 1956-1968; zitiert in: Ritter, J.; Gründer, K.(Hrsg.): Historisches Wörterbuch der Philosophie. Bd.6. Lizenzausgabe Wissenschaftliche Buchgesellschaft Darmstadt. Schwabe § Co. AG Basel 1984, 1236

Marx, K.: Zur Kritik der Hegelschen Rechtsphilosophie. MEW, 1, 378. Marx-Engels-Werke 1-39 Berlin-Ost 1956-1968; zitiert in: Ritter, J.; Gründer, K.(Hrsg.): Historisches Wörterbuch der Philosophie. Bd.8. Lizenzausgabe Wissenschaftliche Buchgesellschaft Darmstadt. Schwabe § Co. AG Basel 1992, 687

Mason, St. F.: Geschichte der Naturwissenschaft in der Entwicklung ihrer Denkweisen. Bassum Verlag für Geschichte der Naturwiss.und der Technik 1997

Mauss, M.; Hubert, H.: Introd. à l'analyse de quelques phénomènes relig. (1906). Oeuvr. (Paris 1968) 1, 3-39; zitiert in: Ritter, J.; Gründer, K.(Hrsg.): Historisches Wörterbuch der Philosophie. Bd.8. Lizenzausgabe Wissenschaftliche Buchgesellschaft Darmstadt. Schwabe § Co. AG Basel 1992, 695

May, R.M.: Stability und Complexity in Model Ecosystems. Princeton University Press Princeton N.J. 1973

Mc Cann KS.: The diversity – stability debate. Nature 2000; 405: 228-232; in: Barkmann, J.; Marggraf, R.: Weil wir Geld nicht essen können; in: Sandhoff, K.; Donner, W. u.a. (Hrsg.): Vom Urknall zum Bewußtsein – Selbstorganisation der Materie. Georg Thieme Verlag KG Stuttgart 2007, 181

Mehler, J.; Christophe, A.: Acquisition of languages: Infant and adult data. In: Gazzaniga, M.S. et al. (Hrsg.): The New Cognitive Neurosciences. 2.Aufl. MIT Press Cambridge, Mass., 2000, 897-908; in: Roth, G.: Fühlen, Denken, Handeln. Wie das Gehirn unser Verhalten steuert. Suhrkamp Verlag Frankfurt am Main 2001, 363, 364

462

Meier, Ch.: Die Griechen: die politische Revolution der Weltgeschichte, in: Vermiculum 33 (1982) 133-147; in: Ritter, J.; Gründer, K.(Hrsg.): Historisches Wörterbuch der Philosophie. Bd.7. Lizenzausgabe Wissenschaftliche Buchgesellschaft Darmstadt. Schwabe § Co. AG Basel 1989, 1042

Menne, A.: Einführung in die Logik. Francke Verlag Tübingen Basel 1993

Messadié, G.: Die Geschichte Gottes. Über den Ursprung der Religionen. Area Verlag Erftstadt 2006

Meves, Ch.: Was heißt „qualifizierte Betreuung"? Leserzuschrift, Frankfurter Allgemeinen Zeitung Nr. 84 11.April 2007, 17

Misch, A.: Der Fluch des Chemiezeitalters, in: World Wotch, H. 2, 1993; in: Eichler, H.: Ökosystem Erde. Der Störfall Mensch – eine Schadens- und Vernetzungsanalyse. B.I.-Taschenbuchverlag. Mannheim Leipzig Wien Zürich 1993, 104

Mises, L.v.: Human Action: A Treatise on Economics. Scholar's Edition (Auburn, Ala.: Ludwig von Mises Institute, 1998) 483, 491; zitiert in: Hoppe, H.-H.: Demokratie. Der Gott, der keiner ist. Maniscriptum Waltrop und Leipzig 2004, 46

Moore, G.E.: Principia Ethica. Reclam Verlag Stuttgart 1970, 39ff; in: Quante, M.: Einführung in die Allgemeine Ethik. Wissenschaftliche Buchgesellschaft Darmstadt 2006, 123

Müller-Karpe, H.: Grundzüge früher Menschengeschichte. Wissenschaftliche Buchgesellschaft Darmstadt 1998

Myss, W.: Kunst in Siebenbürgen. Wort und Welt Verlag Thaur bei Innsbruck 1991

Neurath, O.: Gesammelte philosophische und methodologische Schriften, Band 2, HPT Wien 1981; zitiert in: Zoglauer, Th.: Einführung in die formale Logik für Philosophen, Göttingen 1997, 32

Nietzsche, F.: Der Wille zur Macht I, 2, § 65 (1884-88). Werke (Musarion) 18, (1926) 56f ; zitiert in: Ritter, J.; Gründer, K.(Hrsg.): Historisches Wörterbuch der Philosophie. Bd.10. Lizenzausgabe Wissenschaftliche Buchgesellschaft Darmstadt. Schwabe § Co. AG Basel 1998, 1322

Nietzsche, F.: Ecce homo. Krit. Ges.ausg. hg. G.Colli/M.Montinari (1967ff) 6/3, 363; zitiert in: Ritter, J.; Gründer, K.(Hrsg.): Historisches Wörterbuch der Philosophie. Bd.8. Lizenzausgabe Wissenschaftliche Buchgesellschaft

Darmstadt. Schwabe § Co. AG Basel 1992, 689

Nietzsche, F.: Götzen-Dämmerung §39 (1889), Krit. Ges.ausg., hg. G.Colli; M. Montinari 3/1 (1972)) 134f; zitiert in: Ritter, J.; Gründer, K.(Hrsg.): Historisches Wörterbuch der Philosophie. Bd.10. Lizenzausgabe Wissenschaftliche Buchgesellschaft Darmstadt. Schwabe § Co. AG Basel 1998, 1322

Nietzsche, F.: Menschliches, Allzumenschliches I, 37 = 1, 478; in: Werke. hg. K.Schlechta (1966); zitiert in: Ritter, J.; Gründer, K.(Hrsg.): Historisches Wörterbuch der Philosophie. Bd.5. Lizenzausgabe Wissenschaftliche Buchgesellschaft Darmstadt. Schwabe § Co. AG Basel 1980, 1263

Nietzsche, F.: Menschliches, Allzumenschliches 1, §221 (1878), Krit. Ges.ausg., hg. G.Colli; M. Montinari) 4/2 (1967) 184; zitiert in: Ritter, J.; Gründer, K.(Hrsg.): Historisches Wörterbuch der Philosophie. Bd.10. Lizenzausgabe Wissenschaftliche Buchgesellschaft Darmstadt. Schwabe § Co. AG Basel 1998, 1322

Nietzsche, F.: Menschliches, Allzumenschliches; Krit. Ges.ausga., hg. G.Colli/M.Montinari (1967ff) 4/2, 110; zitiert in: Ritter, J.; Gründer, K.(Hrsg.): Historisches Wörterbuch der Philosophie. Bd.8. Lizenzausgabe Wissenschaftliche Buchgesellschaft Darmstadt. Schwabe § Co. AG Basel 1992, 689

Nietzsche, F.: Morgenröthe 4, 215. Krit. Ges.-A., hg. G.Colli; M.Montinari V/1 (Berlin/New York 1971) 193; zitiert in: Ritter, J.; Gründer, K.(Hrsg.): Historisches Wörterbuch der Philosophie. Bd.6. Lizenzausgabe Wissenschaftliche Buchgesellschaft Darmstadt. Schwabe § Co. AG Basel 1984, 1236

Nietzsche, F.: Morgenröthe 4, 221. Krit. Ges.-A., hg. G.Colli; M.Montinari V/1 (Berlin/New York 1971) 197; zitiert in: Ritter, J.; Gründer, K.(Hrsg.): Historisches Wörterbuch der Philosophie. Bd.6. Lizenzausgabe Wissenschaftliche Buchgesellschaft Darmstadt. Schwabe § Co. AG Basel 1984, 1236

Nietzsche, F.: Musarion-Ausgabe 9, 321; zitiert in: Ritter, J.(Hrsg.): Historisches Wörterbuch der Philosophie. Bd.2. Lizenzausgabe Wissenschaftliche Buchgesellschaft Darmstadt. Schwabe § Co. AG Basel 1972, 54

Nietzsche, F.: Ueber Wahrheit und Lüge im aussermoralischen Sinne 1 (1873). Kritische Gesamtausgabe, hg. G.Colli/M.Montinari (1967ff) 3/2, 372,

373, 375; zitiert in: Ritter, J.; Gründer, K.(Hrsg.): Historisches Wörterbuch der Philosophie. Bd.9. Lizenzausgabe der Wissenschaftlichen Buchgesellschaft Darmstadt. Schwabe § Co. AG Basel 1995, 1487

Nietzsche, F.: Unzeitgem. Betrachtungen 2: Vom Nutzen und Nachteil der Historie für das Leben 1 (1874). Krit. Ges.ausg., hg. G.Colli; M. Montinari 3/1 (1972) 248; 10, a.O. 327; 3, a.O. 261; zitiert in: Ritter, J.; Gründer, K.(Hrsg.): Historisches Wörterbuch der Philosophie. Bd.10. Lizenzausgabe Wissenschaftliche Buchgesellschaft Darmstadt. Schwabe § Co. AG Basel 1998, 1322

Nietzsche, F.: Werke, hg. K.Schlechta (1954-56) 1, 1071; 2, 134; zitiert in: Ritter, J.(Hrsg.): Historisches Wörterbuch der Philosophie. Bd.3. Lizenzausgabe Wissenschaftliche Buchgesellschaft Darmstadt. Schwabe § Co. AG Basel 1974, 793

Nietzsche, F.: Werke, hg. K.Schlechta (1954-56) 2, 968. 978. 1159. 1211f; 3, 568. 582; zitiert in: Ritter, J.(Hrsg.): Historisches Wörterbuch der Philosophie. Bd.3. Lizenzausgabe Wissenschaftliche Buchgesellschaft Darmstadt. Schwabe § Co. AG Basel 1974, 793

Nietzsche, F.: Werke, hg. K.Schlechta (1954-56) 2, 208. 891; zitiert in: Ritter, J.(Hrsg.): Historisches Wörterbuch der Philosophie. Bd.3. Lizenzausgabe Wissenschaftliche Buchgesellschaft Darmstadt. Schwabe § Co. AG Basel 1974, 793

Nietzsche, F.: Werke, hg. K.Schlechta (1954-56) 2, 127. 205. 280. 344. 523; zitiert in: Ritter, J.(Hrsg.): Historisches Wörterbuch der Philosophie. Bd.3. Lizenzausgabe Wissenschaftliche Buchgesellschaft Darmstadt. Schwabe § Co. AG Basel 1974, 793

Nietzsche, F.: Werke, hg. K.Schlechta (1954-56) 2, 206. 522; zitiert in: Ritter, J.(Hrsg.): Historisches Wörterbuch der Philosophie. Bd.3. Lizenzausgabe Wissenschaftliche Buchgesellschaft Darmstadt. Schwabe § Co. AG Basel 1974, 793

Nietzsche, F.: Werke, hg. K.Schlechta (1954-56) 3, 574. 600. 747f; zitiert in: Ritter, J.(Hrsg.): Historisches Wörterbuch der Philosophie. Bd.3. Lizenzausgabe Wissenschaftliche Buchgesellschaft Darmstadt. Schwabe § Co. AG Basel 1974, 793

Oeser, E.: Wissenschaft und Information. Systematische Grundlagen einer Theorie der Wissenschaftsentwicklung. Bd.3. Oldenbourg Verlag Wien München 1976, 68; zitiert in:Riedl, R.:Biologie der Erkenntnis. Verlag Paul

Parey Berlin Hamburg 1980, 67

Ong, W.: Orality and literacy. The technologizing of the word (London 1982) 37-57; zitiert in: Ritter, J.; Gründer, K.(Hrsg.): Historisches Wörterbuch der Philosophie. Bd. 8. Lizenzausgabe Wissenschaftliche Buchgesellschaft Darmstadt. Schwabe § Co Basel 1992, 1417

Opitz, P.J. (Hrsg.): Weltprobleme im 21. Jahrhundert.Wilhelm Fink Verlag München, 2001

Ortega y Gasset, J.: Betrachtungen über die Technik. Stuttgart 1949, 29ff; zitiert in: Fischer, P.: Technikphilosophie; in: Pieper, A.(Hrsg.): Philosophische Disziplinen. Ein Handbuch. Reclam Verlag Leipzig 1998, 424

Otte, M.: Der Crash kommt. Ullstein Verlag Berlin 2006

Ottmann, H.; in: Ballestrem, K.Graf; Ottmann, H.(Hrsg.): Politische Philosophie des 20. Jahrhunderts. München 1990

Otto, W. F.: Der ursprüngliche Mythos; in: Kerenyi, K.(Hrsg.): Die Eröffnung des Zugangs zum Mythos. Ein Lesebuch. Wissenschaftliche Buchgesellschaft Darmstadt 1996, 271-278

Parmenides: VS 28, B 8, 52; in: Diels, H.; Kranz, W. (Hrsg.): Die Fragmente der Vorsokratiker, griechisch und deutsch 1-3 (1968); zitiert in: Ritter, J.; Gründer, K.(Hrsg.): Historisches Wörterbuch der Philosophie. Bd.12. Lizenzausgabe der Wissenschaftlichen Buchgesellschaft Darmstadt. Schwabe § Co. AG Basel 2004, 49

Paulus: 1. Kor. 11, 2; in: Ritter, J.: Gründer, K.(Hrsg.): Historisches Wörterbuch der Philosophie. Bd.10. Lizenzausgabe Wissenschaftliche Buchgesellschaft Darmstadt. Schwabe § Co. AG Basel 1998, 1316

Penrose, R.: Computerdenken. Spektrum der Wissenschaft Verlagsgesellschaft GmbH Heidelberg, 1991

Pettazoni, R.: Die Wahrheit des Mythos, in: Kerenyi, K.(Hrsg.): Die Eröffnung des Zugangs zum Mythos. Ein Lesebuch. Wissenschaftliche Buchgesellschaft Darmstadt 1996, 257-261

Peters, U.: Ordnungsfunktion-Textillustration-Autorkonstruktion. Zu den Bildern der romanischen und deutschen Liederhandschriften. In: ZfdA 130 (2001), 392-430; zitiert in: Wenzel, H.: Mediengeschichte vor und nach Gutenberg. Wissenschaftliche Buchgesellschaft Darmstadt 2007, 75

Petrarca, F.: Über seine und vieler anderer Unwissenheit (lat./dtsch.), hg. A.Buck (1993) 22; zitiert in: Ritter, J.; Gründer, K.; Gabriel, G. (Hrsg.): Historisches Wörterbuch der Philosophie. Bd.12. Lizenzausgabe Wissenschaftliche Buchgesellschaft Darmstadt. Schwabe & Co. AG Basel 2004, 72, 73

Philon: De opificio mundi 8f; in: Ritter, J.(Hrsg.): Historisches Wörterbuch der Philosophie. Bd.3. Lizenzausgabe Wissenschaftliche Buchgesellschaft Darmstadt. Schwabe § Co. AG Basel 1974, 724

Piaget, J.: Einführung in die genetische Erkenntnistheorie. Suhrkamp Taschenbuch Verlag Frankfurt am Main 1996

Pieper, A.: Ethik. In: Pieper, A.(Hrsg.): Philosophische Disziplinen. Reclam Verlag Leipzig 1998, 72-91

Platon: Apol. 20 e ff; zitiert in: Ritter, J.(Hrsg.): Historisches Wörterbuch der Philosophie. Bd.3. Lizenzausgabe Wissenschaftliche Buchgesellschaft Darmstadt. Schwabe § Co. AG Basel 1974, 722

Platon: Charm. 171 e 7-172 a 3. 173 d 1-9. 174 b 12; in: Ritter, J.; Gründer, K.; Gabriel, G. (Hrsg.): Historisches Wörterbuch der Philosophie. Bd.12. Lizenzausgabe Wissenschaftliche Buchgesellschaft Darmstadt. Schwabe & Co. AG Basel 2004, 859

Platon: Crat. 440 c 3ff; zitiert in: Ritter, J.; Gründer, K.(Hrsg.): Historisches Wörterbuch der Philosophie. Bd.9. Lizenzausgabe der Wissenschaftlichen Buchgesellschaft Darmstadt. Schwabe § Co. AG Basel 1995, 1441

Platon: Ep. II, 312 e; zitiert in: Ritter, J.(Hrsg.): Historisches Wörterbuch der Philosophie. Bd.3. Lizenzausgabe Wissenschaftliche Buchgesellschaft Darmstadt. Schwabe § Co. AG Basel 1974, 723

Platon: Gorg., VS B 22; in: Ritter, J. (Hrsg): Historisches Wörterbuch der Philosophie. Bd. 2 Lizenzausgabe Wissenschaftliche Buchgesellschaft Darmstadt. Schwabe & Co. AG Basel 1972, 977

Platon: Gorg.455 b. 462 bff. 466 e. 500 e/501 a; in: Ritter, J. (Hrsg.): Historisches Wörterbuch der Philosophie. Bd.7. Lizenzausgabe Wissenschaftliche Buchgesellschaft Darmstadt. Schwabe § Co. AG Basel 1989, 1042, 1043

Platon: Gorg. 465 a; zitiert in: Ritter, J.; Gründer, K.(Hrsg.): Historische Wörterbuch der Philosophie. Bd.10. Lizenzausgabe der Wissenschaftlichen

467

Buchgesellschaft Darmstadt. Schwabe § Co. AG Basel 1998, 941

Platon: Gorg. 467 a-e. 472 cf. 500 c; in: Ritter, J.; Gründer, K.; Gabriel, G. (Hrsg.): Historisches Wörterbuch der Philosophie. Bd.12. Lizenzausgabe Wissenschaftliche Buchgesellschaft Darmstadt. Schwabe & Co. AG Basel 2004, 859

Platon: Gorg. 510 b; in: Ritter, J.; Gründer, K.(Hrsg.): Historisches Wörterbuch der Philosophie. Bd.10. Lizenzausgabe Wissenschaftliche Buchgesellschaft Darmstadt. Schwabe § Co. AG Basel 1998, 1315

Platon: Kriton 50 a ff; in: Ritter, J. (Hrsg.): Historisches Wörterbuch der Philosophie. Bd.2. Lizenzausgabe Wissenschaftliche Buchgesellschaft Darmstadt. Schwabe § Co. AG Basel 1972, 1067

Platon: Laches 185 a f; in: Ritter, J.; Gründer, K.; Gabriel, G. (Hrsg.): Historisches Wörterbuch der Philosophie. Bd.12. Lizenzausgabe Wissenschaftliche Buchgesellschaft Darmstadt. Schwabe & Co. AG Basel 2004, 859

Platon: Leg. 716 c; zitiert in: Ritter, J.(Hrsg.): Historisches Wörterbuch der Philosophie. Bd.3. Lizenzausgabe Wissenschaftliche Buchgesellschaft Darmstadt. Schwabe § Co. AG Basel 1974, 723

Platon: Leg. 716 d; in: Ritter, J.; Gründer, K.(Hrsg.): Historisches Wörterbuch der Philosophie. Bd.6. Lizenzausgabe Wissenschaftliche Buchgesellschaft Darmstadt. Schwabe § Co. AG Basel 1984, 1224

Platon: Leg. 803 a; in: Ritter, J.; Gründer, K.(Hrsg.): Historisches Wörterbuch der Philosophie. Bd.10. Lizenzausgabe Wissenschaftliche Buchgesellschaft Darmstadt. Schwabe § Co. AG Basel 1998, 1315

Platon: Leg. 828 a ff; in: Ritter, J.; Gründer, K.(Hrsg.): Historisches Wörterbuch der Philosophie. Bd.6. Lizenzausgabe Wissenschaftliche Buchgesellschaft Darmstadt. Schwabe § Co. AG Basel 1984, 1224

Platon: Leg. 832 c; zitiert in: Ritter, J.; Gründer, K.(Hrsg.): Historisches Wörterbuch der Philosophie. Bd.7. Lizenzausgabe Wissenschaftliche Buchgesellschaft Darmstadt. Schwabe § Co. AG Basel 1989, 1043

Platon: Lysis 218 a; in: Ritter, J.; Gründer, K.(Hrsg.): Historisches Wörterbuch der Philosophie. Bd.7. Lizenzausgabe Wissenschaftliche Buchgesellschaft Darmstadt. Schwabe § Co. AG Basel 1989, 578

Platon: Parm. 134 a; in: Ritter, J.; Gründer, K.; Gabriel, G. (Hrsg.):

Historisches Wörterbuch der Philosophie. Bd.12. Lizenzausgabe Wissenschaftliche Buchgesellschaft Darmstadt. Schwabe & Co. AG Basel 2004, 49

Platon: Phaidros 242 b/c; in: Ritter, J.(Hrsg): Historisches Wörterbuch der Philosophie. Bd.2. Lizenzausgabe Wissenschaftliche Buchgesellschaft Darmstadt. Schwabe & Co. AG Basel 1972, 1067

Platon: Phileb.16 c; in: Ritter, J.; Gründer, K.(Hrsg.): Historisches Wörterbuch der Philosophie. Bd.10. Lizenzausgabe Wissenschaftliche Buchgesellschaft Darmstadt. Schwabe § Co. AG Basel 1998, 1315

Platon: Phileb. 25 b 5-27 e 9: in: Ritter, J.; Gründer, K.(Hrsg.): Historisches Wörterbuch der Philosophie. Bd.3. Lizenzausgabe Wissenschaftliche Buchgesellschaft Darmstadt. Schwabe § Co. AG Basel 1974, 874

Platon: Politeia 436 a – 444 a; in: Sämtliche Werke. 6 Bde. Hamburg 1958 -1960 (Politeia: Bd.3.); zitiert in: Pieper, A.: Ethik; in: Pieper, A.(Hrsg.): Philosophische Disziplinen. Reclam Verlag Leipzig 1998, 83

Platon: Polit. 293 ff; in: Ritter, J.; Gründer, K.(Hrsg.): Historisches Wörterbuch der Philosophie. Bd.7. Lizenzausgabe Wissenschaftliche Buchgesellschaft Darmstadt. Schwabe § Co. AG Basel 1989, 1043

Platon: Polit.ikos 294 a 7f; in: Ritter, J. (Hrsg.): Historisches Wörterbuch der Philosophie. Bd.1. Lizenzausgabe Wissenschaftliche Buchgesellschaft Darmstadt. Schwabe § Co. AG Basel 1971, 939

Platon: Polit. 303 c; in: Ritter, J.: Gründer, K.(Hrsg.): Historisches Wörterbuch der Philosophie. Bd.7. Lizenzausgabe Wissenschaftliche Buchgesellschaft Darmstadt. Schwabe § Co. AG Basel 1989, 1043

Platon: Prot. 319 bff; in: Ritter, J.; Gründer, K.(Hrsg.): Historisches Wörterbuch der Philosophie. Bd.7. Lizenzausgabe Wissenschaftliche Buchgesellschaft Darmstadt. Schwabe § Co. AG Basel 1989, 1042, 1043

Platon: Resp. 365 e (die Stelle bei Homer, auf die Platon Bezug nimmt: Ilias IX, 598); in: Ritter, J.; Gründer, K.(Hrsg.): Historisches Wörterbuch der Philosophie. Bd.6. Lizenzausgabe Wissenschaftliche Buchgesellschaft Darmstadt. Schwabe § Co. AG Basel 1984, 1224

Platon: Resp. 380 d ff; in: Ritter, J.(Hrsg.): Historisches Wörterbuch der Philosophie. Bd.3. Lizenzausgabe Wissenschaftliche Buchgesellschaft Darmstadt. Schwabe § Co. AG Basel 1974, 722

Platon: 7. Brief 325 eff.; in: Ritter, J.; Gründer, K.(Hrsg.): Historisches Wörterbuch der Philosophie. Bd.7. Lizenzausgabe Wissenschaftliche Buchgesellschaft Darmstadt. Schwabe § Co. AG Basel 1989, 1043

Platon: Symp. 205 a; in: Ritter, J.; Gründer, K.; Gabriel, G. (Hrsg.): Historisches Wörterbuch der Philosophie. Bd.12. Lizenzausgabe Wissenschaftliche Buchgesellschaft Darmstadt. Schwabe & Co. AG Basel 2004, 859

Platon: Theaet. 161 e; in: Ritter, J.; Gründer, K.; Gabriel, G. (Hrsg.): Historisches Wörterbuch der Philosophie. Bd.12. Lizenzausgabe Wissenschaftliche Buchgesellschaft Darmstadt. Schwabe & Co. AG Basel 2004, 858

Platon: Theaet. 167 b-d; in: Ritter, J.; Gründer, K.; Gabriel, G. (Hrsg.): Historisches Wörterbuch der Philosophie. Bd.12. Lizenzausgabe Wissenschaftliche Buchgesellschaft Darmstadt. Schwabe & Co. AG Basel 2004, 858

Platon: Theait. 176 b; zitiert in: Ritter, J.(Hrsg.): Historisches Wörterbuch der Philosophie. Bd.3. Lizenzausgabe Wissenschaftliche Buchgesellschaft Darmstadt. Schwabe § Co. AG Basel 1974, 723

Platon: Timaios 23 b; in: Ritter, J.; Gründer, K.(Hrsg.): Historisches Wörterbuch der Philosophie. Bd.10. Lizenzausgabe Wissenschaftliche Buchgesellschaft Darmstadt. Schwabe § Co. AG Basel 1998, 1315

Platon: Timaios 28 a ff; zitiert in: Ritter, J.(Hrsg.): Historisches Wörterbuch der Philosophie. Bd.3. Lizenzausgabe Wissenschaftliche Buchgesellschaft Darmstadt. Schwabe § Co. AG Basel 1974, 723

Plessner, H.: Die Emanzipation der Macht. Merkur 16 (1962) 907-924; in: Ritter, J.(Hrsg.): Historisches Wörterbuch der Philosophie. Bd.3. Lizenzausgabe Wissenschaftliche Buchgesellschaft Darmstadt. Schwabe § Co. AG Basel 1974, 1085

Plickert, Ph.: Das Risiko eines ungedeckten Geldes. Frankfurter Allgemeine Zeitung Nr. 108 11. Mai 2009, 12

Plotin: Enn. II, 9, 1; zitiert in: Ritter, J.(Hrsg.): Historisches Wörterbuch der Philosophie. Bd.3. Lizenzausgabe Wissenschaftliche Buchgesellschaft Darmstadt. Schwabe § Co. AG Basel 1974, 724

Popper, K.: Time's arrow and entropy. Nature 207: 233 (1965); zitiert in:

470

Schriefers, H.: Was ist Leben? F.K.Schattauer Verlag Stuttgart New York 1982, 96-99

Popper, K.: The rationality of scientific revolutions; in: Rom Harré(ed.): Problems of Scientific Revolution: Progress and Obstacles to Progress in the Sciences. The Herbert Sprencer lectures 1973. Clarendon Press Oxford 1975, 78, 79; in: Weizsäcker, C.F.v.: Der Garten des Menschlichen. Carl Hanser Verlag München Wien 1977, 199

Popper, R.K.; Eccles, J.C.: The self and ist brain. An argument for interactionism. Springer Verlag Berlin Heidelberg London New York 1977, 27; zitiert in: Schriefers, H.: Was ist Leben? F.K.Schattauer Verlag Stuttgart New York 1982, 138

Protagoras: VS 74, B1; in: Diels, H.; Kranz, W. (Hrsg.): Die Fragmente der Vorsokratiker, griechisch und deutsch 1-3 (1968); in: Ritter, J.; Gründer, K.; Gabriel, G.(Hrsg): Historisches Wörterbuch der Philosophie. Bd.12. Lizenzausgabe Wissenschaftliche Buchgesellschaft Darmstadt. Schwabe & Co. AG Basel 2004, 49

Protagoras: VS 80 B 4; in: Diels, H.; Kranz, W. (Hrsg.): Die Fragmente der Vorsokratiker, griechisch und deutsch 1-3 (1968); in: Ritter, J.(Hrsg.): Historisches Wörterbuch der Philosophie. Bd.3. Lizenzausgabe Wissenschaftliche Buchgesellschaft Darmstadt. Schwabe § Co. AG Basel 1974, 722

Proudhon, P.-J.: De la création de l'ordre dans l'humanité (1843), Oeuvr. compl. Nouv. éd. 5 (Paris 1927) 44ff, 54ff, 63ff; in: Ritter, J.; Gründer, K.(Hrsg.): Historisches Wörterbuch der Philosophie. Bd.8. Lizenzausgabe Wissenschaftliche Buchgesellschaft Darmstadt. Schwabe § Co. AG Basel 1992, 690

Proudhon, P.J.: Système des contradicions économiques (Paris 1850) 1, 398. 90f. 383f.; in: Ritter, J.(Hrsg.): Historisches Wörterbuch der Philosophie. Bd.3. Lizenzausgabe Wissenschaftliche Buchgesellschaft Darmstadt. Schwabe § Co. AG Basel 1974, 791

Ps.-Dionysios Areopagita: De cael. hierar. III, 1 ff. J.P. Migne (Ed.): Patrologiae cursus completus, Series I : Ecclesia graeca (Paris 1857-1912) 3, 119-340. 369-570; in: Ritter, J.(Hrsg.): Historisches Wörterbuch der Philosophie. Bd.3. Lizenzausgabe Wissenschaftliche Buchgesellschaft Darmstadt. Schwabe § Co. AG Basel 1974, 1124

Ps.-Dionysios Areopagita: De eccl. hierar. I, 3. J.P. Migne (Ed.):

Patrologiae cursus completus, Series I : Ecclesia graeca (Paris 1857-1912) 3, 119-340. 369-570; in: Ritter, J. (Hrsg.): Historisches Wörterbuch der Philosophie. Bd.3. Lizenzausgabe Wissenschaftliche Buchgesellschaft Darmstadt. Schwabe § Co. AG Basel 1974, 1124

Pufendorf, S.: De officio hominis et civis juxta legem naturalem libri duo (1709) cap. 8, §3; in: Ritter, J. (Hrsg.): Historisches Wörterbuch der Philosophie. Bd.2. Lizenzausgabe Wissenschaftliche Buchgesellschaft Darmstadt. Schwabe § Co. AG Basel 1972, 52

Quack, A.: Heiler, Hexer und Schamanen. Die Religion der Stammeskulturen. Wissenschaftliche Buchgesellschaft Darmstadt 2004

Quante, M.: Einführung in die Allgemeine Ethik. Wissenschaftliche Buchgesellschaft Darmstadt 2006

Rawls, J.: Gerechtigkeit als Fairneß. Freiburg München 1977, 37; zitiert in: Pieper, A.: Ethik; in: Pieper, A.(Hrsg.): Philosophische Disziplinen. Reclam Verlag Leipzig 1998, 83, 84

Regenbogen, A.; Meyer, U.: Wörterbuch der philosophischen Begriffe. Felix Meiner Verlag Hamburg 1998. Lizenzausgabe für die Wissenschaftliche Buchgesellschaft

Riedl, R.: Biologie der Erkenntnis. Verlag Paul Parey Berlin Hamburg 1980

Riedl, R.: Die Ordnung des Lebendigen. Systembedingungen der Evolution. Piper Verlag München Zürich 1990

Riedl, R.: Mit dem Kopf durch die Wand. Die biologischen Grenzen des Denkens. Klett-Cotta Stuttgart 1994

Risse, W.: Metaphysik. Wilhelm Fink Verlag München 1973

Ritter, J.(Hrsg.): Historisches Wörterbuch der Philosophie. Bd.1. Lizenzausgabe Wissenschaftliche Buchgemeinschaft Darmstadt. Schwabe § Co Basel 1971

Ritter J. (Hrsg): Historisches Wörterbuch der Philosophie. Bd.2. Lizenzausgabe Wissenschaftliche Buchgesellschaft Darmstadt. Schwabe & Co Basel 1972

Ritter J. (Hrsg): Historisches Wörterbuch der Philosophie. Bd.3. Lizenzausgabe Wissenschaftliche Buchgesellschaft Darmstadt. Schwabe & Co Basel 1974

472

Ritter J. (Hrsg): Historisches : Historisches Wörterbuch der Philosophie. Bd.4. Lizenzausgabe Wissenschaftliche Buchgesellschaft Darmstadt. Schwabe & Co Basel 1976

Ritter, J.; Gründer, K.(Hrsg.): Historisches Wörterbuch der Philosophie. Bd.5. Lizenzausgabe Wissenschaftliche Buchgesellschaft Darmstadt. Schwabe § Co. AG Basel 1980

Ritter, J.; Gründer, K.(Hrsg.): Historisches Wörterbuch der Philosophie. Bd.6. Lizenzausgabe Wissenschaftliche Buchgesellschaft Darmstadt. Schwabe § Co. AG Basel 1984

Ritter, J.; Gründer, K.(Hrsg.): Historisches Wörterbuch der Philosophie. Bd.7. Lizenzausgabe Wissenschaftliche Buchgesellschaft Darmstadt. Schwabe § Co. AG Basel 1989

Ritter, J.; Gründer, K.(Hrsg.): Historisches Wörterbuch der Philosophie. Bd.8. Lizenzausgabe Wissenschaftliche Buchgesellschaft Darmstadt. Schwabe § Co. AG Basel 1992

Ritter, J.; Gründer, K.(Hrsg.): Historisches Wörterbuch der Philosophie. Bd.9. Lizenzausgabe der Wissenschaftlichen Buchgesellschaft Darmstadt. Schwabe § Co. AG Basel 1995

Ritter, J.; Gründer, K. (Hrsg.): Historisches Wörterbuch der Philosophie. Bd. 10. Lizenzausgabe Wissenschaftliche Buchgemeinschaft Darmstadt. Schwabc § Co Basel 1998

Ritter, J.; Gründer, K., Gabriel, G. (Hrsg.): Historisches Wörterbuch der Philosophie. Bd.12. Lizenzausgabe Wissenschaftliche Buchgesellschaft Darmstadt. Schwabe & Co Basel 2004

Röhl, K.F.: Die Gerechtigkeitstheorie des Aristoteles aus der Sicht sozialphsychologischer Gerechtigkeitsforschung. 1992, 40; in: Hofmann, H.: Einführung in die Rechts- und Staatsphilosophie. Wissenschaftliche Buchgesellschaft Darmstadt 2000, 104

Romer, K.: Was brennbar war, brannte. Frankfurter Allgemeine Zeitung Nr. 47 25.02.2008, 37

Rorty, R.: The Priority of Democracy To Philosophy; in: Peterson, M: Vaughn, R. (Hrsg.): The Virginia Statue for Religious Freedom. Cambridge 1988, 271

Rosenkranz, B.: Menschinnen. Gender Mainstreaming. Auf dem Weg zum geschlechtslosen Menschen. Ares Verlag Graz 2008

Roßmann, R.: Familie ist kein Wert an sich. Grüne diskutieren heftig über Gesellschaftspolitik. Frankfurter Allgemeine Zeitung 11.01.2007

Roth, G.: Das Gehirn und seine Wirklichkeit. Suhrkamp Verlag Frankfurt am Main 1996

Roth, G.: Fühlen, Denken, Handeln. Wie das Gehirn unser Verhalten steuert. Suhrkamp Verlag Frankfurt am Main 2001

Rousseau, J.-J.: Du contat social III, 4; in: Ritter, J. (Hrsg.): Historisches Wörterbuch der Philosophie. Bd.2. Lizenzausgabe Wissenschaftliche Buchgesellschaft Darmstadt. Schwabe § Co. AG Basel 1972, 52

Rousseau, J.-J.: Von der Akademie zu Dijon im Jahre 1750 preisgekrönte Abhandlung über die von dieser Akademie aufgeworfene Frage, ob die Wiederherstellung der Wissenschaften und der Künste zur Läuterung der Sitten beigetragen habe. Übers. von K. Brack. In: Ders.: Kulturkritische und Politische Schriften. 2 Bde., Berlin 1989, Bd. I, 56- 69f; in: Fischer, P.: Technikphilosophie; in: Pieper, A..(Hrsg.): Philosophische Disziplinen. Ein Handbuch. Reclam Verlag Leipzig 1998, 422, 423

Rousseau, J.-J.: Du Contrat social. Écrits politiques, 1964, 381-384; in: Bernard Gagnebin/ Marcel Raymond Hg., Oevres complètes, Bibliothèque de la Pléiade, Paris 1959-1995; in: Maier, H.; Denzer, H.(Hrsg.): Klassiker des politischen Denkens. Bd.2. Von Locke bis Max Weber. Verlag C.H.Beck München 2001, 71

Russell, B.: Relig. and sci. (Oxford 1935, 1960), 14; in: Ritter, J.; Gründer, K.(Hrsg.): Historisches Wörterbuch der Philosophie. Bd.8. Lizenzausgabe Wissenschaftliche Buchgesellschaft Darmstadt. Schwabe § Co. AG Basel 1992, 710

Ryle, G.: Der Begriff des Geistes. Reclam Verlag Stuttgart 1969, 160; zitiert nach: Vollmer, G.: Wissenschaftstheorie im Einsatz. Hirzel Verlag Stuttgart 1993, 162, 164

Sagan, C.: Kalender zur Darstellung der kosmischen Chronologie, in dem das angenommene Alter des Universums (in seiner gegenwärtigen Existenz) von 15 Milliarden Jahren auf den Zeitraum eines einzigen Jahres zusammengedrängt ist.1978; in: Eichler, H.: Ökosystem Erde. Der Störfall Mensch; Eine Schadens- und Vernetzungsanalyse. B.I. Taschenbuchverlag Mannheim Leipzig Wien Zürich 1993, 83

474

Sandvoss, E.R.: Geschichte der Philosophie. Mittelalter, Neuzeit, Gegenwart. Deutscher Taschenbuch Verlag München 2001, 137

Scheler, M.: Der Formalismus in der Ethik. Ges. Werke 2 (1966) 235; zitiert in: Ritter, J.; Gründer, K.(Hrsg.): Historisches Wörterbuch der Philosophie. Bd.6. Lizenzausgabe Wissenschaftliche Buchgesellschaft Darmstadt. Schwabe § Co. AG Basel 1984, 1236

Schelsky,   H.: Der Mensch in der wissenschaftlichen Zivilisation. Westdeutscher Verlag Köln Opladen 1961

Schelsky, H.: Der Mensch in der wissenschaftlichen Zivilisation 1961 (ND1979); in: Auf der Suche nach der Wirklichkeit. Ges. Aufs. (1965) 439-480, hier: 444f; in: Ritter, J.; Gründer, K. (Hrsg.): Historisches Wörterbuch der Philosophie. Bd.10. Lizenzausgabe Wissenschaftliche Buchgesellschaft Darmstadt. Schwabe & Co. AG Basel 1998, 949

Schiemann, G. (Hrsg.): Was ist Natur? Deutscher Taschenbuch Verlag München 1996

Schiller, F.v.: Über Anmut und Würde. Sämtl. Schr., hg. G. Frikke; G. Göpfert (1975) 5, 468; zitiert in: Ritter, J.; Gründer, K.(Hrsg.): Historisches Wörterbuch der Philosophie. Bd.6. Lizenzausgabe Wissenschaftliche Buchgesellschaft Darmstadt. Schwabe § Co. AG Basel 1984, 1235, 1236

Schirrmacher, F.: Minimum. Vom Vergehen und Neuentstehen unserer Gemeinschaft. Karl Blessing Verlag München 2006, 57

Schischkin, A.F.: Grundlagen der marxist. Ethik, hg. R.Miller (1965) 486; zitiert in: Ritter, J.; Gründer, K.(Hrsg.): Historisches Wörterbuch der Philosophie. Bd.6. Lizenzausgabe Wissenschaftliche Buchgesellschaft Darmstadt. Schwabe § Co. AG Basel 1984, 1236

Schischkoff, G. (Hrsg.): Philosophisches Wörterbuch. Alfred Kröner Verlag Stuttgart 1991

Schmid, Th.: Wozu Eigentum gut ist. Debatte um das Erbrecht. Leitartikel Welt 2. Februar 2007

Schmitt, C.: Der Begriff des Politischen (1932). Duncker und Humblot Verlag Berlin 1963

Schmitt, C.: Der Wert des Staates und die Bedeutung des Einzelnen. J.C.B. Mohr Tübingen 1914

Schmitt, C.: Politische Theologie. Vier Kapitel zu Soziologie des Souveränitätsbegriffs. 7.Auflage Duncker § Humblot Berlin 1996

Schmidt, S.J.: Medien: Die Koppelung von Kommunikation und Kognition. In: Medien. Computer. Realität. Wirklichkeitsvorstellungen und Neue Medien, hg. von Sybille Krämer. Frankfurt a.M. 1998, 55-71; zitiert in: Wenzel, H.: Mediengeschichte vor und nach Gutenberg. Wissenschaftliche Buchgesellschaft Darmstadt 2007, 22

Schnackenburg, R.: in Bibeltheol Wb. (1962) 571; zitiert in: Ritter, J.(Hrsg.); Historisches Wörterbuch der Philosophie. Bd.3. Lizenzausgabe Wissenschaftliche Buchgesellschaft Darmstadt. Schwabe § Co. AG Basel 1974, 728

Schoenborn, W.: Der Einfluß der neueren technischen Entwicklung auf das Völkerrecht, in: Gedächtnisschr. Jellinekt, W. (1955) 77; in: Ritter, J.(Hrsg.): Historisches Wörterbuch der Philosophie. Bd.3. Lizenzausgabe Wissenschaftliche Buchgesellschaft Darmstadt. Schwabe § Co. AG Basel 1974, 676

Schopenhauer, A.: Sämtl. Werke, hg. A.Hübscher (1972) 354; zitiert in: Ritter, J.; Gründer, K.(Hrsg.): Historisches Wörterbuch der Philosophie. Bd.8. Lizenzausgabe Wissenschaftliche Buchgesellschaft Darmstadt. Schwabe § Co. AG Basel 1992, 689

Schramm, G.: Belebte Materie, Pfullingen 1965, 45; zitiert in: Wehrt, H.: Über Irreversibilität, Naturprozesse und Zeitstruktur; in: Weizsäcker, E.v.: Offene Systeme I. Beiträge zur Zeitstruktur von Information, Entropie und Evolution. Ernst Klett Verlag Stuttgart 1974, 142

Schrenk, F.: Die Frühzeit des Menschen. C.H.Beck Verlag München 2003

Schriefers, H.: Was ist Leben? F.K.Schattauer Verlag Stuttgart New York 1982

Schrödinger, E.: Was ist Leben? Die lebende Zelle mit den Augen des Physikers betrachtet. 2. dtsche. Auflage. Francke Berlin (1944) 1951, 101; zitiert in: Riedl, R.: Die Ordnung des Lebendigen. Piper Verlag München Zürich 1990, 302

Schrödinger, E.: Was ist Leben? Leo Lehnen Verlag München 1951; zitiert in: Riedl, R.: Biologie der Erkenntnis. Die stammesgeschichtlichen Grundlagen der Vernunft. Verlag Paul Parey Berlin Hamburg 1980, 26

476

Schwarzenberg, K.: Adler und Drache. Der Herrschaftsgedanke (1958); in: Ritter, J.(Hrsg.): Historisches Wörterbuch der Philosophie. Bd.3. Lizenzausgabe Wissenschaftliche Buchgesellschaft Darmstadt. Schwabe § Co. AG Basel 1974, 675

Seelmann, K.: Rechtsphilosophie. 1994, 71; in: Hofmann, H.: Einführung in die Rechts- und Staatsphilosophie. Wissenschaftliche Buchgesellschaft Darmstadt 2000, 22

Seneca: De vita beata 15, 7; zitiert in: Ritter, J. (Hrsg): Historisches Wörterbuch der Philosophie. Bd.2. Lizenzausgabe Wissenschaftliche Buchgesellschaft Darmstadt. Schwabe & Co. AG Basel 1972, 1071

Seneca: Opera. hg. F.Haase 3 (1853) Frg. 123; zitiert in: Ritter, J.; Gründer, K.(Hrsg.): Historisches Wörterbuch der Philosophie. Bd.6. Lizenzausgabe Wissenschaftliche Buchgesellschaft Darmstadt. Schwabe § Co. AG Basel 1984, 1225

Shannon, C.; Weaver, W.: The Mathematival Theoriy of Communication. Urbana, Univ. of Illinois Press 1949, 95; zitiert in: Capurro, R.: Einführung in den Informationsbegriff. 2000, 25

Simmel, G.: Philosophie des Geldes. Suhrkamp Verlag Frankfurt am Main 1989

Simon, H.A.: The architecture of complexity. Prov. Am.Phil. Soc. 1962, 106, 467; zitiert in: Ebeling, W.; Freund, J.; Schweitzer, F.; Komplexe Strukturen: Entropie und Information. B.G.Teubner Verlag Stuttgart Leipzig 1998, 23

Simpson, G.G.: Kosmische Aspekte der organischen Evolution. Naturwiss. Rdsch. 21: 425 (1968); zitiert in: Schriefers, H.: Was ist Leben? F.K.Schattauer Verlag Stuttgart New York 1982, 94

Solon: Frg. 1 (Diehl); zitiert in: Ritter, J.(Hrsg.): Historisches Wörterbuch der Philosophie. Bd.3. Lizenzausgabe Wissenschaftliche Buchgesellschaft Darmstadt. Schwabe § Co. AG Basel 1974, 721

Spengler, O.: Der Untergang des Abendlandes (UA). Umrisse einer Morphologie der Weltgeschichte. Bd.2. München 1923, 33-47; Zitat nach der Ausgabe im Deutschen Taschenbuchverlag mit Nachwort v.A.M. Koktanek. München 1972, 1139-1140; zitiert in: Ferber, R.: Philosophische Grundbegriffe. Verlag C.H.Beck München 1999, 88

Spiegel Nr. 112 9. April 2001

Spiegel Nr. 43 21.Oktober 2002

Starr, Ch.: Energy and Power. Scientific American Sept.1971; in: Jantsch, E.: Die Selbstorganisation des Universums. Vom Urknall zum menschlichen Geist. Carl Hanser Verlag München Wien 1979, 372

Stegmüller, W.: Metaphysik, Skepsis, Wissenschaft. Springer Verlag Berlin Heidelberg New York 1969 a, 345 – 373; zitiert in: Vollmer, G.: Evolutionäre Erkenntnistheorie. Hirzel Verlag Stuttgart 1994, 27

Steltzner, H.: Sozialstaat in Schieflage. Frankfurter Allgemeine Zeitung 26.01. 2010, Nr. 21/ 4 D 3

Stöfen, D.: Blei als Umweltgift. Eschwege 1974; in: Eichler, H.: Ökosystem Erde. Der Störfall Mensch – eine Schadens- und Vernetzungsanalyse. B.I.-Taschenbuchverlag. Mannheim Leipzig Wien Zürich 1993, 104

Stölzle, R.: Ch.Darwins Stellung zum Gott-Glauben (1922); in: Ritter, J.(Hrsg.): Historisches Wörterbuch der Philosophie. Bd.3. Lizenzausgabe Wissenschaftliche Buchgesellschaft Darmstadt. Schwabe § Co. AG Basel 1974, 792

Störig, H.-J.: Kleine Weltgeschichte der Wissenschaft. W.Kohlhammer Verlag Stuttgart 1954

Stollberg-Rilinger, B.: Das Heilige Römische Reich Deutscher Nation. Vom Ende des Mittelalters bis 1806. Verlag C.H.Beck München 2006

Strauss, L.: Anmerkungen zu Carl Schmitt: Der Begriff des Politischen; in: Archiv für Sozialwissenschaft und Sozialpolitik. 67. Bd. 6. Heft Tübingen August / September 1932

Szlezak, A.Th.: Platon und die Schriftlichkeit der Philos.(1985); zitiert in: Ritter, J.; Gründer, K.(Hrsg.): Historisches Wörterbuch der Philosophiel. Bd.8. Lizenzausgabe Wissenschaftliche Buchgesellschaft Darmstadt. Schwabe § Co. AG Basel 1992, 1424

Teutsch, F.: Kleine Geschichte der Siebenbürger Sachsen. Wissenschaftliche Buchgesellschaft Darmstadt 1965

Thales: VS I, 11, A 22; in: Diels, H.; Kranz, W. (Hrsg.): Fragmente der Vorsokratiker, griechisch und deutsch 1-3 (1968); zitiert in: Ritter, J.; Gründer, K.(Hrsg.): Historisches Wörterbuch der Philosophie. Bd.7. Lizenzausgabe

478

Wissenschaftliche Buchgesellschaft Darmstadt. Schwabe § Co. AG Basel 1989, 1087

Theophrast bei Porphyrios: De abstinentia II. c. 19, 4, hg. J.Bouffartigue; M.Patillon (Paris 1979); in: Ritter, J.; Gründer, K.(Hrsg.): Historisches Wörterbuch der Philosophie. Bd.6. Lizenzausgabe Wissenschaftliche Buchgesellschaft Darmstadt. Schwabe § Co. AG Basel 1984, 1225

Thomas von Aquin: De regimine principum ad regem Cypri II, 13; zitiert in: Ritter, J.(Hrsg.): Historische Wörterbuch der Philosophie. Bd.3. Lizenzausgabe der Wissenschaftlichen Buchgesellschaft Darmstadt. Schwabe § Co. AG Basel 1974, 225

Thomas v. Aquin: Recht und Gerechtigkeit: Theologische Summe II-II, Frage 61 a 2, übers. v. Josef F. Groner, komm.v. Arthur F. Utz (Nachfolgefassung von Bd.18 der Deutschen Thomasausgabe), Bonn 1987; zitiert in: Hofmann, H.: Einführung in die Rechts- und Staatsphilosophie. Wissenschaftliche Buchgesellschaft Darmstadt 2000, 104

Thomas von Aquin: S.theol. II-II, 85,1 ad 1; zitiert in: Ritter, J.; Gründer, K.(Hrsg.): Historisches Wörterbuch der Philosophie. Bd.8. Lizenzausgabe Wissenschaftliche Buchgesellschaft Darmstadt. Schwabe § Co. AG Basel 1992, 638

Thurnherr, U.: Angewandte Ethik; in: Pieper, A.: Ethik. In: Pieper, A.(Hrsg.): Philosophische Disziplinen. Reclam Verlag Leipzig 1998, 92-114

Tillotson, J.: The works 1 (London 1712) 343. 348. 350; zitiert in: Ritter, J.; Gründer, K.(Hrsg.): Historisches Wörterbuch der Philosophie. Bd.8. Lizenzausgabe Wissenschaftliche Buchgesellschaft Darmstadt. Schwabe § Co. AG Basel 1992, 654

Toulmin, S.: Einführung in die Philosophie der Wissenschaft. Vandenhoeck & Ruprecht Göttingen

1953, 96, 105f., 108; zitiert in: Vollmer, G.: Wissenschaftstheorie im Einsatz. Hirzel Verlag Stuttgart 1993, 163, 164

Trüeb, L.: Energiesystem und Energieprobleme. Neue Zürcher Zeitung. 16. Juli 1974; in: Jantsch, E.: Die Selbstorganisation des Universums. Vom Urknall zum menschlichen Geist. Carl Hanser Verlag München Wien 1979, 373

Veit, O.: Pecunia in ordine rerum. Ordo. Jb. für die Ordnung von Wirtschaft und Gesellschaft 6 (1954) 39ff; in: Ritter, J.(Hrsg.): Historische Wörterbuch der

Philosophie. Bd.3. Lizenzausgabe Wissenschaftliche Buchgesellschaft Darmstadt. Schwabe § Co. AG Basel 1974, 225

Vernant, J.-P.: Die Entstehung des griechischen Denkens. Frankfurt/M. 1982;

zitiert in: Braun, E.; Heine, F.; Opolka, U.: Politische Philosophie. Rowohlt Taschenbuch Verlag Reinbek bei Hamburg 1996, 21, 22

Vico, G.: De nostri temporis stuiorum ratione/ Vom Wesen und Weg der geistigen Bildung. Lateinisch-deutsche Ausgabe. Übers. Von W. F. Ott, Darmstadt 1984, 39-139; in: Fischer, P.: Technikphilosophie; in: Pieper, A..(Hrsg.): Philosophische Disziplinen. Ein Handbuch. Reclam Verlag Leipzig 1998, 422

Virilio, P.: Der negative Horizont. Bewegung-Geschwindigkeit-Beschleunigung. Carl Hanser Verlag München 1989

Virilio, P.: Rasender Stillstand. Essay. Carl Hanser Verlag München 1992

Vitruv: De arch. IX, Praef.; in: Ritter, J.; Gründer, K.(Hrsg.): Historisches Wörterbuch der Philosophie. Bd.6. Lizenzausgabe Wissenschaftliche Buchgesellschaft Darmstadt. Schwabe § Co. AG Basel 1984, 906

Vives, J.L.: Opera omnia (Valencia 1782-1790, ND London 1964) 6, 190f; zitiert in: Ritter, J.; Gründer, K.(Hrsg.): Historisches Wörterbuch der Philosophie. Bd.5. Lizenzausgabe Wissenschaftliche Buchgesellschaft Darmstadt. Schwabe § Co. AG Basel 1980, 1281

Vollmer, G.: Evolutionäre Erkenntnistheorie. Hirzel Verlag Stuttgart 1994

Vollmer, G.: Was können wir wissen? Band1. Die Natur der Erkenntnis. Hirzel Verlag Stuttgart 1988

Vollmer, G.: Wir irren uns empor; in: Sanhoff, K.; Donner, W. u.a.(Hrsg.): Vom Urknall zum Bewußtsein – Selbstorganisation der Materie. Georg Thieme Verlag Stuttgart 2007, 357-366

Vollmer, G.: Wissenschaftstheorie im Einsatz. Hirzel Verlag Stuttgart 1993

Voltaire, F.M.: Dict. philos. (1764) Art. „Athéisme"; in: Ritter, J.; Gründer, K.(Hrsg.): Historisches Wörterbuch der Philosophie. Bd.8. Lizenzausgabe Wissenschaftliche Buchgesellschaft Darmstadt. Schwabe § Co. AG Basel 1992, 658

480

Voltaire, F.M.: Traité sur la tolérance (1763) XX. Oeuvr., hg. A.J. Beuchot 1-72 (Paris 1829-34) 41, 349 f.; zitiert in: Ritter, J.; Gründer, K.(Hrsg.): Historisches Wörterbuch der Philosophie. Bd.8. Lizenzausgabe Wissenschaftliche Buchgesellschaft Darmstadt. Schwabe § Co. AG Basel 1992, 658

Walsh, W.H.: Art. „Metaphysik", in: Encyclop. of Philos., hg. Edwards (1967), 5, 300; zitiert in: Ritter, J.; Gründer, K.(Hrsg.): Historisches Wörterbuch der Philosophie. Bd.5. Lizenzausgabe Wissenschaftliche Buchgesellschaft Darmstadt. Schwabe § Co. AG Basel 1980, 1186

Weber, M.: Gesammelte Politische Schriften, 2. erw. Aufl., Mohr (Paul Siebeck) Tübingen 1958

Weber, W.: Stabiler Geld-Wert in geordneter Wirtschaft (1965) 18ff; in: Ritter, J.(Hrsg.): Historische Wörterbuch der Philosophie. Bd.3. Lizenzausgabe der Wissenschaftlichen Buchgesellschaft Darmstadt. Schwabe § Co. AG Basel 1974, 225

Weinberger, O.: Recht und Logik, in: Grimm, D.(Hrsg.): Rechtwissenschaft und Nachbarwissenschaften, Bd.2, C.H. Beck Verlag München 1976, 99; zitiert in: Zoglauer, Th.: Einführung in die formale Logik für Philosophen. Vandenhoeck § Ruprecht Verlag Göttingen 1999, 23

Weizsäcker, C.F.v.: Der Aufbau der Physik. Hanser Verlag München Wien 1985, 167

Weizsäcker, C.F.v.: Der Garten des Menschlichen. Carl Hanser Verlag München Wien 1977

Weizsäcker, C.F.v.: Der Mensch in seiner Geschichte. Deutscher Taschenbuch Verlag München 1994

Weizsäcker, C.F.v.: Die Einheit der Natur. Carl Hanser Verlag München 1979

Weizsäcker, C.F.v.: Die Einheit der Natur. Deutscher Taschenbuch Verlag München 1974, 362; zitiert in: Ebeling, W.; Freund, J.; Schweitzer, F.; Komplexe Strukturen: Entropie und Information. B.G.Teubner Verlag Stuttgart Leipzig 1998, 40, 41

Weizsäcker, C.F.v.: Die Einheit der Natur. Carl Hanser Verlag München 1979

Weizsäcker, C.F.v.: Geist und Natur, in: Dürr, H.-P; Zimmerli W.Ch.: Geist und Natur.Scherz Verlag Bern München Wien 1989, 17-27

Weizsäcker, C.F.v.: Sprache und Information; in: Sprache und Wirklichkeit. Essays. Deutscher Taschenbuch Verlag München 1967, 174-198

Weizsäcker, C.F.v.: Zeit und Wissen. Carl Hanser Verlag München Wien 1992

Weizsäcker, E.v. (Hrsg.): Offene Systeme I. Beiträge zur Zeitstruktur von Information, Entropie und Evolution. Ernst Klett Verlag Stuttgart 1974, 10

Wehrt, H.: Über Irreversibilität, Naturprozesse und Zeitstruktur; in: Weizsäcker, E.v.: Offene Systeme I. Beiträge zur Zeitstruktur von Information, Entropie und Evolution. Ernst Klett Verlag Stuttgart 1974, 114-199

Welder, M.: Siebenbürgen. Rautenberg Verlag Leer 1992

Welz, R. : Selbstmordversuche in städtischen Lebensumwelten. Weinheim/Basel 1979; in: Eichler, H.: Ökosystem Erde. Der Störfall Mensch – eine Schadens- und Vernetzungsanalyse. B.I.-Taschenbuchverlag. Mannheim Leipzig Wien Zürich 1993, 19, 20

Wenzel, H.: Kulturwissenschaft als Medienwissenschaft: Vom Anfang und vom Ende der Gutenberg-Galaxis. In: Anderegg, J.; Kunz, E.A. (Hrsg.): Kulturwissenschaften. Positionen und Perspektiven Bielefeld 1999, 135-154).

Wenzel, H.: Mediengeschichte vor und nach Gutenberg. Wissenschaftliche Buchgesellschaft Darmstadt 2007

Weyrauch, E.: Das Buch als Träger der frühneuzeitlichen Kommunikationsrevolution; in: Kommunikationsrevolutionen. Die neuen Medien des 16. und 19. Jahrhunderts, hg. von Michael North. Köln, Weimar, Wien 1995, 1-13; zitiert in: Wenzel, H.: Mediengeschichte vor und nach Gutenberg. Wissenschaftliche Buchgesellschaft Darmstadt 2007, 181

Winterhoff-Spurk, P.: Kalte Herzen. Wie das Fernsehen unseren Charakter formt. Rezension des Buches im Spektrum der Wissenschaft April 2006, 108

Wittgenstein, L.: Philos. Unters. (1928/29-46) II, XI, § 116; hg. Anscombe, G.E.M.; Wright; G.H.von; Rhees, R.: Schr. 1 (1960); in: Ritter, J.; Gründer, K. (Hrsg.): Historisches Wörterbuch der Philosophie. Bd.9. Lizenzausgabe Wissenschaftliche Buchgesellschaft Darmstadt. Schwabe & Co. AG Basel 1995, 1512

Wittgenstein, L.: Philos. Unters. I. § 109, 342; hg. Anscombe, G.E.M.;

Wright; G.H.von; Rhees, R.: Schr. 1 (1960); zitiert in: Ritter, J.; Gründer, K. (Hrsg.): Historisches Wörterbuch der Philosophie. Bd.9. Lizenzausgabe Wissenschaftliche Buchgesellschaft Darmstadt. Schwabe & Co. AG Basel 1995, 1494

Wittgenstein, L.: Tractatus log.-philosoph. (1921/22) 4.0031; in: Ritter, J.; Gründer, K. (Hrsg.): Historisches Wörterbuch der Philosophie. Bd.9. Lizenzausgabe Wissenschaftliche Buchgesellschaft Darmstadt. Schwabe & Co. AG Basel 1995, 1490

Wittmann, W.: Das globale Desaster. Langen Müller, Herbig München 1995; in: Baader, R.: Geld, Gold und Gottspieler. Am Vorabend der nächsten Weltwirtschaftskrise. Resch Verlag Gräfelfing 2004, 100

Wuchterl, K.: Methoden der Gegenwartsphilosophie.Verlag Paul Haupt Bern Stuttgart 1987, 37, 38

Wuketits, F.M.: Ausgerottet- ausgestorben. Über den Untergang von Arten, Völkern und Sprachen. Hirzel Verlag Stuttgart Leipzig 2003

Wuketits, F.: Gene, Kultur und Moral. Soziobiologie Pro und Contra. Darmstadt 1990, 157; zitiert in: Pieper, A.: Ethik. In: Pieper, A.(Hrsg.): Philosophische Disziplinen. Reclam Verlag Leipzig 1998, 75

Xenophanes: 21 B 11ff. A 32; in: Diels, H.; Kranz, W. (Hrsg.): Die Fragmente der Vorsokratiker, griechisch und deutsch 1-3 (1968); in: Ritter, J.(Hrsg.): Historisches Wörterbuch der Philosophie. Bd.3. Lizenzausgabe Wissenschaftliche Buchgesellschaft Darmstadt. Schwabe § Co. AG Basel 1974, 722

Xenophon: Mem.IV, 8, 11; in: Ritter, J. (Hrsg): Historisches Wörterbuch der Philosophie. Bd.2. Lizenzausgabe Wissenschaftliche Buchgesellschaft Darmstadt. Schwabe & Co. AG Basel 1972, 1066

Zillich, H.: Siebenbürgen. Ein abendländisches Schicksal. Karl Robert Langewiesche Nachfolger Hans Köster Königstein im Taunus 1976

Zillich, H.: Siebenbürgen und seine Wehrbauten. Mit einer Darstellung der Baugeschichte von Hermann Phleps. Karl Robert Langewiesche Verlag Königstein im Taunus & Leipzig 1941

Zoglauer, Th.: Einführung in die formale Logik für Philosophen. Vandenhoeck und Ruprecht Göttingen 1999

Zschimmer, E.: Philosophie der Technik. Vom Sinn der Technik und Kritik des Unsinns über die Technik. Jena 1914, 65f; in: Fischer, P.: Technikphilosophie; in: Pieper, A.(Hrsg.): Philosophische Disziplinen. Ein Handbuch. Reclam Verlag Leipzig 1998, 425